TASCHENBUCH MATHEMATISCHES GRUNDWISSEN

BAND 1: Elementare Mathematik

VON Dr. ALFRED HILBERT

Mit 343 Bildern und 244 vorgerechneten Beispielen

VERLAG HARRI DEUTSCH
THUN UND FRANKFURT/M.

CIP-Kurztitelaufnahme der Deutschen Bibliothek
Hilbert, Alfred:
Taschenbuch mathematisches Grundwissen / von
Alfred Hilbert. – Thun; Frankfurt / M.: Deutsch
Bd. 1. Elementare Mathematik. – 1. Aufl. – 1985.
ISBN 3-87144-765-X

ISBN 3 87144 765 X

1. Auflage
Lizenzausgabe für den Verlag Harri Deutsch, Thun
Printed in GDR
Gesamtherstellung: INTERDRUCK Graphischer Großbetrieb Leipzig
Redaktionsschluß: 15. 12. 1984

Vorwort

Umfassende und anwendungsbereite mathematische Kenntnisse sind heute unbestreitbar in vielen Berufen sehr nützlich oder gar notwendig. Sie sind unentbehrlich beim Studium naturwissenschaftlicher, technischer oder wirtschaftswissenschaftlicher Disziplinen. Oft wird beim Lösen von Problemen mathematisches Wissen und Können vorausgesetzt, das entweder im Laufe der Zeit in Vergessenheit geraten ist und wieder reaktiviert werden muß oder das im Laufe der Schulzeit nicht erworben wurde, weil es damals nicht Gegenstand des Mathematikunterrichts war und jetzt ergänzt werden muß. Die mathematische Wissenschaft ist gerade in den letzten Jahren um viele neue Erkenntnisse bereichert worden, und das erforderliche Grundwissen zur erfolgreichen Bearbeitung von Problemen der Praxis ist breiter geworden. So gehören heute zu einer soliden **mathematischen Allgemeinbildung** einfache *Sachkenntnisse* aus der mathematischen Logik und Mengenlehre, aus der Wahrscheinlichkeitsrechnung und beschreibenden Statistik und aus der Matrizenrechnung ebenso wie solche aus der Lehre von den Gleichungen, Ungleichungen und Gleichungssystemen, über Funktionen, aus der Geometrie, Vektorrechnung und Infinitesimalrechnung. Es gehören aber auch grundlegende *Verfahrenskenntnisse* dazu wie das Bilden mathematischer Begriffe, das Beweisen mathematischer Aussagen, das Arbeiten mit Größen und mit Näherungswerten und die Nutzung von Rechenhilfsmitteln (einschließlich elektronischer Taschenrechner). Derjenige greift zu einem mathematischen Nachschlagebuch, der sich schnell, umfassend und exakt informieren will; denn eine Formelsammlung gibt zu wenig, ein Lehrbuch ist i. allg. zu ausführlich und weitschweifig geschrieben.
In dem vorliegenden zweibändigen Nachschlagewerk wird der Stoff der Schulmathematik in 12 Abschnitten systematisch, übersichtlich und faßlich dargestellt. Die Aufteilung in zwei Bände (Band I: Elementare Mathematik, Band II: Höhere Mathematik) erscheint sinnvoll, um dem jeweiligen Benutzer aus der Sekundarstufe I bzw. II ein handliches und nicht zuletzt auch preiswertes Buch für seine speziellen Bedürfnisse zur Verfügung zu stellen. Die Gliederung der beiden Bände geht aus der Inhaltsübersicht hervor.
Mit dem Abschnitt »Aus der Informatik« soll dem Nutzer ein Überblick über Programmiersprachen im allgemeinen und eine kleine Einführung in die international weit verbreitete Sprache BASIC gegeben werden.
Der Nutzer wird mit typisch mathematischen Denk- und Arbeitsweisen vertraut gemacht (axiomatisches und strukturelles Arbeiten, Arbeiten

mit Größen und Näherungswerten, algorithmisches und heuristisches Arbeiten). Der Stoff wird durch viele Bilder veranschaulicht und durch eine große Anzahl von einprägsamen Beispielen und durch Hinweise erläutert, so daß der Nutzer sofort auf das Wesentliche orientiert wird. *Das Nachschlagebuch will dem Anwender der Mathematik Hilfe bei der Bewältigung seiner Probleme gewähren.* Deshalb und aus Gründen der Beschränkung des Umfangs muß auf die Beweisführung einzelner Sätze verzichtet werden. Wichtige Definitionen, Sätze und Verfahren werden durch einen seitlichen Balken hervorgehoben, ohne diese im einzelnen als solche zu kennzeichnen. Im Text erfolgen Verweise auf andere Abschnitte im Buch, wenn Querverbindungen bestehen, die dem Nutzer das Auffinden weiterer Informationen erleichtern sollen. Auf diese Weise und durch das ausführliche Sachwortverzeichnis soll eine kurze Zugriffszeit gewährleistet werden. Diesem Buch wird eine Übersicht der verwendeten Zeichen (aufgeschlüsselt auf die einzelnen Abschnitte, in denen sie eingeführt werden) vorangestellt. So wurde versucht, einen praktikablen und zuverlässigen Ratgeber auf dem Gebiet der elementaren Mathematik zu schaffen.

Bei dieser schwierigen Arbeit hat mich der Gutachter, Herr Dr. Koch, Leipzig, tatkräftig unterstützt. Für viele Hinweise und Ratschläge bin ich ihnen sehr dankbar. Dank gebührt auch dem Verlag sowie den Zeichnern, die auf meine Vorschläge und Wünsche bei der Gestaltung des Buches eingingen und mich in jeder Beziehung unterstützten. Nicht zuletzt möchte ich meiner Frau für ihre Hilfe bei der Anfertigung des Manuskripts und beim Lesen der Korrekturen danken.

Für Vorschläge zur Verbesserung des vorliegenden Nachschlagebuchs sind Autor und Verlag stets dankbar.

Alfred Hilbert

Inhaltsverzeichnis

4. Gleichungen und Ungleichungen

BAND 2 ENTHÄLT :

Übersicht über die in den einzelnen Abschnitten eingeführten Zeichen und ihre Bedeutung

Zeichen	Bedeutung	Einführung auf Seite
1. Aus der mathematischen Logik		
H	Ausdruck	31
$H(x)$	Aussageform	25
$\neg$	»nicht«; Negation	28
$\wedge$	»und«; Konjunktion	28
$\vee$	»oder« (nichtausschließendes Oder); Alternative	28
$\succ\!\!-\!\!\prec$	»entweder – oder« (ausschließendes Oder); Antivalenz	29
$\Rightarrow$	»wenn – so«; Implikation	28
$\Leftrightarrow$	»genau dann, wenn«; Äquivalenz	28
W	Das Wahre	23
F	Das Falsche	23
äq	logisch äquivalent	32
$\bigvee_x$, $\exists x$	»es gibt ein x, für das gilt«; Existenzquantor	34
$\bigwedge_x$, $\forall x$	»für alle x gilt« Allquantor	33
$=_{\mathbf{Def}}$	»bedeutet nach Definition«	43
2. Aus der Mengenlehre		
$\ldots\}$	Klammern zur Angabe von Mengen	50
$\in$	»ist Element von«	50
$\notin$	»ist nicht Element von«	50
$M^{(n)}$	Menge n-ter Stufe	51
$\emptyset$	die leere Menge	51
$=$	»ist gleich«	52
$\subseteq$	»ist Teilmenge von«	52
$\subset$	»ist echte Teilmenge von«	53
$P(M)$	Potenzmenge von M	53
$\overline{M}$	Komplementärmenge von M	54
$\cap$	»geschnitten mit«; Durchschnitt zweier Mengen	54
$\bigcap_{i=1}^{n}$	Durchschnitt von n Mengen	55

Zeichen	Bedeutung	Einführung auf Seite
$\cup$	»vereinigt mit«; Vereinigung zweier Mengen	55
$\bigcup_{i=1}^{n}$	Vereinigung von *n* Mengen	56
$\setminus$	»minus«; Differenz zweier Mengen	57
(...; ...)	geordnetes Paar	58
(...; ... ;...)	geordnetes *n*-Tupel	60
$\times$	»Kreuz«; Produktmenge zweier Mengen	58
F	Abbildung F	60
$D(F)$	Definitionsbereich der Abbildung F	60
$W(F)$	Wertebereich der Abbildung F	60
F^{-1}	die zu F inverse Abbildung	62
$\circ$	»verkettet mit«; Verkettung zweier Abbildungen	62
f	Funktion f	62
R	»steht in Relation zu«; Relation	63
... ~ ... (R)	»ist äquivalent zu« (bezüglich R); Äquivalenzrelation	64
~	»gleichmächtig«; Gleichmächtigkeit von Mengen	69
V	Vektorraum V	68
$\boldsymbol{a}$, $\underset{\sim}{a}$	Vektor $\boldsymbol{a}$	68

3. Zahlen, Zahlenbereiche

$\mathbf{N}$	Menge (Bereich) der natürlichen Zahlen	73
$\mathbf{N}^*$	$\underset{\sim}{N}$ ohne die Zahl 0	
$\mathbf{Z}$	Menge (Bereich) der ganzen Zahlen	112
$\mathbf{Q}$	Menge (Bereich) der rationalen Zahlen	105
$\mathbf{Q}^*$	$\underset{\sim}{Q}$ ohne die Zahl 0	
$\mathbf{Q}_+$	Menge (Bereich) der gebrochenen Zahlen	95
$\mathbf{R}$	Menge (Bereich) der reellen Zahlen	117
$\mathbf{R}_+$	Menge der nichtnegativen reellen Zahlen	
$\mathbf{R}^*_+$	Menge der positiven reellen Zahlen	
$\mathbf{R}^*_-$	Menge der negativen reellen Zahlen	
$\mathbf{C}$	Menge (Bereich) der komplexen Zahlen	128
$[\ldots]_g$	*g*-adische Darstellung einer natürlichen Zahl	74
+	»plus«; Addition von Zahlen	76
−	»minus«; Subtraktion von Zahlen	77
$\cdot$	»mal«; Multiplikation von Zahlen	77
:, —	»dividiert durch«; Division von Zahlen, Bruchstrich	78
a^b	»*a* hoch *b*«; *b*-te Potenz der Zahl *a*	78

$\leqq$	»ist kleiner als oder gleich«	79
$<$	»ist kleiner als«	79
$\geqq$	»ist größer als oder gleich«	79
$>$	»ist größer als«	79
min M	»Minimum von M«	80
max M	»Maximum von M«	80
$/$	»teilt«; Teilbarkeitsrelation	81
$\nmid$	»teilt nicht«	81
$\sqcap$	»größter gemeinsamer Teiler (ggT) zweier Zahlen«	84
$\sqcup$	»kleinstes gemeinsames Vielfaches zweier Zahlen«	86
$n!$	n-Fakultät	89
P_n	Anzahl der Permutationen von n Elementen ohne Wiederholung	88
${}^{W}P_n$	Anzahl der Permutationen von n Elementen mit Wiederholung	90
$V_n^{(k)}$	Anzahl der Variationen von n Elementen zur k-ten Klasse ohne Wiederholung	91
${}^{W}V_n^{(k)}$	Anzahl der Variationen von n Elementen zur k-ten Klasse mit Wiederholung	92
$C_n^{(k)}$	Anzahl der Kombinationen von n Elementen zur k-ten Klasse ohne Wiederholung	92
${}^{W}C_n^{(k)}$	Anzahl der Kombinationen von n Elementen zur k-ten Klasse mit Wiederholung	93
a^{-1}	»a hoch minus eins« die zu a inverse (reziproke) Zahl	99
$-a$	»minus a«; negative rationale Zahl	106
$-a$	»minus a«; die zu a entgegengesetzte Zahl	107
$0{,}\bar{3}$	periodischer Dezimalbruch, Periode 3	102
0,472…	unendlicher nichtperiodischer Dezimalbruch	103
$\lvert a \rvert$	(absoluter) Betrag einer rationalen Zahl	107
sup T	Supremum von T in $\underline{Q}$	111
inf T	Infimum von T in $\underline{Q}$	111
$\equiv (\operatorname{mod} p)$	»kongruent modulo p«; Zahlenkongruenz	113
$[\ldots]_m$	Restklasse modulo m	115
$a \leqq x \leqq b$; $\langle a;\ b \rangle$	abgeschlossenes Intervall von a bis b	117
$a < x \leqq b$; $(a;\ b\rangle$	halboffenes (hier: linksoffenes) Intervall von a bis b	117
$a < x < b$; $(a;\ b)$	offenes Intervall von a bis b	117
$\sqrt[n]{a}$	»n-te Wurzel aus a«	119

$\sqrt{a}$	»Quadratwurzel aus *a*«	119
$\log_a b$	»Logarithmus von *b* zur Basis *a*«	124
ln	natürlicher Logarithmus	126
lg	dekadischer Logarithmus	125
ld	dyadischer Logarithmus	125
i	imaginäre Einheit	128
$\bar{z}$	die zu *z* konjugiert komplexe Zahl	130

4. Gleichungen und Ungleichungen

$=$	»gleich«; Gleichheitszeichen	133
$\neq$	»nicht gleich«	133
$\sim$	»proportional«	143
$a:b$	Verhältnis der Zahlen *a*, *b*	143
%	Prozent	145
$\tilde{x}$	das im I. Quadranten liegende Argument beim Lösen einer goniometrischen Gleichung	162
$\bar{x}$	Hauptwert beim Lösen einer goniometrischen Gleichung	162

5. Elementare Geometrie

$g(AB)$	Gerade durch die Punkte *A*, *B*	191
$g \parallel h$	»*g* parallel zu *h*«	191
$h \nparallel k$	»*h* nicht parallel zu *k*«	
$\mathrm{Zw}(ABC)$	»*B* liegt zwischen *A* und *C*« Zwischenrelation	192
$A < B$	»*A* liegt vor *B*«	192
AP^+	»Strahl aus *A* durch *P*«	192
AP^-	der zu AP^+ entgegengesetzte Strahl	192
AB	Strecke *AB*	192
$\overrightarrow{AB}$	orientierte (gerichtete) Strecke	192
$\overline{AB}$	Länge der Strecke *AB*	201
sP^+, AB^+P^+	Fahne mit dem Anfangspunkt *A*, dem Punkt *B* auf dem Randstrahl *s* und dem in der offenen Halbebene liegenden Punkt *P*	193
$\sphericalangle\, AOB$, $\sphericalangle\,(p, q)$	Elementarwinkel	195
$\overline{\sphericalangle\, AOB}$, $\overline{\sphericalangle\,(p, q)}$	Größe des Winkels $\sphericalangle\, AOB$ bzw. $\sphericalangle\,(p, q)$	202
$\perp$	»senkrecht«	199
$\cong$	»kongruent«	200
$\sim$	»ähnlich«	214
$\triangle\, ABC$	Dreieck *ABC*	226
$k(M; r)$	Kreis um *M* mit Radius *r*	246

P^c	Bild des Punktes P bei Zentralprojektion	266
P^s	Bild des Punktes P bei schräger Parallelprojektion	267
P'	Bild des Punktes P bei senkrechter Parallelprojektion	267
Π_1	Grundrißebene	271
Π_2	Aufrißebene	271
Π_3	Seitenrißtafel	279
A	Flächeninhalt	224
V	Rauminhalt, Volumen	289

1. Aus der mathematischen Logik

Zur exakten Formulierung ihrer Aussagen bedient sich die Mathematik der **Logik** [logos (griech.) Gedanke, Wort]. Die **formale** Logik als Lehre von den Denkformen und Gesetzen des folgerichtigen Denkens wurde von ARISTOTELES (384 bis 322 v. Z.) begründet. Die **mathematische Logik** entwickelte sich als eine Teildisziplin der Mathematik; sie ist eine der Grundlagen der Mathematik und durchdringt alle Teilgebiete der Mathematik.

1.1. Wissenschaftssprache und natürliche Sprache

Das Denken ist untrennbar mit der Sprache verbunden. Im täglichen Leben äußert der Mensch seine Gedanken in der **natürlichen Sprache.** Sie ist aber als Fachsprache einer Wissenschaft allein ungeeignet, da die Bedeutung mancher Wörter nicht exakt festgelegt ist, z. B. kann ein Wort der natürlichen Sprache verschiedene Bedeutung oder es können verschiedene Wörter dieselbe Bedeutung haben. In jeder Fachwissenschaft wird eine eigene **Terminologie** durch zweckmäßige Festsetzungen von Begriffen und durch Verwendung von normierten Redewendungen unter Nutzung umgangssprachlicher Redeweisen geschaffen.

So ist auch in der Mathematik eine **Wissenschaftssprache** entstanden, die sich aus der natürlichen Sprache und einer speziellen Terminologie zusammensetzt. Dadurch verfügt die Mathematik über einen hohen Grad an Exaktheit und über eine kurze, klare, präzise und damit übersichtliche Ausdrucksweise.

Mathematik und Logik bedienen sich einer **symbolisierten Sprache.** Man verwendet an Stelle von Wörtern Zeichen, die künstlich geschaffen und mit einer bestimmten Bedeutung versehen wurden. In der Wissenschaftssprache der Mathematik ist es erforderlich, klar zwischen den **Objekten der Realität**, deren **mathematischen Abbildern** und den dafür verwendeten **mathematischen Zeichen** zu unterscheiden. Das Objekt wird vom Menschen wahrgenommen, es wird durch Abstraktion auf einen Begriff abgebildet, und seine Existenz ermöglicht die Konstruktion eines Zeichens. Das Abbild ist das **mathematische Objekt**, und es erhält eine **Bezeichnung**, die durch einen **Namen** und oft durch ein **Zeichen** erfolgt. So wird z. B. jede *natürliche Zahl* durch ein Zeichen, das *Zahlzeichen*, dargestellt. Dieses Zeichen heißt *Ziffer*. Eine solche Ziffer besteht aus *Grundziffern*; im dekadischen Positionssystem sind es die Grundziffern 0, 1, 2, 3, 4, 5, 6, 7, 8, 9.

BEISPIEL 1/1

Die natürliche Zahl »17« ist das durch Abstraktion gewonnene Abbild von siebzehn beliebigen Objekten der Realität (z. B. siebzehn Stühle). Die Zahl »siebzehn« (Zahlwort) wird im dekadischen Positionssystem durch das Zahlzeichen »17« dargestellt. 17 ist eine Ziffer, die aus den Grundziffern »1« und »7« besteht.

Für ein und dieselbe Zahl sind verschiedene Bezeichnungen möglich, z. B. das gleiche Zahlwort in verschiedenen Sprachen oder die symbolische Bezeichnung 17, $20 - 3$, $\frac{34}{2}$, XVII, LOOOL.

In der Wissenschaftssprache muß man zwischen verschiedenen **Sprachstufen** unterscheiden. In der Theorie werden die Objekte, deren Eigenschaften und ihre Beziehungen untereinander untersucht. Diese Objekttheorie wird in der **Objektsprache** formuliert. Spricht man aber über die Objekttheorie, indem man z. B. prüft, ob die Aussagen dieser Theorie wahr sind, ob sie eindeutig formuliert oder ob sie miteinander verträglich sind, so entwickelt man eine Theorie 2. Stufe und bedient sich einer ihr zugehörigen Sprache 2. Stufe, einer **Metasprache** [meta (griech.) mit, nach]. Oft wird in den Wissenschaften ein Wort in Anführungszeichen gesetzt, wenn man es objektsprachlich benutzt.

1.2. Einige Grundbegriffe der mathematischen Logik

1.2.1. Konstante, Variable, Terme

In der Mathematik werden Objekte, Beziehungen zwischen Objekten und Verknüpfungen von Objekten durch Zeichen (Symbole) dargestellt.

(1) **Mathematische Zeichen**

- **Zeichen für eine Konstante**; das ist ein Zeichen mit einer festgelegten Bedeutung, z. B. »7«, »12«, »π«, »e«;
- **Zeichen für eine Variable**; das ist ein Zeichen für ein beliebiges Element einer gegebenen Menge, die Variablengrundbereich oder Individuenbereich genannt wird. Deshalb heißen diese Elemente auch *Individuenvariablen*. Sie werden durch Buchstaben symbolisiert, z. B. »a«, »b«, »x«, »A«, »V«. Zur Unterscheidung von Elementen derselben Art dienen einfache und doppelte Indizes (Singular: Index), Querstrich, Stern, Dach, Tilde, z. B. x_1, a_{11}, $\bar{a}$, c^*, $\hat{x}$, $\tilde{y}$.

  Der **Variablengrundbereich** ist diejenige Objektmenge, aus der die Elemente genommen werden, deren Bezeichnungen an die Stelle von Variablen treten.

  Prädikatenvariablen sind Variablen für Eigenschaften, Relationen, Operationen, Funktionen, z. B. ist f in $f(x)$ eine Variable;
- **Relationszeichen**; das ist ein Zeichen für eine Beziehung zwischen Objekten, z. B. $<$, $=$;
- **Operationszeichen**; das ist ein Zeichen für eine Verknüpfung mathematischer Objekte, z. B. »$+$«, »$:$«;

– **technisches Zeichen**; das ist ein Zeichen zur Ergänzung der symbolisierten Fachsprache, z. B. Klammern, Komma, Semikolon.

Werden Konstanten, Variablen und Zusammensetzungen aus ihnen unter Verwendung von Relations-, Operations- und technischen Zeichen sinnvoll aneinandergefügt, so entsteht eine **Zeichenreihe.**

BEISPIEL 1/2

a) $144 + a - (2a + 1) \cdot 3$ ist eine Zeichenreihe
b) $(12 - b) \cdot (3a - 6 = 11x$ ist keine Zeichenreihe; die Zeichen sind nicht sinnvoll aneinandergefügt, da vor dem Gleichheitszeichen eine Klammer fehlt.

(2) Terme

Werden in einer Zeichenreihe nur Konstanten, Variablen, Operations- und technische Zeichen (also keine Relationszeichen) verwendet, so bezeichnet man diese Zeichenreihe als **Term.**

Zu jedem Term mit Variablen gehört die Angabe des **Definitionsbereichs**. Das ist eine echte oder unechte Teilmenge (↗ 2.2.2.) des Variablengrundbereichs, für die der Wert des Terms wieder ein Element des Grundbereichs ist. Werden die vorgeschriebenen Operationen ausgeführt, wobei die Variablen durch Bezeichnungen von Elementen aus dem Definitionsbereich belegt werden, so kann der **Wert des Terms** berechnet werden.
Terme, die keine Variablen enthalten, werden mit großen lateinischen Buchstaben (z. B. T, T_1, T_2) bezeichnet. Enthalten Terme Variablen, dann erfolgt eine zusätzliche Angabe der Variablen in Klammern, z. B. $T(a)$, $T(x;\ y)$.

BEISPIEL 1/3

a) $126 + \frac{3}{4}$ ist ein Term, der keine Variable enthält; er werde mit T_1 bezeichnet: $T_1 = 126 + \frac{3}{4}$.

b) Der Term $10 + 2x$ enthält die Variable x, also $T(x) = 10 + 2x$. Es sei der Variablengrundbereich des Terms die Menge **N** der natürlichen Zahlen. Der Definitionsbereich stimmt mit dem Grundbereich überein.
Wird in $T(x)$ die Variable x mit der natürlichen Zahl 2 belegt, so ist der Wert des Terms $T(2) = 14$.

c) $\frac{x + 2y}{x}$ ist ein Term mit zwei Variablen. Es sei der Variablengrundbereich die Menge **N** der natürlichen Zahlen. Dann ist für x der Definitionsbereich **N***, für y jedoch **N**. Für $x = 0$ ist der Term nicht erklärt.
Die Berechnung des Wertes des Terms $T(x;\ y) = \frac{x + 2y}{x}$ mit $x = 2$ und $y = 3$ ergibt $T(2;\ 3) = \frac{2 + 6}{2} = 4$.

Zur Struktur von Termen ↗ 12.3.1.

1.2.2. Aussagen

Da sich der Mensch mit den ihn umgebenden Dingen und Erscheinungen ständig auseinandersetzen muß, äußert er Fragen und Wünsche, gibt Aufforderungen und macht Aussagen, in denen sich die objektive Realität widerspiegelt. Eine sinnvolle Aussage ist genau dann wahr, wenn der in ihr formulierte Sachverhalt tatsächlich besteht, andernfalls ist sie falsch. Dabei wird vorausgesetzt, daß mit den derzeit der Mathematik zur Verfügung stehenden Mitteln dies festgestellt und entschieden werden kann.

Eine **Aussage** ist die gedankliche Widerspiegelung eines Sachverhalts, die sprachlich übermittelt bzw. fixiert werden kann.

Aussagen werden mit großen lateinischen Buchstaben bezeichnet, z. B. A, A_1.

Es gilt der **Satz der Zweiwertigkeit:**
Jede Aussage ist entweder wahr oder falsch.

Das heißt:

- Jede Aussage ist wahr oder falsch (Prinzip vom ausgeschlossenen Dritten) **und**
- Es gibt keine Aussage, die sowohl wahr als auch falsch ist (Prinzip vom ausgeschlossenen Widerspruch).

Die Klasse (↗ 2.5.3.) aller Aussagen kann also in zwei Teilklassen zerlegt werden:

- Klasse aller wahren Aussagen,
- Klasse aller falschen Aussagen.

Jede Aussage gehört genau einer dieser Klassen an.

Jeder Aussage wird ein **Wahrheitswert** zugeordnet:
entweder W (das Wahre), wenn die Aussage wahr ist,
oder F (das Falsche), wenn die Aussage falsch ist.

BEISPIEL 1/4

a) »2 + 3« ist keine Aussage, sondern ein Term.
b) »Erläutern Sie den Satz der Zweiwertigkeit!« ist keine Aussage, sondern eine Aufforderung.
c) »2 + 3 = 5« ist eine wahre Aussage (W).
d) »6 + 1 < 3« ist eine falsche Aussage (F).

ÜBERSICHT: **Aussagen**

Einzelaussagen	**Existenzaussagen**	**Universalaussagen**
	Variablenbindung durch	
	»Es gibt ein ...«	»Für alle ... gilt: ...«

BEISPIEL 1/5

$2 \cdot (3 + 4) = 2 \cdot 3 + 2 \cdot 4$ Wahre Aussage, weil $T_l = 2 \cdot 7 = 14$ und $T_r = 6 + 8 = 14$, also $T_l = T_r$	Es gibt ein a, ein b, ein c ($a, b, c \in \mathbf{R}$), so daß gilt: $a \cdot (b + c) = a \cdot b + a \cdot c$ Wahre Aussage, weil durch die Belegung mit $a = 2$, $b = 3$, $c = 4$ (also mindestens eine Belegung) eine wahre Aussage existiert.	Für alle reellen Zahlen a, b, c gilt: $a \cdot (b + c) = a \cdot b + a \cdot c$ Ob eine wahre Aussage vorliegt, kann nur durch einen Beweis (↗ 1.6.4.) festgestellt werden.

Hinweis:

- »Es gibt mindestens ein ...« heißt: Es gibt ein oder mehrere Elemente, die die angegebene Eigenschaft haben (Existenzaussage).
- »Es gibt höchstens ein ...« heißt: Es gibt ein oder kein Element (d. h., es gibt nicht mehrere Elemente) mit der angegebenen Eigenschaft (Eindeutigkeitsaussage)
- »Es gibt genau ein ...« heißt: »Es gibt mindestens ein ...« und »Es gibt höchstens ein ...«. (Existenz- und Eindeutigkeitsaussage)

1.2.3. Aussageformen

Werden zwischen Terme, die Variablen enthalten, Relationszeichen gesetzt, entstehen Aussageformen. Eine Zeichenreihe mit mindestens einer Variablen, z. B. $3 + x < 5$ mit dem Variablengrundbereich **N**, ist weder wahr noch falsch. Sie ist also keine Aussage,
Erst durch die Belegung der Variablen mit 0, 1 entstehen wahre Aussagen. Bei Belegungen mit anderen Elementen des Grundbereichs erhält man falsche Aussagen. Da die Variablen durch beliebige Elemente aus dem vorgegebenen Grundbereich ersetzt werden können, werden sie als **freie Variablen** bezeichnet.

> Eine **Aussageform** ist eine Zeichenreihe, die mindestens eine freie Variable enthält und die durch
> - **Belegung** dieser Variablen mit Elementen des Grundbereichs oder durch
> - **Bindung** dieser Variablen mittels Quantifikatoren (Quantoren) zu einer Aussage wird.

Durch

- **Belegung** der freien Variablen mit Elementen des Grundbereichs entsteht eine **Einzelaussage** (↗ 1.2.2.),
- **Bindung** der freien Variablen mittels
  - des **Existenzoperators** (Existenzquantors), bezeichnet mit $\bigvee$ (zuweilen auch $\exists$) (gelesen: Es gibt ein ..., für das gilt), entsteht eine **Existenzaussage** (↗ 1.2.2.),

- des **Alloperators** (Allquantors), bezeichnet mit $\bigwedge$ (zuweilen auch $\forall$) (gelesen: Für jedes … gilt oder Für alle … gilt), entsteht eine **Allaussage** (Universalaussage) (↗ 1.2.2.).

Die Variablen werden dann **gebundene Variablen** genannt; dabei muß der *Grundbereich festgelegt* sein.

Man bezeichnet Aussageformen, die z. B. die freien Variablen x_1, x_2, …, x_n enthalten, mit $H(x_1, x_2, \ldots, x_n)$.

BEISPIEL 1/6

Es sei die Aussageform gegeben: »a ist eine gerade Zahl«; der Grundbereich sei **N**.

a) Die Belegung mit dem Element 1 des Grundbereichs ergibt die Aussage: »1 ist eine gerade Zahl«; das ist eine falsche Aussage.
Die Belegung mit dem Element 2 des Grundbereichs ergibt die Aussage »2 ist eine gerade Zahl« (W).

b) Bindung durch den Existenzquantor: »Es gibt (mindestens) eine natürliche Zahl a, für die gilt: a ist eine gerade Zahl« (W).
Symbolische Darstellung: »$\bigvee_{a \in \mathbf{N}}$ a ist eine gerade Zahl«.

c) Bindung durch den Allquantor: »Für alle natürlichen Zahlen a gilt: a ist eine gerade Zahl« (F, denn es gibt mindestens ein Element aus **N**, für das die Aussage nicht gilt, z. B. $a = 1$).
Symbolische Darstellung: »$\bigwedge_{a \in \mathbf{N}}$ a ist eine gerade Zahl«.

Man faßt alle Elemente eines Grundbereichs G, durch die eine Aussageform in eine Aussage übergeführt wird, zur **Erfüllungsgrundmenge** G_E (bei Gleichungen auch Lösungsgrundmenge genannt ↗ 4.3.1.) dieser Aussageform zusammen.

Diejenigen Elemente der Erfüllungsgrundmenge G_E, durch die eine Aussageform *in eine wahre Aussage* übergeführt wird, bilden die **Erfüllungsmenge** L (bei Gleichungen auch Lösungsmenge genannt ↗ 4.3.1.).
Veranschaulichung in einem Mengendiagramm (↗ 2.1.) in Bild 1/1

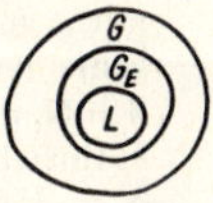

Bild 1/1

BEISPIEL 1/7

Gegeben sei die Aussageform $\frac{3-x}{x} > 1$ mit $x \in \mathbf{N}$.

Als Variablengrundbereich ist $G = \mathbf{N}$ festgelegt.

Die Erfüllungsgrundmenge ist $G_E = \mathbf{N}^*$, denn nur für das Element 0 ist der Term $\frac{3-x}{x}$ nicht erklärt.

Die Erfüllungsmenge (Lösungsmenge) ist $L = \{1\}$; denn nur für $x = 1$ ist die Ungleichung $\frac{3-x}{x} > 1$ eine wahre Aussage.

Eine Aussageform heißt **erfüllbar**, wenn sie durch mindestens eine Belegung der Variablen durch Elemente des Grundbereichs in eine wahre Aussage übergeht. Sonst heißt sie nicht erfüllbar. Eine erfüllbare Aussageform heißt **allgemeingültig**, wenn sie **für alle** Belegungen der Variablen durch Elemente der Erfüllungsgrundmenge erfüllt ist.

ÜBERSICHT: **Aussageformen**

Eine Aussageform H ist

erfüllbar		**nicht erfüllbar**
allgemeingültig	**nicht allgemeingültig**	(dann auch **nicht allgemeingültig)**
Jedes Element der Erfüllungsgrundmenge G_E ist ein Element der Erfüllungsmenge L.	Die Erfüllungsmenge L ist eine echte Teilmenge (↗ 2.2.2.) der Erfüllungsgrundmenge G_E.	Die Erfüllungsmenge L enthält kein Element der Erfüllungsgrundmenge.
$L = G_E$	$L \subset G_E$	$L \cap G_E = \emptyset$ oder $L = \emptyset$

Veranschaulichung in Mengendiagrammen (Bild 1/2)

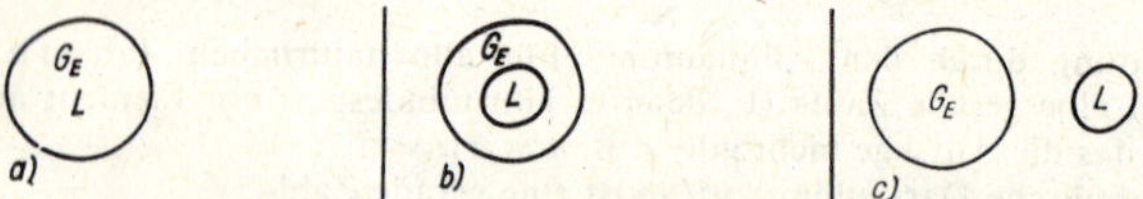

H ist eine **Identität**	H ist eine **Neutralität**	H ist eine **Kontradiktion**

BEISPIEL 1/8

Die Aussageform $a(b + c) = a \cdot b + a \cdot c$ mit $a, b, c \in \mathbf{N}$ ist allgemeingültig bezüglich **N**, da sie **für alle** natürlichen Zahlen a, b, c erfüllbar ist.	Die Aussageform $3 + a < 8$ mit $a \in \mathbf{N}$ ist erfüllbar bezüglich **N**, da mindestens ein Element, z. B. 1, diese Aussageform in eine wahre Aussage überführt. Sie ist nicht allgemeingültig, da es Elemente gibt, z. B. 5, die zu einer falschen Aussage führen.	Die Aussageform $10 + a < 2$ mit $a \in \mathbf{N}$ ist nicht erfüllbar bezüglich **N**, da es kein Element der Grundmenge gibt, das bei Belegung der Variablen die Aussageform in eine wahre Aussage überführt.

1.3. Logische Operationen

1.3.1. Aussagenfunktionen

Werden zwei (oder mehr als zwei) Aussagen durch geeignete Bindewörter (z. B. »und«, »oder«, »sowohl ... als auch ...«) verknüpft, so entstehen **Aussagenverbindungen.** Das sind wieder Aussagen, deren Wahrheitswert (↗ 1.2.2.) von den Wahrheitswerten der in festgelegter Reihenfolge verknüpften Aussagen und der Art der Verknüpfung abhängt. Ist die neue Aussage durch die Verknüpfung zweier Aussagen entstanden, so spricht man von einer **zweistelligen logischen Operation.** (Auf mehr als zweistellige logische Operationen wird hier nicht eingegangen.) Die Verneinung einer gegebenen Aussage ist eine **einstellige logische Operation.** Da zwischen gegebenen Aussagen und der durch die Verknüpfung entstandenen neuen Aussage eine eindeutige Zuordnung besteht, nennt man diese Zuordnung **Aussagenfunktion** (↗ Funktionsbegriff 2.4.3.).

Unter einer **zweistelligen Aussagenfunktion** versteht man eine Funktion, die jedem geordneten Paar von Aussagen (Argumente der Aussagenfunktion) eine Aussage (Wert der Aussagenfunktion) zuordnet. Die Negation einer Aussage ist eine **einstellige Aussagenfunktion.**

BEISPIEL 1/9

Gegeben seien folgende Aussagen, deren Wahrheitswert in Klammern angegeben ist:

A_1: »2 ist eine Primzahl« (W)
A_2: »5 ist Teiler von 15« (W)
A_3: »$2 \cdot 5 = 11$« (F)
A_4: »$8 < 10$« (W)

Es werden folgende Verknüpfungen gebildet und die Wahrheitswerte der neuen Aussagen jeweils in Klammern beigefügt:

a) A_1 und A_3: »2 ist eine Primzahl und $2 \cdot 5 = 11$« (F)
b) A_1 oder A_3: »2 ist eine Primzahl oder $2 \cdot 5 = 11$« (W)
c) Wenn A_2, so A_3: »Wenn 5 Teiler von 15 ist, so ist $2 \cdot 5 = 11$« (F)
d) A_1 genau dann, wenn A_4: »2 ist eine Primzahl genau dann, wenn $8 < 10$« (W)

Außerdem wird die Negation als einstellige Aussagenfunktion gebildet:

e) nicht A_3: »Es gilt nicht: $2 \cdot 5 = 11$« (W)

Da der Wahrheitswert der zugeordneten Aussage nur von den Wahrheitswerten der Argumente der Aussagenfunktionen und nicht von den Inhalten abhängt, sind die Aussagenfunktionen **extensional.** (Kausale, konditionale und temporale Verbindungen sind nicht extensional.)
Alle extensionalen Aussagenfunktionen können durch die folgenden **klassischen Aussagenfunktionen** dargestellt werden:

ÜBERSICHT: Klassische Aussagenfunktionen

Name	Argumente	Aussagenfunktion	Festgelegte Wahrheitswerte der Aussagenfunktion
Negation	A	»nicht A«	ist wahr genau dann, wenn A falsch ist.
Konjunktion	A_1, A_2	»A_1 und A_2«	ist wahr genau dann, wenn A_1 wahr und A_2 wahr ist.
Alternative	A_1, A_2	»A_1 oder A_2«	ist falsch genau dann, wenn A_1 falsch und A_2 falsch ist.
Implikation	A_1, A_2	»Wenn A_1, so A_2«	ist falsch genau dann, wenn A_1 wahr und A_2 falsch ist.
Äquivalenz	A_1, A_2	»A_1 genau dann, wenn A_2«	ist wahr genau dann, wenn A_1 und A_2 den gleichen Wahrheitswert haben.

1.3.2. Wahrheitsfunktionen

Aus den Aussagenfunktionen erhält man durch Abstraktion die Wahrheitsfunktionen. So entspricht jeder zweistelligen Aussagenfunktion eine zweistellige Wahrheitsfunktion, die jedem geordneten Paar von Wahrheitswerten eindeutig einen Wahrheitswert (entweder W oder F) zuordnet. Die Negation als einstellige Wahrheitsfunktion ordnet jedem Wahrheitswert wieder einen Wahrheitswert zu.

Wird einem bzw. zwei Wahrheitswerten eindeutig ein Wahrheitswert zugeordnet, so heißt diese Zuordnung eine **einstellige** bzw. **zweistellige Wahrheitsfunktion.**

Als Variablen für Wahrheitswerte werden üblicherweise p und q verwendet. Da Aussagenfunktionen und Wahrheitsfunktionen verschiedenen Abstraktionsstufen angehören, wird zwischen den Argumenten der Aussagenfunktionen (das sind die Aussagen A, A_1, A_2, ...) und den Argumenten der Wahrheitsfunktionen (das sind die Wahrheitswerte w, w_1, w_2, ...) unterschieden.
Als Zeichen für die Aussagenfunktionen und für die Wahrheitsfunktionen werden die Funktoren $\neg$, $\wedge$, $\vee$, $\Rightarrow$, $\Leftrightarrow$ verwendet. (Für $\neg$ ist zuweilen auch $\sim$ gebräuchlich.)

ÜBERSICHT: Zusammenhang zwischen Aussagenfunktionen und Wahrheitsfunktionen

	Aussagen-funktion	Wahrheits-funktion	Symbolische Darstellung
Negation	Nicht A	non w	$\neg p$
Konjunktion	A_1 und A_2	w_1 et w_2	$p \wedge q$
Alternative	A_1 oder A_2	w_1 vel w_2	$p \vee q$
Implikation	Wenn A_1, so A_2	w_1 seq w_2	$p \Rightarrow q$
Äquivalenz	A_1 genau dann, wenn A_2	w_1 äq w_2	$p \Leftrightarrow q$

ÜBERSICHT: Werte der klassischen Wahrheitsfunktionen
(Wahrheitswertetafel)

p	q	$\neg p$	$p \wedge q$	$p \vee q$	$p \Rightarrow q$	$p \Leftrightarrow q$
W	W	F	W	W	W	W
W	F	F	F	W	F	F
F	W	W	F	W	W	F
F	F	W	F	F	W	W

Mit Hilfe dieser Tabellen kann der Wahrheitswert einer Aussagenverbindung ermittelt werden, wenn die Wahrheitswerte der verknüpften Aussagen bekannt sind (↗ Beispiel 1/15).

1.3.3. Zur Negation

Die Negation findet Anwendung bei der indirekten Beweisführung (↗ 1.6.4.2.).

Bei der **doppelten Negation** hebt die zweite Negation die erste auf. Die Aussage »nicht (nicht *A*)« ist gleichbedeutend mit der Aussage »*A*«.

1.3.4. Zur Konjunktion

Diese Verknüpfung kann auch durch die Bindewörter »sowohl A_1 als auch A_2«, »A_1, aber auch A_2«, »nicht nur A_1, sondern auch A_2« erfolgen.
Bei keiner Belegung von *A* kann die Aussagenfunktion »*A* und (nicht *A*)« eine wahre Aussage ergeben:

p	$q = \neg p$	$p \wedge \neg p$
W	F	F
F	W	F

Also ist diese Aussagenfunktion für jede Belegung von *A* eine falsche Aussage (Kontradiktion).
Demnach ergibt die Aussagenfunktion »nicht (*A* und nicht *A*)« bei jeder Belegung von *A* eine wahre Aussage (Identität). Sie entspricht dem Prinzip vom ausgeschlossenen Widerspruch.

1.3.5. Zur Alternative, Antivalenz

In der natürlichen Sprache wird das Bindewort »oder« in unterschiedlicher Bedeutung gebraucht, meist im ausschließenden Sinn in der Bedeutung von »entweder ... oder ...«. Um Mißverständnisse zu vermeiden, wird in den Wissenschaftssprachen der Logik und der Mathematik die Bedeutung des Bindeworts »oder« präzisiert. Man unterscheidet

- die **Alternative**, in der das **nichtausschließende Oder** im Sinne von »entweder *p* oder *q* oder beides« gebraucht wird. Sie entspricht der klassischen Aussagenfunktion »A_1 oder A_2«.
- die **Antivalenz**, in der das **ausschließende Oder** im Sinne von »entweder *p* oder *q*« gebraucht wird. Sie ist wahr, wenn eine der beiden Aussagen wahr ist. Symbolische Darstellung: $p \rangle\!\!-\!\!\langle q$. Wahrheitswertetafel:

p	q	$p \rangle\!\!-\!\!\langle p$
W	W	F
W	F	W
F	W	W
F	F	F

Die Antivalenz kann in folgender Weise auf die klassischen Aussagenverbindungen zurückgeführt werden:

$$(p \vee q) \wedge \neg (p \wedge q)$$

BEISPIEL 1/10

a) »Sind a, b beliebige natürliche Zahlen, so gilt $a \cdot b = 0$ genau dann, wenn $a = 0$ oder $b = 0$.« Nichtausschließende Bedeutung des Oder, Alternative.

b) »Für alle rationalen Zahlen a, b, c gilt: Entweder $a < b$ oder $a = b$ oder $a > b$.« Ausschließendes Oder, Antivalenz; Fallunterscheidung.

1.3.6. Zur Implikation

In der Implikation $p \Rightarrow q$ heißt p Prämisse, q Konklusion. Da *in der Logik* von kausalen, konditionalen, temporalen und anderen Zusammenhängen abgesehen wird und nur die Wahrheitswerte betrachtet werden, besitzt die Aussagenverbindung auch dann den Wahrheitswert W, wenn die Prämisse eine falsche Aussage, die Konklusion eine wahre Aussage enthält.

BEISPIEL 1/11

Die Aussagenverbindung »Wenn 6 eine Primzahl ist, so teilt 6 die Zahl 18« hat den Wahrheitswert W, weil die Implikation $p \Rightarrow q$ wahr ist, wenn p den Wahrheitswert F und q den Wahrheitswert W hat.

In der Umgangssprache und in der Mathematik werden besonders kausale Zusammenhänge durch die Aussagenverbindung »Wenn A_1, so A_2« ausgedrückt. (↗ Folgerungsbegriff, 1.5.1.)

Vertauscht man in der Implikation »Wenn A_1, so A_2« die Aussagen A_1 und A_2 miteinander, so entsteht die **Umkehrung** (Konversion) der ursprünglichen Aussagenverbindung: »Wenn A_2, so A_1«. Der Vergleich des Verlaufs der Wahrheitswerte der Implikation und ihrer Umkehrung zeigt keine Übereinstimmung:

p	q	$p \Rightarrow q$
W	W	W
W	F	F
F	W	W
F	F	W

q	p	$q \Rightarrow p$
W	W	W
F	W	W
W	F	F
F	F	W

Implikation und ihre Umkehrung sind **nicht wertverlaufsgleich.** Demnach sind auch die Aussagenverbindungen »Wenn A_1, so A_2« und »Wenn A_2, so A_1« nicht logisch gleichwertig (nicht logisch äquivalent).

Bildet man zu der Implikation »Wenn A_1, so A_2« die **Kontraposition** »Wenn (nicht A_2), so (nicht A_1)«, und vergleicht man den Verlauf der Wahrheitswerte mit dem der Implikation, so stellt man **Wertverlaufsgleichheit** fest:

p	q	$p \Rightarrow q$
W	W	W
W	F	F
F	W	W
F	F	W

q	p	$\neg q$	$\neg p$	$\neg q \Rightarrow \neg p$
W	W	F	F	W
F	W	W	F	F
W	F	F	W	W
F	F	W	W	W

Das heißt, Implikation und Kontraposition sind logisch äquivalent. Von diesem Sachverhalt macht man bei Beweisführungen Gebrauch.

BEISPIEL 1/12

Implikation: Wenn ein Viereck ein Rechteck ist, so sind die Diagonalen gleich lang. (W)
Umkehrung: Wenn in einem Viereck die Diagonalen gleich lang sind, so ist es ein Rechteck. (F, Gegenbeispiel: gleichschenkliges Trapez)
Kontraposition: Wenn in einem Viereck die Diagonalen nicht gleich lang sind, so ist es kein Rechteck. (W)

1.3.7. Zur Äquivalenz

Wenn die Implikation »Wenn A_1, so A_2« und ihre Umkehrung »Wenn A_2, so A_1« gelten, dann gilt auch die Äquivalenz »A_1 genau dann, wenn A_2«, d. h., $p \Leftrightarrow q$ ist äquivalent zu $(p \Rightarrow q) \wedge (q \Rightarrow p)$.

BEISPIEL 1/13

Ein Viereck ist ein Parallelogramm genau dann, wenn die Diagonalen einander halbieren. (Äquivalenz)
Implikation: Wenn ein Viereck ein Parallelogramm ist, so halbieren die Diagonalen einander. (W)
Umkehrung: Wenn in einem Viereck die Diagonalen einander halbieren, so ist es ein Parallelogramm. (W)

Hinweis: Soll eine Äquivalenzaussage »A_1 genau dann, wenn A_2« bewiesen werden, so sind stets zwei Beweise erforderlich: der Beweis der Implikation »Wenn A_1, so A_2« **und** der Beweis der Umkehrung der Implikation »Wenn A_2, so A_1«.

1.4. Logische Ausdrücke

1.4.1. Aussagenlogische Ausdrücke

Unter einem **aussagenlogischen Ausdruck** versteht man eine Zeichenreihe Z, die aus den Aussagenvariablen p, q, r, ..., aus den aussagenlogischen Funktoren $\neg$, $\wedge$, $\vee$, $\Rightarrow$, $\Leftrightarrow$ und aus technischen Zeichen besteht und für die gilt: (induktive Definition ↗ 1.6.3.)

(1) Jede Aussagenvariable ist ein Ausdruck.
(2) Wenn Z ein Ausdruck ist, so ist auch $\neg Z$ ein Ausdruck.
(3) Wenn Z_1, Z_2 Ausdrücke sind, so sind auch $(Z_1 \wedge Z_2)$, $(Z_1 \vee Z_2)$, $(Z_1 \Rightarrow Z_2)$, $(Z_1 \Leftrightarrow Z_2)$ Ausdrücke.
(4) Eine Zeichenreihe ist nur dann ein Ausdruck, wenn er mit Hilfe von (1), (2), (3) gebildet werden kann.

Es ist festgelegt, daß der Funktor $\Leftrightarrow$ stärker trennt als die anderen und der Funktor $\Rightarrow$ stärker trennt als $\neg$, $\wedge$, $\vee$. Ausdrücke werden durch das Zeichen H symbolisiert.

BEISPIEL 1/14

a) $H_1 = \neg(p \Rightarrow q)$ ist ein Ausdruck, weil
 – p, q Ausdrücke sind nach (1),
 – die Zeichenreihe $p \Rightarrow q$ ein Ausdruck ist nach (3),
 – die Zeichenreihe $\neg(p \Rightarrow q)$ ein Ausdruck ist nach (2).

b) $H_2 = p \vee\wedge q$ ist kein Ausdruck, weil gegen die Forderung (3) verstoßen wird.

Zur Ermittlung des Wahrheitswertes von Ausdrücken werden die Variablen p, q als Wahrheitswertvariablen genutzt und für jede Belegung der Variablen p und q mit Wahrheitswerten der zugehörige Wahrheitswert des Ausdrucks ermittelt. Dazu legt man zweckmäßigerweise eine Tabelle an, die bei allen möglichen Belegungen der Variablen mit Wahrheitswerten alle Werte von H enthält. In endlich vielen Schritten kann man von jedem Ausdruck den Wahrheitswert ermitteln.

BEISPIEL 1/15

Es ist der Wahrheitswert des Ausdrucks
$H = \neg(p \wedge q) \Leftrightarrow (\neg p \vee \neg q)$
zu ermitteln.

p	q	$p \wedge q$	$\neg(p \wedge q) = H_1$	$\neg p$	$\neg q$	$\neg p \vee \neg q = H_2$	$H_1 \Leftrightarrow H_2$
W	W	W	F	F	F	F	W
W	F	F	W	F	W	W	W
F	W	F	W	W	F	W	W
F	F	F	W	W	W	W	W

Der Ausdruck H im Beispiel 1/15 ist eine **aussagenlogische Identität** (auch aussagenlogisches Gesetz oder Tautologie genannt (↗ 1.4.2.). Er ist ein **allgemeingültiger Ausdruck**, da bei jeder Belegung der Wahrheitswertvariablen der Ausdruck den Wahrheitswert W annimmt.

1.4.2. Aussagenlogische Äquivalenzen und Identitäten

Da im Beispiel 1/15 der Ausdruck H_1 bei jeder Belegung der Aussagenvariablen mit Wahrheitswerten stets den gleichen Wahrheitswert wie H_2 annimmt, sind die den Ausdrücken H_1 und H_2 entsprechenden Aussagenverbindungen **logisch äquivalent.** Man schreibt H_1 äq H_2. Deshalb ist eine **Ersetzung** des Ausdrucks H_1 durch den Ausdruck H_2 möglich. Dabei ist gleichgültig, welchen bestimmten Inhalt die einzelnen Aussagen haben.

Einige **äquivalente Ausdrücke** der Aussagenlogik:

(1) $p \wedge (q \vee r)$ äq $(p \wedge q) \vee (p \wedge r)$
(2) $\neg(p \wedge q)$ äq $\neg p \vee \neg q$
(3) $p \Rightarrow q$ äq $\neg(p \wedge \neg q)$
(4) $p \Rightarrow q$ äq $\neg q \Rightarrow \neg p$ (Kontraposition)
(5) $p \Rightarrow (q \vee r)$ äq $(p \wedge \neg q) \Rightarrow r$

(6) $(p \vee q) \Rightarrow r$ äq $(p \Rightarrow r) \wedge (q \Rightarrow r)$
(7) $p \Rightarrow (q \wedge r)$ äq $(p \Rightarrow q) \wedge (p \Rightarrow r)$
(8) $p \Rightarrow (q \Rightarrow r)$ äq $(p \wedge q) \Rightarrow r$ (Prämissenvereinigung)

BEISPIEL 1/16

Zu (2): »Es gilt nicht: 7 teilt 21 und 7 teilt 22« ist äquivalent mit »7 teilt nicht 21 oder 7 teilt nicht 22.«
Zu (5): »Wenn $a \cdot b = 0$, so ist $a = 0$ oder $b = 0$« ist äquivalent mit »Wenn $a \cdot b = 0$ und $a \neq 0$, so $b = 0$«.

Einige **aussagenlogische Identitäten** (Das sind solche Ausdrücke, die bei **jeder** Belegung der Aussagenvariablen mit Wahrheitswerten stets den Wahrheitswert W annehmen):

(1) $p \Rightarrow (q \Rightarrow p)$
(2) $p \wedge q \Rightarrow p$
(3) $p \wedge q \Rightarrow q$
(4) $p \Rightarrow (p \vee q)$
(5) $q \Rightarrow (p \vee q)$
(6) $(p \Leftrightarrow q) \Rightarrow (p \Rightarrow q)$
(7) $(p \Leftrightarrow q) \Rightarrow (q \Rightarrow p)$
(8) $(p \Rightarrow q) \Rightarrow [(q \Rightarrow p) \Rightarrow (p \Leftrightarrow q)]$
(9) $(p \Rightarrow q) \Leftrightarrow (\neg q \Rightarrow \neg p)$ (Kontraposition)
(10) $p \Rightarrow \neg\neg p$

1.4.3. Prädikatenlogische Ausdrücke

Der innere Aufbau von Einzelaussagen wird durch die Untersuchung der Beziehung zwischen Subjekt und Prädikat verfeinert: Welche Aussagen können über die Eigenschaften von und die Beziehungen zwischen Objekten gemacht werden? Die Objekte werden **Individuen**, die Eigenschaften und Beziehungen **Attribute** genannt. Die Attribute (auch Prädikate genannt) können ein-, zwei- oder mehrstellig sein.

BEISPIEL 1/17

a) »5 ist eine Primzahl«; das Attribut ist einstellig; »... ist eine Primzahl« ist eine Eigenschaft.
b) »10 ist größer als 7«; das Attribut ist zweistellig; »... ist größer als ...« ist eine Relation.

In 1.2.3. wurde gezeigt, daß jede Aussageform $H(x)$ in einem Variablengrundbereich X durch Bindung der Aussagenvariablen mit Hilfe der Quantoren $\bigvee$ (Es gibt (mindestens) ein ..., für das gilt) und $\bigwedge$ (Für alle ... gilt) in eine Aussage übergeführt wird.

Eine Funktion, die jedem Individuum x aus dem Grundbereich X eindeutig einen der Wahrheitswerte W oder F zuordnet, wird ein **einstelliges Attribut** in X genannt.
Entsprechend heißt eine Funktion, die jedem n-Tupel von Individuen aus X eindeutig einen der Wahrheitswerte W oder F zuordnet, ein **n-stelliges Attribut** in X.

Eine Quantifizierung durch den Allquantor $\bigwedge$ nennt man **Generalisierung**; es entsteht eine Allaussage.

Eine Quantifizierung durch den Existenzquantor $\bigwedge$ nennt man **Partikularisierung**; es entsteht eine Existenzaussage.
Die Quantifizierungen sind **prädikatenlogische Operationen.** Es seien $H(x)$ bzw. $H(x, y)$ Aussageformen für ein- bzw. zweistellige Attribute, der Individuenbereich sei X bzw. Y, dann schreibt man symbolisch

$\bigvee\limits_{x \in X} H(x)$ für »Es gibt ein x aus dem Individuenbereich X, für das $H(x)$ gilt«.

$\bigwedge\limits_{x \in X} H(x)$ »Für alle x aus dem Individuenbereich X gilt $H(x)$.«

$\bigwedge\limits_{x, y \in X} H(x, y)$ »Für alle x, y aus dem Individuenbereich X gilt $H(x, y)$«.

$\bigwedge\limits_{x \in X} \bigvee\limits_{y \in Y} H(x, y)$ »Für alle x aus dem Individuenbereich X gibt es ein y aus dem Individuenbereich Y, so daß $H(x, y)$ gilt«.

BEISPIEL 1/18

a) »Es gibt eine natürliche Zahl x, für die $2 - x = 1$ gilt«; symbolische Darstellung: $\bigvee\limits_{x \in \mathbf{N}} 2 - x = 1$

b) »Für alle natürlichen Zahlen x gilt: $x + 2 = 2 + x$«; symbolische Darstellung: $\bigwedge\limits_{x \in \mathbf{N}} x + 2 = 2 + x$

c) »Für alle reellen Zahlen x, y gilt die 2. binomische Formel; symbolische Darstellung: $\bigwedge\limits_{x, y \in \mathbf{R}} (x + y)(x - y) = x^2 - y^2$

d) »Zu jedem reellen x gibt es ein reelles y, so daß $x < y$ gilt«; symbolische Darstellung: $\bigwedge\limits_{x \in \mathbf{R}} \bigvee\limits_{y \in \mathbf{R}} x < y$

Besonders sorgfältig ist die **Negation** eines Ausdrucks mit einem einstelligen Attribut zu bilden: Individuenbereich X

Es sei gegeben: $\bigvee\limits_{x} H(x)$ »Es gibt (mindestens) ein x mit der Eigenschaft H«.

$\neg \bigvee\limits_{x} H(x)$ »Es gibt kein x mit der Eigenschaft H«.

$\bigvee\limits_{x} \neg H(x)$ »Es gibt ein x, das die Eigenschaft H nicht besitzt«.

Es sei gegeben: $\bigwedge\limits_{x} H(x)$ »Für alle x gilt die Eigenschaft H«.

$\neg \bigwedge\limits_{x} H(x)$ »Nicht für alle x gilt die Eigenschaft H«.

$\bigwedge\limits_{x} \neg H(x)$ »Für alle x gilt die Eigenschaft H nicht«.

Folgende **prädikatenlogische Ausdrücke** sind **äquivalent.** Sie ermöglichen es, ein und denselben Sachverhalt in unterschiedlicher, jedoch logisch gleichwertiger Weise darzustellen. Der Individuenbereich sei X.

(1) $\bigvee\limits_{x} H(x)$ äq $\neg \bigwedge\limits_{x} \neg H(x)$

(2) $\bigwedge\limits_{x} H(x)$ äq $\neg \bigvee\limits_{x} \neg H(x)$

(3) $\neg \bigvee_x H(x)$ äq $\bigwedge_x \neg H(x)$

(4) $\neg \bigwedge_x H(x)$ äq $\bigvee_x \neg H(x)$

BEISPIEL 1/19

a) Zu (1): »Es gibt eine natürliche Zahl x, für die $x^2 + 16 = 25$ gilt« ist äquivalent mit »Nicht für alle natürlichen Zahlen x gilt: $x^2 + 16 \neq 25$«.
b) Zu (2): »Für jede natürliche Zahl x gilt $4 + x > 3$« ist äquivalent mit »Es gibt keine natürliche Zahl x, für die $4 + x > 3$ nicht gilt«.
c) Zu (3): »Es gibt keine natürliche Zahl x, für die $4 + x < 3$« ist äquivalent mit »Für alle natürlichen Zahlen x gilt: Es ist nicht wahr, daß $4 + x < 3$«.
d) Zu (4): »Nicht für alle natürlichen Zahlen x gilt: $x^2 + 16 = 25$« ist äquivalent mit »Es gibt eine natürliche Zahl x, für die nicht gilt $x^2 + 16 = 25$ (bzw. für die $x^2 + 16 \neq 25$ gilt)«.

Zu beachten ist, daß die Ausdrücke $\neg \bigwedge_x H(x)$ und $\bigwedge_x \neg H(x)$ **nicht** logisch äquivalent sind.

BEISPIEL 1/20

$\neg \bigwedge_x H(x)$: »Nicht alle quadratischen Gleichungen haben reelle Lösungen«. Das ist eine wahre Aussage, denn z. B. hat die Gleichung $x^2 + 2 = 0$ keine reelle Lösung.

$\bigwedge_x \neg H(x)$: »Jede quadratische Gleichung hat keine reellen Lösungen«. Das ist eine falsche Aussage, denn z. B. hat die Gleichung $x^2 - 2 = 0$ die reellen Lösungen $x_1 = \sqrt{2}$ und $x_2 = -\sqrt{2}$.

1.5. Logisches Schließen

1.5.1. Zum Folgerungsbegriff

Während in der Logik bei der Implikation (↗ 1.3.6.) von inhaltlichen Zusammenhängen abgesehen wird, werden in der Mathematik (und auch in der Umgangssprache) mit Hilfe der Implikation auch kausale Beziehungen ausgedrückt.

Zur Vereinfachung der Darstellung sei in den folgenden Aussageformen nur eine Variable vorhanden, für deren Belegungen ein und derselbe Individuenbereich zur Verfügung stehe.

Die implikative Verbindung zweier Aussageformen $H_1(x)$ und $H_2(x)$ in der Form »Wenn $H_1(x)$, so $H_2(x)$« ist wieder eine Aussageform.

Wird die Variable mit Elementen (genauer: mit Bezeichnungen von Elementen) aus dem Grundbereich belegt, so können die Aussageformen entweder erfüllt oder nicht erfüllt werden (↗ 1.2.3.). Wenn **jede** Variablenbelegung, die $H_1(x)$ erfüllt, auch $H_2(x)$ erfüllt, so sagt man »Aus der Aussageform $H_1(x)$ folgt die Aussageform $H_2(x)$«.

$H_2(x)$ folgt also nur dann aus $H_1(x)$, wenn bei jeder Variableninterpretation $H_2(x)$ wahr ist, sofern $H_1(x)$ wahr ist.

Zusammengefaßt:

Sind $H_1(x)$ und $H_2(x)$ Bezeichnungen für Aussageformen mit der freien Variablen x aus dem Individuenbereich X und ist die implikative Allaussage »Für alle $x \in X$ gilt: Wenn $H_1(x)$, so $H_2(x)$« wahr, so heißt die Aussage **Folgerungsaussage**, kurz Folgerung, geschrieben: »Aus $H_1(x)$ folgt $H_2(x)$«.

Die Erfüllungsmenge von $H_1(x)$ ist in der Erfüllungsmenge von $H_2(x)$ enthalten. Veranschaulichung in Bild 1/3

Bild 1/3

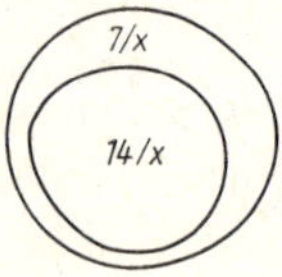

Bild 1/4

BEISPIEL 1/21

Gegeben sei die Aussageform »Wenn 14 | x, so 7 | x« mit dem Grundbereich **N**. (14 | x wird gelesen: 14 teilt x, ↗ 3.1.6.1.)
Jede Zahl aus dem Grundbereich, die die Aussageform 14 | x erfüllt (d. h., sie in eine wahre Aussage überführt), erfüllt auch die Aussageform 7 | x. (Zum Beispiel 14 | 14 und 7 | 14 oder 14 | 28 und 7 | 28). Da die Implikation »Wenn 14 | x, so 7 | x« bei **allen** Belegungen der Variablen mit Bezeichnungen für Elemente aus dem Grundbereich in eine wahre Aussage übergeführt wird, sagt man »Aus 14 | x folgt 7 | x«. Aus der Teilbarkeit einer natürlichen Zahl durch 14 folgt ihre Teilbarkeit durch 7.

Ist die Allaussage »Für alle x aus dem Grundbereich X gilt: Wenn $H_1(x)$, so $H_2(x)$« wahr, so heißt
$H_1(x)$ in bezug auf $H_2(x)$ eine **hinreichende Bedingung** und
$H_2(x)$ in bezug auf $H_1(x)$ eine **notwendige Bedingung.**
Die Kenntnis der Wahrheit der auf $H_1(x)$ fundierten Aussage *reicht hin*, um zu wissen, daß die für das gleiche Element auf $H_2(x)$ fundierte Aussage auch wahr ist.
Die Erfüllung von $H_2(x)$ ist *notwendig* für die Erfüllung von $H_1(x)$ (↗ Beispiel 1/22), denn es kann bei einer Variableninterpretation $H_1(x)$ nicht wahr sein, wenn $H_2(x)$ falsch ist. (Nach der Wahrheitswertetafel (↗ 1.3.2.) ist für wahre Prämisse und falsche Konklusion der Wahrheitswert der Implikation falsch.)
Wenn $H_1(x)$ und $H_2(x)$ bei Variableninterpretation die gleiche Erfüllungsmenge haben, dann stimmt die Erfüllungsmenge mit den Erfüllungsmengen für die implikativen Aussageformen »Wenn $H_1(x)$, so $H_2(x)$« und »Wenn $H_2(x)$, so $H_1(x)$« überein, d. h., diese implikativen Aussageformen sind allgemeingültig, und es gilt »Aus $H_1(x)$ folgt $H_2(x)$« und »Aus $H_2(x)$ folgt $H_1(x)$«. In diesem Fall ist die

Aussageform $H_1(x)$ in bezug auf $H_2(x)$ eine **notwendige und hinreichende Bedingung** und umgekehrt. Die Aussageformen $H_1(x)$ und $H_2(x)$ sind dann zueinander äquivalent bezüglich des Individuenbereichs. Veranschaulichung in Bild 1/5

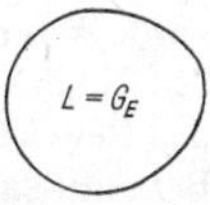

Bild 1/5

BEISPIEL 1/22

Gegeben sei die Aussageform »Wenn $2x + 5 = 11$, so $2x = 6$«, der Variablengrundbereich sei **R**.
Dann ist die Erfüllungsgrundmenge für »$2x + 5 = 11$« und auch für »$2x = 6$« die Menge **R**. Lösungsmenge ist in beiden Fällen $\{3\}$. Sie stimmt mit den implikativen Aussageformen überein. Über dem Variablengrundbereich **R** gilt »Aus $2x + 5 = 11$ folgt $2x = 6$« und »Aus $2x = 6$ folgt $2x + 5 = 11$«.
Die Gleichungen $2x + 5 = 11$ und $2x = 6$ sind bezüglich des Variablengrundbereichs **R** zueinander äquivalent.

Gelegentlich werden **Aussagen** statt Aussageformen in einer Folgerung verknüpft in der Form »Aus A_1 folgt A_2«. Wenn die Implikation $A_1 \Rightarrow A_2$ eine **logische Identität** (↗ 1.4.2.) ist, gilt stets: »Aus A_1 folgt A_2«.

BEISPIEL 1/23

Aus »Wenn ein konvexes Viereck ein Parallelogramm ist, dann sind jeweils die Gegenseiten gleich lang« folgt »Wenn in einem konvexen Viereck die Gegenseiten nicht gleich lang sind, dann ist es kein Parallelogramm«.
Diese Folgerung ist richtig, weil die zweite Aussage die Kontraposition (↗ 1.4.2.) der ersten Aussage ist.

Der Folgerungsbegriff wird auch für solche implikativen Aussagenverbindungen verwendet, denen zwar keine logische Identität zugrunde liegt, die aber auf einer allgemeingültigen Aussageform beruhen.

BEISPIEL 1/24

»Aus $7 \mid 42$ und $7 \mid 70$ folgt $7 \mid 112$« beruht zwar auf keiner logischen Identität, sondern auf der allgemeingültigen Aussageform im Bereich der natürlichen Zahlen: Wenn $a \mid b$ und $a \mid c$, so $a \mid (b + c)$.

1.5.2. Aussagenlogisches Schließen

Neben den bekannten Möglichkeiten zur Gewinnung von Aussagen, wie

- durch die Formulierung von Ergebnissen, die aus der Untersuchung von Sachverhalten der objektiven Realität stammen,
- durch die Verknüpfung von Aussagen zu Aussagenverbindungen,

gelangt man auch aus gegebenen Aussagen durch die Anwendung bestimmter **Schlußregeln** zu neuen Aussagen, das als **Schließen** bezeichnet wird. Will man durch das Schließen ein bestimmtes Ziel erreichen, z. B. den Nachweis der Wahrheit einer Aussage, so nennt man diesen Prozeß das **Beweisen.**

Beim aussagenlogischen Schließen werden die Schlüsse auf Grund von Schlußregeln ausgeführt, die aus Gesetzen der Aussagenlogik formuliert wurden. Die Schlußregeln sind so beschaffen, daß bei wahrer Prämisse mit Sicherheit auch die Konklusion wahr ist. Eine Schlußregel heißt **gültig**, wenn der Fall »Prämisse W, Konklusion F« nicht eintritt. Wird ein Schluß nach einer gültigen Schlußregel gezogen, so heißt er **zwingend.**

Gültige Schlußregeln (aus dem System der Regeln des natürlichen Schließens):

(1) **Schluß aus einer Implikation**

Wenn aus den gegebenen Voraussetzungen die Aussage »Wenn H_1, so H_2« beweisbar und aus diesen Voraussetzungen die Aussage H_1 beweisbar ist, so ist aus den Voraussetzungen die Aussage H_2 beweisbar.

Mögliche Schlußfiguren:

a) $$\begin{array}{c} H_1 \Rightarrow H_2 \\ H_1 \\ \hline H_2 \end{array}$$
Abtrennungsregel

b) $$\begin{array}{c} H_1 \Rightarrow H_2 \\ \neg H_2 \\ \hline \neg H_1 \end{array}$$
Aufhebungsregel

c) $$\begin{array}{c} H_1 \Rightarrow H_2 \\ \hline \neg H_2 \Rightarrow \neg H_1 \end{array}$$
Kontraposition

Oberhalb des Querstrichs steht der Ausdruck, aus dem geschlossen wird, unterhalb der, auf den geschlossen wird.

BEISPIEL 1/25

Für alle natürlichen Zahlen n gilt:

a) Wenn die Quersumme von n durch 3 teilbar ist, so ist n durch 3 teilbar. — $H_1 \Rightarrow H_2$
Die Quersumme von 5322 ist durch 3 teilbar. — H_1

Die Zahl 5322 ist durch 3 teilbar. — H_2

b) wie unter a) — $H_1 \Rightarrow H_2$
Die Zahl 5321 ist nicht durch 3 teilbar. — $\neg H_2$

Die Quersumme von 5321 ist nicht durch 3 teilbar. — $\neg H_1$

c) wie unter a) — $H_1 \Rightarrow H_2$

Wenn n nicht durch 3 teilbar ist, so ist die Quersumme von n nicht durch 3 teilbar. — $\neg H_2 \Rightarrow \neg H_1$

(2) **Schluß aus einer Alternative**

Wenn aus gegebenen Voraussetzungen die Aussage »H_1 oder H_2« beweisbar ist und

wenn aus diesen Voraussetzungen und der Aussage H_1 eine Aussage H_3 beweisbar ist und

wenn aus diesen Voraussetzungen und der Aussage H_2 die Aussage H_3 beweisbar ist,
so ist allein aus den gegebenen Voraussetzungen die Aussage H_3 beweisbar.
Dieser Schluß führt auf **Fallunterscheidung:**
Aus der Wahrheit der Aussage »H_1 oder H_2« nimmt man an:

Fall 1: Die Aussage H_1 ist wahr. Nun ist die Aussage »Wenn H_1, so H_3« zu beweisen. Dann ist H_3 wahr. (Abtrennungsregel)

Fall 2: Die Aussage H_2 ist wahr. Nun ist die Aussage »Wenn H_2, so H_3« zu beweisen. Dann ist H_3 wahr. (Abtrennungsregel)

Damit ist H_3 bewiesen.

Schlußfigur
$$\begin{array}{c} H_1 \vee H_2 \\ H_1 \Rightarrow H_3 \\ H_2 \Rightarrow H_3 \\ \hline H_3 \end{array}$$

BEISPIEL 1/26

Es sei a eine nicht durch 3 teilbare natürliche Zahl. Dann läßt a^2 bei der Division durch 3 den Rest 1.
a läßt sich darstellen in den Formen

1. Fall	2. Fall	
$a = 3n + 1$	$a = 3n + 2$	$H_1 \vee H_2$
Durch Quadrieren erhält man		
$a^2 = 9n^2 + 6n + 1$ $\quad H_1 \Rightarrow H_3$	$a^2 = 9n^2 + 12n + 4$	$H_2 \Rightarrow H_3$
bzw.		
$a^2 = 3(3n^2 + 2n) + 1$	$a^2 = 3(3n^2 + 4n + 1) + 1$	

a^2 läßt in beiden Fällen bei Division durch 3 den Rest 1. $\quad H_3$

(3) **Schluß auf eine Negation**
Wenn aus den gegebenen Voraussetzungen und einer Aussage H_1 ein *Widerspruch* folgt, so ist aus den gegebenen Voraussetzungen die Aussage »nicht H_1« beweisbar.
Anwendung dieses Schlusses beim **indirekten Beweis** (↗ 1.6.4.2.)
Außer den Regeln des natürlichen Schließens kann auch eine *aussagenlogische Identität* als Schlußregel Anwendung finden:

(4) Auf dem Satz vom **Kettenschluß**
$$[(H_1 \Rightarrow H_2) \wedge (H_2 \Rightarrow H_3)] \Rightarrow (H_1 \Rightarrow H_3)$$
beruht die Schlußregel
$$\begin{array}{c} H_1 \Rightarrow H_2 \\ H_2 \Rightarrow H_3 \\ \hline H_1 \Rightarrow H_3 \end{array}$$

BEISPIEL 1/27

Wenn $a = 2n$, so $a^2 = 4n^2$	$H_1 \Rightarrow H_2$
Wenn $a^2 = 4n^2$, so $a^4 = 16n^4$	$H_2 \Rightarrow H_3$
Wenn $a = 2n$, so $a^4 = 16n^4$	$H_1 \Rightarrow H_3$

1.5.3. Prädikatenlogisches Schließen

Aus allgemeingültigen prädikatenlogischen Implikationen werden folgende Schlußregeln formuliert, deren Anwendung beim Beweisen mathematischer Aussagen erforderlich ist.

(1) **Schluß auf »Für jedes ...« (»Für alle ...«)**

Wenn ein Ausdruck $H(x)$ für ein beliebiges x des Grundbereichs beweisbar ist, so ist die Aussage »Für jedes a gilt $H(a)$« beweisbar.

Schlußfigur: $$\frac{H(x)}{\bigwedge_{\alpha} H(a)}$$

(2) **Schluß aus »Für jedes ...« (»Für alle ...«)**

Wenn eine Aussage »Für jedes a gilt $H(a)$« beweisbar ist, so ist die Aussage für ein beliebiges Element x beweisbar.

Schlußfigur: $$\frac{\bigwedge_{\alpha} H(a)}{H(x)}$$

(3) **Schluß auf »Es gibt ein ...«**

Wenn ein x angegeben werden kann, so daß die Aussage $H(x)$ beweisbar ist, dann ist die Aussage »Es gibt ein a, für das $H(a)$ gilt« beweisbar.

(4) **Schluß aus »Es gibt ein ...«**

Wenn die Aussage »Es gibt ein a, für das $H(a)$ gilt« beweisbar ist, dann ist $H(x)$ beweisbar. x bezeichnet ein Element, für das $H(x)$ gilt, d. h., x verliert den Charakter einer Variablen und bekommt den einer Konstanten. (Deshalb darf nicht mehr quantifiziert werden.)

BEISPIEL 1/28

Zu (1): Wenn gezeigt werden soll, daß »in jedem Trapez (für alle Trapeze) die Mittellinie halb so lang ist wie die Summe der beiden parallelen Seiten«, so ist erforderlich zu beweisen, daß diese Aussage »für ein beliebiges Trapez *ABCD* gilt«.

1.6. Zur Erkenntnisgewinnung in mathematischen Disziplinen

Der Prozeß der **Erkenntnisgewinnung** vollzieht sich in der Mathematik oft in zwei Phasen:

- **Erkenntnisfindung:** Aufstellung einer Aussage durch **reduktive Methoden**, die als »Vermutung« geäußert werden kann und deren Wahrheit eine gewisse Wahrscheinlichkeit besitzt,
- **Erkenntnissicherung:** Anwendung **deduktiver Methoden.** Erst nach Durchführung eines Beweises wird die Aussage als **Satz** (wahre Aussage) anerkannt.

Reduktive und deduktive Methoden ergänzen und durchdringen einander bei der Entwicklung, Darstellung und Anwendung mathematischer Disziplinen.

1.6.1. Reduktive Methoden der Erkenntnisfindung

Man unterscheidet zwei Hauptformen:

Induktive Verfahren	**Nichtinduktive Verfahren**
Aus der Untersuchung von Einzelfällen (z. B. aus der Anschauung, durch Messungen, durch Betrachten von Sonderfällen) werden Aussagen als »Vermutung« formuliert.	durch Analogiebetrachtungen, Verallgemeinerungen, Umkehren von Sätzen. Dadurch entstehen neue Aussagen als »Vermutungen«.

BEISPIEL 1/29

a) Durch Ausmessen der entsprechenden Winkel eines Dreiecks findet man die Vermutung: »Jeder Außenwinkel eines Dreiecks ist gleich der Summe der beiden nichtanliegenden Innenwinkel«.

b) Durch *Analogiebetrachtung* wird aus der Ähnlichkeit von Erscheinungen in bestimmten Eigenschaften oder Relationen auf Ähnlichkeit auch in anderen Eigenschaften oder Relationen geschlossen: Übertragung der Potenzgesetze auf die Wurzelrechnung.

Es gilt $a^n b^n = (ab)^n$ und $\sqrt[n]{a} \cdot \sqrt[n]{b} = \sqrt[n]{a \cdot b}$.
Unbegründete Analogie: Es gilt **nicht** die Analogie

$$a^m \cdot a^n = a^{m+n} \quad \text{und} \quad \sqrt[m]{a} \cdot \sqrt[n]{a} = \sqrt[m+n]{a}.$$

c) Die Ähnlichkeitssätze für Dreiecke werden aus den entsprechenden Kongruenzsätzen durch *Verallgemeinerung* gewonnen, wenn statt der speziellen Voraussetzung $k = 1$ der Ähnlichkeitsfaktor $k > 0$, $k \in \mathbf{R}$ gilt.

1.6.2. Zur axiomatischen Methode

Beim Aufbau einer mathematischen Teildisziplin wird die **axiomatische Methode** als höchste Form der deduktiven Methode angewendet.
Gegeben seien

- eine Menge von vorgegebenen **Grundbegriffen** aus einem mathematischen Sachgebiet,

- eine Menge von **wahren Aussagen** über dieses Sachgebiet und
- **Regeln**, mit deren Hilfe diese Aussagen in andere Aussagen dieses Sachgebiets umgeformt werden können.

Mit Hilfe der Grundbegriffe können weitere Begriffe durch Definition (↗ 1.6.3.) festgelegt werden.
Die Menge der wahren Aussagen besteht aus zwei Teilmengen:

- Die systematisierte Teilmenge von Aussagen, aus der sich alle übrigen deduktiv ableiten lassen. Sie heißen **Axiome.** Sie werden als gegeben vorausgesetzt.
- Die Teilmenge der Aussagen, die mit Hilfe von Regeln (Schluß- und Umformungsregeln) aus den Axiomen und bereits bewiesenen wahren Aussagen gewonnen werden können. Sie werden **Theoreme, Lehrsätze** oder kurz **Sätze** genannt.

Was in einer mathematischen Theorie Axiom und was Theorem ist, hängt von dem Aufbau und der Struktur des entsprechenden Systems ab.
Die Gesamtheit aller Axiome einer Theorie bildet das **Axiomensystem** (z. B. das PEANOsche Axiomensystem zur Definition des Begriffs »natürliche Zahl« ↗ 3.1.1., das Axiomensystem der ebenen EUKLIDischen Geometrie ↗ in 5.1.1., die axiomatische Definition der Wahrscheinlichkeit nach KOLMOGOROW ↗ 9.2.3.). An ein Axiomensystem werden folgende *Anforderungen* gestellt:

- **Widerspruchsfreiheit;** es darf nicht möglich sein, durch deduktives Schließen aus den Axiomen das Negat eines der Axiome oder einen Satz und seine Negation herzuleiten.
- **Vollständigkeit;** ein Axiomensystem ist vollständig, wenn aus ihm alle Sätze der Disziplin hergeleitet werden können.
- **Unabhängigkeit;** es darf keine Aussage als Axiom aufgenommen werden, die aus den übrigen Axiomen herleitbar ist.

Weiter wird verlangt, daß alle Herleitungen sich ausschließlich durch logische Deduktion ergeben und keine Anschauung herangezogen wird.
Von großer philosophischer und methodologischer Bedeutung ist das von DAVID HILBERT in seinem Werk »Grundlagen der Geometrie« aufgestellte Axiomensystem der Geometrie. Dort gab er den Grundriß einer modernen **Axiomatik** (Lehre von der Aufstellung von Axiomensystemen).

1.6.3. Zum Definieren mathematischer Begriffe

Unter einem **Begriff** versteht man die gedankliche Widerspiegelung einer Klasse (↗ 2.5.3.) von Elementen oder einer Klasse von Klassen, die unveränderliche Merkmale besitzen.

Beim Aufbau einer mathematischen Theorie werden Begriffe ohne Definition an den Anfang gestellt. Sie werden **Grundbegriffe** genannt. Solche

sind z. B. beim Aufbau der ebenen EUKLIDischen Geometrie »Punkt«, »Gerade«, »... liegt zwischen ...«.
Begriffe, die aus den Grundbegriffen und bereits definierten Begriffen durch Festlegung des Inhalts und des Umfangs gewonnen werden, heißen **abgeleitete Begriffe.** Diesen Vorgang der Begriffsbildung nennt man **Definieren.** Es werden Definitionen für mathematische Objekte, Relationen und Operationen oft nach Zweckmäßigkeit festgelegt. Deshalb kann man von einer Definition nicht sagen, daß sie wahr oder falsch ist. Welcher Begriff in einer mathematischen Theorie Grundbegriff und welcher Begriff abgeleiteter Begriff ist, hängt von dem gewählten Aufbau der Theorie ab. Durch eine Definition soll eine Abkürzung für eine evtl. sehr komplizierte und umständliche Beschreibung eines mathematischen Objekts, einer Relation oder einer Operation geschaffen werden, wobei auf präzise Formulierung geachtet werden muß. Deshalb dürfen zur Abkürzung nur solche Zeichen oder Bezeichnungen verwendet werden, die nicht durch eine andere Bedeutung schon vergeben sind.
Eine Definition hat meist die Form einer »logischen Gleichung«:

Definiendum $=_{\text{Def}}$ Definiens

Definiendum: Das zu Definierende, der Name
Definiens: Das Bekannte, Verwendung bereits definierter Begriffe. Alle vorkommenden Zeichen müssen eine schon festgelegte Bedeutung haben.
Das Definiens enthält oft einen Gattungsbegriff und den artbildenden Unterschied.

Das Zeichen $=_{\text{Def}}$ heißt: »Das bedeutet nach Definition«.
Es gilt das **Ersetzbarkeitstheorem:** In beliebigen Zusammenhängen darf das Definiens durch das Definiendum ersetzt werden und umgekehrt.
Regeln, die beim Definieren beachtet werden müssen:

- Eine Definition muß widerspruchsfrei sein (in sich, aber auch gegenüber anderen Definitionen).
- Sie muß umfangsgleich sein; d. h., es darf keine Über- aber auch keine Unterbestimmung erfolgen.
- Es muß ein »Zirkel« vermieden werden; d. h., der zu definierende Begriff darf nicht im Definiens auftreten.
- Eine Definition darf nicht »negativ« sein. Sie darf nicht festlegen, welche Objekte nicht zu dem Begriff gehören.

BEISPIEL 1/30

a) Ein ebenflächig begrenzter Körper, der
- von zwei zueinander parallelen und kongruenten *n*-Ecksflächen und
- von *n* Parallelogrammflächen begrenzt wird, heißt Prisma.

b) $\log_b a$ ist diejenige reelle Zahl c, für die $b^c = a$ gilt.
c) Eine rationale Zahl wird subtrahiert, indem man die zu ihr entgegengesetzte Zahl zum Minuenden addiert.

Durch **induktive (rekursive) Definitionen** werden Funktionen erklärt, indem man von Anfangselementen ausgeht und festlegt, wie die folgenden Elemente gebildet werden.

BEISPIEL 1/31

a) Die Funktion $f(n) = n!$ mit $n \in \mathbf{N}$ ist diejenige Funktion f, für die gilt
(1) $f(0) = 1$ (Rekursionsanfang)
(2) $f(k + 1) = (k + 1) f(k)$ für alle $k \in \mathbf{N}$ (Rekursionsschritt)
b) Die Funktion $f(n) = a^n$ mit $a \in \mathbf{R}$, $n \in \mathbf{N}$ ist diejenige Funktion f, für die gilt
(1) $f(0) = a^0 = 1$
(2) $f(k + 1) = a^{k+1} = a \cdot a^k \quad k \in \mathbf{N}$.
c) Man vergleiche die Definition für den Begriff »Aussagenlogischer Ausdruck« (↗ 1.4.1.).

1.6.4. Zum Beweisen mathematischer Sätze (Erkenntnissicherung)

Die mit Hilfe von reduktiven Methoden aufgestellte Vermutung muß durch die Anwendung deduktiver Methoden gesichert werden. Das geschieht durch einen **theoretischen Beweis.**
(Bei »praktischen Beweisen« in den Natur- und Gesellschaftswissenschaften wird das Praxiskriterium direkt angewandt und im Beweis unmittelbar wirksam. Beim theoretischen Beweis wird das Praxiskriterium nur mittelbar wirksam. Es wird durch sekundäre Wahrheitskriterien vermittelt und findet seinen Niederschlag in logischen Gesetzen und Schlußregeln.)

Unter einem **Beweis einer Aussage** A versteht man eine endliche Folge von wahren Aussagen, die von wahren Aussagen ausgeht, mit Hilfe gültiger Schlußregeln und unter Nutzung von Definitionen gebildet wird und zur Aussage A führt.

Zum Nachweis der Wahrheit einer *Allaussage* ist ein vollständiger Beweis erforderlich, zum Nachweis der Falschheit einer Allaussage genügt es, ein Gegenbeispiel anzugeben.
Zum Nachweis der Wahrheit einer *Existenzaussage* genügt es, ein Element der Grundmenge anzugeben. Zum Nachweis der Falschheit einer Existenzaussage ist ein vollständiger Beweis erforderlich.

Beweisverfahren

- Direkter Beweis
- Indirekter Beweis

– Beweis durch vollständige Induktion (der seinem Wesen nach ein direkter Beweis ist)

Die zu beweisende Aussage sei in der Form einer Implikation (Wenn-so-Form) gegeben. Ist dies nicht der Fall (wenn sie z. B. in der kategorischen Form (Merkform) gegeben ist), dann sollte diese Aussage als Implikation formuliert werden.

1.6.4.1. Direkter Beweis

Es ist zweckmäßig, die Implikation unter Verwendung von Variablen zu formulieren, die Beweismittel (die zur Begründung der Beweisschritte erforderlichen Sätze und Definitionen) bereitzustellen und bei geometrischen Beweisen eine Beweisfigur anzufertigen, die jedoch keine Beweiskraft hat.
Die Prämisse (↗ 1.3.6.) der Implikation bildet die Voraussetzung, die Konklusion (↗ 1.3.6.) die Behauptung; man beachte, daß stets die gesamte Aussage (die Behauptung bei Gültigkeit der Voraussetzung) zu beweisen ist.

BEISPIEL 1/32

Beweis einer geometrischen Aussage
Durch Ausmessen entsprechender Winkel sei folgende **Vermutung** formuliert worden: »Im Rhombus stehen die Diagonalen senkrecht aufeinander« (kategorische Form). (↗ 5.1.11.6.(2))
Umformulierung ist eine Implikation: »**Wenn** ein Parallelogramm ein Rhombus ist, **so** stehen die Diagonalen senkrecht aufeinander«. **Symbolische Darstellung** unter Verwendung von Variablen: »Wenn im Parallelogramm $ABCD$ gilt $\overline{AB} \cong \overline{BC}$, so $AC \perp BD$«.

Beweisfigur

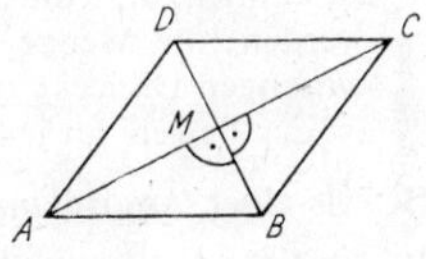

Bild 1/6

Bereitstellung der **Beweismittel**:

(1) Definition des Begriffs »Parallelogramm«: Jedes Viereck mit zwei Paaren paralleler Gegenseiten heißt Parallelogramm. (D 1)
(2) Definition des Begriffs »Rhombus«: Jedes Parallelogramm mit einem Paar gleich langer benachbarter Seiten heißt Rhombus. (D 2)
(3) Satz über die Diagonalen im Parallelogramm: In jedem Parallelogramm halbieren die Diagonalen einander. (S 1)
(4) Kongruenzsatz sss für Dreiecke: Zwei Dreiecke sind kongruent, wenn sie in den drei Seiten übereinstimmen. (S 2)
(5) Satz über die Summe zweier Nebenwinkel: Die Summe zweier Nebenwinkel beträgt 180°. (S 3)

Voraussetzung: Im Parallelogramm $ABCD$ gilt $\overline{AB} \cong \overline{BC}$
Behauptung: $AC \perp BD$

Beweis:

Der Schnittpunkt der Diagonalen AC und BD sei M.

Beweisschritte	Begründung
(1) $\overline{AB} \cong \overline{BC}$	Voraussetzung, D 2
$\overline{AM} \cong \overline{MC}$ $\overline{BM} \cong \overline{MD}$	D 2, S 1
$\Delta\, ABM \cong \Delta\, BCM$	S 2
$\overline{\sphericalangle\, AMB} = \overline{\sphericalangle\, CMB}$	
(2) $\sphericalangle\, AMB$, $\sphericalangle\, CMB$ sind Nebenwinkel	
$\overline{\sphericalangle\, AMB} + \overline{\sphericalangle\, CMB} = 180°$	S 3
$\overline{\sphericalangle\, AMB} = \overline{\sphericalangle\, CMB}$	(1)
$\overline{\sphericalangle\, AMB} = \overline{\sphericalangle\, CMB} = 90°$	kongruente Nebenwinkel
$AC \perp BD$, w. z. b. w.	

Damit ist die Vermutung bewiesen. Es gilt der Satz: »Im Rhombus stehen die Diagonalen senkrecht aufeinander«.

Beweis durch Fallunterscheidung (↗ 1.5.2.(2))

Kann ein Satz nicht für alle Individuen einer Grundmenge nach demselben Vorgehen bewiesen werden, dann muß die Grundmenge in Klassen zerlegt und für jede Klasse der Beweis geführt werden (vollständige Fallunterscheidung).

BEISPIEL 1/33

Um den Sinussatz der ebenen Trigonometrie (↗ 5.1.15.3.(1)) beweisen zu können, muß die Menge der ebenen Dreiecke in drei Klassen eingeteilt werden: die Menge der spitzwinkligen Dreiecke, die Menge der rechtwinkligen Dreiecke und die Menge der stumpfwinkligen Dreiecke. Dann ist der Beweis für jede Klasse getrennt zu führen.

Beweis einer Äquivalenzaussage

Ist ein Satz als Äquivalenzaussage $H_1 \Leftrightarrow H_2$ formuliert, dann sind zwei Beweise zu führen. Es sind die Implikationen $H_1 \Rightarrow H_2$ *und* $H_2 \Rightarrow H_1$ einzeln zu beweisen.

BEISPIEL 1/34

Der Beweis des Satzes »Ein konvexes Viereck ist ein Parallelogramm **genau dann, wenn** die Gegenseiten gleich lang sind« (↗ 5.1.11.5.) erfolgt durch Beweis der Implikation »Wenn Viereck *ABCD* ein Parallelogramm ist, dann sind in diesem Viereck jeweils die Gegenseiten gleich lang« **und** durch Beweis der Implikation »Wenn in einem Viereck *ABCD* jeweils die Gegenseiten gleich lang sind, dann ist es ein Parallelogramm«.

1.6.4.2. Indirekter Beweis (↗ 1.5.2.(3))

Der indirekte Beweis wird zur Erkenntnissicherung bei Existenz- und Eindeutigkeitsaussagen, beim Nachweis der Gültigkeit von Satzumkehrungen und negierten Aussagen angewendet.
Aus der implikativen Form der Aussage sind Voraussetzung und Behauptung zu entnehmen.
Bei der Durchführung des Beweises wird **angenommen**, daß die Behauptung nicht gilt (Negation der Behauptung). Ausgehend von wahren Aussagen schließt man unter Nutzung von gültigen Schlußregeln so lange, bis ein **Widerspruch** entweder zur Voraussetzung oder zur Annahme auftritt. Also muß die negierte Behauptung falsch sein, und es gilt die Behauptung.

BEISPIEL 1/35

Beweis des Satzes über die Irrationalität von lg 2 (↗ 3.4.6.(1))
Vermutung: Es gibt keine rationale Zahl a, für die $10^a = 2$ gilt.
Beweismittel: Satz: Jede natürliche Zahl läßt sich eindeutig in Primfaktoren zerlegen (S 1).
Beweis: (indirekt)
Angenommen, es gäbe eine rationale Zahl $a = \frac{p}{q}$ ($p, q \in \mathbf{Z}$, $q > 0$) mit $10^{\frac{p}{q}} = 2$. Dann erhielte man durch Potenzieren $10^p = 2^q$. Wegen $q > 0$ sei 2^q eine natürliche Zahl. Dann müsse auch 10^p eine natürliche Zahl sein.
Zerlegte man 10 in Primfaktoren, dann gelte $2^p \cdot 5^p = 2^q$.
Diese Zerlegung wäre nur für $p = q = 0$ eine wahre Aussage, weil jede natürliche Zahl eindeutig in Primfaktoren zerlegt werden kann (S 1).
Das ist ein **Widerspruch** zur Annahme ($q > 0$). Also war die Annahme falsch, und es gilt der Satz: lg 2 ist eine irrationale Zahl, w. z. b. w.

1.6.4.3. Beweis durch vollständige Induktion

Das Verfahren des Beweises durch vollständige Induktion beruht auf dem Axiom V der PEANOschen Axiome (↗ 3.1.1.). Es sei n eine Variable für natürliche Zahlen und $H(n)$ eine Aussageform. Wenn gilt:

(1) $H(0)$ ist wahr und
(2) für jede natürliche Zahl n gilt, aus der Wahrheit von $H(n)$ folgt die Wahrheit von $H(n + 1)$,

so gilt $H(n)$ für alle natürlichen Zahlen n.
Dieser Rechtfertigungssatz gilt auch, wenn sich der Induktionsanfang (1) auf eine natürliche Zahl $n_1 > 0$ bezieht. Er gilt dann für alle natürlichen Zahlen $n \geqq n_1$.

Prinzip der vollständigen Induktion

Die Aussage »Für alle natürlichen Zahlen n gilt $H(n)$« ist wahr, wenn gilt:

(1) $H(n)$ ist wahr für $n = 0$ und

(2) Aus der Wahrheit von $H(n)$ für $n = k$ (mit $k \in \mathbf{N}$) folgt die Wahrheit für $n = k + 1$.

Demnach sind zwei Beweisschritte erforderlich:

(1) der **Induktionsanfang:** Es ist zu zeigen, daß $H(0)$ gilt.
(2) der **Induktionsschritt:** Es ist zu zeigen, daß aus der Wahrheit von $H(k)$ die Wahrheit von $H(k+1)$ folgt.

$H(k)$ wird **Induktionsvoraussetzung**, $H(k+1)$ **Induktionsbehauptung** genannt.

BEISPIEL 1/36

Für die Summe der ersten n ungeraden Zahlen, also

$$1 + 3 + 5 + \ldots + (2n - 1),$$

wird nach Untersuchung folgender Einzelfälle die Formel $s_n = n^2$ (mit $n > 0$) vermutet. Denn es gilt

$$\begin{array}{llll} \text{für} & n = 1 & s_1 = 1 & = 1^2 \\ & n = 2 & s_2 = 1 + 3 = 4 & = 2^2 \\ & n = 3 & s_3 = 1 + 3 + 5 = 9 & = 3^2 \\ & n = 4 & s_4 = 1 + 3 + 5 + 7 = 16 & = 4^2 \end{array}$$

Vermutung: Wenn die natürlichen Zahlen $1, 2, \ldots, n$ gegeben sind, so gilt für alle $n > 0$: $1 + 3 + \ldots + (2n - 1) = n^2$

Voraussetzung: $n \in \mathbf{N}^*$

Behauptung: Für alle $n > 0$ gilt: $1 + 3 + \ldots + (2n - 1) = n^2$

Beweis: durch vollständige Induktion

(1) **Induktionsanfang:** Es ist zu zeigen, daß die Behauptung für $n = 1$ wahr ist: Wenn $n = 1$, dann ist $s_1 = 1 = 1^2$, also Übereinstimmung mit der Behauptung.

(2) **Induktionsschritt:**

a) **Induktionsvoraussetzung:** Angenommen, die Behauptung sei für eine beliebige natürliche Zahl k wahr.
Es gelte $n = k$, dann sei $s_k = k^2$ wahr.

b) **Induktionsbehauptung:** Die Behauptung sei auch für den Nachfolger von k, nämlich $k + 1$, wahr.
Es gelte $n = k + 1$, dann lautet die Behauptung

$$s_{k+1} = (k + 1)^2.$$

c) **Beweis der Induktionsbehauptung:**

$$s_{k+1} = \underbrace{1 + 3 + \ldots + (2k - 1)}_{s_k} + (2k + 1)$$

Man beachte, daß das $(k + 1)$-te Glied $2k + 1$ ist.

$$s_{k+1} = s_k + (2k + 1)$$

Durch Einsetzen der Induktionsvoraussetzung erhält man

$$s_{k+1} = k^2 + 2k + 1 = (k + 1)^2, \text{ w. z. b. w.}$$

Damit ist die Induktionsbehauptung und auch die vermutete Formel für alle natürlichen Zahlen $n > 0$ bewiesen. Es gilt also: Die Summe der ersten n ungeraden Zahlen ist $s_n = n^2$.

1.6.5. Zum Modellbegriff in der Mathematik

Der Modellbegriff wird in der Mathematik in zweifacher Bedeutung verwendet:

1. In der mathematischen Logik, in der Algebra (in der theoretischen Mathematik) versteht man unter einem **Modell** eine konkrete Interpretation eines Axiomensystems, z. B. sind die Vektorräume der geordneten Zahlen-n-tupel, die Vektorräume der Ortsvektoren, die Vektorräume der Matrizen gleichen Typs Modelle der algebraischen Struktur »Vektorraum über dem Körper der reellen Zahlen«.
2. In der angewandten Mathematik wird der Modellbegriff im Sinne des Ergebnisses eines Abstraktionsprozesses verstanden. Bei den komplizierten Erscheinungen der objektiven Realität wird bei der Bildung eines Modells von vielen Nebensächlichkeiten abgesehen und nur diejenigen wesentlichen Seiten der Wirklichkeit, die unter einem spezifischen Aspekt von Bedeutung sind, berücksichtigt. Dadurch entsteht ein vereinfachtes und damit nützliches (praktikables) Abbild der Wirklichkeit, das **Modell** genannt wird.

Zu 2.

Werden zur Formulierung mathematische Ausdrucksmittel verwendet, erhöht sich seine Allgemeingültigkeit infolge der der Mathematik innewohnenden hohen Abstraktionsstufe. Wenn die einzelnen Teilprozesse quantifizierbar sind und der Sachverhalt mathematisch formulierbar ist, entsteht ein **mathematisches Modell**, das dann mit mathematischen Mitteln und Methoden bearbeitet werden kann.
Meist besteht ein mathematisches Modell aus einem System von Gleichungen bzw. Ungleichungen. Oft lassen sich mit dem gleichen Modell analoge Sachverhalte aus verschiedenen Wissenschaftszweigen charakterisieren.

Man unterscheidet

deterministische Modelle	**stochastische Modelle**
Die beeinflußbaren Größen sind konstant und haben bekannte Zahlenwerte, z. B. Matrizenmodelle – zur Berechnung von Gleichstromnetzen, – für innerbetriebliche Verflechtungen	Wenigstens eine beeinflußbare Größe ist eine zufällige Größe. Der Einzelfall ist nicht zu erfassen, aber für die Gesamtheit liegt eine bestimmte Gesetzmäßigkeit vor, z. B. Weg eines Teilchens in der BROWNschen Molekularbewegung – BOYLE-MARIOTTEsches Gesetz; Werfen eines Spielwürfels – Wahrscheinlichkeit

2. Aus der Mengenlehre

2.1. Mengenbildung

Die Mengenlehre wurde von dem deutschen Mathematiker GEORG CANTOR (1845 bis 1918) begründet. Von ihm stammt die folgende Erklärung:

Unter einer **Menge** versteht man jede Zusammenfassung von bestimmten wohlunterschiedenen Objekten unserer Anschauung oder unseres Denkens zu einem Ganzen.

Die »wohlunterschiedenen Objekte« werden **Elemente** der Menge genannt.

Diese Erklärung kann zu logischen Widersprüchen führen. Die Mengenlehre wird deshalb axiomatisch (↗ 1.6.2.) aufgebaut, wobei der Begriff »Menge« als Grundbegriff dient, der nicht auf andere Begriffe zurückgeführt wird.

Mengen werden mit großen lateinischen Buchstaben, z. B. A, M, X, ihre Elemente mit kleinen lateinischen Buchstaben, z. B. a, m, x, bezeichnet. Sie werden auch durch Indizes unterschieden. Gehört z. B. das Element m_1 der Menge M an, so schreibt man $m_1 \in M$ (gelesen: m_1 ist Element der Menge M). Gehört das Element m_4 der Menge M nicht an, so schreibt man $m_4 \notin M$.

Mengen werden angegeben, indem

- alle zur Menge gehörenden Elemente **aus einem vorgegebenen Grundbereich** in geschweiften Klammern einzeln angegeben werden, z. B. $M = \{m_1, m_2, m_3\}$, oder
- die durch die Aussageform $H(x)$ erfaßten mengenbildenden Eigenschaften in geschweiften Klammern angegeben werden, die es ermöglichen, **aus dem Grundbereich** die Elemente x auszuwählen, für die die Aussageform $H(x)$ eine wahre Aussage wird, z. B. $M = \{x: x \in G \wedge H(x)\}$ (gelesen: Die Menge M enthält alle Elemente x, für die gilt: x ist Element des Grundbereichs G, und x in die Aussageform $H(x)$ eingesetzt, ergibt eine wahre Aussage.)

BEISPIEL 2/1

Die Menge P_1 der Primzahlen, die kleiner als 10 sind, wird angegeben durch $P_1 = \{2; 3; 5; 7\}$ oder durch $P_1 = \{x: x \in P \wedge x < 10\}$, wobei P die Menge der Primzahlen bezeichne.

Zur Bildung von Mengen muß entschieden werden können, ob ein Objekt des Grundbereichs als Element zur Menge gehört oder ob es nicht dazu gehört.

Es gilt das **Mengenbildungsaxiom für Mengen 1. Stufe:**

Es gibt eine Menge M, die genau diejenigen Elemente x enthält, die die Aussageform $H(x)$ erfüllen.

In analoger Weise können Mengen 2. Stufe, **Mengensysteme** genannt, durch Zusammenfassung von Mengen 1. Stufe gebildet werden, z. B. ist $M^{(2)} = \{M_1, M_2, \ldots, M_n\}$ eine Menge 2. Stufe.
Durch Zusammenfassen von Mengensystemen entstehen Mengen 3. Stufe, **Mengenfamilien** genannt.
In diesem Stufenaufbau der Mengenlehre können die Elemente als Mengen nullter Stufe aufgefaßt werden.
Allgemein gilt:

Es gibt eine Menge $M^{(n)}$ mit der Eigenschaft »Für jedes $M^{(n-1)}$ gilt $M^{(n-1)} \in M^{(n)}$ genau dann, wenn $H(M^{(n-1)})$ mit $n = 1, 2, \ldots$ wahr ist«.

Es gibt genau eine Menge, die kein Element der Grundmenge enthält. Sie heißt **leere Menge** und wird mit $\emptyset$ bezeichnet. Für die leere Menge gilt: Für jedes x gilt: $x \in \emptyset$ genau dann, wenn $x \neq x$.
Wenn alle Elemente der Grundmenge die Aussageform $H(x)$ erfüllen, wird die Menge $\{x: x \in G \wedge H(x)\}$ **Allmenge** genannt; sie wird mit A bezeichnet. Für die Allmenge gilt dann:
Für jedes x gilt: $x \in A$ genau dann, wenn $x = x$.

Nach der Anzahl der Elemente, die in einer Menge vorhanden sind, heißen
Mengen, die genau ein Element enthalten, Einermengen,
Mengen, die genau zwei Elemente enthalten, Zweiermengen usw.

BEISPIEL 2/2

a) Die Menge M_1 der geraden Primzahlen ist eine Einermenge; sie enthält nur das Element 2.
Grundmenge: P (Menge der Primzahlen)
Angabe der Menge durch $M_1 = \{2\}$ oder $M_1 = \{x\colon\ x \in P \wedge 2 \mid x\}$.

b) Die Lösungsmenge M_2 der quadratischen Gleichung $x^2 + 2x - 3 = 0$ ist eine Zweiermenge; sie enthält die Elemente 1 und -3.
Grundmenge: $\mathbf{R}$ (Menge der reellen Zahlen)
Angabe der Menge durch $M_2 = \{1; -3\}$ oder
$M_2 = \{x\colon\ x \in \mathbf{R} \wedge x^2 + 2x - 3 = 0\}$

Eine Menge, die aus endlich vielen Elementen besteht, heißt **endliche Menge.** Eine Menge, die aus unendlich vielen Mengen besteht, heißt **unendliche Menge** (Präzisierung ↗ 2.8.).
Die Menge der natürlichen Zahlen z. B. ist eine unendliche Menge.
Mengen können veranschaulicht werden durch

1. VENN-Diagramme (durch geschlossene Kurven begrenzte Punktmengen der Ebene)
2. diskrete Punktmengen auf einem Zahlenstrahl oder einer Zahlengeraden (endliche Zahlenmengen)
3. Intervalle auf einer Zahlengeraden (unendliche Zahlenmengen).

BEISPIEL 2/3

a) Grundmenge: Menge P der Primzahlen.
Die Menge $P_1 = \{x\colon\ x \in P \wedge x < 10\}$ enthält die Elemente 2, 3, 5, 7 (vgl. Beispiel 2/1). Veranschaulichung in einem VENN-Diagramm (Bild 2/1) und durch diskrete Punktmengen auf einem Zahlenstrahl (Bild 2/2).

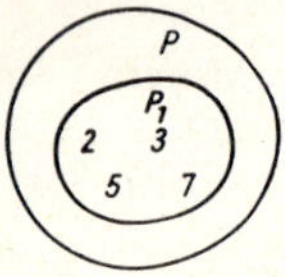

Bild 2/1

Bild 2/2

b) Grundmenge: Menge **R** der reellen Zahlen.
Dann enthält die Menge $M_1 = \{x\colon\ x \in \mathbf{R} \wedge -1 \leqq x < 4\}$ unendlich viele reelle Zahlen im Intervall $-1 \leqq x < 4$. Das Element -1 gehört zum Intervall (das Intervall ist linksseitig abgeschlossen), das Element 4 gehört nicht zum Intervall (das Intervall ist rechtsseitig offen).
Veranschaulichung in Bild 2/3

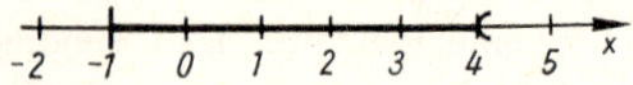

Bild 2/3

2.2. Beziehungen zwischen Mengen

2.2.1. Gleichheit von Mengen

Jede Menge soll durch die in ihr enthaltenen Elemente bestimmt sein, d. h. nur durch ihren Umfang, unabhängig davon, durch welche Eigenschaft der Elemente sie gebildet wurde. Es gilt das **Extensionalitätsprinzip:**

Zwei Mengen M_1, M_2 sind **gleich** genau dann, wenn sie dieselben Elemente enthalten, d. h.,

$M_1 = M_2$ genau dann, wenn für alle x gilt: $x \in M_1 \Leftrightarrow x \in M_2$.

Der Begriff »Gleichheit« wird also im Sinne von »Umfangsgleichheit« (Extension (lat.) Umfang) gebraucht.
Die Gleichheit von Mengen ist eine Äquivalenzrelation (↗ 2.5.3.). Man unterscheidet zwischen der Gleichheit von Mengen und der Gleichmächtigkeit von Mengen (↗ 2.8.).

BEISPIEL 2/4

Die im Beispiel 2/2 b) genannten Mengen $M_1 = \{x\colon\ x \in \mathbf{R} \wedge x^2 + 2x - 3 = 0\}$ und $M_2 = \{1;\ -3\}$ sind gleich, und es gilt $M_1 = M_2$.

2.2.2. Inklusion von Mengen

Es seien M, M_1 beliebige Mengen über einem Grundbereich. Dann heißt die Menge M_1 eine **Teilmenge** der Menge M, wenn für alle x gilt: Wenn $x \in M_1$, so $x \in M$; in Zeichen $M_1 \subseteqq M$.

(Gelesen »M_1 ist Teilmenge von M« oder »M_1 ist enthalten in M«) M_1 ist dann Untermenge von M bzw. M ist Obermenge von M_1.
Veranschaulichung in Bild 2/4

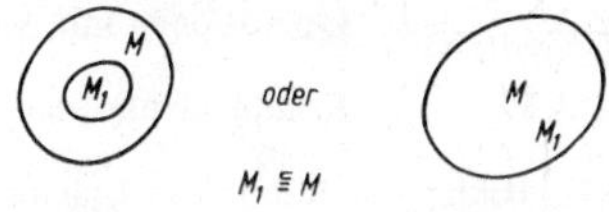

Bild 2/4

Es seien M_1, M beliebige Mengen, die durch die Aussageformen $H_1(x)$ bzw. $H(x)$ gebildet werden. Dann gilt $M_1 \subseteq M$ genau dann, wenn für alle x gilt: $H_1(x) \Rightarrow H(x)$ ist wahr.

Es seien M_1, M beliebige Mengen über einem Grundbereich. M_1 heißt *echte Teilmenge* von M genau dann, wenn für alle x gilt: Wenn $x \in M_1$, so $x \in M$, und es mindestens ein y gibt, so daß $y \in M$ und $y \notin M_1$; in Zeichen: $M_1 \subset M$.

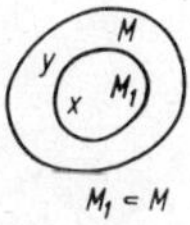

Bild 2/5

M_1 ist **echte Untermenge** von M, M **echte Obermenge** von M_1. Veranschaulichung in Bild 2/5
Die leere Menge ist Teilmenge jeder Menge M. Es gilt: $\emptyset \subseteq M$.

BEISPIEL 2/5

Es seien **N** die Menge der natürlichen Zahlen, **Z** die Menge der ganzen Zahlen, **Q** die Menge der rationalen Zahlen, **R** die Menge der reellen Zahlen, **C** die Menge der komplexen Zahlen, dann gilt folgende Teilmengenbeziehung:

$$\mathbf{N} \subset \mathbf{Z} \subset \mathbf{Q} \subset \mathbf{R} \subset \mathbf{C}.$$

Veranschaulichung in Bild 2/6

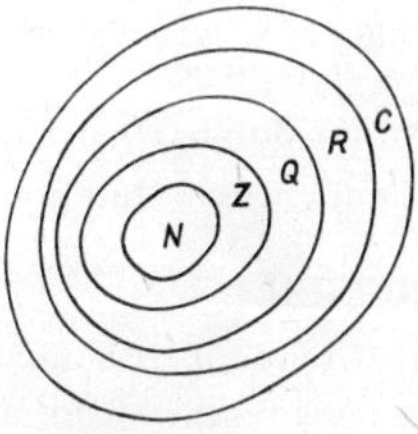

Bild 2/6

2.2.3. Potenzmengen

Wenn M eine beliebige Menge ist, dann heißt die Menge aller Teilmengen von M die **Potenzmenge** von M; in Zeichen: $P(M)$.

Die Potenzmenge ist eine Menge 2. Stufe.
Ist n die Mächtigkeit (↗ 2.8.) einer endlichen Menge M, so hat die Potenzmenge von M die Mächtigkeit 2^n.

BEISPIEL 2/6

Gegeben sei die Menge $M = \{1, 2, 3\}$. Dann hat die Potenzmenge $P(M) = \{\emptyset, \{1\}, \{2\}, \{3\}, \{1; 2\}, \{1; 3\}, \{2; 3\}, \{1; 2; 3\}\}$ genau 2^3 Elemente, also 8 Elemente.

2.3. Operationen mit Mengen

2.3.1. Komplementärmenge

Das Bilden der Komplementärmenge ist eine einstellige Mengenoperation. Sie ordnet jeder Teilmenge einer beliebigen Menge M eindeutig wieder eine Teilmenge von M zu.

Wenn M eine beliebige Menge über der Grundmenge G ist, dann heißt diejenige Menge, die genau die Elemente von G enthält, die nicht zu M gehören, die **Komplementärmenge** von M bezüglich G und wird mit $\overline{M}$ bezeichnet (gelesen: Komplement von M).

Für $\overline{M}$ gilt: $\overline{M} = \{x\colon x \in G \wedge x \notin M\}$.
Veranschaulichung verschiedener Möglichkeiten in VENN-Diagrammen in Bild 2/7

Wenn $M = G$, so $\overline{M} = \emptyset$. Wenn $M = \emptyset$, so $\overline{M} = G$.

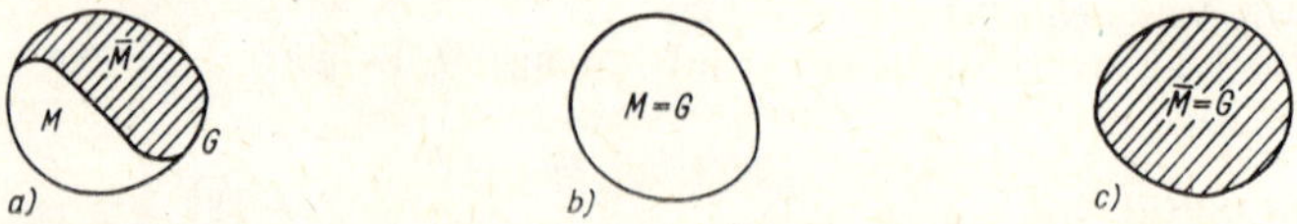

Bild 2/7

Wenn durch $H(x)$ eine Menge über der Grundmenge G erzeugt wird, dann entsteht durch $\neg H(x)$ über G die Komplementärmenge $\overline{M}$.

BEISPIEL 2/7

a) G sei die Bezeichnung für die Menge aller Dreiecke; M sei die Bezeichnung für die Menge aller gleichseitigen Dreiecke. Dann wird durch $\overline{M}$ die Menge aller ungleichseitigen Dreiecke bezeichnet.
b) G sei die Bezeichnung für die Menge aller natürlicher Zahlen ($\mathbf{N}$); die Menge M sei gegeben durch $M = \{x\colon x \in \mathbf{N} \wedge x \geqq 0\}$. Dann ist die Komplementärmenge $\overline{M} = \emptyset$.

2.3.2. Durchschnitt von Mengen

Das Bilden des Durchschnitts zweier Mengen ist eine zweistellige Mengenoperation:

Zwei gegebenen Mengen M_1, M_2 wird eine Menge zugeordnet, die genau diejenigen Elemente enthält, die in M_1 und in M_2 (sowohl in M_1 als auch in M_2) enthalten sind. Diese Menge heißt der **Durchschnitt** der Mengen M_1 und M_2 über dem Grundbereich G und wird mit $M_1 \cap M_2$ bezeichnet (gelesen: M_1 geschnitten mit M_2).

$$M_1 \cap M_2 = \{x\colon x \in G \wedge x \in M_1 \wedge x \in M_2\}.$$

Veranschaulichung in Bild 2/8

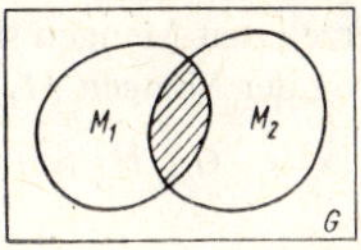

Bild 2/8

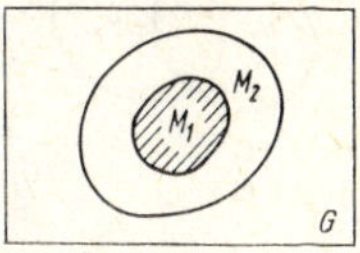

Bild 2/9

Wenn die Mengen M_1, M_2 durch die Aussageformen $H_1(x)$ bzw. $H_2(x)$ erzeugt wurden, dann gilt für den Durchschnitt der Mengen M_1, M_2:

$$M_1 \cap M_2 = \{x\colon\ x \in G \wedge H_1(x) \wedge H_2(x)\}.$$

Sonderfälle

1. Wenn M_1 Teilmenge von M_2 ist, so ist der Durchschnitt $M_1 \cap M_2$ gleich M_1.
   Wenn $M_1 \subseteq M_2$, so ist $M_1 \cap M_2 = M_1$.
   Veranschaulichung in Bild 2/9
2. Wenn die Mengen M_1, M_2 kein Element gemeinsam haben, ist der Durchschnitt die leere Menge. $M_1 \cap M_2 = \emptyset$. Solche Mengen heißen *disjunkt* (oder elementfremd).

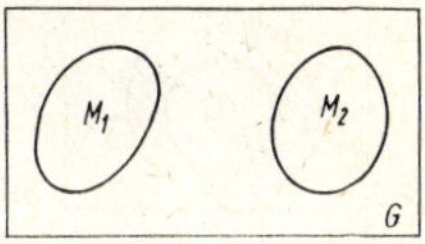

Bild 2/10

Veranschaulichung in Bild 2/10

Die Bildung des Durchschnitts von Mengen kann auf mehr als zwei Mengen erweitert werden:

$$M_1 \cap M_2 \cap \ldots \cap M_n$$
$$= (\ldots((M_1 \cap M_2) \cap M_3) \cap \ldots \cap M_{n-1}) \cap M_n = \bigcap_{i=1}^{n} M_i$$

BEISPIEL 2/8

Wenn $M_1 = \{2, 3, 5, 7, \ldots\}$ (die Menge aller Primzahlen) und $M_2 = \{0, 3, 6, 9, \ldots\}$ (die Menge aller durch 3 teilbaren natürlichen Zahlen) gegeben sind, so ist der Durchschnitt $M_1 \cap M_2 = \{3\}$.

2.3.3. Vereinigung von Mengen

Das Bilden der Vereinigung zweier Mengen ist eine zweistellige Mengenoperation.

Zwei gegebenen Mengen M_1, M_2 wird eine Menge zugeordnet, die genau diejenigen Elemente enthält, die in M_1 oder in M_2 (d. h. wenigstens in einer der beiden Mengen) enthalten sind. Diese Menge heißt die **Vereinigung** der Mengen M_1, M_2 über dem Grundbereich G und wird mit $M_1 \cup M_2$ bezeichnet (gelesen: M_1 vereinigt mit M_2).

$$M_1 \cup M_2 = \{x\colon\ x \in G \wedge x \in M_1 \vee x \in M_2\}.$$

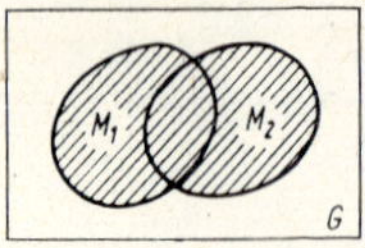

Bild 2/11

Veranschaulichung in Bild 2/11
Wenn M_1, M_2 die durch die Aussageformen $H_1(x)$ bzw. $H_2(x)$ erzeugten Mengen sind, dann gilt für die Vereinigung der Mengen M_1, M_2:

$$M_1 \cup M_2 = \{x\colon x \in G \wedge H_1(x) \vee H_2(x)\}.$$

Sonderfälle

1. M_2 ist Teilmenge von M_1:
   Wenn $M_2 \subseteqq M_1$ ist, so gilt $M_1 \cup M_2 = M_1$.
   Veranschaulichung in Bild 2/12
2. Im Falle disjunkter Mengen gehört jedes Element der einzelnen Mengen zur Vereinigungsmenge $M_1 \cup M_2$.
   Veranschaulichung in Bild 2/13

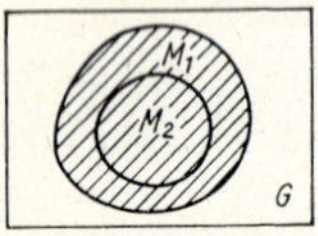

Bild 2/12

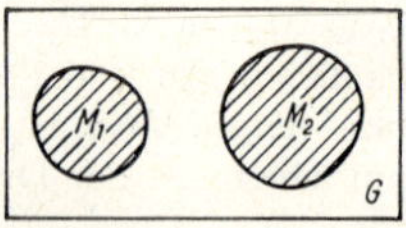

Bild 2/13

Die Bildung der Vereinigung von Mengen kann auf mehr als zwei Mengen erweitert werden:

$$M_1 \cup M_2 \cup \ldots \cup M_n$$
$$= (\ldots((M_1 \cup M_2) \cup M_3) \cup \ldots \cup M_{n-1}) M_n = \bigcup_{i=1}^{n} M_i$$

BEISPIEL 2/9

a) Wenn $M_1 = \{2, 3, 5, 7\}$ und $M_2 = \{5, 7, 11, 13\}$ gegeben sind, so ist die Vereinigung $M_1 \cup M_2 = \{2, 3, 5, 7, 11, 13\}$.
   Veranschaulichung in Bild 2/14
b) Wenn $M_1 = \{x\colon x \in \mathbf{N} \wedge x \leqq 7\}$ und $M_2 = \{x\colon x \in \mathbf{N} \wedge 1 < x < 6\}$ gegeben sind, so ist die Vereinigung $M_1 \cup M_2 = M_1$.
   Veranschaulichung in Bild 2/15

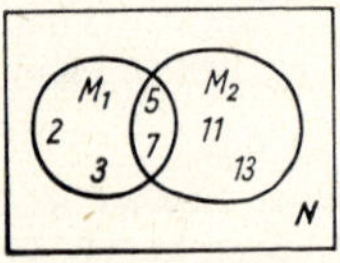

Bild 2/14

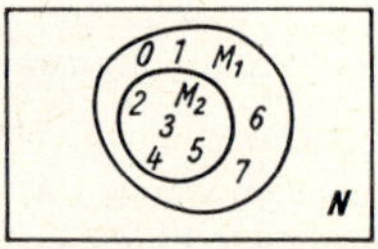

Bild 2/15

Wird eine beliebige Menge M mit der leeren Menge $\emptyset$ vereinigt, so ist die Vereinigung $M \cup \emptyset$ gleich der Menge M:

$$M \cup \emptyset = M.$$

Wird eine beliebige Menge M mit der Allmenge A vereinigt, so ist die Vereinigung $M \cup A$ gleich der Allmenge A:

$$M \cup A = A.$$

2.3.4. Differenz von Mengen

Das Bilden der Differenz zweier Mengen ist eine zweistellige Mengenoperation.

Zwei gegebenen Mengen M_1, M_2 wird eine Menge zugeordnet, die genau diejenigen Elemente enthält, die in M_1 und nicht in M_2 enthalten sind. Diese Menge heißt die **Differenz** der Mengen M_1, M_2 über dem Grundbereich G und wird mit $M_1 \setminus M_2$ bezeichnet (gelesen: M_1 minus M_2).

$$M_1 \setminus M_2 = \{x\colon\ x \in G \wedge x \in M_1 \wedge x \notin M_2\}$$

Veranschaulichung in Bild 2/16

Bild 2/16

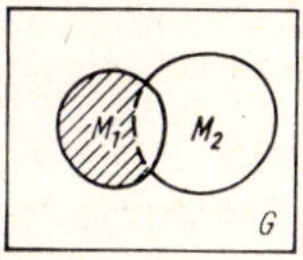

Bild 2/17

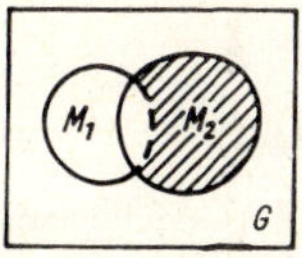

Für die Differenzmenge $M_2 \setminus M_1$ gilt:

$$M_2 \setminus M_1 = \{x\colon\ x \in G \wedge x \notin M_1 \wedge x \in M_2\}$$

Veranschaulichung in Bild 2/17

Wenn M_1, M_2 die durch die Aussageformen $H_1(x)$ bzw. $H_2(x)$ erzeugten Mengen sind, dann gilt für die Differenz der Mengen M_1, M_2:

$$M_1 \setminus M_2 = \{x\colon\ x \in G \wedge H_1(x) \wedge \neg\, H_2(x)\}.$$

Sonderfälle

1. Wenn M_2 Teilmenge von M_1 ist, dann ist die Differenzmenge $M_1 \setminus M_2$ gleich der Menge M_1 ohne die Teilmenge M_2.
   Veranschaulichung in Bild 2/18 a
   Die Differenzmenge $M_2 \setminus M_1$ ist dann gleich der leeren Menge.
   Veranschaulichung in Bild 2/18 b

$M_2 \setminus M_1 = \emptyset$

Bild 2/18

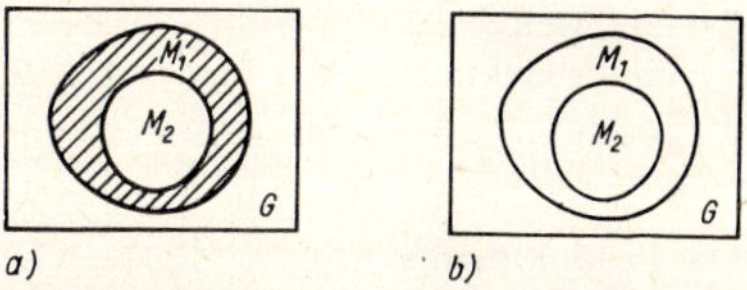

2. Im Falle disjunkter Mengen gilt:

$M_1 \setminus M_2 = M_1$ Veranschaulichung in Bild 2/19a
$M_2 \setminus M_1 = M_2$ Veranschaulichung in Bild 2/19b

a) b)

Bild 2/19

BEISPIEL 2/10

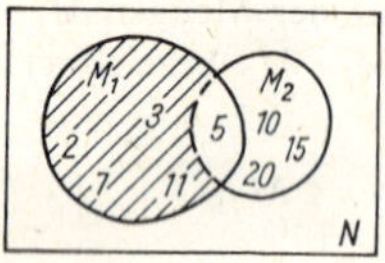

Bild 2/20

Gegeben seien die Mengen $M_1 = \{2, 3, 5, 7, 11\}$ und $M_2 = \{5, 10, 15, 20\}$. Die Differenzmenge $M_1 \setminus M_2$ ist dann $M_1 \setminus M_2 = \{2, 3, 7, 11\}$.
Veranschaulichung in Bild 2/20
Es gilt stets: $M \setminus M = \emptyset$ und $M \setminus \emptyset = M$ für alle Mengen M.

2.4. Abbildungen von Mengen

2.4.1. Produktmenge

Gegeben seien zwei Mengen A, B über möglicherweise unterschiedlichen Grundbereichen. Man wählt aus der Menge A das Element a, aus der Menge B das Element b aus und bildet nach der Festlegung, daß das Element a an erster, das Element b an zweiter Stelle steht, das **geordnete Paar**, das mit $(a; b)$ bezeichnet wird. a heißt die erste Komponente, b die zweite Komponente des geordneten Paares $(a; b)$.

Hinweis: Man unterscheide zwischen dem geordneten Paar $(a; b)$ und der Zweiermenge $\{a; b\}$, in der die Reihenfolge der Elemente ohne Bedeutung ist.

Das geordnete Paar ist eine Menge 2. Stufe, wenn a, b Elemente von Mengen 1. Stufe sind.
Wenn $a \neq b$ ist, so besteht zwischen $(a; b)$ und $(b; a)$ keine Übereinstimmung.

Zwei geordnete Paare $(a_1; b_1)$ und $(a_2; b_2)$ sind genau dann **gleich**, wenn $a_1 = a_2$ und $b_1 = b_2$ ist.

Alle geordneten Paare, deren erste Komponente aus der Menge A und deren zweite Komponente aus der Menge B stammt, können wieder zu einer Menge zusammengefaßt werden.

Die Menge aller geordneten Paare $(a; b)$ mit $a \in A$ und $b \in B$ heißt die **Produktmenge** der Mengen A, B und wird mit $A \times B$ bezeichnet. (gelesen: A Kreuz B).

$$A \times B = \{(a; b) \wedge a \in A \wedge b \in B\}.$$

Die Produktmenge ist eine Menge 3. Stufe.

BEISPIEL 2/11

Gegeben seien die Mengen $M_1 = \{a, b, c\}$ und $M_2 = \{1, 2\}$. Dann können folgende geordnete Paare gebildet werden:

$$(a; 1), (a; 2), (b; 1), (b; 2), (c; 1), (c; 2).$$

Die Produktmenge ist dann die Menge der geordneten Paare:

$$M_1 \times M_2 = \{(a; 1), (a; 2), (b; 1), (b; 2), (c; 1), (c; 2)\}.$$

Speziell gilt $A \times \emptyset = \emptyset$ und $\emptyset \times A = \emptyset$.
Für die Produktmenge zweier Mengen gilt im allgemeinen das Kommutativgesetz nicht: $A \times B \neq B \times A$.
Für $A \times A$ wird A^2 geschrieben.
Werden die Komponenten eines geordneten Paares als **Koordinaten eines Punktes** in einem kartesischen Koordinatensystem der Ebene aufgefaßt, dann kann die Produktmenge $A \times B$ veranschaulicht werden.

BEISPIEL 2/12

Gegeben seien die Mengen $M_1 = \{1, 3, 5\}$ und $M_2 = \{2, 4\}$. Dann ist die Produktmenge

$$M_1 \times M_2 = \{(1; 2), (1; 4), (3; 2), (3; 4), (5; 2), (5; 4)\}.$$

Veranschaulichung der Produktmenge $M_1 \times M_2$ in einem kartesischen Koordinatensystem der Ebene in Bild 2/21.

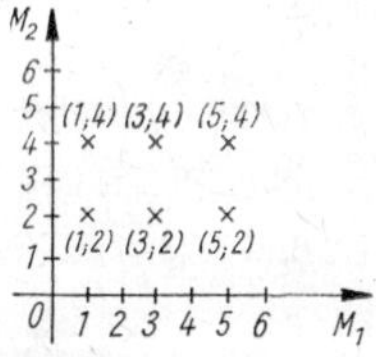

Bild 2/21

Wenn a ein Element der Menge A, b ein Element der Menge B, c ein Element der Menge C ist, dann wird mit Hilfe des geordneten Paares das **geordnete Tripel** (oder 3-Tupel) festgelegt: $((a; b); c) = (a; b; c)$. c heißt dann die dritte Komponente. Die Menge $(A \times B) \times C$ wird Menge aller geordneten Tripel $(a; b; c)$ genannt und mit $A \times B \times C$ bezeichnet.
Für die Operation »Produktmengenbildung« gilt das Assoziativgesetz nicht.
Für $A \times A \times A$ wird A^3 geschrieben.

BEISPIEL 2/13

Gegeben seien die Mengen $M_1 = \{1; 4\}$, $M_2 = \{2; 6\}$, $M_3 = \{3; 5\}$. Dann ist die Menge der geordneten Tripel die Produktmenge

$$M_1 \times M_2 \times M_3 = \{(1; 2; 3), (1; 2; 5), (1; 6; 3), (1; 6; 5), (4; 2; 3), (4; 2; 5), (4; 6; 3), (4; 6; 5)\}.$$

Eine Veranschaulichung der Menge der geordneten Tripel kann in einem räumlichen kartesischen Koordinatensystem erfolgen.

Ist $\mathbf{R}$ die Menge der reellen Zahlen, so kann die Menge $\mathbf{R} \times \mathbf{R} = \mathbf{R}^2$ eineindeutig auf die Menge der Punkte der Ebene, die Menge $\mathbf{R} \times \mathbf{R} \times \mathbf{R} = \mathbf{R}^3$ eineindeutig auf die Menge der Punkte des (Anschauungs-) Raums abgebildet werden.

Sind n Mengen $M_1, M_2, \ldots, M_n$ ($n \in \mathbf{N}$) gegeben und sind $m_1 \in M_1$, $m_2 \in M_2, \ldots, m_n \in M_n$, dann ist durch $(m_1; m_2; \ldots; m_n)$ ein **geordnetes n-Tupel** festgelegt. m_i ($i \in \mathbf{N}^*$) heißt die i-te Komponente des n-Tupels.

Zwei n-Tupel $(a_1; \ldots; a_n)$ und $(b_1; \ldots; b_n)$ sind genau dann gleich, wenn sie komponentenweise übereinstimmen.
Die Menge aller n-Tupel $(m_1; \ldots; m_n)$ ($n \in \mathbf{N}$, $n \geqq 2$) mit $m_1 \in M_1, \ldots, m_n \in M_n$ wird mit $M_1 \times M_2 \times \ldots \times M_n$ bezeichnet.

2.4.2. Zum Abbildungsbegriff

(1) Sind zwei Mengen A, B gegeben und gibt eine Vorschrift an, in welcher Weise aus Elementen $a \in A$ und $b \in B$ geordnete Paare $(a; b)$ gebildet werden, dann werden den Elementen $a \in A$ bestimmte Elemente $b \in B$ **zugeordnet.**

BEISPIEL 2/14

Gegeben seien die Mengen $M_1 = \{1; 2; 3; 4\}$ und $M_2 = \{a; b; c\}$. Durch eine Wortvorschrift werden Elementen der Menge M_1 bestimmte Elemente der Menge M_2 zugeordnet: Dem Element 1 werden die Elemente a und b, dem Element 3 das Element a, dem Element 4 das Element c zugeordnet. Dem Element 2 wird kein Element zugeordnet. Eine solche Vorschrift kann durch Pfeile veranschaulicht werden (Bild 2/22).

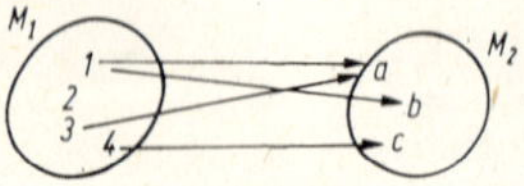

Bild 2/22

Die geordneten Paare können zu einer Menge F zusammengefaßt werden, die eine Teilmenge der Produktmenge $M_1 \times M_2$ ist:

$$F = \{(1; a), (1; b), (3; a), (4; c)\}$$

$$F \subseteqq M_1 \times M_2$$

Jede nichtleere Teilmenge F der Produktmenge $A \times B$ heißt **Abbildung** aus einer Menge A in eine Menge B.

Hinweis: Der Begriff »Abbildung« wird in der Mathematik nicht einheitlich gebraucht. Hier wird eine nicht notwendig eindeutige Zuordnung »Abbildung« genannt, die in anderen Darstellungen »Korrespondenz« heißt.

Ist $(a; b) \in F$, so heißt die erste Komponente a ein *Urbild* (auch *Original*) von b und die zweite Komponente b ein *Bild* von a bei der Abbildung F.
Die Menge aller Elemente aus A, denen bei der Abbildung F mindestens ein Element von B zugeordnet ist, heißt **Definitionsbereich** der Abbildung F und wird mit $D(F)$ bezeichnet. Er ist eine Teilmenge von A und enthält alle vorkommenden Urbilder.
Die Menge aller Elemente von B, die bei der Abbildung F mindestens einem Element von A zugeordnet sind, heißt **Wertebereich** der Abbil-

dung F und wird mit $W(F)$ bezeichnet. Er ist eine Teilmenge von B und enthält alle Elemente von B, die ein Urbild haben.
Je nachdem, ob der Definitionsbereich mit der Menge A und der Wertebereich mit der Menge B übereinstimmen oder nicht, unterscheidet man folgende Abbildungen:

F sei eine Abbildung aus A in B.
Ist der Definitionsbereich von F gleich A, so heißt F eine Abbildung **von** A in B.
Ist der Wertebereich von F gleich B, so heißt F eine Abbildung aus A **auf** B.
Ist der Definitionsbereich von F gleich A und ist der Wertebereich von F gleich B, so heißt F eine Abbildung **von** A **auf** B.
Veranschaulichung von Abbildungen durch *Pfeildiagramme* in

BEISPIEL 2/15

Gegeben seien die Mengen $A = \{1; 2; 3; 4\}$ und $B = \{a; b; c; d\}$.

Abbildung aus A in B	Abbildung von A in B	Abbildung aus A auf B	Abbildung von A auf B

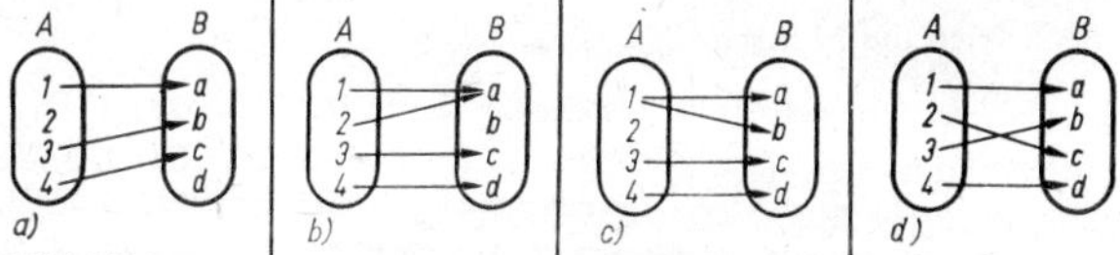

Bild 2/23

	volle Ausschöpfung des		
	Definitionsbereichs	Wertebereichs	Definitions- und Wertebereichs

(2) Für Abbildungen aus A in B gilt: Eine Abbildung heißt

nicht eindeutig, wenn wenigstens einem Element des Definitionsbereichs zwei oder mehr als zwei verschiedene Elemente des Wertebereichs zugeordnet werden.	**eindeutig**, wenn jedem Element des Definitionsbereichs genau ein Element des Wertebereichs als Bild zugeordnet wird, das mit $F(x)$ bezeichnet wird.	**eineindeutig (eindeutig umkehrbar)**, wenn jedem Element des Definitionsbereichs genau ein Element des Wertebereichs **und** jedem Element des Wertebereichs genau ein Element des Definitionsbereichs zugeordnet wird.

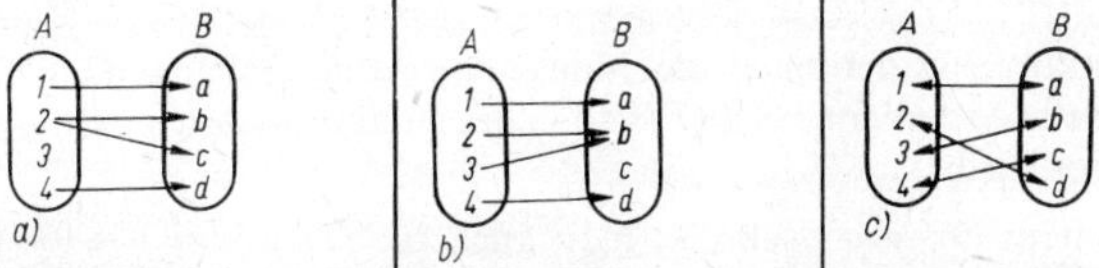

Bild 2/24

(3) Eine Abbildung, bei der alle Elemente des Originals auf sich selbst abgebildet werden, heißt **identische Abbildung.**
(4) Die zu einer Abbildung F **inverse Abbildung** (Umkehrabbildung) F^{-1} (gelesen: F hoch minus eins) ist die Menge aller geordneten Paare $(b; a)$, für die $(a; b) \in F$ gilt.

BEISPIEL 2/16

Die inverse Abbildung zu der in Beispiel 2/14 gebildeten Abbildung

$$F = \{(1; a), (1; b), (3; a), (4; c)\}$$

ist

$$F^{-1} = \{(a; 1), (b; 1), (a; 3), (c; 4)\}.$$

(5) Wenn F eine Abbildung aus A in B und G eine Abbildung aus B in C ist, so versteht man unter der **Verkettung** (oder Nacheinanderausführung) $G \circ F$ (gelesen: G nach F oder G verkettet mit F) die Abbildung aus A in C, bei der das Bild eines Elements a bei der Abbildung F das Original b bei der Abbildung G ist.

BEISPIEL 2/17

Gegeben seien die Mengen

$$A = \{1; 2; 3\}, \ B = \{1; 3; 5; 7; 9\}, \ C = \{9; 25; 49; 81\}$$

und die Abbildungen

$$F = \{(1; 1), (1; 3), (2; 5), (3; 7)\},$$

$$G = (3; 9), (5; 25), (7; 49), (9; 81)\}.$$

Dann ist die Verkettung »G nach F«:

$$G \circ F = \{(1; 9), (2; 25), (3; 49)\}.$$

Für die Verkettung von Abbildungen gelten folgende *Gesetze*:

$$H \circ (G \circ F) = (H \circ G) \circ F \quad \text{(Assoziativgesetz)}$$

$$(G \circ F)^{-1} = F^{-1} \circ G^{-1}$$

2.4.3. Funktionen

Eine eindeutige Abbildung aus X in Y wird **Funktion** genannt und mit f bezeichnet.

Ist die Menge X der Definitionsbereich und die Menge Y der Wertebereich der Funktion f, so ist f eine Funktion von X auf Y.

Eine Funktion ist demnach die Menge f geordneter Paare $(x; y)$, wobei jedem Argument $x \in D(f)$ genau ein Funktionswert $y \in W(f)$ zugeordnet wird.

Für das Element $(x; y) \in f$ schreibt man auch $(x; f(x))$ oder $y = f(x)$ (gelesen: y gleich f von x).

BEISPIEL 2/18

a) Die Abbildung F aus der Menge $X = \{1; 2; 3; 4\}$ in die Menge $Y = \{0; 1; 4; 9\}$ ist eine Funktion: $F = \{(1; 1), (2; 4), (3; 9)\}$. Die Abbildung ist eindeutig.

b) Die Abbildung F von $X = \{1; 2\}$ auf $Y = \{1; -1; 4\}$, $F = \{(1; 1), (1; -1), (2; 4)\}$, ist **keine Funktion**, da dem Element $x = 1$ zwei verschiedene Werte ($y_1 = 1$ und $y_2 = -1$) zugeordnet werden.

Zuordnungsvorschriften für Funktionen:

- Wortvorschriften
- Wertetafeln
- Darstellungen der Graphen von Funktionen (unter Beachtung des Definitionsbereichs)
- Gleichungen mit zwei Variablen (Funktionsgleichungen genannt)

Die häufigste Art der Darstellung einer Funktion ist deren Beschreibung durch eine *Funktionsgleichung mit Angabe des Definitionsbereichs* in

expliziter Form, wenn die abhängige Variable auf einer Seite der Gleichung isoliert ist; z. B. $y = 3x^2 + 7x$	*impliziter Form* z. B. $3x^2 + 7x - y = 0$

Weitere Ausführungen über Funktionen im Abschnitt 6.

2.5. Relationen zwischen Mengen

2.5.1. Zweistellige Relationen

Relationen drücken Beziehungen zwischen Elementen einer gegebenen Menge M aus. Insofern sind sie spezielle Abbildungen. Eine zweistellige Relation R in einer Menge M ist eine Abbildung aus M in M, also eine Teilmenge der Produktmenge $M \times M$.

Symbolisch werden Relationen dargestellt durch
$m_1 \; R \; m_2$ (gelesen: m_1 steht in Relation zu m_2, oder Zwischen m_1 und m_2 besteht die Relation R) oder durch $(m_1; m_2) \in R$.
Eine Relation kann auch mit Hilfe einer Aussageform formuliert werden. Dann muß entschieden werden, ob zwei beliebig herausgegriffene Elemente in dieser Relation stehen oder ob sie nicht in dieser Relation stehen.

BEISPIEL 2/19

Gegeben sei die Menge $M = \{2, 3, 4, 5\}$.

a) Die Relation R_1 sei »ist kleiner als«.
Es gilt $2 \; R_1 \; 3$ oder $2 < 3$ oder $(2; 3) \in R_1$.
$a < b$ bedeutet $\bigvee_{x \in M} a + x = b$.

b) Die Relation R_2 sei »teilt«.
Es gilt $2 \; R_2 \; 4$ oder $2 \mid 4$ oder $(2; 4) \in R_2$.
$a \mid b$ bedeutet $\bigvee_{x \in M} ax = b$

Einige Eigenschaften zweistelliger Relationen

Es sei eine Menge M und in M eine Relation R gegeben. Diese Relation R kann folgende Eigenschaften haben:

R ist	wenn gilt	R ist	wenn gilt
reflexiv	$\bigwedge_{a \in M} (aRa)$	irreflexiv	$\bigwedge_{a \in M} (\neg(aRa))$
symmetrisch	$\bigwedge_{a,b \in M} (aRb \Rightarrow bRa)$	asymmetrisch	$\bigwedge_{a,b \in M} (aRb \Rightarrow \neg (bRa))$
		antisymmetrisch	$\bigwedge_{a,b \in M} (aRb \wedge bRa) \Rightarrow a=b$
transitiv	$\bigwedge_{a,b,c \in M} ((aRb \wedge bRa) \Rightarrow aRc)$		

BEISPIEL 2/20

a) Die Gleichheitsrelation ist reflexiv, symmetrisch, transitiv in M; denn $a = a$; $a = b \Rightarrow b = a$; $a = b \wedge b = c \Rightarrow a = c$ für alle $a, b, c \in M$.

b) Die Kleinerrelation ist irreflexiv, asymmetrisch, transitiv in M; denn $\neg(a < a)$; $a < b \Rightarrow \neg (b < a)$; $a < b \wedge b < c \Rightarrow a < c$ für alle $a, b, c \in M$.

2.5.2. Ordnungsrelationen

Eine Menge M heißt **geordnet**, wenn in ihr eine Ordnungsrelation erklärt ist.

Eine Relation $R \subseteq M \times M$ heißt

$\left\{\begin{matrix}\text{reflexive} \\ \\ \text{irreflexive}\end{matrix}\right\}$ **Halbordnung**, wenn sie $\left\{\begin{matrix}\text{reflexiv, transitiv, antisymmetrisch} \\ \\ \text{irreflexiv, transitiv}\end{matrix}\right\}$ ist.

2.5.3. Äquivalenzrelationen

Eine Relation R, die reflexiv, symmetrisch und transitiv ist, heißt **Äquivalenzrelation.**

In diesem Falle schreibt man $a \sim b(R)$ (gelesen: b ist äquivalent zu a bezüglich (oder nach oder modulo) R) statt aRb.

Es gilt der **Hauptsatz über Äquivalenzrelationen:**

Jede in einer nichtleeren Menge M erklärte Äquivalenzrelation R bewirkt eine eindeutig bestimmte Zerlegung von M in nichtleere, paarweise (d. h. je zwei beliebige) disjunkte Teilmengen M_i, deren Vereinigung wieder die Menge M ergibt.

Das heißt:

$$M_1 \cup M_2 \cup \ldots \cup M_n = M \quad \text{und} \quad M_i \cap M_j = \emptyset \text{ für } i \neq j.$$

Jede solche Teilmenge M_i heißt **Äquivalenzklasse** (kurz: **Klasse**). Jedes Element von M_i heißt **Repräsentant** der Äquivalenzklasse M_i.

BEISPIEL 2/21

Äquivalenzrelationen sind:

a) die Gleichheitsrelation in einer beliebigen Menge,
b) die Relation »Gleichmächtigkeit von Mengen« (↗ 2.8.),
c) die Kongruenzrelation (Restgleichheit) in der Menge der ganzen Zahlen (a läßt bei der Division durch m mit $m \in \mathbf{Z}$ denselben Rest wie b). Es entstehen Restklassen modulo m. (↗ 3.3.7.3.)

Anwendung des Hauptsatzes über Äquivalenzrelationen bei der Begriffsbildung durch Abstraktion

Aus einer Menge werden alle diejenigen Elemente ausgesucht, die eine bestimmte gemeinsame charakteristische Eigenschaft haben. Dabei bleiben die unwesentlichen Merkmale unberücksichtigt. Diese Elemente werden zu einer Äquivalenzklasse (Klasse) zusammengefaßt. Für diese Klasse wird eine neue Bezeichnung eingeführt. Jedes Element dieser Klasse ist ein Repräsentant.

Im einzelnen werden folgende **Schritte** vollzogen:

1. Gegeben ist eine Menge M von Elementen.
2. In M wird eine Äquivalenzrelation R erklärt.
3. Alle jeweils zueinander äquivalenten Elemente der Menge werden zu Teilmengen M_i, Klassen genannt, zusammengefaßt. Dafür wird ein neuer Begriff eingeführt.
4. Die Menge M wird durch die Menge der Klassen ersetzt.

BEISPIEL 2/22

Es soll der Begriff »natürliche Zahl« mittels Abstraktion gebildet werden.

1. Es ist ein Mengensystem $M^{(2)}$ von endlichen Mengen 1. Stufe gegeben.
2. In dieser Menge wird die Äquivalenzrelation »Gleichmächtigkeit« erklärt (↗ 2.8.).
3. Alle gleichmächtigen Mengen werden zu Klassen zusammengefaßt. Jede dieser Klassen bezeichnet eine endliche Kardinalzahl, für die der Begriff »natürliche Zahl« festgelegt wird.
4. Das Mengensystem $M^{(2)}$ wird durch die Menge der natürlichen Zahlen ersetzt.

2.6. Algebraische Operationen

2.6.1. Ein- und zweistellige Operationen

Unter einer **zweistelligen Operation** O in einer Menge versteht man eine eindeutige Abbildung aus $M \times M$ in M.

Da eindeutige Abbildungen Funktionen genannt werden, ist eine zweistellige Operation in M eine Funktion aus $M \times M$ in M. Ihr Definitionsbereich ist eine Teilmenge von $M \times M$, ihr Wertebereich eine Teilmenge von M.
Dem geordneten Paar $(a;\ b) \in M \times M$ wird durch die Zuordnungsvorschrift »Operation O« eindeutig ein Element $c \in M$ zugeordnet. Dafür kann man schreiben:

$$(a;\ b;\ c) \in O \quad \text{oder} \quad O(a;\ b) = c \quad \text{oder} \quad aOb = c,$$

wobei für O das entsprechende Operationszeichen, z. B. $+$, $\cdot$, eingesetzt werden kann.
Jede zweistellige Operation kann als dreistellige Relation aufgefaßt werden, z. B. die zweistellige Operation »Addition« als Menge aller Tripel $(a;\ b;\ a + b)$, d. h. als dreistellige Relation.

BEISPIEL 2/23

Gegeben sei die Menge N der natürlichen Zahlen.
a) Für die Operation »Addition« in N gilt:

$$A = \{(a;\ b;\ c)\colon (a;\ b;\ c) \in (\mathbf{N} \times \mathbf{N}) \times \mathbf{N} \wedge c = a + b\}$$

b) Für die Operation »Multiplikation« in N gilt:

$$M = \{(a;\ b;\ c)\colon (a;\ b;\ c) \in (\mathbf{N} \times \mathbf{N}) \times \mathbf{N} \wedge c = a \cdot b\}$$

c) Die Subtraktion bildet in der Menge N der natürlichen Zahlen eine partielle algebraische Operation; denn die Differenz zweier natürlicher Zahlen ist nicht notwendigerweise wieder eine natürliche Zahl.

Eine **einstellige Operation** in einer Menge ist eine Funktion aus M in sich, z. B. sind die Operationen »Bilden des Nachfolgers«, »Verdreifachen«, »Quadrieren« einstellige Operationen.

2.6.2. Isomorphie von Mengen bezüglich der Operationen (Relationen)

Es seien zwei Mengen M_1, M_2 gegeben, in denen je eine Operation O_1 bzw. O_2 erklärt ist. Wenn es eine eineindeutige Abbildung von M_1 auf M_2 gibt, bei der die Operationen einander entsprechen, heißen die Mengen M_1, M_2 **isomorph** bezüglich der Operationen O_1, O_2. [isomorph (griech.) von gleicher Gestalt]
Man schreibt dann $M_1 \cong M_2$ (gelesen: M_1 isomorph M_2).

2.7. Algebraische Strukturen

Unter einer **algebraischen Struktur** versteht man eine nichtleere Menge M, in der mindestens eine Relation (oder eine Operation) erklärt ist. Sie wird mit $(M;\ R)$ bezeichnet; M heißt Trägermenge der Struktur. Man sagt: Die Menge M ist strukturiert.

2.7.1. Zur Struktur »Körper«

Übersicht

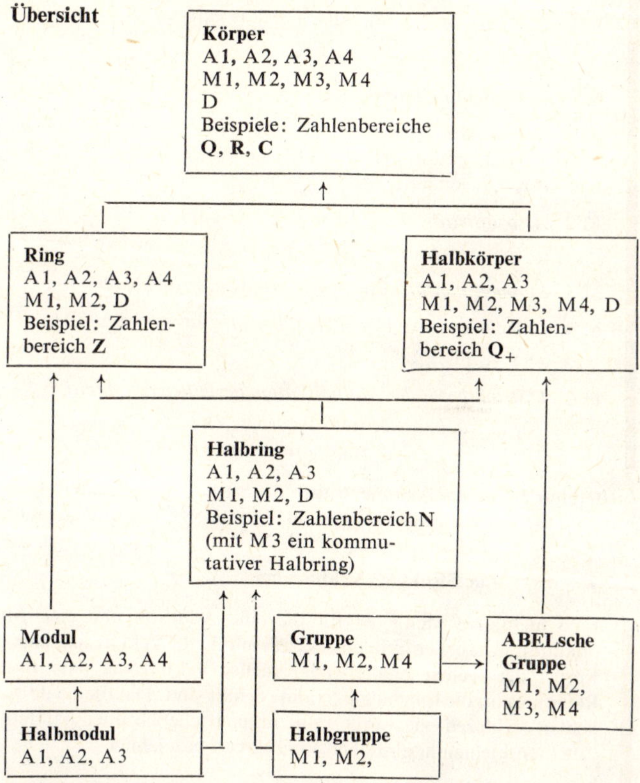

Bild 2/25

Ein Körper M wird durch das Tripel $(M, +, \cdot)$ bezeichnet. Die Elemente eines Körpers (bzw. Halbkörpers, Rings, Halbrings) werden **Zahlen** genannt.

Eine nichtleere Menge M, für die eine Addition $(+)$ und eine Multiplikation $(\cdot)$ erklärt sind, heißt **Körper**, wenn folgende Axiome erfüllt sind:

Gesetze der Addition

A 1 *Ausführbarkeit und Eindeutigkeit:* Zu je zwei Elementen $a, b \in M$ gibt es genau ein Element $a + b \in M$, das die **Summe** von a, b genannt wird.

A 2 *Assoziativität:* Für alle $a, b, c \in M$ gilt:

$$a + (b + c) = (a + b) + c.$$

A 3 *Kommutativität:* Für alle $a, b \in M$ gilt: $a + b = b + a$.

A 4 *Umkehrbarkeit:* Für alle $a, b \in M$ gibt es ein $x \in M$, so daß $a + x = b$ ist.

Gesetze der Multiplikation

M 1 *Ausführbarkeit und Eindeutigkeit:* Zu je zwei Elementen $a, b \in M$ gibt es genau ein Element $a \cdot b \in M$, das das **Produkt** von a, b genannt wird.

M 2 *Assoziativität:* Für alle $a, b, c \in M$ gilt:
$a \cdot (b \cdot c) = (a \cdot b) \cdot c$.

M 3 *Kommutativität:* Für alle $a, b \in M$ gilt: $a \cdot b = b \cdot a$.

M 4 *Umkehrbarkeit:* Für alle $a, b \in M$ gibt es ein $x \in M$, so daß $a \cdot x = b$ ist.

D *Distributivität der Multiplikation bezüglich der Addition:*
Für alle $a, b, c \in M$ gilt: $a \cdot (b + c) = a \cdot b + a \cdot c$
und $(a + b) \cdot c = a \cdot c + b \cdot c$.

Gelten nur einige der Axiome, tragen die Strukturen besondere Bezeichnungen, die aus der groben **Übersicht** Bild 2/25 zu entnehmen sind:

2.7.2. Zur Struktur »Vektorraum«

Eine nichtleere Menge V, für die eine Addition und eine Multiplikation mit reellen Zahlen erklärt sind, heißt **Vektorraum über dem Körper der reellen Zahlen** (oder **reeller Vektorraum** oder **linearer Raum**), wenn die folgenden Axiome erfüllt sind. Die Elemente von V heißen **Vektoren**; sie werden mit unterstrichenen oder halbfett gedruckten kleinen lateinischen Buchstaben bezeichnet.

Gesetze der Addition

A 1 *Ausführbarkeit und Eindeutigkeit:* Zu je zwei Elementen $\mathbf{a}, \mathbf{b} \in V$ gibt es genau ein Element $\mathbf{a} + \mathbf{b} \in V$, das die **Summe** von $\mathbf{a}, \mathbf{b}$ genannt wird.

A 2 *Assoziativität:* Für alle $\mathbf{a}, \mathbf{b}, \mathbf{c} \in V$ gilt:
$\mathbf{a} + (\mathbf{b} + \mathbf{c}) = (\mathbf{a} + \mathbf{b}) + \mathbf{c}$.

A 3 *Kommutativität:* Für alle $\mathbf{a}, \mathbf{b} \in V$ gilt: $\mathbf{a} + \mathbf{b} = \mathbf{b} + \mathbf{a}$.

A 4 *Umkehrbarkeit:* Für alle $\mathbf{a}, \mathbf{b} \in V$ gibt es ein $\mathbf{x} \in V$, so daß $\mathbf{a} + \mathbf{x} = \mathbf{b}$ ist.

Gesetze der Multiplikation mit reellen Zahlen

B 1 *Ausführbarkeit und Eindeutigkeit:* Zu jedem Element $\mathbf{a} \in V$ und jeder reellen Zahl λ gibt es genau ein Element $\lambda \mathbf{a} \in V$.

B 2 *Assoziativität:* Für alle $\boldsymbol{a} \in V$ und alle $\lambda_1, \lambda_2 \in \mathbf{R}$ gilt:
$(\lambda_1\lambda_2)\,\boldsymbol{a} = \lambda_1(\lambda_2\boldsymbol{a})$.
B 3 Für alle $\boldsymbol{a} \in V$ gilt: $1\boldsymbol{a} = \boldsymbol{a}$.
D *»Distributivität« der Multiplikation mit reellen Zahlen bezüglich der Addition:*
Für alle $\boldsymbol{a}, \boldsymbol{b} \in V$ und alle $\lambda_1, \lambda_2 \in \mathbf{R}$ gilt:
$(\lambda_1 + \lambda_2)\,\boldsymbol{a} = \lambda_1\boldsymbol{a} + \lambda_2\boldsymbol{a}$ und
$\lambda_1(\boldsymbol{a} + \boldsymbol{b}) = \lambda_1\boldsymbol{a} + \lambda_1\boldsymbol{b}$.

Die daraus folgenden Rechenregeln sind in den Abschnitten 7. und 8. formuliert.

2.8. Mächtigkeit von Mengen

Sind zwei Mengen M_1, M_2 gegeben und gibt es eine eineindeutige Abbildung von M_1 auf M_2, so sind diese Mengen von gleicher Mächtigkeit. Sie werden **gleichmächtig** genannt und mit $M_1 \sim M_2$ bezeichnet (gelesen: M_1 gleichmächtig mit M_2).

BEISPIEL 2/24

Gegeben sind die Mengen $M_1 = \{k, l, m, n\}$ und $M_2 = \{1, 2, 3, 4\}$. Da $f_1 = \{(k; 1), (l; 2), (m; 3), (n; 4)\}$ eine eineindeutige Abbildung von M_1 auf M_2 ist, gilt $M_1 \sim M_2$. Veranschaulichung durch ein Pfeildiagramm in Bild 2/26.

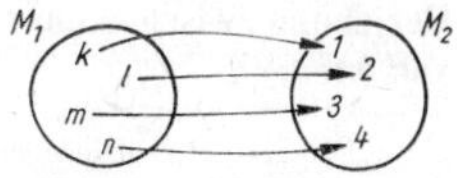

Bild 2/26

Es gibt noch weitere solche eineindeutigen Abbildungen, z. B.

$$f_2 = \{(k; 2), (l; 3), (m; 4), (n; 1)\}.$$

Ihre Gesamtzahl beträgt 4!, sie ist gleich der Anzahl der Permutationen von 4 Elementen (↗ 3.1.7.1.).

Für endliche Mengen bedeutet die Gleichmächtigkeit von verschiedenen Mengen, daß sie alle die gleiche Anzahl von Elementen besitzen.
Die Gleichmächtigkeit von Mengen ist eine Äquivalenzrelation (↗ 2.5.3.). Deshalb kann man für die gleichmächtigen Mengen M_1, M_2 schreiben $M_1 \sim M_2$ und den Begriff »äquivalent« verwenden: M_1 ist äquivalent zu M_2.
Da jede Äquivalenzrelation in einer Menge eine Klasseneinteilung (↗ 2.5.3.) in nichtleere disjunkte Teilmengen bewirkt, die nach der Vereinigung wieder die Menge ergeben, wird durch die Relation »Gleichmächtigkeit« jedes Mengensystem in untereinander gleichmächtige Mengen zerlegt.
Die Mächtigkeit einer endlichen Menge ist durch die Anzahl der Elemente bestimmt; sie wird endliche Kardinalzahl genannt.

Eine **endliche Kardinalzahl** ist eine Klasse aller derjenigen endlichen Mengen, die zu einer gegebenen Menge gleichmächtig sind.

Präzisierung des Begriffs »endliche Menge«:

Genau dann, wenn eine Menge M keine echte Teilmenge besitzt, die zu M gleichmächtig ist, heißt sie **endlich.** Eine Menge M heißt **unendlich**, wenn es wenigstens eine echte Teilmenge von M gibt, die zu M gleichmächtig ist.

BEISPIEL 2/25

Gegeben seien die Mengen $M_1 = \{0, 2, 4, 6\}$, $M_2 = \mathbf{N}$ (Menge der natürlichen Zahlen), $M_3 = \{x: x = 2n + 1 \wedge n \in \mathbf{N}\}$.
M_1 ist eine endliche Menge, da sie keine echte Teilmenge besitzt, die zu M_1 gleichmächtig ist.
M_2 hat die Menge M_3 der ungeraden natürlichen Zahlen als echte Teilmenge ($M_3 \subset M_2$). Es ist möglich, M_2 auf M_3 eineindeutig abzubilden (wenn das auch schwer vorstellbar ist!):

$n \in \mathbf{N}$	0	1	2	3	4	…
	$\updownarrow$	$\updownarrow$	$\updownarrow$	$\updownarrow$	$\updownarrow$	
$x \in M_3$	1	3	5	7	9	…

M_2 ist eine unendliche Menge.

Beziehung zwischen der Gleichheit von Mengen und der Gleichmächtigkeit von Mengen:

Aus der Gleichheit von Mengen folgt ihre Gleichmächtigkeit, d. h., wenn zwei Mengen M_1, M_2 gleich sind, so sind sie auch gleichmächtig. Die Umkehrung dieses Satzes gilt aber nicht, d. h., die Gleichheit ist hinreichend für die Gleichmächtigkeit, aber nicht notwendig. Die Gleichmächtigkeit ist notwendig für die Gleichheit, aber nicht hinreichend (↗ 1.5.1.).
Eine Menge M_1 heißt von **niederer Mächtigkeit** als eine Menge M_2, wenn M_1 gleichmächtig einer echten Teilmenge von M_2 ist.

BEISPIEL 2/26

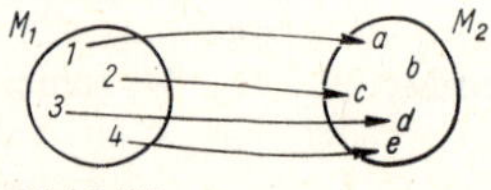

Bild 2/27

Gegeben sind die Mengen $M_1 = \{1, 2, 3, 4\}$ und $M_2 = \{a, b, c, d, e\}$.
M_1 hat eine niedere Mächtigkeit als M_2, M_2 eine höhere Mächtigkeit als M_1. Veranschaulichung der Abbildung in einem Pfeildiagramm in Bild 2/27.

Eine unendliche Menge heißt **abzählbar**, wenn sie gleichmächtig der Menge **N** der natürlichen Zahlen ist.

Hinweis: »Abzählbar« darf nicht mit »zählbar« verwechselt werden: »zählbar« heißt, es besteht die Möglichkeit, eine Anzahl anzugeben. Endliche Mengen sind zählbar.

Unendliche Mengen, die nicht abzählbar sind, heißen **überabzählbar**.

BEISPIEL 2/27

Folgende unendliche Mengen sind

abzählbar	überabzählbar
Die Menge der Primzahlen	Die Menge der reellen Zahlen
Die Menge der ganzen Zahlen	Die Menge der irrationalen Zahlen
Die Menge der rationalen Zahlen	Die Menge der Punkte einer Geraden
Unendliche Teilmengen der Menge der natürlichen Zahlen	Die Menge der Punkte einer Ebene

3. Zahlen, Zahlenbereiche

3.1. Der Bereich der natürlichen Zahlen

In der ständigen Auseinandersetzung der Menschen mit ihrer Umwelt ist in einem sehr langen Entwicklungsprozeß der Zahlbegriff entstanden. Mit Hilfe der Zahlen können gewisse Seiten der objektiven Realität **quantitativ** erfaßt werden.
Die natürlichen Zahlen dienen zum Zählen. Man benutzt sie

- zur Angabe der Anzahl der Elemente von endlichen Mengen, also als **Kardinalzahlen** (↗ 2.8.),
- zum Numerieren der Elemente einer endlichen Menge, also als **Ordinalzahlen.**

3.1.1. Zum Begriff »natürliche Zahl«

1. Möglichkeit: **Genetischer Aufbau** der Menge der natürlichen Zahlen

> Unter einer **natürlichen Zahl** versteht man eine endliche Kardinalzahl. Eine endliche Kardinalzahl ist eine Äquivalenzklasse gleichmächtiger endlicher Mengen (↗ 2.8.).

Die Kardinalzahl der leeren Menge heißt *Null* und wird mit »0« bezeichnet. (»Null« ist das Zahlwort, »0« ist die Ziffer.)
Von einer endlichen Menge ausgehend, kann eine weitere endliche Menge gebildet werden, indem zu der vorhandenen endlichen Menge genau ein weiteres Element aus dem Grundbereich (↗ 2.1.) hinzugefügt wird. Die der natürlichen Zahl n folgende Zahl wird **Nachfolger** von n genannt und mit n' bezeichnet (Nachfolgeroperation).
Es sei der Grundbereich $G = \{a, b, c\}$ gegeben. Dann erhält man durch Vereinigung folgende endliche Mengen:

$M = \emptyset \cup \{a\}$, Einermenge genannt, also $M = \{a\}$
$M' = M \cup \{b\}$, Zweiermenge genannt, also $M' = \{a, b\}$
$M'' = M' \cup \{c\}$, Dreiermenge genannt, also $M'' = \{a, b, c\}$.

Sie bestimmen natürliche Zahlen, die »eins«, »zwei«, »drei« genannt und mit »1«, »2«, »3« bezeichnet werden. (»eins« usw. sind die Zahlwörter, »1« usw. die entsprechenden Ziffern.)
Bei Erweiterung des Grundbereichs können weitere endliche Mengen gebildet werden, die entsprechende natürliche Zahlen bestimmen, für die Zahlwörter gebildet werden und Ziffern bestehen.

Alle natürlichen Zahlen werden zu einer Menge zusammengefaßt, die **Menge der natürlichen Zahlen**; sie wird mit **N** bezeichnet.

Es gibt unendlich viele natürliche Zahlen, da zu jeder natürlichen Zahl der Nachfolger (also eine noch größere natürliche Zahl) gebildet werden kann.
Eine natürliche Zahl »Unendlich« gibt es nicht, weil eine natürliche Zahl eine *endliche* Kardinalzahl ist.

2. Möglichkeit: **Axiomatischer Aufbau** der Menge der natürlichen Zahlen (↗ 1.6.2.)

Der Begriff »natürliche Zahl« wird durch das **Peanosche Axiomensystem** definiert (GIUSEPPE PEANO, 1858 bis 1932):

(I) Die Zahl Null ist eine natürliche Zahl.

(II) Zu jeder natürlichen Zahl m gibt es eine eindeutig bestimmte natürliche Zahl n, die der (unmittelbare) Nachfolger von m ist; für die also $n = m'$ gilt.

(III) Jede natürliche Zahl ist unmittelbarer Nachfolger höchstens einer natürlichen Zahl.

(IV) Es gibt keine natürliche Zahl m, deren Nachfolger die Zahl Null ist.

(V) Wenn die natürliche Zahl Null Element von M ist und wenn mit jeder natürlichen Zahl m auch deren unmittelbarer Nachfolger m' Element von M ist, dann enthält die Menge M alle natürlichen Zahlen.

3.1.2. Darstellung natürlicher Zahlen

Jede natürliche Zahl wird durch ein Zeichen, die **Ziffer**, dargestellt. Um nicht für jede Zahl ein neues Wort und ein neues Zeichen einführen zu müssen, werden Wörter und Zeichen für größere Zahlen aus solchen für kleinere Zahlen zusammengesetzt. Je nachdem, wie die Zeichen in Zahlensystemen zusammengefaßt und angeordnet werden, unterscheidet man Additionssysteme und Positionssysteme.
(1) Beim **Additionssystem** hat jede Grundziffer einen Ziffernwert. Die Addition der Ziffernwerte der aneinandergefügten Grundziffern ergibt die Zahl. Ein Beispiel für ein Additionssystem ist das *römische Zahlzeichensystem.* Es besteht aus den Grundziffern (in Klammern sind die entsprechenden Ziffern im dekadischen Positionssystem angegeben): I (1), X (10), C (100), M (1000), und den »Hilfszeichen«: V (5), L (50), D (500).
Die den einzelnen natürlichen Zahlen entsprechenden Ziffern werden durch Aneinanderfügen von möglichst wenig Zeichen gebildet: Dabei steht die Grundziffer für die größere Zahl links von der kleineren, z. B. CXX bedeutet C + X + X.
Wenn I, X oder C als kleinere Grundziffer links von einer größeren

steht, wird die kleinere Zahl von der größeren subtrahiert, z. B. CX bedeutet C – X.
Für die Darstellung einer Ziffer gilt, daß die Grundziffern I, X, C höchstens dreimal hintereinander, die Hilfszeichen V, L, D nur einmal auftreten dürfen.

BEISPIEL 3/1

a) MMDCCLXVIII bedeutet 2768
b) MCMXXIX bedeutet 1929
c) CCCIV bedeutet 304

(2) Bei einem **Positionssystem** hat jede Grundziffer einen Ziffernwert und einen Stellenwert.

***g*-adisches Positionssystem:**

Die g-adische Darstellung der natürlichen Zahl n beruht darauf, daß bei gegebener Basis $g \geqq 2$ ($g \in \mathbf{N}$) jede natürliche Zahl $n \geqq 1$ eindeutig in der Form

$$n = a_k g^k + a_{k-1} g^{k-1} + \ldots + a_1 g + a_0$$

dargestellt werden kann.
Es werden g Grundziffern (Zahlzeichen) a_i mit $i = 0, 1, \ldots, k$ mit $k \geqq 0$ und $0 \leqq a_i \leqq g - 1$ und $a_k \neq 0$ benötigt.
Man schreibt dann

$$n = a_k a_{k-1} \ldots a_1 a_0$$

bzw., wenn Verwechslungen möglich sind, besser:

$$n = [a_k a_{k-1} \ldots a_1 a_0]_g$$

Dekadisches Positionssystem: Basis $g = 10$, die Grundziffern sind

$$0, 1, 2, 3, 4, 5, 6, 7, 8, 9.$$

Eine m-stellige natürliche Zahl n kann durch $n = \sum_{i=0}^{m-1} a_i \cdot 10^i$ mit $a_i = 0, 1, \ldots, 9$; $a_{m-1} \neq 0$ dargestellt werden:

$$n = a_{m-1} \cdot 10^{m-1} + a_{m-2} \cdot 10^{m-2} + \ldots + a_2 \cdot 10^2 + a_1 \cdot 10^1 + a_0 \cdot 10^0.$$

Stellenwerttafel

…	10^6	10^5	10^4	10^3	10^2	10	1	natürliche Zahl
						1	2	12
				3	5	9	5	3596
		6	1	7	0	4	3	617043

Dual- (dyadisches, Zweier- oder Binär-) **System:** Basis $g = 2$, zwei Grundziffern: 0, 1 (manchmal auch 0, L)
Die Zahl 74 im dekadischen Positionssystem kann mit Hilfe einer Stellentafel in das Dualsystem umgewandelt werden:

Potenzen	2^6	2^5	2^4	2^3	2^2	2^1	2^0
a_i	1	0	0	1	0	1	0

Es ist also

$$n = 1 \cdot 2^6 + 0 \cdot 2^5 + 0 \cdot 2^4 + 1 \cdot 2^3 + 0 \cdot 2^2 + 1 \cdot 2^1 + 0 \cdot 2^0$$

$$[74]_{10} = [1001010]_2 .$$

Das Umwandeln der Darstellung einer natürlichen Zahl in einem Positionssystem in die Darstellung in einem anderen Positionssystem wird **Konvertieren** genannt [convertere (lat.) wenden, umwandeln].
In einem Positionssystem mit einer kleinen Basis g wird die Darstellung der Zahlen sehr lang. Man braucht aber nur wenige Grundziffern und hat sehr einfache Rechenregeln zu beachten. Im Dualsystem gelten die folgenden Rechenregeln:

$$\begin{array}{ll} 0 + 0 = 0 & 0 \cdot 0 = 0 \\ 0 + 1 = 1 + 0 = 1 & 0 \cdot 1 = 1 \cdot 0 = 0 \\ 1 + 1 = 10 & 1 \cdot 1 = 1 \end{array}$$

BEISPIEL 3/2

a)
$$\begin{array}{r} 10011 \\ +11001 \\ \hline 101100 \end{array} \qquad 19 + 25 = 44$$

b)
$$\begin{array}{r} 101001 \\ -1100 \\ \hline 11101 \end{array} \qquad 41 - 12 = 29$$

c)
$$\begin{array}{r} 1001 \cdot 1101 \\ \hline 1001 \\ 10010 \\ 1001 \\ \hline 1110101 \end{array} \qquad 9 \cdot 13 = 117$$

d)
$$\begin{array}{l} 10000100 : 1100 = 1011 \\ \underline{-1100} \\ \quad 10010 \\ \quad \underline{-1100} \\ \qquad 1100 \\ \qquad \underline{-1100} \\ \qquad\quad 0 \end{array} \qquad 132 : 12 = 11$$

Andere Positionssysteme sind
- das Ternärsystem ($g = 3$), 3 Grundziffern 0, 1, 2
- das Oktalsystem ($g = 8$), 8 Grundziffern 0,1, 2, 3, 4, 5, 6, 7

- das Duodezimalsystem ($g = 12$), 12 Grundziffern 0, 1, 2, ..., 9, A, B (A ist die Ziffer für 10, B die Ziffer für 11)
- das Hexadezimalsystem ($g = 16$), 16 Grundziffern 0, 1, ..., 9, A, B, ..., F.

BEISPIEL 3/3

Die im dekadischen Positionssystem durch die Ziffer 2523 dargestellte natürliche Zahl soll durch das entsprechende Zahlzeichen im Oktalsystem dargestellt werden:

Die in 2523 enthaltene höchste Potenz von 8 ist $8^3 = 512$.
Es gilt $4 \cdot 512 = 2048$; $2523 - 2048 = 475$;
also $2523 = 4 \cdot 8^3 + 475$
Die weitere Zerlegung ergibt

$$2523 = 4 \cdot 8^3 + 7 \cdot 8^2 + 3 \cdot 8^1 + 3 \cdot 8^0.$$

bzw. $$[2523]_{10} = [4733]_8$$

Das Umwandeln der Darstellung einer natürlichen Zahl aus einem Positionssystem zur Basis g mit $g \neq 10$ in das dekadische Positionssystem wird **Rekonvertieren** genannt.
Dabei nutzt man die Darstellung als Summe von Vielfachen der Potenzen zur Basis g.

BEISPIEL 3/4

Es soll $[132B]_{12}$ rekonvertiert werden.

$$\begin{aligned}[132B]_{12} &= 1 \cdot 12^3 + 3 \cdot 12^2 + 2 \cdot 12^1 + 11 \cdot 12^0 \\ &= 1728 + 432 + 24 + 11 = [2195]_{10}\end{aligned}$$

3.1.3. Algebraische Operationen in der Menge der natürlichen Zahlen

3.1.3.1. Addition natürlicher Zahlen

Es seien a, b natürliche Zahlen und A und B disjunkte (elementefremde) Mengen mit den Kardinalzahlen a bzw. b, dann wird die eindeutig bestimmte Kardinalzahl s der Vereinigung $A \cup B$ die **Summe** von a und b genannt und mit $a + b$ bezeichnet.
a, b heißen **Summanden.**

Definition der Addition in N

mengentheoretisch	induktiv mit Hilfe der Nachfolgerrelation
Die eindeutige Abbildung von $\mathbf{N} \times \mathbf{N}$ in $\mathbf{N}$, die jedem geordneten Paar $(a; b)$ natürlicher Zahlen ihre Summe zuordnet, wird Addition in $\mathbf{N}$ genannt.	In der Menge $\mathbf{N}$ gibt es genau eine zweistellige Operation $+$, für die die Gleichungen $m + 0 = m$ und $m + n' = (m + n)'$ mit $m, n \in \mathbf{N}$ gelten. Das Ergebnis $m + n$ der Anwendung dieser Operation auf die natürlichen Zahlen m, n heißt Summe.

N ist gegenüber der Addition abgeschlossen, d. h., für alle Elemente $x \in$ **N** führt diese Operation nicht aus **N** hinaus.

Eigenschaften der Addition in N

1. Für die Addition natürlicher Zahlen gelten folgende Strukturgesetze: A 1, A 2, A 3 (↗ 2.7.1.).
2. Die Gleichung $a + x = b$ ist im Bereich der natürlichen Zahlen nur für $b \geqq a$ lösbar.

Die eindeutige Abbildung aus **N** × **N** in **N** heißt **Subtraktion** in **N** genau dann, wenn jedem geordneten Paar $(b; a)$ natürlicher Zahlen b, a mit $b \geqq a$ die **Differenz** $d = b - a$ zugeordnet wird. Die Zahl b heißt **Minuend**, die Zahl a **Subtrahend**.

Für die Subtraktion natürlicher Zahlen gelten das Kommutativgesetz und das Assoziativgesetz nicht.
Addition und Subtraktion werden als Rechenoperationen 1. Stufe bezeichnet.

3.1.3.2. Multiplikation natürlicher Zahlen

Es seien a, b natürliche Zahlen und A und B disjunkte (elementefremde) Mengen mit den Kardinalzahlen a bzw. b, dann wird die eindeutig bestimmte Kardinalzahl p der Produktmenge $A \times B$ das **Produkt** von a und b genannt und mit $a \cdot b$ bezeichnet.
a, b heißen **Faktoren** (gelegentlich auch a Multiplikand, b Multiplikator).

Definition der Multiplikation in N

mengentheoretisch	induktiv mit Hilfe der Nachfolgerrelation
Die eindeutige Abbildung von **N** × **N** in **N**, die jedem geordneten Paar $(a; b)$ natürlicher Zahlen ihr Produkt zuordnet, wird Multiplikation in **N** genannt.	In der Menge **N** gibt es genau eine zweistellige Operation ·, für die die Gleichungen $m \cdot 0 = 0$ und $m \cdot n' = (m \cdot n) + m$ mit m, $n \in$ **N** gelten. Das Ergebnis $m \cdot n$ der Anwendung dieser Operation auf die natürlichen Zahlen m, n heißt Produkt.

N ist gegenüber der Multiplikation abgeschlossen, d. h., für alle Elemente $x \in$ **N** führt diese Operation nicht aus **N** hinaus.

Eigenschaften der Multiplikation in N

1. Für die Multiplikation natürlicher Zahlen gelten folgende Strukturgesetze: M 1, M 2, M 3, D (↗ 2.7.1.).
   Es gelten folgende *Vereinbarungen:*
   Die Multiplikation bindet stärker als die Addition.
   Bei Verwendung von Variablen kann der Malpunkt weggelassen werden, wenn Verwechslungen ausgeschlossen sind.
2. Die Lösung der Gleichung $a \cdot x = b$ führt auf die **Umkehrung** der Multiplikation, die im Bereich der natürlichen Zahlen beschränkt ausführbar ist.

Die eindeutige Abbildung aus **N** × **N** in **N** heißt **Division** in **N** genau dann, wenn jedem geordneten Paar $(b; a)$ natürlicher Zahlen b, a und $a \neq 0$ der **Quotient** $b : a = \frac{b}{a}$ zugeordnet wird. Die Zahl b heißt **Dividend**, die Zahl a **Divisor.**

Für die Division gelten das Kommutativgesetz und das Assoziativgesetz nicht.
Der Operation Division liegen zwei *inhaltlich verschiedene Sachverhalte* zugrunde: das **Teilen** und das **Enthaltensein.**

BEISPIEL 3/5

a) 10 Äpfel werden in 5 gleiche Teile geteilt, d. h., eine Menge von 10 Elementen wird in zwei Teilmengen mit gleicher Anzahl von Elementen zerlegt. Divisionsaufgabe: $10:5 = 2$
b) Wie oft ist eine Strecke von 5 cm Länge in einer Strecke von 10 cm Länge enthalten? Divisionsaufgabe: $10:5 = 2$

3.1.3.3. Potenzierung natürlicher Zahlen

Es seien a, b natürliche Zahlen. Dann heißt das Produkt c aus b $(b \geqq 2)$ gleichen Faktoren a $(a \in \mathbf{N})$ **Potenz** und wird mit a^b bezeichnet (gelesen: a hoch b). a heißt die **Basis**, b der **Exponent**, c der **Potenzwert.**

Die zweistellige Operation Potenzierung kann durch folgende Rekursionsgleichungen induktiv definiert werden (↗ 1.6.3.):

Jedem geordneten Paar $(a; b) \in \mathbf{N} \times \mathbf{N}^*$ wird durch die Gleichungen

$$a^0 = 1 \quad \text{und} \quad a^{b+1} = a^b \cdot a$$

eindeutig eine natürliche Zahl $c = a^b$ zugeordnet.
Daraus folgen die *Potenzgesetze:* Für alle $a \in \mathbf{N}$, $b \in \mathbf{N}^*$ gilt:

$$a^{b_1+b_2} = a^{b_1} \cdot a^{b_2}$$
$$a^{b_1 \cdot b_2} = (a^{b_1})^{b_2}$$
$$(a_1 \cdot a_2)^b = a_1^b \cdot a_2^b$$

BEISPIEL 3/6

Nach den Potenzgesetzen gilt:

a) $2^3 \cdot 2^5 = 2^{3+5} = 2^8$

b) $(2^3)^5 = 2^{3 \cdot 5} = 2^{15}$

c) $2^3 \cdot 7^3 = (2 \cdot 7)^3 = 14^3$

3.1.4. Ordnungsrelationen in der Menge der natürlichen Zahlen

Eine beliebige natürliche Zahl a ist

kleiner als oder gleich	kleiner als

eine natürliche Zahl b, in Zeichen

$a \leqq b$,	$a < b$,

genau dann, wenn es eine natürliche Zahl x gibt, so daß

$a + x = b$	$a + x = b$ und $x \neq 0$

gilt. Dafür sagt man auch

b ist größer als oder gleich a;	b ist größer als a;

in Zeichen

$b \geqq a$.	$b > a$.
Die $\leqq$-Relation ist eine reflexive Ordnungsrelation in **N**.	Die $<$-Relation ist eine irreflexive Ordnungsrelation in **N**.

Ist n eine beliebige natürliche Zahl, so nennt man die Menge aller Zahlen $m \in \mathbf{N}$, für die $m < n$ gilt, den durch die Zahl n bestimmten **Abschnitt** der Menge der natürlichen Zahlen und bezeichnet ihn mit $A(n)$.

Monotoniegesetze

Die Monotoniegesetze geben einen Zusammenhang zwischen der Anordnung und der Addition bzw. Multiplikation natürlicher Zahlen:

Monotoniegesetz der Addition bezüglich der Ordnung: Für alle natürlichen Zahlen a, b, x gilt:

Wenn $a < b$ ist, so gibt es ein x, so daß $a + x < b + x$ ist.

Monotoniegesetz der Multiplikation bezüglich der Ordnung: Für alle natürlichen Zahlen a, b, x mit $x \neq 0$ gilt:

Wenn $a < b$ ist, so gibt es ein x, so daß $a \cdot x < b \cdot x$ ist.

Prinzip der kleinsten (größten) Zahl

In jeder nichtleeren Menge M von natürlichen Zahlen gibt es eine eindeutig bestimmte **kleinste** Zahl. Das ist die Zahl, die kleiner als alle anderen Zahlen der gegebenen Menge M ist. Sie wird mit min M bezeichnet (gelesen: Minimum von M).

In jeder nichtleeren Menge M von natürlichen Zahlen gibt es eine eindeutig bestimmte **größte** Zahl, wenn M nach oben beschränkt ist.

Eine Menge ist **nach oben beschränkt**, wenn es eine natürliche Zahl m_0 gibt, so daß alle Zahlen $m \in M$ kleiner oder gleich m_0 sind; d. h., wenn keine Zahl $m \in M$ größer als m_0 ist. Diese Zahl m_0 heißt **eine obere Schranke** für die Menge M.
Die größte Zahl in einer nichtleeren nach oben beschränkten Menge von natürlichen Zahlen wird mit $\max M$ bezeichnet (gelesen: Maximum von M).
So ist jede nichtleere endliche Menge von natürlichen Zahlen nach oben beschränkt.

BEISPIEL 3/7

Gegeben sei die Menge $M = \{5, 7, 9, 11, 13, 15\}$.
Die Zahl 5 ist die kleinste, die Zahl 15 ist die größte der Zahlen dieser Menge, also $\min M = 5$, $\max M = 15$.

3.1.5. Veranschaulichung von natürlichen Zahlen

Die Menge **N** der natürlichen Zahlen kann in die Menge M der Punkte P_i eines Strahls in folgender Weise abgebildet werden: Der Anfangspunkt des Strahls sei mit P_0 bezeichnet. Von P_0 aus wird auf dem Strahl wiederholt eine Strecke abgetragen. Dadurch erhält man Punkte, die mit $P_1, P_2, \ldots$ bezeichnet werden.

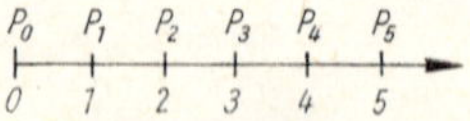

Bild 3/1

Bildet man die Zahl Null auf P_0, die Zahl eins auf P_1, die Zahl zwei auf P_2 usw. ab, so erhält man einen **Zahlenstrahl** (Bild 3/1).

> Jeder natürlichen Zahl ist genau ein Punkt des Zahlenstrahls zugeordnet. Die Umkehrung gilt jedoch nicht.

So wie in der Menge **N** die $<$-Relation (als irreflexive Ordnungsrelation) erklärt ist, kann in der Menge M der Punkte P_i auf dem Zahlenstrahl eine Ordnungsrelation »liegt links von« eingeführt werden, die mit R_1 bezeichnet wird.
Aus Bild 3/1 erkennt man $P_3 R_1 P_4$ (»P_3 liegt links von P_4«) und $3 < 4$. Bezüglich der erklärten Relationen entsprechen die Mengen **N** und M einander. Die Menge **N** mit der in ihr erklärten $<$-Relation und die Menge M mit der in ihr erklärten Liegt-links-von-Relation R_1 sind **isomorph** bezüglich der in ihnen erklärten Ordnungsrelationen.
Werden den Punkten P_i die Strecken $P_0 P_i$ zugeordnet, dann kann man auf dem Zahlenstrahl eine **Streckenaddition** festlegen: Die Addition natürlicher Zahlen kann durch das Aneinanderlegen entsprechender gerichteter Strecken (Pfeile) [↗ 5.1.3.(3)] auf dem Zahlenstrahl veranschaulicht werden.

BEISPIEL 3/8

a) Addition von Strecken auf dem Zahlenstrahl: $3 + 4 = 7$
Veranschaulichung in Bild 3/2

b) Substraktion von Strecken auf dem Zahlenstrahl: $5 - 3 = 2$
Veranschaulichung in Bild 3/3

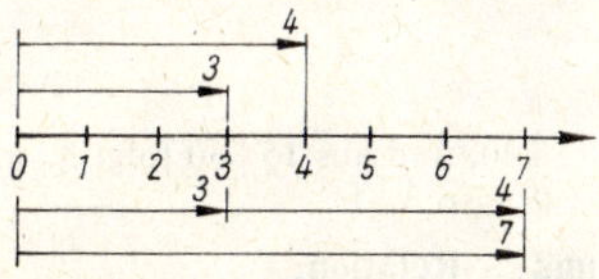

Bild 3/2

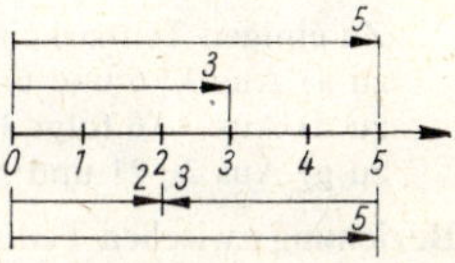

Bild 3/3

3.1.6. Teilbarkeitsrelation in der Menge der natürlichen Zahlen

3.1.6.1. Teiler und Vielfache natürlicher Zahlen

Eine natürliche Zahl $m \neq 0$ heißt ein **Teiler** der natürlichen Zahl n, wenn es eine natürliche Zahl q gibt, so daß $m \cdot q = n$ ist; in Zeichen $m \mid n$ (Gelesen: m teilt n oder m ist Teiler von n). Wenn m ein Teiler von n ist, so ist n ein **Vielfaches** von m.

BEISPIEL 3/9

a) 13 ist Teiler von 91, 13 teilt 91, $13 \mid 91$ oder 91 ist durch 13 teilbar, denn $91 : 13 = 7$ (Es gilt $13 \cdot 7 = 91$);
andere Formulierung: 91 ist ein Vielfaches von 13. Das Siebenfache von 13 ist gleich 91.

b) 13 teilt 92 nicht, $13 \nmid 92$; denn es gibt keine natürliche Zahl q, so daß $13 \cdot q = 92$ ist.

c) $13 \mid 0$, denn $13 \cdot 0 = 0$

Hinweis: Man beachte den **Unterschied** zwischen $a:b$ und $b \mid a$: $a:b$ ist ein Term, der definiert ist, wenn $b \neq 0$ ist. $b \mid a$ ist eine Aussageform, die je nach der Belegung der Variablen mit natürlichen Zahlen in eine wahre oder eine falsche Aussage übergeht.

BEISPIEL 3/10

$b \mid a$ ergibt für $a = 6$ und $b = 2$ eine wahre Aussage, denn $2 \mid 6$.
$b \mid a$ ergibt für $a = 6$ und $b = 5$ eine falsche Aussage, denn $5 \nmid 6$.

Jede natürliche Zahl $n > 0$ hat die **trivialen Teiler** 1 und n. Alle von n verschiedenen Teiler heißen **echte Teiler** von n, z. B. hat die Zahl 12 die trivialen Teiler 1 und 12 und die echten Teiler 1; 2; 3; 4; 6.

Teilbarkeitssätze

Für beliebige natürliche Zahlen $n_1, n_2, n_3, n_4 \in \mathbf{N}^*$ gilt:

a) Aus $n_1 \mid n_2$ und $n_2 \mid n_3$ folgt $n_1 \mid n_3$.
b) Aus $n_1 \mid n_2$ und $n_2 \mid n_1$ folgt $n_1 = n_2$.
c) Aus $n_1 \mid n_2$ folgt $n_1 \mid n_2 \cdot n_3$.

d) Aus $n_1 \mid n_2$ und $n_3 \neq 0$ folgt $n_1 \cdot n_3 \mid n_2 \cdot n_3$ und aus $n_1 \cdot n_3 \mid n_2 \cdot n_3$ folgt $n_1 \mid n_2$.
e) Aus $n_1 \mid n_2$ und $n_3 \mid n_4$ folgt $n_1 \cdot n_3 \mid n_2 \cdot n_4$.
f) Aus $n_1 \mid n_2$ und $n_1 \mid n_3$ folgt $n_1 \mid n_2 + n_3$.
g) Aus $n_1 \mid n_2$ und $n_1 \mid n_3$ und $n_2 \geqq n_3$ folgt $n_1 \mid n_2 - n_3$.

BEISPIEL 3/11

Zu einigen Teilbarkeitssätzen
zu a) Aus $3 \mid 6$ und $6 \mid 18$ folgt $3 \mid 18$.
zu d) Aus $3 \mid 6$ folgt $3 \cdot 5 \mid 6 \cdot 5$, also $15 \mid 30$, und aus $15 \mid 30$ folgt $3 \mid 6$.
zu g) Aus $3 \mid 21$ und $3 \mid 9$ folgt $3 \mid 21 - 9$, also $3 \mid 12$.

Beziehung zwischen Teilbarkeitsrelation und $\leqq$-Relation:

Aus $n_1 \mid n_2$ und $n_2 \neq 0$ folgt $n_1 \leqq n_2$.

3.1.6.2. Primzahlen

Eine natürliche Zahl $p > 1$ ist eine **Primzahl** genau dann, wenn sie nur die trivialen Teiler 1 und p hat.

BEISPIEL 3/12

Die natürliche Zahl 17 ist eine Primzahl, weil sie nur die trivialen Teiler 1 und 17 hat.

Es gibt unendlich viele Primzahlen.
Jede natürliche Zahl $n > 1$ ist entweder eine Primzahl oder läßt sich als Produkt von Primzahlpotenzen darstellen (↗ 3.1.6.3.)

Mit Hilfe des Siebes des ERATOSTHENES (276 bis 194 v. u. Z.) können in einem Abschnitt der natürlichen Zahlen sämtliche Primzahlen ermittelt werden: In der Liste der natürlichen Zahlen $n > 1$ werden alle diejenigen gestrichen, die den echten Teiler 2, dann diejenigen, die den echten Teiler 3 usw. haben. Die nicht gestrichenen Zahlen sind dann die gesuchten Primzahlen.

2 3 ~~4~~ 5 ~~6~~ 7 ~~8~~ ~~9~~ ~~10~~ 11 ~~12~~

13 ~~14~~ ~~15~~ ~~16~~ 17 ~~18~~ 19 ~~20~~ ~~21~~ ~~22~~ 23 ~~24~~

~~25~~ ~~26~~ ~~27~~ ~~28~~ 29 ~~30~~

Die Primzahlen im Abschnitt $1 < n < 110$ sind:

2, 3, 5, 7, 11, 13, 17, 19, 23, 29, 31, 37, 41, 43, 47, 53, 59, 61, 67, 71, 73, 79, 83, 89, 97, 101, 103, 107, 109.

Die Verteilung der Primzahlen unter den natürlichen Zahlen ist sehr unregelmäßig: Einerseits gibt es in der Folge der Primzahlen weite Abstände, andererseits treten **Primzahlzwillinge** auf, das sind Paare von Primzahlen p, q mit der Eigenschaft $q = p + 2$; z. B. sind 3, 5; 5, 7; 11, 13; 17, 19; 41, 43; 1451, 1453 Primzahlzwillinge. Es ist nicht bekannt, ob es endlich viele Primzahlzwillinge gibt.

Eine natürliche Zahl n wird **vollkommene Zahl** genannt, wenn sie gleich der Summe ihrer echten Teiler ist.
Für die geraden vollkommenen Zahlen gilt $2^r(2^{r+1} - 1)$, wobei $2^{r+1} - 1$ eine Primzahl ist.
Es ist nicht bekannt, ob es ungerade vollkommene Zahlen gibt.

BEISPIEL 3/13

6 ist eine vollkommene Zahl; denn es gilt $1 + 2 + 3 = 6$; ferner gilt $2^1(2^2 - 1) = 2 \cdot 3 = 6$.
28, 496 sind weitere vollkommene Zahlen.

Goldbachsche Vermutung (Ch. GOLDBACH, 1690 bis 1764): Jede gerade Zahl $n \geqq 6$ ist als Summe von zwei ungeraden Primzahlen darstellbar, z. B. ist $8 = 3 + 5$, $10 = 3 + 7 = 5 + 5$. Sie ist bisher nicht bewiesen oder widerlegt worden.

3.1.6.3. Zerlegung einer natürlichen Zahl in Primfaktoren

p_1 heißt **Primteiler** von n, wenn für $n > 1$ gilt: $n = p_1 \cdot q$ und p_1 ist Primzahl.

Jede natürliche Zahl $n > 1$ hat mindestens einen Primteiler. Ist $q > 1$, so hat auch q mindestens einen Primteiler, also $q = p_2 \cdot r$. Es gilt also: $n = p_1 \cdot p_2 \cdot r$. Es können also Primfaktoren von der natürlichen Zahl n abgespalten werden.
Dabei gilt der **Fundamentalsatz der elementaren Zahlentheorie:**

Jede natürliche Zahl $n > 1$ läßt sich (bis auf die Reihenfolge der Faktoren) eindeutig in ein Produkt endlich vieler (nicht notwendig verschiedener) Primzahlen $p_1, p_2, \ldots, p_k$ zerlegen:

$$n = p_1 \cdot p_2 \cdot \ldots \cdot p_k.$$

Die Produktdarstellung wird übersichtlicher, wenn die mehrfach auftretenden Primfaktoren zusammengefaßt werden. Sind $p_1, p_2, \ldots, p_k$ paarweise verschiedene Primzahlen und $b_1, b_2, \ldots, b_k$ von 0 verschiedene natürliche Zahlen, so lautet die Darstellung der natürlichen Zahl n als Produkt von Primzahlpotenzen

$$n = p_1^{b_1} \cdot p_2^{b_2} \cdot \ldots \cdot p_k^{b_k}.$$

Wird überdies noch gefordert, daß $p_1 < p_2 < \ldots < p_k$, so nennt man die Primzahlpotenzdarstellung die kanonische **Primzahlzerlegung** von n [canon (lat.) Regel, Richtschnur].

BEISPIEL 3/14

Die kanonische Primzahlzerlegung von 2520 ist

$$2520 = 2^3 \cdot 3^2 \cdot 5^1 \cdot 7^1.$$

3.1.6.4. Teilbarkeitsregeln

Für natürliche Zahlen gelten u. a. folgende **Teilbarkeitsregeln,** die bei der Primzahlzerlegung oft von Nutzen sind.

a) Eine Zahl ist durch 2 (4, 8, 16, ...) teilbar, wenn die aus der letzten Grundziffer (den letzten zwei, drei, vier ... Grundziffern) bestehende Zahl durch 2 (4, 8, 16, ...) teilbar ist.
Eine durch 2 teilbare natürliche Zahl heißt **gerade Zahl.**

b) Eine Zahl ist durch 5 (25, 125, 625, ...) teilbar, wenn die aus der letzten Grundziffer (den letzten zwei, drei, vier, ... Grundziffern) bestehende Zahl durch 5 (25, 125, 625, ...) teilbar ist.

c) Eine Zahl ist durch 3 bzw. 9 teilbar, wenn ihre Quersumme durch diese Zahl teilbar ist.
Unter der **Quersumme** einer natürlichen Zahl versteht man die Summe ihrer Grundziffern ohne Berücksichtigung ihrer Stellenwerte.

d) Eine Zahl ist durch 11 teilbar, wenn ihre alternierende Quersumme durch 11 teilbar ist.
Unter der **alternierenden Quersumme** (auch Querdifferenz genannt) versteht man die Differenz aus den Summen der 1., 3., 5., ... Grundziffer und der 2., 4., 6., ... Grundziffer, vom Ende der Zahl aus gebildet, ohne Rücksicht auf die Stellenwerte.

e) Eine Zahl ist durch 37 teilbar, wenn die Summe der (vom Ende der Zahl aus gebildeten) Dreiergruppen durch 37 teilbar ist.

f) Eine Zahl ist durch 7 bzw. 13 teilbar, wenn ihre alternierende Summe der (vom Ende der Zahl aus gebildeten) Dreiergruppen durch 7 bzw. 13 teilbar ist.

g) Eine Zahl ist durch 101 teilbar, wenn die alternierende Summe der (vom Ende der Zahl aus gebildeten) Zweiergruppen durch 101 teilbar ist.

BEISPIEL 3/15

a) $6 \mid 86142$, denn $2 \mid 86142$ und $3 \mid 21$
b) $11 \mid 548076639$, denn $11 \mid (9 + 6 + 7 + 8 + 5) - (3 + 6 + 4)$, d. h., $11 \mid (35 - 13)$ bzw. $11 \mid 22$
c) $37 \mid 20216352448$, denn $37 \mid (448 + 352 + 216 + 20)$ bzw. $37 \mid 1036$
d) $7 \mid 37604$, denn $7 \mid (604 - 37)$ bzw. $7 \mid 567$
e) $13 \mid 96709293889$, denn $13 \mid (889 - 293 + 709 - 96)$ bzw. $13 \mid 1209$
f) $101 \mid 7903630669$, denn $101 \mid (69 - 06 + 63 - 03 + 79)$ bzw. $101 \mid 202$.

3.1.6.5. Gemeinsamer Teiler

Gibt es zu zwei beliebigen natürlichen Zahlen $m > 0, n > 0$ eine natürliche Zahl t mit der Eigenschaft $t \mid m$ und $t \mid n$, so heißt diese Zahl t **gemeinsamer Teiler** der Zahlen m, n.

BEISPIEL 3/16

Da $3 \mid 12$ und $3 \mid 36$, ist $t = 3$ ein gemeinsamer Teiler von 12 und 36. Ein weiterer gemeinsamer Teiler ist $t = 6$, denn $6 \mid 12$ und $6 \mid 36$.

Unter den gemeinsamen Teilern ist ein größter, d. h. ein Teiler g, der durch jeden anderen (kleineren) gemeinsamen Teiler dieser Zahlen teilbar ist. g heißt **größter gemeinsamer Teiler** (ggT) und wird mit $m \sqcap n$ bezeichnet.

Eigenschaften des größten gemeinsamen Teilers:

Für beliebige natürliche Zahlen $m, n, n_1, n_2, n_3 \in \mathbf{N}^*$ gilt:

1. $m \sqcap n = n \sqcap m$
2. $n_1 \sqcap (n_2 \sqcap n_3) = (n_1 \sqcap n_2) \sqcap n_3 = n_1 \sqcap n_2 \sqcap n_3$
3. $m \sqcap m = m$
4. $m \mid n$ genau dann, wenn $m \sqcap n = m$.

Durch Erweiterung von 2. kann der größte gemeinsame Teiler von mehr als drei Zahlen ermittelt werden. Man nennt $n_1 \sqcap n_2 \sqcap \ldots \sqcap n_k$ den größten gemeinsamen Teiler der Zahlen $n_1, n_2, \ldots, n_k$. Es gilt der **Hauptsatz über den größten gemeinsamen Teiler:** Zu k natürlichen Zahlen n_i (mit $i = 1, \ldots, k$ und $n_i \neq 0$) gibt es genau einen größten gemeinsamen Teiler $g = n_1 \sqcap \ldots \sqcap n_k$.

Ist $n_1 \sqcap \ldots \sqcap n_k = 1$, so heißen die natürlichen Zahlen **teilerfremd** (relativ prim oder prim).

Teilt eine Zahl k das Produkt $m \cdot n$ und ist sie zu einem der Faktoren teilerfremd, so teilt sie den anderen Faktor.

In der kanonischen Primzahlzerlegung wird der größte gemeinsame Teiler der natürlichen Zahlen n_i $(i = 1, \ldots, k)$, $n_i \neq 0$, als Produkt der in n_i auftretenden Primfaktoren in der *kleinsten* vorkommenden Potenz ermittelt, sofern der betreffende Primfaktor *in allen* zerlegten Zahlen n_i vorkommt.

BEISPIEL 3/17

Die kanonische Zerlegung ergibt:

$$\begin{aligned} 18 &= 2^1 \cdot 3^2 \\ 36 &= 2^2 \cdot 3^2 \\ 90 &= 2^1 \cdot 3^2 \cdot 5^1 \\ \hline g &= 2^1 \cdot 3^2 \end{aligned}$$

Eine weitere Möglichkeit zur Ermittlung des größten gemeinsamen Teilers natürlicher Zahlen ist der **Euklidische Algorithmus**, der auf der sukzessiven Anwendung des Satzes über die Division mit Rest beruht.

Division mit Rest

Es seien n, m natürliche Zahlen mit $m \neq 0$. Dann gibt es genau ein Paar $(q; r)$ natürlicher Zahlen, so daß $n = q \cdot m + r$ mit $0 \leqq r < m$ ist. q heißt der Quotient, r der Rest bei der Division von n durch m. (↗ Zahlenkongruenzen 3.3.7.2.)

BEISPIEL 3/18

$41:7 = 5$ Rest 6, denn $5 \cdot 7 + 6 = 41$
$9:11 = 0$ Rest 9, denn $0 \cdot 11 + 9 = 9$

Euklidischer Algorithmus (Algorithmus ↗ 12.1.1.)

Wie bei der Division mit Rest gilt $n = q_1 m + r_1$ mit $r_1 < m$ bzw. $n : m = q_1$ Rest r_1. Falls $r_1 = 0$ ist, ist das Verfahren beendet. Falls

$r_1 \neq 0$ ist, gilt entsprechend $m = q_2 \cdot r_1 + r_2$ mit $r_2 < r_1$ bzw. $m : r_1 = q_2$ Rest r_2. Falls $r_2 = 0$ ist, ist das Verfahren beendet. Falls $r_2 \neq 0$, läßt sich der Algorithmus fortsetzen durch $r_1 = q_3 \cdot r_2 + r_3$, allgemein: $r_k = q_{k+2} \cdot r_{k+1} + r_{k+2}$ bzw. $r_k : r_{k+1} = q_{k+2}$ Rest r_{k+2}. Wenn $r_{k+2} = 0$, also $r_k = q_{k+2} \cdot r_{k+1}$, ist, dann ist r_{k+1} der größte gemeinsame Teiler der Zahlen n und m.

BEISPIEL 3/19

a) Mit Hilfe des EUKLIDischen Algorithmus soll der größte gemeinsame Teiler der Zahlen 27720 und 546 ermittelt werden. Die einzelnen Schritte ergeben:

$27720 = 5 \cdot 546 + 420$ bzw. $27720 : 546 = 5$ Rest 420
$546 = 1 \cdot 420 + 126$ $\quad 546 : 420 = 1$ Rest 126
$420 = 3 \cdot 126 + 42$ $\quad 420 : 126 = 3$ Rest 42
$126 = 3 \cdot 42 + 0$ $\quad 126 : 42 = 3$ Rest 0

Also ist $g = 27720 \sqcap 546 = 42$.

Der größte gemeinsame Teiler g von drei natürlichen Zahlen n_1, n_2, n_3 wird dadurch ermittelt, daß zuerst der größte gemeinsame Teiler g_1 der Zahlen n_1, n_2 gebildet und anschließend g aus g_1 und n_3 bestimmt wird.

BEISPIEL 3/19 (Fortsetzung)

b) Der größte gemeinsame Teiler der Zahlen 27720, 546 und 70 ist zu ermitteln.
Unter Nutzung des Ergebnisses aus Beispiel 3/19a) ist der größte gemeinsame Teiler aus 42 und 70 zu bestimmen:
Einzelne Schritte:

$$70 = 1 \cdot 42 + 28$$
$$42 = 1 \cdot 28 + 14$$
$$28 = 2 \cdot 14$$

Also ist $g = 27720 \sqcap 546 \sqcap 70 = 14$.

3.1.6.6. Gemeinsames Vielfaches

Wenn m ein Teiler von n ($m \mid n$) ist, so ist n ein *Vielfaches* von m (↗ 3.1.6.1.). Wenn gilt $n = m \cdot q$, so ist n das q-fache von m.

Gibt es zu zwei beliebigen natürlichen Zahlen m, n eine natürliche Zahl v mit der Eigenschaft $m \mid v$ und $n \mid v$, so heißt v ein **gemeinsames Vielfaches** der Zahlen m, n.

BEISPIEL 3/20

Da $12 \mid 72$ und $18 \mid 72$, ist 72 ein gemeinsames Vielfaches von 12 und 18. Ein weiteres gemeinsames Vielfaches dieser Zahlen ist 144, denn $12 \mid 144$ und $18 \mid 144$.

Unter den gemeinsamen Vielfachen zweier Zahlen m, n gibt es ein kleinstes, d. h. ein Vielfaches w, das Teiler aller anderen (größeren) Vielfachen v dieser Zahlen ist. w heißt **kleinstes gemeinsames Vielfaches** (kgV) und wird mit $m \sqcup n$ bezeichnet. Das kleinste gemeinsame Viel-

fache w zweier natürlicher Zahlen m, n ist die kleinste natürliche Zahl ($w \neq 0$), die durch diese Zahlen teilbar ist.
Bei teilerfremden natürlichen Zahlen m, n ist das kleinste gemeinsame Vielfache gleich dem Produkt $m \cdot n$.

Eigenschaften des kleinsten gemeinsamen Vielfachen

Für beliebige natürliche Zahlen $m, n, n_1, n_2, n_3 \in \mathbf{N}^*$ gilt:

1. $m \sqcup n = n \sqcup m$
2. $n_1 \sqcup (n_2 \sqcup n_3) = (n_1 \sqcup n_2) \sqcup n_3 = n_1 \sqcup n_2 \sqcup n_3$
3. $m \sqcup m = m$
4. $m \mid n$ genau dann, wenn $m \sqcup n = n$.

Durch Erweiterung von 2. kann das kleinste gemeinsame Vielfache von mehr als drei Zahlen ermittelt werden. Man nennt $n_1 \sqcup n_2 \sqcup \ldots \sqcup n_k$ das kleinste gemeinsame Vielfache der Zahlen $n_1, n_2, \ldots, n_k$.
In der kanonischen Primzahlzerlegung wird das kleinste gemeinsame Vielfache der natürlichen Zahlen n_i ($i = 1, \ldots, k$), $n_i \neq 0$, als Produkt *aller* auftretenden Primfaktoren in der *größten* vorkommenden Potenz ermittelt.

BEISPIEL 3/21

Das kgV der Zahlen 18, 36, 90 ist zu ermitteln.

$$\begin{array}{lrl} & 18 = & 2^1 \cdot 3^2 \\ & 36 = & 2^2 \cdot 3^2 \\ & 90 = & 2^1 \cdot 3^2 \cdot 5^1 \\ \hline \text{kgV} & & 2^2 \cdot 3^2 \cdot 5^1 = 180 \end{array}$$

Beziehung zwischen dem größten gemeinsamen Teiler und dem kleinsten gemeinsamen Vielfachen zweier natürlicher Zahlen m, n:

$$m \sqcup n = \frac{m \cdot n}{m \sqcap n} \quad \text{mit} \quad m, n \neq 0$$

BEISPIEL 3/22

a) Im Beispiel 3/19 a) war der größte gemeinsame Teiler g von 27720 und 546 mit Hilfe des EUKLIDischen Algorithmus ermittelt worden: $g = 42$.
Das kleinste gemeinsame Vielfache von 27720 und 546 ist dann

$$w = m \sqcup n = \frac{m \cdot n}{m \sqcap n} = \frac{27720 \cdot 546}{42} = 360360$$

b) In der kanonischen Primzahlzerlegung erhält man

$$\begin{array}{lrl} & 27720 = & 2^3 \cdot 3^2 \cdot 5^1 \cdot 7^1 \cdot 11^1 \\ & 546 = & 2^1 \cdot 3^1 \cdot 7^1 \cdot 13^1 \\ \hline \text{kgV} & & 2^3 \cdot 3^2 \cdot 5^1 \cdot 7^1 \cdot 11^1 \cdot 13^1 = 360360 \end{array}$$

3.1.7. Kombinatorische Anzahlbestimmungen

In der Kombinatorik werden die verschiedenen Möglichkeiten der Anordnung und Auswahl mathematischer Objekte aus einer vorgegebenen

Menge untersucht. Bei allen Aufgaben muß vom konkreten Inhalt abgesehen werden. Man unterscheidet

1. **Permutationen**, bei denen nur die Anordnung sämtlicher vorgegebener Elemente unterschiedlich ist,
2. **Variationen**, bei denen nur eine Auswahl aus der Menge der vorgegebenen Elemente auch in bezug auf ihre Anordnung untersucht wird,
3. **Kombinationen**, bei denen ebenfalls nur eine Auswahl aus der Menge der vorgegebenen Elemente untersucht wird, ohne die Anordnung zu berücksichtigen.

3.1.7.1. Permutationen

Eine Permutation p ist eine eineindeutige Abbildung einer endlichen Menge auf sich. Durch p wird jedes a_i mit $i = 1, \ldots, n$ auf $p(a_i)$ abgebildet.

$p(a_i)$ wird das Bild von a_i und a_i das Original von $p(a_i)$ genannt. Permutationen werden mit Hilfe von Permutationsmatrizen dargestellt:

$$p = \begin{pmatrix} a_1 a_2 & \ldots a_n \\ p(a_1)\, p(a_2) & \ldots p(a_n) \end{pmatrix}$$

Zum Beispiel sind

$$p_1 = \begin{pmatrix} 1\,2\,3\,4 \\ 1\,2\,4\,3 \end{pmatrix} \quad \text{und} \quad p_2 = \begin{pmatrix} 1 & 2 & 3 & 4 \\ 1 & 3 & 2 & 4 \end{pmatrix}$$

Permutationen von 4 Elementen. In den ersten Zeilen stehen die Elemente in der natürlichen Reihenfolge (s. u.). Die einzelnen Permutationen unterscheiden sich in den zweiten Zeilen. Die zweite Zeile drückt die verschiedenen (möglichen) Anordnungen aus, die durch Vertauschung [permutare (lat.) vertauschen] der Elemente der gegebenen Menge entstehen können. Deshalb genügt es, nur die zweite Zeile der Permutationsmatrix zu schreiben.

Es seien n verschiedene Elemente $a_1, a_2, \ldots, a_n$ gegeben. Jede Zusammenstellung (auch Komplexion genannt) dieser Elemente in beliebiger Anordnung heißt **Permutation**, und zwar
Permutation ohne Wiederholung, wenn nur verschiedene Elemente,
Permutation mit Wiederholung, wenn auch gleiche Elemente
zur Zusammenstellung verwendet werden.

BEISPIEL 3/23

a) *abc*, *bac*, *cab*,
acb, *bca*, *cba* sind Permutationen der 3 Elemente a, b, c (ohne Wiederholung).

b) *aabbbc*, *aabbcb*, *aabcbb* sind Permutationen der 3 Elemente a, b, c (mit Wiederholung).

Die Anzahl P_n der Permutationen ohne Wiederholung von n verschiedenen Elementen ist gleich dem Produkt $1 \cdot 2 \cdot \ldots \cdot (n-1) \cdot n$ der natürlichen Zahlen 1 bis n, kurz $P_n = n!$

Wie in Beispiel 1/31a gezeigt, gilt für alle natürlichen Zahlen:

$$n! = \begin{cases} 1 & \text{für} \quad n = 0 \\ 1 & \text{für} \quad n = 1 \\ 1 \cdot 2 \cdot \ldots \cdot (n-1) \cdot n & \text{für} \quad n \geqq 2 \end{cases}$$

$n!$ wird »n Fakultät« gelesen.

Tabelle der Fakultäten von 1! bis 10!

n	$n!$	n	$n!$
1	1	6	720
2	2	7	5040
3	6	8	40320
4	24	9	362880
5	120	10	3628800

BEISPIEL 3/24

Die Anzahl der verschiedenen neunstelligen Zahlen, die aus den neun Grundziffern 1, 2, ..., 9 gebildet werden können, ohne daß eine dieser Ziffern mehrmals auftritt, ist

$$P_9 = 9! = 362880.$$

Lexikographische Anordnung von Permutationen

Wenn zwischen mehreren Elementen einer vorgegebenen endlichen Menge eine bestimmte Reihenfolge der Anordnung dadurch festgelegt ist, daß ein Element a vor einem anderen Element b steht, dann heißt diese Anordnung **natürliche Anordnung** der Elemente.
Besteht zwischen den verschiedenen Elementen eine solche natürliche Anordnung, dann entspricht dieser Anordnung der Elemente eine *bestimmte Anordnung der Permutationen*, die wie in einem Wörterbuch aufeinander folgen. Sie wird **lexikographische Anordnung** genannt:

An erster Stelle steht diejenige Permutation, die die gegebenen Elemente in der natürlichen Anordnung enthält. Die nachfolgende Permutation ergibt sich aus der vorangehenden jedesmal nach folgender Vorschrift:

- Suche in der vorangehenden Permutation von rechts nach links gehend das erste Element, das niedriger ist als ein rechts stehendes!
- Ersetze dieses Element durch das nächsthöhere aller hinter ihm stehenden Elemente! Dabei bleiben die vorangehenden Elemente unverändert. Die noch fehlenden Elemente folgen in der natürlichen Anordnung.

BEISPIEL 3/25

Die natürliche Anordnung von 4 Elementen sei gegeben:

1 2 3 4.

Dann wird die lexikographische Anordnung gebildet:

1 2 3 4	3 ersetzen durch 4, man erhält
1 2 4 3	2 ersetzen durch 3, man erhält
1 3 2 4	2 ersetzen durch 4, man erhält
1 3 4 2	usw.

Inversion: In einer Permutation bilden zwei Elemente eine **Inversion**, wenn ihre Anordnung umgekehrt zur natürlichen Anordnung ist.

BEISPIEL 3/26

In der aus den Elementen 1, 2, 3, 4, 5 gebildeten Permutation 4 2 3 1 5 stehen die Elemente 4 vor 2, 4 vor 3, 4 vor 1, 2 vor 1, 3 vor 1. Diese bilden je eine Inversion. Die angegebene Permutation enthält 5 Inversionen.

Eine Permutation ohne Wiederholung heißt gerade bzw. ungerade, wenn die Anzahl ihrer Inversionen eine gerade Zahl bzw. eine ungerade Zahl ist, z. B. ist die Permutation in Beispiel 3/26 ungerade.

Die Anzahl der **Permutationen mit Wiederholung** von n Elementen, unter denen sich n_1 gleiche einer ersten Art, n_2 gleiche einer zweiten Art, ..., n_k gleiche einer k-ten Art (mit $n_1 + n_2 + \ldots + n_k = n$) befinden, beträgt

$$^{W}P_n = \frac{n!}{n_1! \cdot n_2! \cdot \ldots \cdot n_k!}$$

BEISPIEL 3/27

Ein Kind will 10 Glasperlen gleicher Größe und gleicher Form auf einen Faden reihen. Diese Glasperlen unterscheiden sich nur durch die Farbe: es sind 3 rote, 1 weiße, 6 blaue Perlen. Wie viele Möglichkeiten der Anordnung gibt es?

Gegeben: $n = 10$, $n_1 = 3$, $n_2 = 1$, $n_3 = 6$; gesucht: $^{W}P_n$

Es gilt $n_1 + n_2 + n_3 = 3 + 1 + 6 = 10$.

$$^{W}P_{10} = \frac{n!}{n_1!\, n_2!\, n_3!} = \frac{10!}{3! \cdot 1! \cdot 6!} = 840$$

Permutationen können miteinander **verkettet** werden. Das ist eine Nacheinanderausführung von Permutationen (↗ 2.4.2.). Die Menge aller Permutationen der Zahlen 1, 2, ..., n bildet mit der Verknüpfung »Nacheinanderausführung« eine endliche **Gruppe** (d. h., sie besitzt endlich viele Elemente) (↗ 2.7.1.).

BEISPIEL 3/28

Gegeben sei die Menge M der Permutationen aus den drei Elementen 1, 2, 3.

Dann seien $p_1 = \begin{pmatrix} 1 & 2 & 3 \\ 1 & 3 & 2 \end{pmatrix}$, $p_2 = \begin{pmatrix} 1 & 2 & 3 \\ 2 & 1 & 3 \end{pmatrix}$, $p_3 = \begin{pmatrix} 1 & 2 & 3 \\ 3 & 2 & 1 \end{pmatrix}$.

Es gelten:

1. $p = p_1 \circ p_2 = \begin{pmatrix} 1 & 2 & 3 \\ 1 & 3 & 2 \end{pmatrix} \circ \begin{pmatrix} 1 & 2 & 3 \\ 2 & 1 & 3 \end{pmatrix} = \begin{pmatrix} 1 & 2 & 3 \\ 2 & 3 & 1 \end{pmatrix}$

2. $(p_1 \circ p_2) \circ p_3 = p_1 \circ (p_2 \circ p_3)$

Beide Seiten werden getrennt berechnet:

linke Seite: $\begin{pmatrix}1 & 2 & 3\\ 2 & 3 & 1\end{pmatrix} \circ \begin{pmatrix}1 & 2 & 3\\ 3 & 2 & 1\end{pmatrix} = \begin{pmatrix}1 & 2 & 3\\ 2 & 1 & 3\end{pmatrix}$

rechte Seite: $\begin{pmatrix}1 & 2 & 3\\ 1 & 3 & 2\end{pmatrix} \circ \begin{pmatrix}1 & 2 & 3\\ 2 & 3 & 1\end{pmatrix} = \begin{pmatrix}1 & 2 & 3\\ 2 & 1 & 3\end{pmatrix}$

Der Vergleich beider Seiten zeigt Übereinstimmung.

3. Das neutrale Element ist $e = \begin{pmatrix}1 & 2 & 3\\ 1 & 2 & 3\end{pmatrix}$

4. Das zu $p_1 = \begin{pmatrix}1 & 2 & 3\\ 1 & 3 & 2\end{pmatrix}$ inverse Element p_1^{-1} ist $\begin{pmatrix}1 & 2 & 3\\ 1 & 3 & 2\end{pmatrix}$.

Denn es gilt $p_1 \circ p_1^{-1} = \begin{pmatrix}1 & 2 & 3\\ 1 & 2 & 3\end{pmatrix} = e$.

3.1.7.2. Variationen

Es seien n verschiedene Elemente $a_1, a_2, \ldots, a_n$ gegeben. Jede Zusammenstellung von k solchen Elementen unter Berücksichtigung ihrer Anordnung heißt **Variation** von n Elementen zur k-ten Klasse, und zwar
Variation ohne Wiederholung, wenn nur verschiedene Elemente,
Variation mit Wiederholung, wenn auch untereinander gleiche Elemente zur Zusammenstellung verwendet werden.

»Unter Berücksichtigung ihrer Anordnung« bedeutet, daß zwei Komplexionen, die aus denselben Elementen bestehen, die Elemente jedoch in verschiedener Reihenfolge enthalten, als verschieden gelten.

BEISPIEL 3/29

Es seien die fünf Elemente *a, b, c, d, e* gegeben.

a) Die Komplexionen *abc* und *ade* sind Variationen von 5 Elementen zur 3. Klasse ohne Wiederholung, die Komplexionen *acde* und *adeb* Variationen von 5 Elementen zur 4. Klasse ohne Wiederholung.

b) Die Komplexionen *abb* und *aae* sind Variationen von 5 Elementen zur 3. Klasse mit Wiederholung.

c) Die Variationen *aed* und *ade* gelten als verschieden, obwohl die gleichen Elemente zur Bildung der Komplexionen verwendet wurden.

Die Anzahl der Variationen von n Elementen zur k-ten Klasse ohne Wiederholung beträgt

$$V_n^{(k)} = n \cdot (n-1) \cdot (n-2) \cdot \ldots \cdot (n-k+1) = \frac{n!}{(n-k)!}$$

BEISPIEL 3/30

Aus blauem, gelbem, rotem und weißem Fahnentuch sollen dreifarbige Fähnchen hergestellt werden. Wie viele verschiedene Fähnchen sind möglich?

Gegeben: $n = 4, k = 3$ Gesucht: $V_4^{(3)}$

$$V_4^{(3)} = \frac{4!}{(4-3)!} = 24.$$

Die Anzahl der Variationen von n Elementen zur k-ten Klasse mit Wiederholung beträgt

$${}^{W}V_n^{(k)} = n^k.$$

BEISPIEL 3/31

Wie groß ist die Anzahl verschiedener Tippmöglichkeiten beim Fußballtoto?

Gegeben: $n = 3$ (Anzahl der Spielausgänge), $k = 13$ (Anzahl der Spiele),
Gesucht: ${}^{W}V_3^{(13)}$

$${}^{W}V_3^{(13)} = 3^{13} = 1\,594\,323$$

3.1.7.3. Kombinationen

Es seien n verschiedene Elemente $a_1, a_2, \ldots, a_n$ gegeben. Jede Zusammenstellung von k solchen Elementen ohne Berücksichtigung ihrer Anordnung heißt **Kombination** von n Elementen zur k-ten Klasse, und zwar
Kombination ohne Wiederholung, wenn nur verschiedene Elemente,
Kombination mit Wiederholung, wenn auch untereinander gleiche Elemente zur Zusammenstellung verwendet werden.

BEISPIEL 3/32

Es seien die fünf Elemente a, b, c, d, e gegeben. Dann können folgende Kombinationen zur 2. Klasse ohne Wiederholung gebildet werden:

ab	*ac*	*ad*	*ae*
	bc	*bd*	*be*
		cd	*ce*
			de

Da die Anordnung der Elemente nicht berücksichtigt wird, werden die Komplexionen *ab* und *ba* nicht als verschieden angesehen.

Die Anzahl der Kombinationen von n Elementen zur k-ten Klasse ohne Wiederholung beträgt

$$C_n^{(k)} = \frac{n!}{k! \cdot (n-k)!} = \frac{n \cdot (n-1) \cdot \ldots \cdot (n-k+1)}{k!} = \binom{n}{k},$$

wobei $n \geqq k$.

$\binom{n}{k}$ heißt Binomialkoeffizient (↗ binomischer Lehrsatz 12.3.4.).

BEISPIEL 3/33

Die Anzahl der Tippmöglichkeiten beim Zahlenlotto (»5 aus 90«) beträgt

$$C_{90}^{(5)} = \binom{90}{5} = \frac{90 \cdot 89 \cdot 88 \cdot 87 \cdot 86}{1 \cdot 2 \cdot 3 \cdot 4 \cdot 5} = 43\,949\,268$$

Die Anzahl der Kombinationen von n Elementen zur k-ten Klasse mit Wiederholung beträgt

$$ {}^{W}C_n^{(k)} = \binom{n+k-1}{k}. $$

BEISPIEL 3/34

Wie viele verschiedene Würfe können bei drei vollkommen gleichen Würfeln auftreten, wenn die Würfel gleichzeitig geworfen werden?

Gegeben: Anzahl der Elemente: $n = 6$ (die Ziffern 1 bis 6)
Auswahl von 3 Ziffern, also $k = 3$
Wiederholung ist möglich

Gesucht: ${}^{W}C_6^{(3)}$

$$ {}^{W}C_6^{(3)} = \binom{6+3-1}{3} = \binom{8}{3} = 56 $$

3.1.7.4. Übersicht über die Formeln zu kombinatorischen Anzahlbestimmungen (s. S. 94)

3.1.8. Notwendigkeit und Möglichkeiten der Erweiterung des Bereichs der natürlichen Zahlen

Im Bereich der natürlichen Zahlen wurden zwei algebraische Operationen (Addition, Multiplikation) und eine Ordnungsrelation festgelegt. Der Bereich der natürlichen Zahlen bildet einen **geordneten Halbring** (↗ 2.7.1.).
Im Bereich der natürlichen Zahlen können Gleichungen der Formen $a + x = b$, $a \cdot x = b$ und $x^n = b$ nicht uneingeschränkt gelöst werden. Deshalb muß der Bereich der natürlichen Zahlen erweitert werden, wobei gefordert wird, daß die oben genannten Strukturgesetze auch im neuen Zahlenbereich gültig bleiben (**Permanenzprinzip** von HERMANN HANKEL, 1839 bis 1873). Ferner sollen die Definitionen der Rechenoperationen und Ordnungsrelationen so erfolgen, daß Isomorphie (↗ 2.6.2.) zwischen einem Teilbereich des neuen Bereichs und dem Ausgangsbereich bezüglich dieser Operationen eintritt.

Wird zunächst die uneingeschränkte Ausführbarkeit der

Subtraktion	Division

gefordert, dann wird **N** zum

Bereich **Z** der **ganze Zahlen**	Bereich $\mathbf{Q}_+$ der **gebrochenen Zahlen**

erweitert. Anschließend erfolgt durch Forderung nach uneingeschränkter Ausführbarkeit der

Division	Subtraktion

die Erweiterung zum Bereich **Q** der **rationalen Zahlen**.

3.1.7.4. Übersicht über die Formeln zu kombinatorischen Anzahlbestimmungen

Berücksichtigung der Anordnung				Berücksichtigung der Auswahl	
Permutation		**Variation**		**Kombination**	
ohne Wiederholung	mit Wiederholung	ohne Wiederholung	mit Wiederholung	ohne Wiederholung	mit Wiederholung
$P_n = n!$	${}^{W}P_n = \frac{n!}{n_1! \cdot \ldots \cdot n_k}$ mit $n_1 + \ldots + n_k = n$	$V_n^{(k)} = \frac{n!}{(n-k)!}$	${}^{W}V_n^{(k)} = n^k$	$C_n^{(k)} = \binom{n}{k}$	${}^{W}C_n^{(k)} = \binom{n+k-1}{k}$

3.2. Der Bereich der gebrochenen Zahlen

3.2.1. Die Menge der gebrochenen Zahlen

(1) Notwendigkeit der Erweiterung des Bereichs der natürlichen Zahlen: Uneingeschränkte Ausführbarkeit der Division (ausgenommen Division durch 0); es sollen Gleichungen der Form $a \cdot x = b$ auch für den Fall $a \nmid b$ gelöst werden können, z. B. $3x = 5$.

Hinweis zur Division durch 0: $a:0$ $(a \neq 0)$ und $0:0$ sind nicht ausführbar.

Begründung:

Wenn $a:0 = x$ $(a \neq 0)$, so ist $a = x \cdot 0$. Diese Gleichung ist wegen $a \neq 0$ für keine Zahl x erfüllbar.

Wenn $0:0 = x$, so ist $0 = x \cdot 0$. Diese Gleichung ist für jede Zahl x erfüllbar. Die Lösung ist nicht eindeutig.

(2) Die geordneten Paare $(m; n)$ mit $m, n \in N$ und $n \neq 0$ heißen **Brüche** (auch gemeine Brüche genannt), die Zahl m heißt **Zähler**, die Zahl n **Nenner** des Bruches $(m; n)$.

Brüche, für die $m < n$ gilt, heißen **echte Brüche**; gilt $m \geqq n$, werden sie **unechte Brüche** genannt.
Zwei Brüche $(m_1; n_1)$ und $(m_2; n_2)$ sind genau dann **gleich**, wenn sowohl ihre Zähler m_1, m_2 als auch ihre Nenner n_1, n_2 übereinstimmen.
Zwei geordnete Paare $(m_1; n_1)$ und $(m_2; n_2)$ sind quotientengleich $=_q$ genau dann, wenn $m_1 \cdot n_2 = m_2 \cdot n_1$ gilt.

BEISPIEL 3/35

$(3; 5) =_q (6; 10)$, denn $3 \cdot 10 = 6 \cdot 5$
$(0; 2) =_q (0; 11)$, denn $0 \cdot 11 = 0 \cdot 2$

Die Relation »Quotientengleichheit« ist eine Äquivalenzrelation, denn sie ist reflexiv, symmetrisch und transitiv. Sie bewirkt in der Menge der geordneten Paare eine Klasseneinteilung. Die Äquivalenzklassen von $\mathbf{N} \times \mathbf{N}^*$ bezüglich der Quotientengleichheit heißen gebrochene Zahlen. Die Menge der gebrochenen Zahlen wird mit $\mathbf{Q}_+$ bezeichnet.

Eine **gebrochene Zahl** ist eine Klasse quotientengleicher geordneter Paare $(a; b)$ natürlicher Zahlen mit $b \neq 0$. Mit $\frac{m}{n}$ wird die Klasse der zum Paar $(m; n)$ quotientengleichen Paare $(a; b)$ bezeichnet.

$\frac{m}{n}$ (gelesen: m durch n) heißt Bruchdarstellung dieser gebrochenen Zahl. Andere Darstellungsformen für eine gebrochene Zahl sind: ein geordnetes Paar $(m; n)$, ein Quotient $m:n$, ein Dezimalbruch (↗ 3.2.5.). Gebrochene Zahlen, die durch echte Brüche dargestellt werden, heißen

echt gebrochene Zahlen; gebrochene Zahlen, die durch unechte Brüche dargestellt werden, **unecht gebrochene Zahlen.** Zwei gebrochene Zahlen $\frac{m_1}{n_1}$ und $\frac{m_2}{n_2}$ sind **gleich** genau dann, wenn die Brüche $(m_1; n_1)$ und $(m_2; n_2)$ quotientengleich sind.
Ist der Bruch $(m; n)$ ein Repräsentant der gebrochenen Zahl a, so ist auch der Bruch $(mk; nk)$ mit $k \in \mathbf{N}$ und $k > 1$ ein Repräsentant. Der Übergang von $(m; n)$ zu $(mk; nk)$ heißt **Erweitern mit** der Zahl $k > 1$, der Übergang von $(mk; nk)$ zu $(m; n)$ **Kürzen mit** der Zahl $k > 1$. Brüche, die durch Erweitern oder Kürzen auseinander hervorgehen, bilden eine Klasse. Demnach gibt es für jede gebrochene Zahl unendlich viele Zahlensymbole. Es ist deshalb zweckmäßig zu vereinbaren, zur Angabe einer gebrochenen Zahl a die **reduzierte Bruchdarstellung** von a zu benutzen. Das ist dann der Fall, wenn sein Zähler und sein Nenner teilerfremd sind.

BEISPIEL 3/36

In einer Klasse liegen die Brüche $\frac{12}{9}, \frac{20}{15}, \frac{8}{6}, \frac{16}{12}, \frac{24}{18}, \frac{4}{3}, \frac{28}{21}, \ldots$ Sie können alle zur Bezeichnung der gleichen gebrochenen Zahl dienen. Die reduzierte Bruchdarstellung ist $\frac{4}{3}$.
Veranschaulichung in einem Mengendiagramm in Bild 3/4

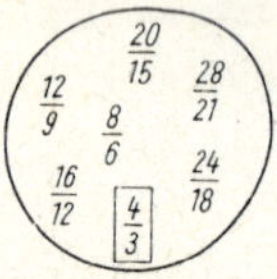

Bild 3/4

Brüche $(m_1; n)$, $(m_2; n)$ mit dem gleichen Nenner n heißen **gleichnamig.** Zwei gebrochene Zahlen a, b können durch gleichnamige Brüche repräsentiert werden.
Brüche der Form $(1; n)$ heißen **Stammbrüche.**
Jeder gebrochenen Zahl, die durch einen Bruch mit dem Nenner 1 dargestellt wird, entspricht eine natürliche Zahl und umgekehrt.

(3) Veranschaulichung gebrochener Zahlen am Zahlenstrahl

Vom Anfangspunkt eines Strahls trägt man eine Strecke einer vorgegebenen Länge (die Einheitsstrecke) ab. Dem Anfangspunkt wird die gebrochene Zahl $\frac{0}{1}$, dem Endpunkt dieser Strecke die gebrochene Zahl $\frac{1}{1}$ zugeordnet. Vom Endpunkt wird die Einheitsstrecke mehrmals nacheinander abgetragen; den Punkten werden die gebrochenen Zahlen $\frac{2}{1}$, $\frac{3}{1}$, ... zugeordnet. Die gebrochene Zahl $a = \frac{m}{n}$ wird dann denjenigen Punkten zugeordnet, die durch m-maliges Abtragen des n-ten Teils der Einheitsstrecke vom Anfangspunkt aus entstanden sind (Bild 3/5).

Hinweis: Gelegentlich wird in der Umgangssprache für einen unechten Bruch der Begriff »gemischte Zahl« verwendet. Sowohl die Bezeichnung als auch die Darstellung (an Stelle der Summe aus einer natürlichen Zahl und einem echten Bruch) sind unkorrekt. »Gemischte Zahlen« sollten deshalb bei Rechnungen vermieden werden (↗ Beispiel 12/7).

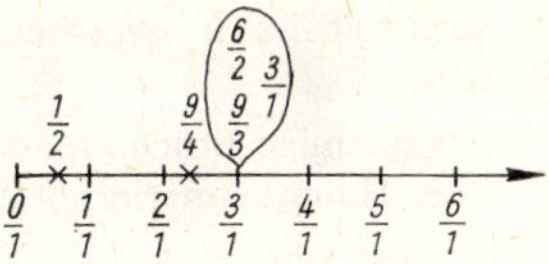

Bild 3/5

3.2.2. Ordnungsrelation in der Menge der gebrochenen Zahlen

Beim Vergleichen zweier gebrochener Zahlen miteinander wird – wie bei den natürlichen Zahlen – diejenige **kleiner** genannt, deren zugeordneter Punkt auf dem Zahlenstrahl weiter links liegt.

Werden die gebrochenen Zahlen a, b durch die Brüche $a = \frac{m_1}{n_1}$, $b = \frac{m_2}{n_2}$ mit $n_1, n_2 \neq 0$ dargestellt, so ist $a < b$ genau dann, wenn $m_1 \cdot n_2 < m_2 \cdot n_1$ ist.

BEISPIEL 3/37

Um die gebrochenen Zahlen $a = \frac{17}{5}$ und $b = \frac{11}{3}$ vergleichen zu können, ermittelt man $m_1 \cdot n_2 = 17 \cdot 3 = 51$ und $m_2 \cdot n_1 = 11 \cdot 5 = 55$. Es gilt $a < b$, da $51 < 55$ ist.

Während jede natürliche Zahl einen unmittelbaren Nachfolger hat, besitzt keine gebrochene Zahl einen unmittelbaren Nachfolger. In der Menge der gebrochenen Zahlen gibt es zwischen zwei voneinander verschiedenen gebrochenen Zahlen stets eine weitere gebrochene Zahl. Man sagt, die Menge der gebrochenen Zahlen ist **dicht.**

BEISPIEL 3/38

Zwischen den gebrochenen Zahlen $a = \frac{3}{10}$ und $b = \frac{4}{10}$ können durch Bildung des arithmetischen Mittels (↗ 9.4.2.(1)) beliebig viele weitere gebrochene Zahlen ermittelt werden. Es liegen $\frac{7}{20}, \frac{13}{40}, \ldots$ zwischen a, b.

3.2.3. Algebraische Operationen in der Menge der gebrochenen Zahlen

3.2.3.1. Addition gebrochener Zahlen

Es seien a, b gebrochene Zahlen, die durch die Brüche $a = \frac{m_1}{n}$ bzw. $b = \frac{m_2}{n}$ dargestellt seien. Dann heißt die gebrochene Zahl s die **Summe** von a, b, wenn s durch $\frac{m_1 + m_2}{n}$ dargestellt ist. Die Summe wird mit $a + b$ bezeichnet; sie existiert stets und ist eindeutig bestimmt.

Ungleichnamige Brüche müssen erst gleichnamig gemacht werden, indem der Hauptnenner ermittelt wird.

BEISPIEL 3/39

a) $\frac{3}{4} + \frac{7}{4} = \frac{3+7}{4} = \frac{10}{4} = \frac{5}{2}$

b) $\frac{2}{5} + \frac{7}{3} = \frac{6}{15} + \frac{35}{15} = \frac{6+35}{15} = \frac{41}{15}$

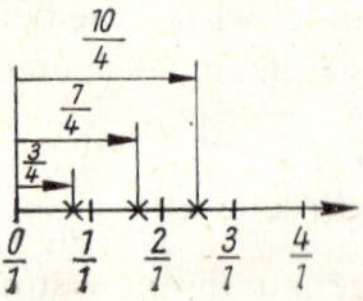

Bild 3/6

Veranschaulichung der Addition gebrochener Zahlen durch **Streckenaddition** (↗ 3.1.5.), für Beispiel 3/39a in Bild 3/6

Eigenschaften der Addition in $\mathbf{Q}_+$:
Für alle gebrochenen Zahlen gelten die Strukturgesetze A 1, A 2, A 3 (↗ 2.7.1.) und das Monotoniegesetz der Addition bezüglich der Ordnung.

Umkehrung der Addition gebrochener Zahlen: Subtraktion

Wenn $a, b \in \mathbf{Q}_+$ und $a \leqq b$ gilt, so existiert genau eine (eindeutig bestimmte) Lösung der Gleichung $a + x = b$ in $\mathbf{Q}_+$, die mit $b - a$ bezeichnet und die **Differenz** der gebrochenen Zahlen b, a genannt wird.

Wenn die gebrochenen Zahlen a, b durch die Brüche $\frac{m_1}{n}$ bzw. $\frac{m_2}{n}$ mit $m_1 < m_2$ dargestellt sind, dann ist die Differenz

$$b - a = \frac{m_2 - m_1}{n}.$$

BEISPIEL 3/40

a) $\frac{9}{5} - \frac{2}{5} = \frac{9-2}{5} = \frac{7}{5}$

b) $\frac{15}{7} - \frac{3}{4} = \frac{60}{28} - \frac{21}{28} = \frac{60-21}{28} = \frac{39}{28}$

c) $\frac{2}{3} - \frac{3}{4} = \frac{8}{12} - \frac{9}{12}$ ist im Bereich der gebrochenen Zahlen nicht lösbar.

Zwei Differenzen gebrochener Zahlen sind gleich, d. h., $b_1 - a_1 = b_2 - a_2$, wenn gilt $b_1 + a_2 = b_2 + a_1$.

3.2.3.2. Multiplikation gebrochener Zahlen

Es seien a, b gebrochene Zahlen mit den Bruchdarstellungen $a = \frac{m_1}{n_1}$ und $b = \frac{m_2}{n_2}$. Dann wird die gebrochene Zahl $p = \frac{m_1 \cdot m_2}{n_1 \cdot n_2}$ das **Produkt** von a und b genannt und mit $a \cdot b$ bezeichnet.

BEISPIEL 3/41

a) $\frac{3}{5} \cdot \frac{7}{11} = \frac{3 \cdot 7}{5 \cdot 11} = \frac{21}{55}$

b) $\frac{2}{3} \cdot \frac{7}{3} = \frac{2 \cdot 7}{3 \cdot 3} = \frac{14}{9}$

c) $\frac{2}{5} \cdot \frac{15}{3} = \frac{2 \cdot 15}{5 \cdot 3} = \frac{2 \cdot 3}{1 \cdot 3} = \frac{2 \cdot 1}{1 \cdot 1} = \frac{2}{1} = 2$

Eigenschaften der Multiplikation in $\mathbf{Q}_+^*$

Für alle gebrochenen Zahlen gelten die Strukturgesetze M 1, M 2, M 3, M 4, D und das Monotoniegesetz der Multiplikation bezüglich der Ordnung. Der Bereich der gebrochenen Zahlen hat die Struktur eines **geordneten Halbkörpers.**

Die Gleichung $a \cdot x = 1$ besitzt für $a \neq 0$ genau eine Lösung, die mit a^{-1} bezeichnet und die zu a **inverse** gebrochene Zahl (auch reziproke gebrochene Zahl) genannt wird.

Umkehrung der Multiplikation gebrochener Zahlen: Division

Wenn $a, b \in \mathbf{Q}_+$ und $a \neq 0$, so existiert genau eine (eindeutig bestimmte) Lösung der Gleichung $a \cdot x = b$ in $\mathbf{Q}_+$, die mit $b : a$ bezeichnet und der **Quotient** der gebrochenen Zahlen b, a genannt wird.

Gebrochene Zahlen a, b, die durch die Brüche $a = \frac{m_1}{n_1}$ bzw. $b = \frac{m_2}{n_2}$ dargestellt sind, werden dividiert, indem man den Dividenden mit dem Reziproken des Divisors multipliziert:

$$a : b = \frac{m_1}{n_1} : \frac{m_2}{n_2} = \frac{m_1}{n_1} \cdot \frac{n_2}{m_2} = \frac{m_1 \cdot n_2}{n_1 \cdot m_2}$$

$$(n_1, n_2, m_2 \neq 0)$$

BEISPIEL 3/42

a) $\frac{2}{3} : \frac{4}{5} = \frac{2}{3} \cdot \frac{5}{4} = \frac{2 \cdot 5}{3 \cdot 4} = \frac{5}{6}$

b) $\frac{\frac{5}{3}}{\frac{2}{7}} = \frac{5}{3} : \frac{2}{7} = \frac{5}{3} \cdot \frac{7}{2} = \frac{5 \cdot 7}{3 \cdot 2} = \frac{35}{6}$

3.2.4. Die Menge der natürlichen Zahlen als Teilmenge der Menge der gebrochenen Zahlen

Das Rechnen mit gebrochenen Zahlen der Form $\frac{m}{1}$ $(m \in \mathbf{N})$ erfolgt wie das Rechnen mit natürlichen Zahlen, d. h., der Teilbereich $\mathbf{Q}_+'$ mit

$\mathbf{Q}'_+ = \left\{\frac{m}{1} : m \in \mathbf{N}\right\}$ und der Bereich **N** der natürlichen Zahlen sind isomorph (↗ 2.6.2.) bezüglich der in beiden Bereichen erklärten Operationen Addition und Multiplikation. Deshalb soll die natürliche Zahl m nicht mehr von der gebrochenen Zahl $\frac{m}{1}$ unterschieden werden. Damit ist die Menge der natürlichen Zahlen eine Teilmenge der gebrochenen Zahlen. Man sagt, **N** ist **isomorph** eingebettet in $\mathbf{Q}_+$.
Nun kann die Summe und das Produkt aus einer natürlichen Zahl und einer gebrochenen Zahl gebildet werden:

$$m + \frac{m_1}{n_1} = \frac{m}{1} + \frac{m_1}{n_1} = \frac{m \cdot n_1 + m_1}{n_1}$$

$$m \cdot \frac{m_1}{n_1} = \frac{m}{1} \cdot \frac{m_1}{n_1} = \frac{m \cdot m_1}{n_1}$$

BEISPIEL 3/43

a) $2 + \frac{3}{5} = \frac{2 \cdot 5 + 3}{5} = \frac{13}{5}$

b) $2 \cdot \frac{3}{5} = \frac{2 \cdot 3}{5} = \frac{6}{5}$

Ferner kann jede Division natürlicher Zahlen (außer der Division durch 0) als Division gebrochener Zahlen aufgefaßt werden und umgekehrt kann jeder Bruch als Quotient natürlicher Zahlen dargestellt werden. Für beliebige natürliche Zahlen m, n $(n \neq 0)$ gilt $\frac{m}{n} = m : n$

BEISPIEL 3/44

a) $2:3 = \frac{2}{1} : \frac{3}{1} = \frac{2}{1} \cdot \frac{1}{3} = \frac{2}{3}$; also $2:3 = \frac{2}{3}$

b) $3 : \frac{4}{7} = \frac{3}{1} \cdot \frac{7}{4} = \frac{3 \cdot 7}{1 \cdot 4} = \frac{21}{4}$

c) $\frac{3}{8} : 5 = \frac{3}{8} : \frac{5}{1} = \frac{3}{8} \cdot \frac{1}{5} = \frac{3 \cdot 1}{8 \cdot 5} = \frac{3}{40}$

Archimedisches Axiom: Zu jeder gebrochenen Zahl a gibt es eine natürliche Zahl n, für die $a < n$ gilt; z. B. gibt es zu der gebrochenen Zahl $a = \frac{3}{7}$ eine natürliche Zahl $n = 1$, so daß $\frac{3}{7} < 1$ ist.

3.2.5. Darstellung gebrochener Zahlen im dekadischen Positionssystem

3.2.5.1. Zehnerbrüche, Dezimalbrüche

Brüche, deren Nenner in der Form 10^n mit $n \in \mathbf{N}^*$ dargestellt werden können, heißen **Zehnerbrüche**, z. B. sind $\frac{3}{10}, \frac{17}{100}, \frac{159}{1000}, \frac{436}{10}$ Zehnerbrüche.
Erweitert man die aus Abschnitt 3.1.2. bekannte Stellenwerttafel des dekadischen Positionssystems nach rechts, so können Zehnerbrüche in dezimaler Schreibweise angegeben werden. Diese Brüche werden **Dezimalbrüche** genannt.

BEISPIEL 3/45

Zehnerbruch	10^1	1	$\frac{1}{10}$	$\frac{1}{10^2}$	$\frac{1}{10^3}$	Dezimalbruch
$\frac{3}{10}$		0	3			0,3
$\frac{17}{100}$		0	1	7		0,17
$\frac{159}{1000}$		0	1	5	9	0,159
$\frac{436}{10}$	4	3	6			43,6

Ein Dezimalbruch ist eine Folge (a_k) natürlicher Zahlen mit $a_k \leqq 9$ für alle $k \geqq 1$. Der Stellenwert jeder Ziffer ist der zehnte Teil des Stellenwertes der links von ihr stehenden Ziffer. Nach den Einern wird das Komma gesetzt. Die Stellen nach dem Komma heißen Dezimalstellen oder Dezimalen, z. B.

0,183 (gelesen: Null-Komma-Eins-Acht-Drei)
41,43 (gelesen: Einundvierzig-Komma-Vier-Drei).

Veranschaulichung von Teilmengen von $\mathbf{Q}_+$ in Bild 3/7 (Angabe einzelner Repräsentanten)
Zu jedem gemeinen Bruch kann ein Dezimalbruch angegeben werden, der die gleiche gebrochene Zahl darstellt. Dabei faßt man den Bruch $\frac{m}{n}$ als Quotient $m : n$ auf (↗ 3.2.4.).

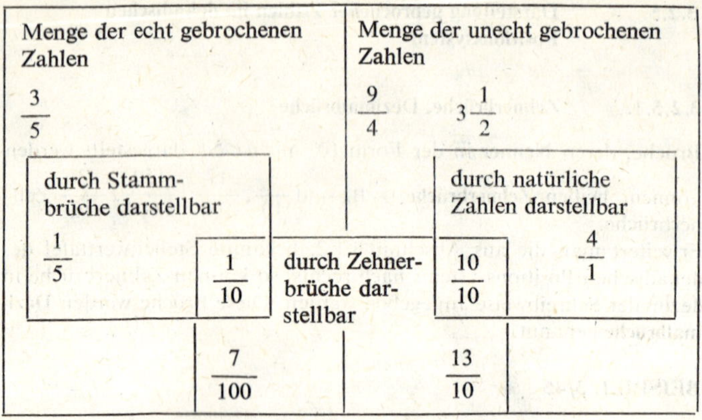

Bild 3/7

Ist der Nenner des Bruches Teiler einer Zehnerpotenz, so kann der Bruch durch Erweitern in einen Dezimalbruch umgewandelt werden oder der Quotient wird ermittelt.

BEISPIEL 3/46

$$\frac{3}{8} = \frac{3 \cdot 125}{8 \cdot 125} = \frac{375}{1000} = 0{,}375$$

$$\frac{3}{8} = 3:8 = 0{,}375$$

Ist der Nenner des Bruches kein Teiler einer Zehnerpotenz, so wird der Dezimalbruch durch Anwendung des Divisionsalgorithmus ermittelt.

BEISPIEL 3/47

$$\frac{5}{7} = 5:7 = 0{,}71428571\ldots = 0{,}\overline{714285}$$

Die drei Punkte sollen andeuten, daß noch weitere Dezimalstellen folgen. Der Dezimalbruch hat unendlich viele Dezimalstellen.

Ein Dezimalbruch heißt **endlicher Dezimalbruch**, wenn hinter dem Komma eine letzte von Null verschiedene Stelle auftritt.
Ein Dezimalbruch heißt **unendlicher Dezimalbruch**, wenn keine letzte von Null verschiedene Stelle auftritt.
Die in endlichen Dezimalbrüchen auftretenden immer wiederkehrenden Ziffern oder Gruppen von Ziffern heißen **Perioden.**
Ein unendlicher Dezimalbruch heißt **periodischer Dezimalbruch**, wenn in den Dezimalstellen Perioden auftreten.

Ist $\frac{p}{q}$ die reduzierte Bruchdarstellung der gebrochenen Zahl a und enthält der Nenner q von 2 und 5 verschiedene Primfaktoren, so ist der zugehörige Dezimalbruch periodisch.
Je nach der Anzahl n der Ziffern spricht man von **n-stelligen Perioden.** Eine Periode hat höchstens $q - 1$ Ziffern. Eine Periode wird durch einen waagerechten Strich über den Ziffern gekennzeichnet, die die Periode bilden; sie wird nur einmal geschrieben. In Beispiel 3/47 ist die Periode sechsstellig.

Jeder gebrochenen Zahl kann entweder ein endlicher oder ein periodischer Dezimalbruch zugeordnet werden und umgekehrt.

Hinweis: Es gibt auch unendliche nichtperiodische Dezimalbrüche, z. B. 3,14159... oder 2,71828..., die jedoch keine gebrochenen Zahlen darstellen (↗ irrationale Zahlen, 3.4.1.).

Die **Umwandlung eines endlichen Dezimalbruchs** in einen gemeinen Bruch erfolgt durch Darstellung als Zehnerbruch und anschließendes Kürzen.

BEISPIEL 3/48

$$0{,}486 = \frac{486}{1000} = \frac{243}{500}$$

Die **Umwandlung eines periodischen Dezimalbruchs** in einen gemeinen Bruch erfolgt durch Anwendung der Summenformel einer geometrischen Reihe (↗ 6.8.9.(4)).

BEISPIEL 3/49

a) $$0{,}\overline{7} = \frac{7}{10} + \frac{7}{100} + \frac{7}{1000} + \ldots = \frac{\frac{7}{10}}{1 - \frac{1}{10}} = \frac{\frac{7}{10}}{\frac{9}{10}} = \frac{7}{9}$$

b) $$0{,}\overline{37} = \frac{37}{100} + \frac{37}{10000} + \ldots = \frac{\frac{37}{100}}{1 - \frac{1}{100}} = \frac{\frac{37}{100}}{\frac{99}{100}} = \frac{37}{99}$$

Dezimalbrüche heißen **reinperiodisch**, wenn die Periode sofort nach dem Komma beginnt (↗ Beispiel 3/49), sie heißen **gemischtperiodisch**, wenn zwischen Komma und Beginn der Periode weitere Ziffern, Vorziffern genannt, auftreten. Gemischtperiodische Dezimalbrüche entstehen dann, wenn der Nenner außer anderen Primfaktoren die Primfaktoren 2 und 5 enthält.

BEISPIEL 3/50

a) $$\frac{11}{30} = 11:30 = 0{,}3\overline{6}$$

$$\text{b) } 0{,}2\bar{3} = \frac{2}{10} + \frac{3}{100} + \frac{3}{1000} + \ldots = \frac{2}{10} + \frac{\frac{3}{100}}{1 - \frac{1}{10}}$$

$$= \frac{2}{10} + \frac{\frac{3}{100}}{\frac{9}{10}} = \frac{2}{10} + \frac{1}{30} = \frac{6+1}{30} = \frac{7}{30}$$

3.2.5.2. Ordnungsrelation für gebrochene Zahlen in Dezimalbruchdarstellung

Gebrochene Zahlen in Dezimalbruchdarstellung werden verglichen, indem die Dezimalbrüche zunächst gleichnamig gemacht werden (gleichnamige Dezimalbrüche haben die gleiche Anzahl von Dezimalstellen) und anschließend ohne Berücksichtigung des Kommas wie natürliche Zahlen verglichen werden.

BEISPIEL 3/51

35,13 und 35,236 sind zu vergleichen.
Gleichnamig machen: 35,130 bzw. 35,236
Vergleich der natürlichen Zahlen: $35130 < 35236$; also $35{,}13 < 35{,}236$.

3.2.5.3. Rechenoperationen für gebrochene Zahlen in Dezimalbruchdarstellung

Das **Addieren** und das **Subtrahieren** gebrochener Zahlen in Dezimalbruchdarstellung erfolgen nach den Regeln für die Addition bzw. Subtraktion im dekadischen Positionssystem. Dabei werden die Summanden so untereinander angeordnet, daß Stellen mit dem gleichen Stellenwert stets untereinander stehen (Komma unter Komma).

BEISPIEL 3/52

a)
```
 19,14[0]
 43,782      □ ergänzt
  6,1[00]
  3,041
 -------
 72,063
```

b)
```
   573,37
 −  35,41
 −   6,73
 --------
   531,23
```

Bei der Addition gebrochener Zahlen, von denen einige in Form gemeiner Brüche, andere in Dezimalbruchdarstellung gegeben sind, muß entschieden werden, welche einheitliche Darstellungsform für die Rechnung die vorteilhafteste ist.

BEISPIEL 3/53

a) In der Aufgabe $2{,}45 + \frac{5}{8} + 0{,}472 + \frac{11}{5}$ werden die gemeinen Brüche in Dezimalbrüche umgewandelt:

$2{,}45 + 0{,}625 + 0{,}472 + 2{,}2 = 5{,}747$

b) In der Aufgabe $17{,}8 + \frac{4}{7} + \frac{9}{4} + 6{,}2$ ist es nicht zweckmäßig, die gemeinen Brüche in Dezimalbrüche umzuwandeln, da der Bruch $\frac{4}{7}$ nicht als Zehnerbruch geschrieben werden kann. Er müßte durch einen Dezimalbruch angenähert werden; das bringt eine Ungenauigkeit in die Rechnung. Deshalb

$$\frac{178}{10} + \frac{4}{7} + \frac{9}{4} + \frac{62}{10} = \frac{4984 + 160 + 630 + 1736}{280} = \frac{7510}{280} = \frac{751}{28}$$

Multiplizieren gebrochener Zahlen in Dezimalbruchdarstellung erfolgt zunächst ohne Berücksichtigung des Kommas (wie bei der Multiplikation natürlicher Zahlen). Im Ergebnis trennt man durch das Komma so viele Dezimalstellen ab, wie beide Faktoren zusammen haben.

BEISPIEL 3/54

a)	b)
372,8 · 4,53	0,083 · 0,0216
14912	166
18640	83
11184	498
1688,784	0,0017928

Dividieren gebrochener Zahlen in Dezimalbruchdarstellung erfolgt in den Fällen, in denen der Dividend eine natürliche oder eine gebrochene Zahl und der Divisor eine natürliche Zahl ist, in der vom Dividieren natürlicher Zahlen bekannten Weise, jedoch wird nach dem Dividieren der Einer des Dividenden das Komma im Quotienten gesetzt.
In dem Fall, in dem Dividend und Divisor gebrochene Zahlen sind, müssen Dividend und Divisor mit einer Potenz von 10 erweitert werden, so daß der Divisor eine natürliche Zahl ist.

BEISPIEL 3/55

a) $436{,}184 : 14 = 31{,}156$

b) $4174 : 28 = 149{,}0\overline{714285}$

c) $187{,}38 : 4{,}5$

$1873{,}8 : 45 = 41{,}64$

3.3. Der Bereich der rationalen Zahlen

3.3.1. Die Menge der rationalen Zahlen

(1) Notwendigkeit der Erweiterung des Bereichs der gebrochenen Zahlen zum Bereich der rationalen Zahlen: Uneingeschränkte Ausführbarkeit der Subtraktion; d. h., es sollen Gleichungen der Form $a + x = b$ auch für $a > b$ gelöst werden können.

Die geordneten Paare $(a; b)$ mit $a, b \in \mathbf{Q}_+$ heißen **Differenzen**; sie werden mit $a - b$ bezeichnet.

Zwei geordnete Paare $(a_1; b_1)$, $(a_2; b_2)$ sind differenzengleich $=_d$ genau dann, wenn $a_1 + b_2 = a_2 + b_1$ gilt.

BEISPIEL 3/56

$(8 - 3) =_d (10 - 5)$, denn $8 + 5 = 10 + 3$
$(4 - 7) =_d (9 - 12)$, denn $4 + 12 = 9 + 7$

Die Relation Differenzengleichheit bewirkt in der Menge der geordneten Paare eine *Klasseneinteilung*. Die Äquivalenzklassen von $\mathbf{Q}_+ \times \mathbf{Q}_+$ bezüglich der Differenzengleichheit heißen rationale Zahlen. Die Menge der rationalen Zahlen wird mit $\mathbf{Q}$ bezeichnet.

(2) Eine **rationale Zahl** ist eine Klasse differenzengleicher geordneter Paare $(a; b)$ gebrochener Zahlen.

Eine Klasse gebrochener Zahlen, die die Differenzen

$(0 - a)$	$(0 - 0)$	$(a - 0)$

mit $a \in \mathbf{Q}_+$ enthält, heißt

negative rationale Zahl	die rationale Zahl **Null**	**positive** rationale Zahl

und wird bezeichnet mit

$-a$	0	$+a$

Eine rationale Zahl a heißt

nichtpositiv, wenn $a \leqq 0$ ist.	nichtnegativ, wenn $a \geqq 0$ ist.

BEISPIEL 3/57

a) Die Differenzen $(5 - 4)$, $(4 - 3)$, $(2 - 1)$, $(1 - 0)$ liegen in einer Klasse, die mit $+1$ bezeichnet wird.

b) Die Differenzen $\left(\frac{13}{2} - \frac{8}{2}\right)$, $\left(\frac{6}{2} - \frac{1}{2}\right)$, $\left(\frac{5}{2} - 0\right)$ liegen in der Klasse, die mit $+\frac{5}{2}$ bezeichnet wird.

c) Die Differenzen $(5 - 7{,}1)$, $(3 - 5{,}1)$, $(1 - 3{,}1)$, $(0 - 2{,}1)$ liegen in der Klasse $-2{,}1$.

(3) Differenzen können durch Streckenabtragung *veranschaulicht* werden. Um auch Differenzen $a - b$ mit $a < b$ Punkte zuordnen zu können, wird statt des Zahlenstrahls (↗ 3.2.1.) eine Gerade verwendet, die **Zahlengerade** genannt wird. Die Punkte der Geraden, die rationale Zahlen repräsentieren, heißen **rationale Punkte.**

BEISPIEL 3/58

Veranschaulichung der Klassenbildung bei Differenzen durch Streckenabtragung für die Beispiele 3/57 b, c in Bild 3/8

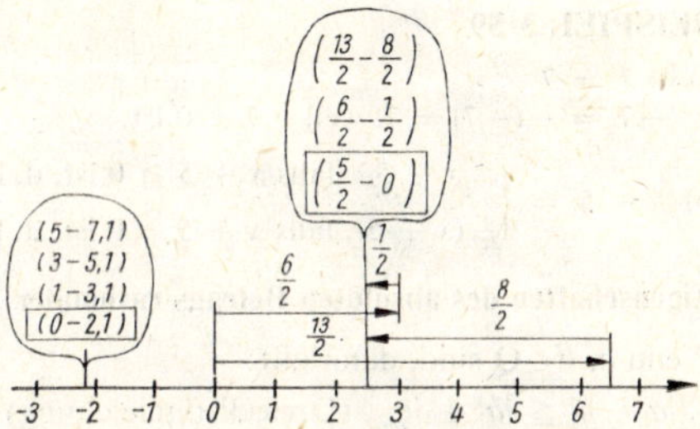

Bild 3/8

Jeder rationalen Zahl entspricht genau ein Punkt der Zahlengeraden, aber nicht jedem Punkt der Zahlengeraden entspricht eine rationale Zahl.

Die rationale Zahl $-a$ heißt die **zu a entgegengesetzte Zahl.**

Dann gilt

$$a + (-a) = 0$$
$$-(-a) = a$$
$$-a = (-1)a.$$

Hinweis: Verschiedene Bedeutung des Minuszeichens:

1. als Vorzeichen zur Bezeichnung einer negativen rationalen Zahl,
2. als Relationszeichen (Funktionszeichen) zur Bezeichnung einer entgegengesetzten Zahl,
3. als Operationszeichen zur Bezeichnung der Differenz zweier rationaler Zahlen.

3.3.2. Der absolute Betrag einer rationalen Zahl

Bei der Bildung des (absoluten) Betrags erfolgt eine Abbildung der Menge der rationalen Zahlen auf die Menge der nichtnegativen rationalen Zahlen. Der (absolute) Betrag ist demnach eine Funktion, die jeder rationalen Zahl a eine nichtnegative rationale Zahl $|a|$ zuordnet.

Für jede rationale Zahl a gilt:

$$|a| = \begin{cases} a & \text{für } a \geqq 0 \\ -a & \text{für } a < 0. \end{cases}$$

Entsprechend ist

$$|a + b| = \begin{cases} (a + b), & \text{falls } a + b \geqq 0, \text{ d. h., } a \geqq -b \\ -(a + b) & \text{falls } a + b < 0, \text{ d. h., } a < -b. \end{cases}$$

Zahlen, die sich nur durch das Vorzeichen unterscheiden, haben denselben absoluten Betrag.

BEISPIEL 3/59

a) $|+7| = 7$
$|-7| = -(-7) = 7$, weil $-7 < 0$ ist.

b) $|x+5| = \begin{cases} x+5, & \text{falls } x+5 \geqq 0 \text{ ist, d. h., } x \geqq -5 \\ -(x+5), & \text{falls } x+5 < 0 \text{ ist, d. h., } x < -5 \end{cases}$

Eigenschaften des absoluten Betrags rationaler Zahlen

Wenn $a, b \in \mathbf{Q}$ sind, dann gilt:

1. $|a+b| \leqq |a| + |b|$ (Dreiecksungleichung)
2. $|a-b| \leqq |a| + |b|$ (weil $|a+(-b)| \leqq |a| + |-b|$ ist nach 1.)
3. $|a \cdot b| = |a| \cdot |b|$
4. $\left|\frac{a}{b}\right| = \frac{|a|}{|b|}$

3.3.3. Ordnungsrelationen und algebraische Operationen in der Menge der rationalen Zahlen

3.3.3.1. Ordnungsrelationen in Q

Es seien a, b rationale Zahlen mit $a = m_1 - n_1$ bzw. $b = m_2 - n_2$. Dann gilt $a < b$ genau dann, wenn $m_1 + n_2 < m_2 + n_1$ ist.
Eine rationale Zahl a ist kleiner als eine rationale Zahl b, wenn der rationale Punkt, der die Zahl a repräsentiert, auf der Zahlengeraden weiter links liegt als der rationale Punkt, der die Zahl b repräsentiert.

$(+a) < (+b)$ genau dann, wenn $a < b$,
$(-a) < (-b)$ genau dann, wenn $a > b$ ist.

Zwischen zwei rationalen Zahlen a, b mit $a < b$ liegen stets unendlich viele weitere rationale Zahlen, z. B. liegt $c = \frac{a+b}{2}$ zwischen a und b.
Werden die rationalen Zahlen als rationale Punkte auf der Zahlengeraden abgetragen, so liegen die rationalen Punkte **überall dicht.** Veranschaulichung in Bild 3/9

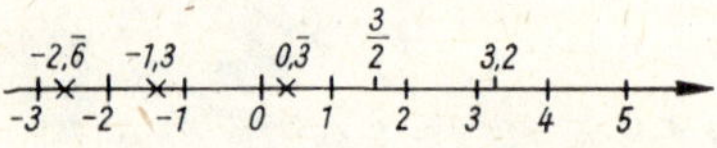

Bild 3/9

3.3.3.2. Algebraische Operationen in Q

(1) Die im Bereich $\mathbf{Q}_+$ gültigen Strukturgesetze (↗ 3.2.3.) gelten auch im Bereich mit der Erweiterung der uneingeschränkten Ausführbarkeit der Subtraktion. Der Bereich der rationalen Zahlen hat die algebraische Struktur eines **geordneten Körpers** (↗ 2.7.1.).

(2) Rechenregeln für die Addition rationaler Zahlen

Zwei rationale Zahlen

mit gleichen Vorzeichen	mit unterschiedlichen Vorzeichen

werden addiert, indem man die Beträge der rationalen Zahlen bildet und

die Summe dieser Beträge bildet.	den kleineren Betrag vom größeren subtrahiert.
Die Summe hat dann das gemeinsame Vorzeichen der rationalen Zahlen.	Die Differenz hat das Vorzeichen, das der Summand mit dem größeren Betrag hat.

Es seien $a, b \in \mathbf{Q}$ und $a, b \geqq 0$, dann gilt

$(+a) + (+b) = a + b$	$(+a) + (-b) = a - b$
$(-a) + (-b) = -a - b$	$(-a) + (+b) = -a + b$

(3) Die **Subtraktion zweier rationaler Zahlen** wird durch

$$a - b = a + (-b)$$

auf die Addition rationaler Zahlen zurückgeführt.

(4) Rechenregeln für die Multiplikation rationaler Zahlen

Zwei rationale Zahlen

mit gleichen Vorzeichen	mit unterschiedlichen Vorzeichen

werden miteinander multipliziert, indem man das Produkt ihrer absoluten Beträge bildet.

Das Produkt ist positiv.	Das Produkt ist negativ.

Es seien $a, b \in \mathbf{Q}$ und $a, b \geqq 0$, dann gilt

$(+a) \cdot (+b) = a \cdot b$	$(+a) \cdot (-b) = -a \cdot b$
$(-a) \cdot (-b) = a \cdot b$	$(-a) \cdot (+b) = -a \cdot b$

(5) Rechenregeln für die Division rationaler Zahlen

Zwei rationale Zahlen

mit gleichen Vorzeichen	mit unterschiedlichen Vorzeichen

werden dividiert, indem man den Quotienten ihrer absoluten Beträge bildet.

Der Quotient ist positiv.	Der Quotient ist negativ.

Es seien $a, b \in \mathbf{Q}$ und $a, b \geqq 0$, dann gilt

$(+a):(+b) = a:b$	$(+a):(-b) = -(a:b)$
$(-a):(-b) = a:b$	$(-a):(+b) = -(a:b)$

Die Division durch Null ist auch im Bereich der rationalen Zahlen nicht erklärt.
(6) Für Potenzen der Form a^n mit $a \in \mathbf{Q}$ und $n \in \mathbf{N}$ gelten die Potenzgesetze (↗ 3.1.3.3.)

BEISPIEL 3/60

a) $\left(-\frac{5}{3}\right) + \left(+\frac{2}{7}\right) = -\frac{5}{3} + \frac{2}{7} = \frac{-35 + 6}{21} = -\frac{29}{21}$

b) $\left(-\frac{2}{3}\right) - \left(-\frac{4}{5}\right) = -\frac{2}{3} + \frac{4}{5} = \frac{-10 + 12}{15} = \frac{15}{2}$

c) $\left(+\frac{5}{4}\right) \cdot \left(-\frac{2}{3}\right) = -\frac{5 \cdot \cancel{2}^{1}}{\cancel{4}_{2} \cdot 3} = -\frac{5}{6}$

d) $\left(-\frac{1}{8}\right) : \left(+\frac{2}{7}\right) = -\left(\frac{1}{8} : \frac{2}{7}\right) = -\frac{1 \cdot 7}{8 \cdot 2} = -\frac{7}{16}$

e) $\left(-\frac{2}{5}\right)^3 = -\frac{2^3}{5^3} = -\frac{8}{125}$

Eine allgemeingültige Aussageform in **Q** heißt **Formel** in **Q**.

3.3.4. Die Menge der gebrochenen Zahlen als Teilmenge der Menge der rationalen Zahlen

Das Rechnen mit nichtnegativen rationalen Zahlen erfolgt wie das Rechnen mit gebrochenen Zahlen, d. h., der Teilbereich der nichtnegativen rationalen Zahlen und der Bereich der gebrochenen Zahlen sind **isomorph** bezüglich der in beiden Bereichen erklärten Operationen Addition und Multiplikation. Deshalb soll nicht mehr zwischen der gebrochenen Zahl a und der rationalen Zahl $+a$ unterschieden werden. Damit ist die Menge der gebrochenen Zahlen eine Teilmenge der rationalen Zahlen; d. h., $\mathbf{Q}_+$ ist isomorph eingebettet in **Q**. Veranschaulichung der Teilmengenbeziehungen $\mathbf{N} \subset \mathbf{Q}_+ \subset \mathbf{Q}$ in Bild 3/10

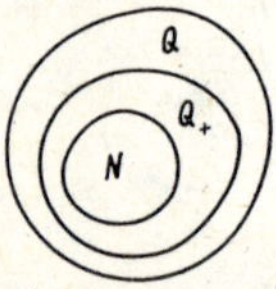

Bild 3/10

3.3.5. Beschränkte Teilmengen in Q

(1) Da die rationalen Zahlen eine geordnete Menge darstellen, können Teilmengen durch Berücksichtigung ihrer Lage in der gegebenen Menge charakterisiert werden.

Es sei $a \in \mathbf{Q}$ und $\leqq$ bezeichne eine Ordnungsrelation in **Q**. Ferner sei T eine nichtleere Teilmenge von **Q** und $s \in \mathbf{Q}$.

Dann heißt s eine

obere Schranke von T,	**untere Schranke** von T,

wenn für alle $a \in \mathbf{Q}$ gilt:

Wenn $a \in T$, so $a \leqq s$.	Wenn $a \in T$, so $a \geqq s$.

Man sagt auch

T ist nach oben beschränkt in **Q**.	T ist nach unten beschränkt in **Q**.

BEISPIEL 3/61

a) Es sei $T_1 = \{a\colon a \in \mathbf{Q} \wedge 0 \leqq a < 1\}$.
Veranschaulichung in Bild 3/11
1 ist eine obere Schranke von T_1. Es gibt beliebig viele obere Schranken; jede Zahl größer als 1 ist eine obere Schranke.
0 ist eine untere Schranke von T_1. Es gibt beliebig viele untere Schranken; jede Zahl kleiner als 0 ist eine untere Schranke.

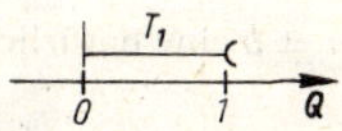

Bild 3/11

b) Es sei $T_2 = \mathbf{N}$.
T_2 ist nach unten beschränkt, nach oben jedoch nicht.

(2) Das größte (bzw. kleinste) Element der Teilmenge T wird Maximum (bzw. Minimum) genannt und mit $\max T$ (bzw. $\min T$) bezeichnet (↗ 3.1.4.).

BEISPIEL 3/62

a) Die Teilmengen T_1, T_2 aus Beispiel 3/61 haben die Zahl 0 als Minimum, jedoch kein Maximum.
b) Die Teilmenge $T_3 = \{a\colon a \in \mathbf{Q} \wedge 0 < a \leqq 1\}$ hat kein Minimum, die Zahl 1 ist Maximum.

(3) Es sei T eine nichtleere Teilmenge von **Q** und $m \in \mathbf{Q}$.

m heißt $\left\{\begin{matrix}\textbf{obere Grenze} \text{ (oder } \textbf{Supremum}\text{)} \\ \textbf{untere Grenze} \text{ (oder } \textbf{Infimum}\text{)}\end{matrix}\right\}$ von T in **Q** genau dann,

wenn m $\left\{\begin{matrix}\text{das Minimum} \\ \text{das Maximum}\end{matrix}\right\}$ der Menge der $\left\{\begin{matrix}\text{oberen} \\ \text{unteren}\end{matrix}\right\}$ Schranken

ist. Sie wird mit $\left\{\begin{matrix}\sup T \\ \inf T\end{matrix}\right\}$ bezeichnet.

Die Menge T besitzt dann ein Supremum (bzw. Infimum), wenn T nach oben (bzw. nach unten) beschränkt ist.

Das $\left\{\begin{matrix}\text{Supremum} \\ \text{Infimum}\end{matrix}\right\}$ ist die $\left\{\begin{matrix}\text{kleinste obere} \\ \text{größte untere}\end{matrix}\right\}$ Schranke.

In Beispiel 3/61a) hat die Menge T_1 0 als Infimum, das mit dem Minimum übereinstimmt, und 1 als Supremum, aber kein Maximum.

Wenn $m \left\{\begin{matrix}\text{Maximum}\\\text{Minimum}\end{matrix}\right\}$ von T ist, so ist $m \left\{\begin{matrix}\text{Supremum}\\\text{Infimum}\end{matrix}\right\}$ von T.

Die Umkehrungen gelten nicht allgemein.

3.3.6. Der Bereich der ganzen Zahlen

Eine **ganze Zahl** ist eine Klasse differenzengleicher geordneter Paare $(a; b)$ natürlicher Zahlen (↗ 3.3.1.).

Eine Differenz $a - b$ der natürlichen Zahlen a, b ist für

$a \geqq b$ eine natürliche Zahl.	$a < b$ eine zu einer natürlichen Zahl entgegengesetzte Zahl.

Zwei ganze Zahlen, die sich nur durch ihr Vorzeichen unterscheiden, heißen **zueinander entgegengesetzt.**

Eine Klasse differenzengleicher Paare natürlicher Zahlen, die die Differenz

$(0 - a)$	$(0 - 0)$	$(a - 0)$

mit $a \in \mathbf{N}$ enthält, heißt

negative ganze Zahl	die ganze Zahl Null	**positive** ganze Zahl

und wird bezeichnet mit

$-a$	0	$+a$

(0 und $+a$:) nichtnegative ganze Zahlen

($-a$ und 0:) nichtpositive ganze Zahlen

Die **Menge der ganzen Zahlen** wird mit **Z** bezeichnet. Sie besteht aus der Menge **N** der natürlichen Zahlen und der Menge der den natürlichen Zahlen entgegengesetzten Zahlen.

Veranschaulichung der ganzen Zahlen auf der Zahlengeraden in Bild 3/12

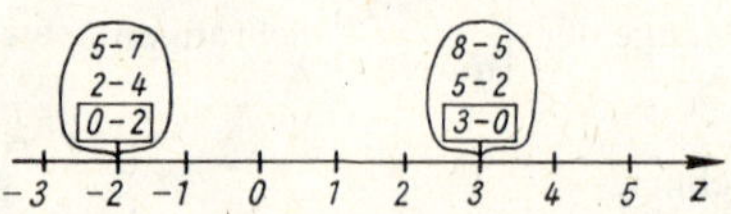

Bild 3/12

Die Menge **Z** der ganzen Zahlen ist eine Teilmenge der Menge **Q** der rationalen Zahlen und enthält als Teilmenge die Menge **N** der natürlichen Zahlen. Veranschaulichung in Bild 3/13

Da die Grundgesetze A 1, A 2, A 3, A 4, M 1, M 2, D gelten (↗ 2.7.), bildet die Menge der ganzen Zahlen als algebraische Struktur einen

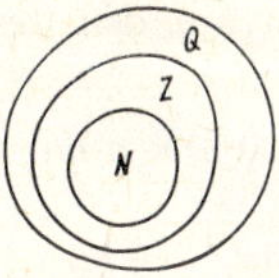

Bild 3/13

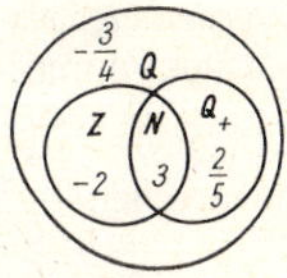

Bild 3/14

(geordneten) **Ring.** Die Division ganzer Zahlen ist nicht uneingeschränkt ausführbar.

Eine rationale Zahl ist genau dann eine ganze Zahl, wenn $|a|$ eine natürliche Zahl ist. Die Gleichung $a \cdot x = b$ ist in **Z** genau dann lösbar, wenn $|a| \cdot x = |b|$ in **N** lösbar ist.

Mengendiagramm für Teilmengen der Menge der rationalen Zahlen mit Angabe einiger typischer Repräsentanten der Teilmengen in Bild 3/14.

3.3.7. Teilbarkeitsrelation in der Menge der ganzen Zahlen

3.3.7.1. Erweiterung der Teilbarkeitsrelation (↗3.1.6.) von der Menge der natürlichen Zahlen auf die Menge der ganzen Zahlen

Eine ganze Zahl a heißt **Teiler** einer ganzen Zahl b genau dann, wenn es eine ganze Zahl x gibt, für die $a \cdot x = b$ gilt.

Das heißt, wenn $a \mid b$ gilt, dann gilt auch $-a \mid b$, $a \mid -b$, $-a \mid -b$. Deshalb genügt es, die Teilbarkeitsbetrachtungen für nichtnegative ganze Zahlen durchzuführen.

Jede ganze Zahl $a \neq 0$ hat die **trivialen Teiler** $+1$, -1, $+a$, $-a$. Ein von a und $-a$ verschiedener Teiler von a wird **echter Teiler** von a genannt.

Für beliebige ganze Zahlen a, b, c gilt:

Wenn $a \mid b$ und $a \mid c$, so $a \mid b - c$. (Die im Teilbarkeitssatz g, Abschnitt 3.1.6.1. geforderte Einschränkung $b \geqq c$ entfällt in **Z**.)

3.3.7.2. Zahlenkongruenzen

Sind a, b, m ganze Zahlen, so gilt $a \equiv b \pmod{m}$ (gelesen: a ist kongruent zu b modulo m) genau dann, wenn $m \mid a - b$.

BEISPIEL 3/63

a) $17 \equiv 11\ (3)$; denn $17 = 5 \cdot 3 + 2$ und $11 = 3 \cdot 3 + 2$

b) $1 \equiv 6\ (5)$; denn $1 = 0 \cdot 5 + 1$ und $6 = 1 \cdot 5 + 1$

c) $-3 \equiv 29\ (4)$; denn $-3 = (-1) \cdot 4 + 1$ und $29 = 7 \cdot 4 + 1$

d) $-11 \equiv -18\ (7)$; denn $-11 = (-2) \cdot 7 + 3$ und $-18 = (-3) \cdot 7 + 3$

e) $12 \equiv 27(-5)$; denn $12 = 3 \cdot (-5) + 3$ und $27 = 6 \cdot (-5) + 3$

3.3.7.3. Restklassen modulo m

$a = b(m)$ bedeutet für $m \neq 0$, daß $b - a$ bei der Division durch m den Rest 0 ergibt.

Begründung: »a läßt bei der Division durch m den Rest r« wird ausgedrückt durch:

$$a = k \cdot m + r \quad (\text{mit } k \in \mathbf{Z},\ 0 \leqq r < m);$$

entsprechend:

$$b = l \cdot m + r \quad (\text{mit } l \in \mathbf{Z},\ 0 \leqq r < m).$$

Durch Subtraktion $b - a$ erhält man

$$b - a = (l - k) \cdot m \quad \text{mit} \quad (l - k) \in \mathbf{Z} \text{ bzw. } m \mid b - a.$$

BEISPIEL 3/64

a) $17 \equiv 11\ (3)$, denn $3 \mid 17 - 11$
b) $1 \equiv 6\ (5)$, denn $5 \mid 1 - 6$
c) $-3 \equiv 29\ (4)$, denn $4 \mid -3 - 29$
d) $-11 \equiv -18\ (7)$, denn $7 \mid -11 + 18$
e) $12 \equiv 27(-5)$, denn $-5 \mid 12 - 27$

Da in $a \equiv b(m)$ a und b bei der Division durch m den gleichen Rest r $(0 \leqq r < m)$ lassen, spricht man von der Relation **»Restgleichheit bei der Division durch** m**«**.

BEISPIEL 3/65

17 und 11 lassen bei der Division durch 3 den gleichen Rest $r = 2$. Aber auch …, 14, 8, 5, 2, −1, −4, … lassen bei der Division durch 3 den Rest $r = 2$.

Die Relation »kongruent modulo m« (Restgleichheit bei der Division durch m) ist eine Äquivalenzrelation (↗ 2.5.3.) über der Menge der ganzen Zahlen. Sie bewirkt deshalb eine Einteilung der Menge der ganzen Zahlen in **Restklassen modulo** m. Zwei ganze Zahlen gehören genau dann zu derselben Restklasse modulo m, wenn sie bei der Division durch m den gleichen Rest r lassen.
Da m mögliche Reste $(0, 1, \ldots, m - 1)$ auftreten können, gibt es m Restklassen modulo m.
Dem Rest r entspricht die Restklasse, die alle Zahlen $a = k \cdot m + r$ enthält für $k \in \mathbf{Z}$. Es gilt $a \equiv r(m)$. Jede solche Zahl a heißt ein Repräsentant dieser Restklasse. Die Restklasse, in der der Repräsentant a liegt, wird mit $[a]_m$ bezeichnet. Jedes beliebige Element einer Restklasse kann als Stellvertreter für alle übrigen Elemente und damit für die ganze Klasse angesehen werden. Zweckmäßig wird die Restklasse durch den kleinsten nichtnegativen Repräsentanten der Klasse bezeichnet.

BEISPIEL 3/66

Im Beispiel 3/65 gibt es für die Relation $17 \equiv 11\ (3)$ drei Restklassen $[0]_3$, $[1]_3$, $[2]_3$.
Alle ganzen Zahlen a, die zu b kongruent modulo 3 sind, gehören in genau eine dieser Restklassen.
Veranschaulichung in Bild 3/15

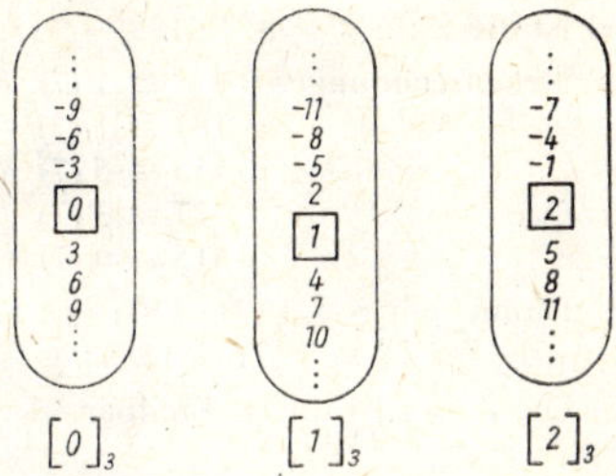

Bild 3/15

Mengenschreibweise für Restklassen: z. B.

$$[2]_3 = \{\ldots, -7, -4, -1, 2, 5, 8, 11, 14, 17, \ldots\}$$

Die Zahlen einer Restklasse mod m bilden eine nach beiden Seiten unbegrenzte arithmetische Folge (↗ 6.8.5.) mit der konstanten Differenz m.

3.3.7.4. Rechenregeln für Zahlenkongruenzen zu dem festen Modul m

Es seien $a, b, c, d, m \in \mathbf{Z}$.

1. Wenn $a \equiv b$ und $c \equiv d$, so $a + c \equiv b + d$ bzw. $a - c \equiv b - d$.
2. Wenn $a \equiv b$, so $a \cdot c \equiv b \cdot c$.
3. Wenn $a \equiv b$ und $c \equiv d$, so $a \cdot c \equiv b \cdot d$.
4. Wenn $a \equiv b$ und $n \in \mathbf{N}$, so $a^n \equiv b^n$.
5. Wenn $a \cdot c \equiv b \cdot c$, $c \neq 0$ und c und m teilerfremd sind, so $a \equiv b$.

BEISPIEL 3/67

a) Wenn $17 \equiv 2\ (5)$ und $32 \equiv 7\ (5)$, so $49 \equiv 9\ (5)$ bzw. $-15 \equiv -5\ (5)$.
b) Wenn $8 \equiv 14\ (3)$ und $c = 4$, so $32 \equiv 56\ (3)$.
c) Wenn $4 \equiv 11\ (7)$ und $2 \equiv 23\ (7)$, so $8 \equiv 253\ (7)$.
d) Wenn $6 \equiv 14\ (4)$ und $n = 2$, so $36 \equiv 196\ (4)$.
e) Wenn $8 \equiv 20\ (3)$, $c = 4$ und 4 und 3 sind teilerfremd, so $2 \equiv 5\ (3)$.

Anwendungen der Zahlenkongruenzen

BEISPIEL 3/68

a) Auf welche Grundziffer endet die Zahl 7^{76}?
Es ist $7 \equiv 7\ (10)$; dann ist $7^2 \equiv 9\ (10)$ und $7^4 \equiv 1\ (10)$.
Ferner gilt $7^{4n} \equiv 1\ (10)$.
Demnach ist $7^{76} = 7^{4 \cdot 19} \equiv 1\ (10)$
b) Welchen Rest läßt $1237^{41} + 36$ bei Teilung durch 7?
Es ist $1237 \equiv 5\ (7)$; dann ist $1237^{32} \equiv 4\ (7)$ und $1237^9 \equiv 6\ (7)$.
Demnach gilt: $1237^{41} = 1237^{32} \cdot 1237^9 \equiv 4\ (7) \cdot 6\ (7) \equiv 3\ (7)$;
Ferner ist $36 \equiv 1\ (7)$.
Damit erhält man $1237^{41} + 36 \equiv 3\ (7) + 1\ (7) \equiv 4\ (7)$.

c) Ist die Zahl $z = 8^{23} \cdot 183 - 3155 \cdot 17 + 4515$ durch 7 teilbar?

Nebenrechnungen; $8 \equiv 1\,(7),\ 8^{23} \equiv 1\,(7)$

$$183 \equiv 1\,(7)$$
$$3155 \equiv 5\,(7)$$
$$17 \equiv 3\,(7)$$
$$4515 \equiv 0\,(7)$$

Damit gilt $z \equiv 1\,(7) \cdot 1\,(7) - 5\,(7) \cdot 3\,(7) + 0\,(7)$
$\equiv 1\,(7) - 15\,(7) \equiv -14\,(7) = 0\,(7)$.

Die Zahl z ist durch 7 teilbar.

3.4. Der Bereich der reellen Zahlen

3.4.1. Die Menge der reellen Zahlen

(1) Obwohl die rationalen Zahlen überall dicht liegen (↗ 3.3.2.1.), füllen sie die Zahlengerade nicht vollständig aus; d. h., es gibt auf der Zahlengeraden außer den rationalen Punkten (↗ 3.3.1.) weitere Punkte, die nichtrationalen Zahlen zugeordnet sind. Die rationalen Zahlen sind als Zahlenwerte für kommensurable Längen geeignet. Zwei Strecken heißen **kommensurabel** (mit gemeinsamem Maß meßbar), wenn eine Strecke als Einheitsstrecke so gewählt werden kann, daß die Längen der beiden gegebenen Strecken ganzzahlige Vielfache der Länge dieser Einheitsstrecke sind.

BEISPIEL 3/69

Die Längen der Seite und der Diagonale eines Quadrats sind inkommensurabel, da ihr Quotient gleich $\sqrt{2}$ ist (Bild 3/16).

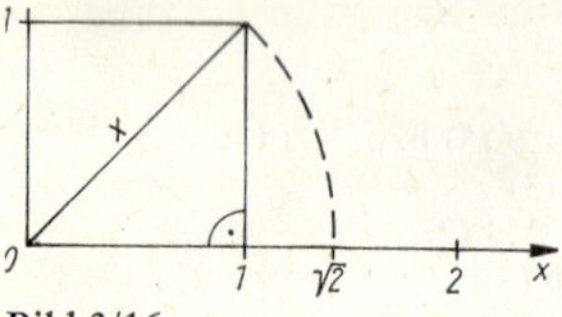

Bild 3/16

Es gilt der Satz über die Irrationalität von $\sqrt{2}$: Es gibt keine rationale Zahl x, für die $x^2 = 2$ gilt.

Im Bereich der rationalen Zahlen hat eine Gleichung der Form $x^n = a$ mit $a \geqq 0$, $n \in \mathbf{N}$, $n \geqq 2$ nur für spezielle gebrochene Zahlen a eine Lösung.

BEISPIEL 3/70

a) Die Gleichung $x^2 = 25$ hat im Bereich der rationalen Zahlen die Lösungen $x = 5$ und $x = -5$, denn $5^2 = 25$ bzw. $(-5)^2 = 25$.

b) Die Gleichung $x^2 = 20$ hat im Bereich der rationalen Zahlen keine Lösung. Eine (nichtrationale) Lösung dieser Gleichung liegt im Intervall $4 < x < 5$.

Um die Gleichung $x^n = a$ mit beliebigem $a > 0$, $n \in \mathbf{N}$ und $n \geqq 2$ uneingeschränkt lösen zu können, ist unter der Forderung, daß die Menge **Q** der rationalen Zahlen Teilbereich des neuen Bereichs ist und daß die in **Q** geltenden Strukturgesetze (Körperaxiome ↗ 2.7.1.) gültig sind, der Bereich der rationalen Zahlen zum Bereich der reellen Zahlen zu erweitern. Die Konstruktion des Bereichs der reellen Zahlen kann mit Hilfe von **Intervallschachtelungen** erfolgen.

(2) Unter einem **Intervall** werde hier die Menge aller rationalen Zahlen zwischen zwei gegebenen Randzahlen a, b (Intervallenden genannt) mit $a < b$ verstanden. a heißt Anfangspunkt, b Endpunkt des Intervalls. Die rationale Zahl $b - a$ heißt *Intervallänge* (↗ 3.4.2.).

Zu einem

abgeschlossenen Intervall	halboffenen Intervall	offenen Intervall

gehören alle rationalen Zahlen x mit

$a \leqq x \leqq b$ (a und b gehören zum Intervall)	$a < x \leqq b$ bzw. $a \leqq x < b$ (nur a gehört zum Intervall)	$a < x < b$ (a und b gehören nicht zum Intervall)

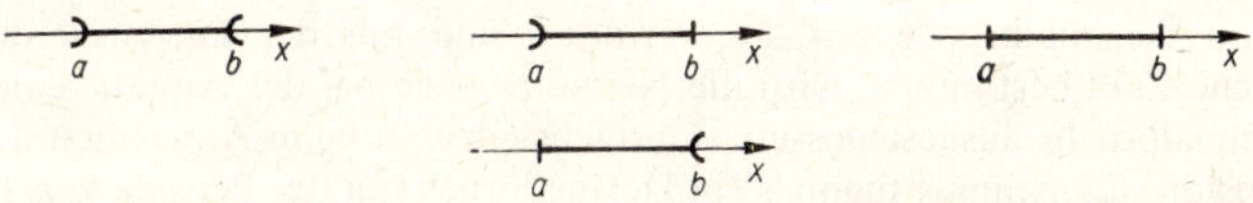

Bild 3/17

Hinweis: In anderen Darstellungen werden abgeschlossene Intervalle durch spitze Klammern $\langle a; b\rangle$, offene Intervalle durch runde Klammern $(a; b)$ symbolisiert. Das halboffene Intervall $a < x \leqq b$ wird dann durch $(a; b\rangle$ angegeben.

(3) Eine rationale Zahl bzw. eine nichtrationale Zahl wird durch eine Folge immer kürzer festgelegter abgeschlossener Intervalle eingeschlossen, wobei jedes Intervall das folgende Intervall umfaßt, so kann jeder Punkt der Zahlengeraden durch beliebig viele Intervallschachtelungen bestimmt werden. Alle Intervallschachtelungen, die ein und denselben Punkt der Zahlengeraden bestimmen, heißen **äquivalente Intervallschachtelungen.** Alle zu einer gegebenen Intervallschachtelung äquivalenten Intervallschachtelungen werden in einer Klasse zusammengefaßt.

Eine **reelle Zahl** ist eine Klasse aller zu einer gegebenen Schachtelung äquivalenten Intervallschachtelungen.

Die Menge der reellen Zahlen wird mit **R** bezeichnet.

Nun kann jeder reellen Zahl genau ein Punkt der Zahlengeraden und umgekehrt jedem Punkt der Zahlengeraden genau eine reelle Zahl zugeordnet werden. Es besteht eine eineindeutige Abbildung der reellen Zahlen auf die Punkte der Zahlengeraden.

Wird durch eine Intervallschachtelung eine rationale Zahl bestimmt, so heißt diese Klasse **rationale reelle Zahl.** Alle anderen Klassen werden **irrationale reelle Zahlen** genannt.

Die fortgesetzte Zehnteilung des Intervalls bei der Intervallschachtelung ermöglicht die Darstellung jeder reellen Zahl als **unendlicher Dezimal-**

bruch, da endliche Dezimalbrüche auch als unendliche Dezimalbrüche mit der Periode 0 geschrieben werden können.

BEISPIEL 3/71

a) Darstellung rationaler Zahlen als unendliche periodische Dezimalbrüche:

$$5{,}3 = 5{,}3000\ldots = 5{,}3\overline{0}$$
$$\frac{2}{3} = 0{,}666\ldots = 0{,}\overline{6}$$

b) Darstellung irrationaler Zahlen als unendliche nichtperiodische Dezimalbrüche:

$$\sqrt{2} = 1{,}4142135623730950488016887\ldots$$
$$\sqrt{3} = 1{,}7320508075688772935 27\ldots$$
$$\pi = 3{,}141592653589793238462643382279502\ldots$$

Wenn Dezimalbrüche mit der Periode 0 und mit der Periode 9 die gleiche Zahl bestimmen, wird die Neunerperiode bei der Angabe eines Dezimalbruchs ausgeschlossen. (Übrigens entsteht beim Anwenden des Divisionsalgorithmus niemals ein Dezimalbruch mit der Periode 9, z. B. bezeichnen die Dezimalbrüche $7{,}53\overline{0}$ und $7{,}52\overline{9}$ die gleiche reelle Zahl $7{,}53\overline{0}$.)

Eine **reelle Zahl** ist ein unendlicher Dezimalbruch ohne Neunerperiode.

Wenn $a_0 \in \mathbf{N}$ und $0 \leqq a_n \leqq 9$ für alle a_n mit $n \geqq 1$ gilt, so kann ein rechts vom Nullpunkt liegender Punkt der Zahlengeraden durch eine Folge der Form $a_0, a_1a_2a_3 \ldots$ beschrieben werden. Die zugeordnete Zahl repräsentiert eine positive reelle Zahl, sie wird **positiver unendlicher Dezimalbruch** genannt. Durch Spiegelung eines Punktes, der rechts vom Nullpunkt liegt, an dem Nullpunkt erhält man einen Punkt, der einer negativen reellen Zahl zugeordnet ist; er wird **negativer unendlicher Dezimalbruch** genannt.

3.4.2. Ordnungsrelationen und Rechenoperationen in R

Das für rationale Zahlen festgelegte Ordnungsprinzip wird auf reelle Zahlen übertragen:
$a < b$ bedeutet geometrisch, daß der durch a festgelegte Punkt der Zahlengeraden links von dem durch b bestimmten Punkt liegt.
Durch die $<$-Relation wird die Menge der reellen Zahlen geordnet.

BEISPIEL 3/72

a) $a = 2{,}135790118\ldots$ $\quad b = 2{,}135790128\ldots$
$a < b$, denn $a_8 < b_8$

b) $a = -1{,}50783451\ldots$ $\quad b = -1{,}50783461\ldots$
$a > b$, denn $a_7 < b_7$ bei negativen unendlichen nichtperiodischen Dezimalbrüchen.

Die <-Relation hat als Ordnungsrelation folgende Eigenschaften:

1. Für alle $a, b \in \mathbf{R}$ gilt entweder $a < b$ oder $a = b$ oder $a > b$ (Trichotonie).
2. Für alle $a, b, c \in \mathbf{R}$ gilt:
   Wenn $a < b$ und $b < c$ ist, so ist $a < c$ (Transitivität).

Für das Rechnen mit reellen Zahlen gelten die Gesetze, die für das Rechnen mit rationalen Zahlen genannt wurden (Körper der reellen Zahlen ↗ 2.7.1. und Rechenregeln ↗ 3.3.3.2.).

Für irrationale Zahlen verwendet man beim numerischen Rechnen rationale Näherungswerte dieser Zahlen mit der erforderlichen Genauigkeit.

Die Menge **Q** der rationalen Zahlen ist eine Teilmenge der Menge **R** der reellen Zahlen.

Unter einem **Intervall** versteht man die Menge aller reellen Zahlen zwischen zwei gegebenen Zahlen a, b mit $a < b$ (↗ 3.4.1.(2)).

3.4.3. Definition des Wurzelbegriffs

Wenn a eine nichtnegative reelle Zahl und n eine natürliche Zahl mit $n \geqq 1$ ist, so gibt es stets genau eine nichtnegative reelle Zahl b, für die $b^n = a$ gilt. Diese eindeutig bestimmte Zahl b heißt die n-te Wurzel aus a und wird mit $\sqrt[n]{a}$ bezeichnet, d. h., $\sqrt[n]{a}$ $(a \geqq 0, n \in \mathbf{N}^*)$ ist diejenige nichtnegative reelle Zahl b, für die $b^n = a$ gilt.

a heißt Radikand, n Wurzelexponent.
Die Operation, die den Zahlen a und n (mit den oben genannten Einschränkungen) die Zahl $b = \sqrt[n]{a}$ zuordnet, heißt **Radizieren** (Wurzelziehen).
Spezialfall für $n = 2$: $\sqrt[2]{a} = \sqrt{a}$

Stets gilt $\sqrt[n]{a^n} = |a|$ (absoluter Betrag ↗ 3.3.2.)

BEISPIEL 3/73

a) $\sqrt{36} = 6$, denn $6^2 = 36$
   $\sqrt[3]{8} = 2$, denn $2^3 = 8$

b) $\sqrt[3]{-8}$ ist im Bereich der reellen Zahlen nicht definiert.
   $\sqrt{-25}$ ist im Bereich der reellen Zahlen nicht definiert.

c) $\sqrt{5^2} = 5$
   $\sqrt{(-5)^2} = \sqrt{25} = 5$
   $\sqrt{x^2} = |x|$

d) $\sqrt[n]{1} = 1$, denn $1^n = 1$ mit $n \in \mathbf{N}^*$
   $\sqrt[n]{0} = 0$, denn $0^n = 0$ mit $n \in \mathbf{N}^*$.

Hinweis: Man beachte den Unterschied zwischen der Definition des Wurzelbegriffs in **R** und den reellen Lösungen einer Gleichung n-ten Grades (↗ 4.3.3.).

3.4.4. Potenzieren in R

Für Potenzen der Form a^n mit $a \in \mathbf{R}$ und $n \in \mathbf{N}$ gelten die Potenzgesetze (↗ 3.1.3.3.).

Erweiterung des Potenzbegriffs auf Potenzen mit negativen ganzzahligen Exponenten durch die Festlegung

$$a^{-k} = \frac{1}{a^k} \quad (k \in \mathbf{Z},\ a \neq 0).$$

Für Potenzen der Form a^m mit $a \in \mathbf{R}^*$ und $m \in \mathbf{Z}$ gelten die Potenzgesetze (↗ 3.1.3.3.).

BEISPIEL 3/74

a) $3^{-2} = \frac{1}{3^2}$; $\quad (-5{,}1)^{-6} = \frac{1}{(-5{,}1)^6} = \frac{1}{5{,}1^6}$;

$(\sqrt{2})^{-3} = \frac{1}{(\sqrt{2})^3}$

b) $\left(\frac{x}{y}\right)^{-k} = \frac{1}{\left(\frac{x}{y}\right)^k} = \left(\frac{y}{k}\right)^k$ mit $x, y \neq 0, \quad k \in \mathbf{Z}$

c) Es seien $a, b \in \mathbf{R}$ mit $a \neq 0, b \neq 0$

$$a^{-3} \cdot b^{-3} = (ab)^{-3} = \frac{1}{(ab)^3}$$

$$a^{-5} : b^{-5} = (a : b)^{-5} = \left(\frac{a}{b}\right)^{-5} = \frac{1}{\left(\frac{a}{b}\right)^5} = \left(\frac{b}{a}\right)^5$$

$$a^2 \cdot a^{-3} = a^{2+(-3)} = a^{-1} = \frac{1}{a}$$

$$a^{-3} : a^{-5} = a^{(-3)-(-5)} = a^2$$

$$(a^{-2})^{-3} = a^{(-2)\cdot(-3)} = a^6$$

Quotienten können als Potenzen mit ganzzahligen Exponenten geschrieben werden (drucktechnischer Vorteil).

BEISPIEL 3/75

a) $\frac{x}{y} = x \cdot y^{-1} \quad (y \neq 0)$

b) $\frac{a^3 \cdot b \cdot c^{-1}}{a^5 \cdot b^{-1} \cdot c^{-2}} = a^{3-5} b^{1-(-1)} c^{-1-(-2)} = a^{-2} b^2 c$

mit $a \neq 0, b \neq 0, c \neq 0$

c) $\frac{11}{17} = 11 \cdot 17^{-1}$

3.4.5. Radizieren in R

(1) **Erweiterung des Potenzbegriffs** auf Potenzen mit rationalen Exponenten durch die Festlegung

$$a^{\frac{m}{n}} = \sqrt[n]{a^m} = (a^m)^{\frac{1}{n}} \quad \text{mit} \quad a \in \mathbf{R},\ a > 0,\ m \in \mathbf{Z},\ n \in \mathbf{N}^*$$

BEISPIEL 3/76

a) $3^{\frac{1}{2}} = \sqrt{3}$ b) $5^{\frac{7}{3}} = \sqrt[3]{5^7}$

c) $2^{-\frac{3}{4}} = 2^{\frac{-3}{4}} = (2^{-3})^{\frac{1}{4}} = \sqrt[4]{2^{-3}} = \sqrt[4]{\frac{1}{2^3}} = \frac{1}{\sqrt[4]{2^3}}$

(2) **Potenzgesetze für Potenzen mit rationalen Exponenten**

Für alle positiven reellen Zahlen a, b und alle ganzen Zahlen m, n, p, q ($n \neq 0$, $q \neq 0$) gilt:

1. $a^{\frac{m}{n}} \cdot b^{\frac{m}{n}} = (a \cdot b)^{\frac{m}{n}}$
2. $a^{\frac{m}{n}} : b^{\frac{m}{n}} = (a : b)^{\frac{m}{n}}$
3. $a^{\frac{m}{n}} \cdot a^{\frac{p}{q}} = a^{\frac{m}{n} + \frac{p}{q}}$
4. $a^{\frac{m}{n}} : a^{\frac{p}{q}} = a^{\frac{m}{n} - \frac{p}{q}}$
5. $(a^{\frac{m}{n}})^{\frac{p}{q}} = a^{\frac{m}{n} \cdot \frac{p}{q}} = a^{\frac{mp}{nq}}$

BEISPIEL 3/77

a) $a^{\frac{3}{2}} \cdot b^{\frac{3}{2}} = (a \cdot b)^{\frac{3}{2}}$

b) $a^{\frac{1}{5}} : b^{\frac{1}{5}} = (a : b)^{\frac{1}{5}}$

c) $a^{\frac{1}{3}} \cdot a^{\frac{2}{3}} = a^{\frac{1}{3} + \frac{2}{3}} = a^{\frac{3}{3}} = a$

d) $a^{\frac{3}{4}} : a^{\frac{1}{2}} = a^{\frac{3}{4} - \frac{1}{2}} = a^{\frac{1}{4}}$

e) $\left(a^{\frac{2}{3}}\right)^{\frac{1}{2}} = a^{\frac{2}{3} \cdot \frac{1}{2}} = a^{\frac{1}{3}}$

Für alle positiven reellen Zahlen a und alle ganzen Zahlen m, n, p, q ($n \neq 0$, $q \neq 0$) gilt:

1. Wenn $\frac{m}{n} < \frac{p}{q}$ und $a > 1$, so ist $a^{\frac{m}{n}} < a^{\frac{p}{q}}$.

2. Wenn $\frac{m}{n} < \frac{p}{q}$ und $a < 1$, so ist $a^{\frac{m}{n}} > a^{\frac{p}{q}}$.

BEISPIEL 3/78

a) Es sei $\frac{m}{n} = \frac{1}{3}$, $\frac{p}{q} = \frac{1}{2}$, $a = 2$. Dann ist $2^{\frac{1}{3}} < 2^{\frac{1}{2}}$

b) Es sei $\frac{m}{n} = \frac{1}{3}$, $\frac{p}{q} = \frac{1}{2}$, $a = \frac{1}{5}$. Dann ist $\left(\frac{1}{5}\right)^{\frac{1}{3}} > \left(\frac{1}{5}\right)^{\frac{1}{2}}$

(3) Folgende **Wurzelgesetze** sind Spezialfälle der Potenzgesetze:

Für $n \in \mathbf{N}^*$, $n \neq 1$ gilt

1. $\sqrt[n]{a} \cdot \sqrt[n]{b} = \sqrt[n]{a \cdot b}$ mit $a \geqq 0, b \geqq 0$;

denn $a^{\frac{1}{n}} \cdot b^{\frac{1}{n}} = (a \cdot b)^{\frac{1}{n}}$

2. $\sqrt[n]{a} : \sqrt[n]{b} = \frac{\sqrt[n]{a}}{\sqrt[n]{b}} = \sqrt[n]{\frac{a}{b}}$ mit $a \geqq 0, b > 0$;

denn $a^{\frac{1}{n}} : b^{\frac{1}{n}} = \left(\frac{a}{b}\right)^{\frac{1}{n}}$

3. $\sqrt[q]{\sqrt[n]{a}} = \sqrt[n \cdot q]{a}$ mit $a \geqq 0, q \in \mathbf{N}^*, q \neq 1$;

denn $\left(a^{\frac{1}{n}}\right)^{\frac{1}{q}} = a^{\frac{1}{n} \cdot \frac{1}{q}} = a^{\frac{1}{n \cdot q}}$

4. $(\sqrt[n]{a})^p = \sqrt[n]{a^p}$ mit $a \geqq 0$; denn $\left(a^{\frac{1}{n}}\right)^p = a^{\frac{p}{n}}$

BEISPIEL 3/79

a) $\sqrt{2} \cdot \sqrt{3} = \sqrt{2 \cdot 3} = \sqrt{6}$

b) $\frac{\sqrt[3]{2}}{\sqrt[3]{3}} = \sqrt[3]{\frac{2}{3}}$

c) $\sqrt[3]{\sqrt{5}} = \sqrt[2 \cdot 3]{5} = \sqrt[6]{5}$

d) $(\sqrt[3]{5})^2 = \sqrt[3]{5^2} = \sqrt[3]{25}$

Anwendung der Wurzelgesetze bei der Umformung von Termen, die Wurzeln enthalten, durch

1. Zerlegung des Radikanden in Faktoren und teilweises Radizieren
2. Zusammenfassen von Wurzeln

BEISPIEL 3/80

Zu 1. a) $\sqrt{147} = \sqrt{49 \cdot 3} = 7\sqrt{3}$

b) $\sqrt[3]{320a^5b^3c^2} = \sqrt[3]{64 \cdot 5 \cdot a^3 \cdot a^2 \cdot b^3 \cdot c^2} = 4ab\sqrt[3]{5a^2c^2}$

c) $\sqrt{75} - \sqrt{48} + \sqrt{108} = 5\sqrt{3} - 4\sqrt{3} + 6\sqrt{3} = 7\sqrt{3}$

Zu 2. a) $\sqrt[3]{2x^2y} \cdot \sqrt[3]{12x^2y} : \sqrt[3]{3y^2}$ mit $y \neq 0$

$$= \sqrt[3]{\frac{2x^2y \cdot 12x^2y}{3y^2}} = 2x\sqrt{x}$$

b) $\sqrt{\sqrt[3]{a^5}} = \sqrt[6]{a^5}$

(4) **Rationalmachen des Nenners**

Enthält der Nenner eines Quotienten eine Wurzel, so ergibt die numerische Berechnung dieses Quotienten (weil durch einen unendlichen nichtperiodischen Dezimalbruch dividiert werden muß) eine größere Ungenauigkeit, als wenn eine irrationale Zahl durch eine rationale Zahl dividiert wird. Deshalb wird der Quotient so erweitert, daß der Nenner eine rationale Zahl ergibt. Ist der Nenner ein Binom, so ist beim Erweitern die zweite binomische Formel zu nutzen.

BEISPIEL 3/81

a) $\dfrac{5}{\sqrt{3}} = \dfrac{5\sqrt{3}}{\sqrt{3}\sqrt{3}} = \dfrac{5}{3}\sqrt{3}$

b) $\dfrac{7}{\sqrt{32}} = \dfrac{7}{\sqrt{16}\sqrt{2}} = \dfrac{7\sqrt{2}}{4 \cdot 2} = \dfrac{7}{8}\sqrt{2}$

c) $\dfrac{3}{\sqrt[3]{4}} = \dfrac{3 \cdot \sqrt[3]{4^2}}{\sqrt[3]{4} \cdot \sqrt[3]{4^2}} = \dfrac{3 \cdot \sqrt[3]{4^2}}{4} = \dfrac{3 \cdot \sqrt[3]{16}}{4}$

d) $\dfrac{3}{\sqrt{2} + \sqrt{5}} = \dfrac{3(\sqrt{2} - \sqrt{5})}{(\sqrt{2} + \sqrt{5})(\sqrt{2} - \sqrt{5})} = \dfrac{3(\sqrt{2} - \sqrt{5})}{2 - 5}$

$$= \frac{3(\sqrt{2} - \sqrt{5})}{-3} = -(\sqrt{2} - \sqrt{5}) = \sqrt{5} - \sqrt{2}$$

e) $\dfrac{a}{\sqrt{b} - \sqrt{c}} = \dfrac{a(\sqrt{b} + \sqrt{c})}{b - c}$ mit $b, c \geqq 0$

3.4.6. Logarithmieren in R

(1) Das Logarithmieren ist eine weitere Umkehrung des Potenzierens. Es gibt Gleichungen der Form $a^x = b$ mit $a, b \in \mathbf{R}$, die keine rationale Lösung haben.
Es genügt zu zeigen, daß es wenigstens eine solche Gleichung gibt, z. B. $10^x = 2$. Der Beweis wurde in Beispiel 1/35 geführt.
Erweiterung des Potenzbegriffs auf Potenzen mit reellen Exponenten: a^λ mit $\lambda \in \mathbf{R}$. λ kann mit Hilfe einer Intervallschachtelung festgelegt werden (↗ 3.4.1.). Danach können rationale Zahlen r so bestimmt werden,

daß z. B. die Zahl 7 durch Potenzen von 10^r mit jeder gewünschten Genauigkeit angenähert wird.

BEISPIEL 3/82

$$\begin{aligned}
10^0 &= 1 &< 7 <& 10 &= 10^1\\
10^{0,8} &= 6{,}310 &< 7 <& 7{,}943 &= 10^{0,9}\\
10^{0,84} &= 6{,}919 &< 7 <& 7{,}080 &= 10^{0,85}\\
10^{0,845} &= 6{,}990 &< 7 <& 7{,}002 &= 10^{0,846}
\end{aligned}$$

usw.

Jede Gleichung der Form $a^x = b$ mit $a > 0, a \neq 1, b > 0$ hat genau eine reelle Lösung. Diese eindeutig bestimmte Zahl heißt der **Logarithmus von b zur Basis a** und wird mit $\log_a b$ bezeichnet, d. h., $\log_a b = c$ $(a > 0, a \neq 1, b > 0)$ genau dann, wenn $a^c = b$ gilt.

a heißt Basis, b Logarithmand (oder Numerus), c Logarithmuswert. Durch die Operation »Logarithmieren« wird zwei reellen Zahlen a, b (Basis und Numerus) eindeutig eine reelle Zahl c (Logarithmuswert) zugeordnet.

BEISPIEL 3/83

a) $\log_{10} 10^2 = 2$, denn $10^2 = 10^2$.
b) $\log_2 8 = 3$, denn $2^3 = 8$
c) $\log_2 \frac{1}{16} = -4$, denn $2^{-4} = \frac{1}{16}$

Der Wert des Logarithmus ist für Numeri $b > 1$ positiv, für Numeri $0 < b < 1$ negativ.
Der Logarithmus von 0 ist nicht definiert, Logarithmen von negativen Numeri sind nicht definiert.
Der Logarithmus zur Basis 1 ist ebenfalls nicht definiert.
Aus der Definition des Logarithmus folgt:

1. $\log_a (a^n) = n$, denn $a^n = a^n$
2. $a^{\log_a b} = b$, denn es kann $c = \log_a b$ in $a^c = b$ eingesetzt werden.

Sonderfälle:

1. $\log_a a = 1$, denn $a^1 = a$
2. $\log_a 1 = 0$, denn $a^1 = 1$

Weiter gilt für $a > 1$:

Wenn $b_1 \gtreqless b_2$ ist, dann ist $\log_a b_1 \gtreqless \log_a b_2$.

(2) **Logarithmengesetze**

1. $\log_a (b \cdot c) = \log_a b + \log_a c$

Beweis: $\log_a b = u \qquad \log_a c = v$

$$\underbrace{b = a^u \qquad\qquad c = a^v}_{b \cdot c = a^u \cdot a^v = a^{u+v}}$$

$\log_a (b \cdot c) = u + v = \log_a b + \log_a c$

2. $\log_a\left(\frac{b}{c}\right) = \log_a b - \log_a c$

3. $\log_a b^n = n \cdot \log_a b$

4. $\log_a \sqrt[n]{b} = \frac{1}{n} \log_a b$

BEISPIEL 3/84

a) $\log_2 32 = \log_2 4 + \log_2 8 = 2 + 3 = 5$
b) $\log_{10} 6 = \log_{10}(2 \cdot 3) = \log_{10} 2 + \log_{10} 3 = 0{,}3010 + 0{,}4771 = 0{,}7781$

(3) **Logarithmensysteme**

Die Menge aller Logarithmen zu ein und derselben Basis bildet ein Logarithmensystem.
Es gibt keine Logarithmensysteme mit negativen Basen, mit der Basis 0 und mit der Basis 1.
Praktische Bedeutung haben folgende Systeme:

1. **Das Logarithmensystem zur Basis 2** (dyadisches, duales oder binäres Logarithmensystem genannt); bezeichnet mit $\log_2 b = \text{ld}\, b$

2^c	b	$\log_2 b$
2^0	1	$\log_2 1 = 0$
2^1	2	$\log_2 2 = 1$
2^2	4	$\log_2 4 = 2$
2^3	8	$\log_2 8 = 3$
2^4	16	$\log_2 16 = 4$
2^5	32	$\log_2 32 = 5$
⋮	⋮	⋮

2. **Das Logarithmensystem zur Basis 10** (dekadisches oder BRIGGSsches Logarithmensystem genannt); bezeichnet mit $\log_{10} b = \lg b$

Jede positive reelle Zahl b läßt sich in der Form $b = m \cdot 10^k$ mit $k \in \mathbf{Z}$ darstellen. Dann ist $\log_{10} b = \log_{10} m + \log_{10} 10^k$ bzw. $\lg b = \lg m + k$. $k \in \mathbf{Z}$ heißt Kennzahl, $\lg m$ Mantisse des Logarithmus. Die Mantissen sind echte Dezimalbrüche. Numeri mit gleicher Ziffernfolge haben bei verschiedener Größenordnung gleiche Mantissen.

10^c	b	$\lg b$
10^0	1	$\lg 1 = 0$
10^1	10	$\lg 10 = 1$
10^2	100	$\lg 100 = 2$
10^3	1000	$\lg 1000 = 3$
⋮	⋮	⋮

Die Logarithmen sind im allgemeinen irrationale Zahlen, man rechnet mit rationalen Näherungswerten. Die Logarithmentafeln enthalten nur die Mantissen.

BEISPIEL 3/85

a) $x = 4{,}23 = 4{,}23 \cdot 10^0$

$\lg x = \lg 4{,}23 + 0 = 0{,}6263$

b) $x = 271 = 2{,}71 \cdot 10^2$

$\lg x = \lg 2{,}71 + 2 = 2{,}4330$

c) $x = 0{,}0735$

$\lg x = \lg 7{,}35 + 10^{-2} = 0{,}8663 - 2$

3. **Das Logarithmensystem zur Basis e** (natürliches Logarithmensystem genannt) e $\approx 2{,}71828\ldots$; bezeichnet mit $\log_e b = \ln b$

Umwandlung der Logarithmen verschiedener Systeme

Die Logarithmen zweier beliebiger Systeme zu dem gleichen Numerus sind zueinander proportional. Es gilt

$$\log_b p \cdot \log_a b = \log_a p$$

Beweis:

$$\log_a b = u \Leftrightarrow a^u = b$$
$$\log_b p = v \Leftrightarrow b^v = p$$

$$b^v = (a^u)^v = a^{u \cdot v} = p$$

Durch Logarithmieren erhält man

$$u \cdot v = \log_a p$$

Ersetzt man u bzw. v wieder:

$$\log_a b \cdot \log_b p = \log_a p, \quad \text{w. z. b. w.}$$

Es gilt

$$\boxed{\log_b p = \frac{\log_a p}{\log_a b},}$$

wobei $\frac{1}{\log_a b}$ **Modul** der betreffenden Systeme genannt wird. Er ist ein konstanter Umrechnungsfaktor für Logarithmen verschiedener Systeme. Da die BRIGGSschen und die natürlichen Logarithmen tabelliert sind, ist es zweckmäßig, Logarithmen zu einer beliebigen Basis a ($a > 0$,

$a \neq 1$) mit Hilfe der BRIGGSschen bzw. natürlichen Logarithmen zu berechnen:

$$\log_a p = \frac{\lg p}{\lg a} \qquad \log_a p = \frac{\ln p}{\ln a}$$

Zwischen dem BRIGGSschen und den natürlichen Logarithmussystemen besteht die Beziehung:

$$\text{Da } \ln p = \frac{\lg p}{\lg e} \text{ ist, gilt } \ln 10 = \frac{1}{\lg e} \approx 2{,}3026$$

$$\text{bzw. } \lg e = \frac{1}{\ln 10} \approx 0{,}4343$$

BEISPIEL 3/86

a) $\log_3 15 = \dfrac{\lg 15}{\lg 3} = \dfrac{1{,}1761}{0{,}4771} \approx 2{,}4651$

b) $\log_5 423 = \dfrac{\ln 423}{\ln 5} = \dfrac{6{,}0474}{1{,}6094} \approx 3{,}7575$

3.5. Der Bereich der komplexen Zahlen

3.5.1. Zum Begriff »komplexe Zahl«

Um auch Gleichungen der Form $x^n = a$ für $a < 0$, $n \in \mathbf{N}^*$ uneingeschränkt lösen zu können, ist die Erweiterung des Bereichs der reellen Zahlen nötig, d. h., es soll der Wurzelbegriff für beliebige reelle Radikanden erklärt werden.

Eine **komplexe Zahl** z ist ein geordnetes Paar reeller Zahlen, d. h., $z = (a; b)$ mit $a, b \in \mathbf{R}$.
a heißt der Realteil von z ($a = \operatorname{Re} z$), b heißt der Imaginärteil von z ($b = \operatorname{Im} z$).

Hinweis: Eine komplexe Zahl wird nicht als eine Klasse, sondern als **ein** geordnetes Paar reeller Zahlen erklärt.

Für diese geordneten Paare wird die **Gleichheit** festgelegt:
$(a_1; b_1) = (a_2; b_2)$ genau dann, wenn $a_1 = a_2$ und $b_1 = b_2$ ist. Ferner werden für die geordneten Paare **Rechenoperationen** erklärt:

$$(a_1; b_1) \pm (a_2; b_2) = (a_1 \pm a_2; b_1 \pm b_2)$$

$$(a_1; b_1) \cdot (a_2; b_2) = (a_1a_2 - b_1b_2; a_1b_2 + b_1a_2)$$

$$(a_1; b_1) : (a_2; b_2) = \left(\frac{a_1a_2 + b_1b_2}{a_2^2 + b_2^2}; \frac{b_1a_2 - a_1b_2}{a_2^2 + b_2^2}\right)$$

Mit den Paaren der Form $(a; 0)$ wird wie mit reellen Zahlen gerechnet. Man setzt für $(a; 0) = a$.
Die komplexen Zahlen $(0; b)$ heißen **imaginäre komplexe Zahlen.** Für das Paar $(0; 1)$ setzt man das Zeichen i als imaginäre Einheit[1]). Es gilt $\mathrm{i} \cdot \mathrm{i} = \mathrm{i}^2 = -1$.
Also gilt $(0; b) = b\mathrm{i}$. Komplexe Zahlen der Form $z = b\mathrm{i}$ heißen rein imaginär.
Die komplexe Zahl $(a; b)$ kann in der Form $a + b\mathrm{i}$ dargestellt werden (arithmetische Darstellung einer komplexen Zahl).

3.5.2. Der Bereich der komplexen Zahlen

Die Menge der komplexen Zahlen bildet einen Körper (↗ 2.7.1.). Er heißt Bereich der komplexen Zahlen und wird mit **C** bezeichnet.
Im Körper der komplexen Zahlen kann **keine Ordnungsrelation** erklärt werden.
Zwei komplexe Zahlen (in arithmetischer Darstellung) $a_1 + b_1\mathrm{i}$ und $a_2 + b_2\mathrm{i}$ sind genau dann **gleich**, wenn $a_1 = a_2$ und $b_1 = b_2$ gilt.

Rechenoperationen für komplexe Zahlen in arithmetischer Darstellung

$$(a_1 + b_1\mathrm{i}) \pm (a_2 + b_2\mathrm{i}) = (a_1 \pm a_2) + (b_1 \pm b_2)\,\mathrm{i}$$

$$(a_1 + b_1\mathrm{i}) \cdot (a_2 + b_2\mathrm{i}) = (a_1a_2 - b_1b_2) + (a_1b_2 + b_1a_2)\,\mathrm{i}$$

$$\frac{a_1 + b_1\mathrm{i}}{a_2 + b_2\mathrm{i}} = \frac{a_1a_2 + b_1b_2}{a_2^2 + b_2^2} + \frac{b_1a_2 - a_1b_2}{a_2^2 + b_2^2}\,\mathrm{i}$$

BEISPIEL 3/87

a) $(3 + 2\mathrm{i}) + (2 - 3\mathrm{i}) = 5 - \mathrm{i}$

b) $(3 + 2\mathrm{i}) - (2 - 3\mathrm{i}) = 1 + 5\mathrm{i}$

c) $(3 + 2\mathrm{i}) \cdot (2 - 3\mathrm{i}) = (6 + 6) + (-9 + 4)\,\mathrm{i} = 12 - 5\mathrm{i}$

d) $\dfrac{3 + 2\mathrm{i}}{2 - 3\mathrm{i}} = \dfrac{6 - 6}{4 + 9} + \dfrac{4 + 9}{4 + 9}\mathrm{i} = 0 + \mathrm{i} = \mathrm{i}$

Veranschaulichung der komplexen Zahlen in der **Gaussschen Zahlenebene**

In einer Ebene sei ein kartesisches Koordinatensystem gegeben; als Koordinatenachsen dienen Zahlengeraden. Auf der x-Achse werden die komplexen Zahlen mit dem Imaginärteil 0 (also die reellen Zahlen), auf der y-Achse die komplexen Zahlen mit dem Realteil 0 (also die rein imaginären Zahlen) dargestellt. Jedem Punkt P dieser Ebene, der durch das geordnete Paar $(a; b)$ dargestellt wird, kann die komplexe Zahl $z = a + b\mathrm{i}$ zugeordnet werden (Bild 3/18).

---

[1]) Oft wird auch das Zeichen j verwendet.

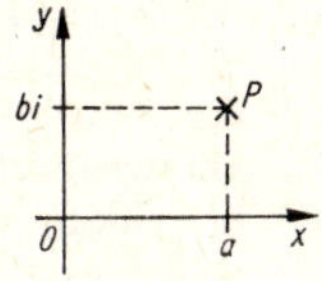

Bild 3/18

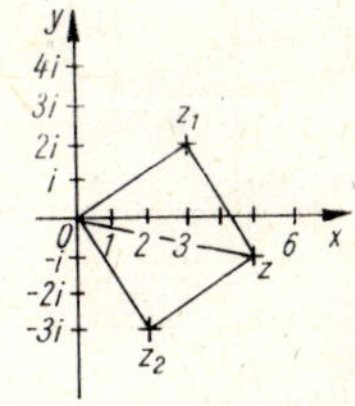

Bild 3/19

BEISPIEL 3/88

Darstellung der komplexen Zahlen $z_1 = 3 + 2\mathrm{i}$, $z_2 = 2 - 3\mathrm{i}$ sowie $z = z_1 + z_2$ in der GAUSSschen Zahlenebene in Bild 3/19; $z = 5 - \mathrm{i}$ (vgl. Beispiel 3/87a)

Der **Betrag einer komplexen Zahl** z wird festgelegt:

$$|z| = \sqrt{a^2 + b^2}.$$

Er kann als Abstand des Punktes P vom Koordinatenursprung 0 geometrisch gedeutet werden (Bild 3/20).

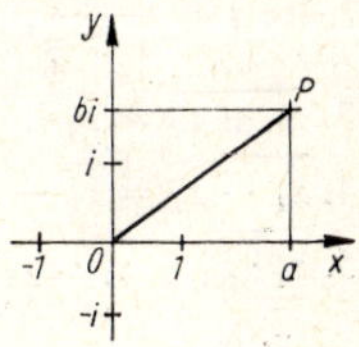

Bild 3/20

Durch diese Festlegung ist auch der Betrag einer reellen Zahl $z = a$ durch $\sqrt{a^2} = |a|$ erfaßt.

Für den Betrag einer komplexen Zahl gelten folgende Beziehungen:

1. Es gilt stets $|z| \geqq 0$.
2. $|z| = 0$ genau dann, wenn $z = 0$.
3. $|-z| = |z|$
4. $|z_1 - z_2| = |z_2 - z_1|$
5. $|z_1 \cdot z_2| = |z_1| \cdot |z_2|$
6. $\left|\frac{z_1}{z_2}\right| = \frac{|z_1|}{|z_2|}$ (mit $z_2 \neq 0$)
7. $|z^n| = |z|^n$
8. $|z_1 + z_2| \leqq |z_1| + |z_2|$ (Dreiecksungleichung)
9. $|z_1 - z_2| \leqq |z_1 - z_3| + |z_3 - z_2|$

BEISPIEL 3/89

Es sei $z_1 = 3 + 2\mathrm{i}$, $z_2 = 2 - 3\mathrm{i}$.

a) Zu 5.: $z_1 \cdot z_2 = 12 - 5\mathrm{i}$ (Beispiel 3/87c)

Dann ist $|z_1 \cdot z_2| = \sqrt{144 + 25} = \sqrt{169} = 13$,
$|z_1| = \sqrt{9 + 4} = \sqrt{13}$, $|z_2| = \sqrt{4 + 9} = \sqrt{13}$.
Also $|z_1 \cdot z_2| = 13$ und $|z_1| \cdot |z_2| = 13$.

b) Zu 8.: $|z_1 + z_2| = \sqrt{25 + 1} = \sqrt{26}$; $|z_1| = \sqrt{13}$, $|z_2| = \sqrt{13}$

Damit erhält man $\sqrt{26} < 2\sqrt{13}$ bzw. $5{,}099 < 7{,}211$.

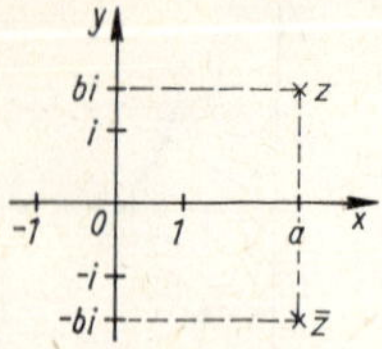

Bild 3/21

Zwei komplexe Zahlen $a_1 + b_1\mathrm{i}$ und $a_2 + b_2\mathrm{i}$ mit $a_1 = a_2$ und $b_2 = -b_1$ heißen **konjugiert komplex.** Die zu $z = a_1 + b_1\mathrm{i}$ konjugiert komplexe Zahl ist $\bar{z} = a_1 - b_1\mathrm{i}$.
Werden die komplexen Zahlen in der GAUSSschen Zahlenebene veranschaulicht, so bedeutet der Übergang von z zu $\bar{z}$ eine Spiegelung an der x-Achse (Bild 3/21).

Beziehungen zwischen konjugiert komplexen Zahlen

1. $|z| = \sqrt{z \cdot \bar{z}}$

2. $\operatorname{Re} z = \dfrac{z + \bar{z}}{2}$, $\quad \operatorname{Im} z = \dfrac{z - \bar{z}}{2}$

3. $\overline{z_1 + z_2} = \overline{z_1} + \overline{z_2}$

4. $\overline{z_1 - z_2} = \overline{z_1} - \overline{z_2}$

5. $\overline{z_1 \cdot z_2} = \overline{z_1} \cdot \overline{z_2}$

6. $\overline{\left(\dfrac{z_1}{z_2}\right)} = \dfrac{\overline{z_1}}{\overline{z_2}}$

3.5.3. Trigonometrische Darstellung der komplexen Zahl

Eine komplexe Zahl z kann mit Hilfe des Betrags $|z| = r$ und des Winkels $\varphi(-\pi < \varphi \leqq \pi)$, den die Strecke OP mit dem positiven Teil der x-Achse bildet, dargestellt werden:

Da $|z| = r = \sqrt{a^2 + b^2}$, $\sin\varphi = \dfrac{b}{|z|}$, $\cos\varphi = \dfrac{a}{|z|}$ $(-\pi < \varphi \leqq \pi)$, gilt

$z = a + b\mathrm{i} = |z|\cos\varphi + |z|\sin\varphi\mathrm{i} = r(\cos\varphi + \mathrm{i}\sin\varphi)$

(trigonometrische Darstellung der komplexen Zahl z**).**

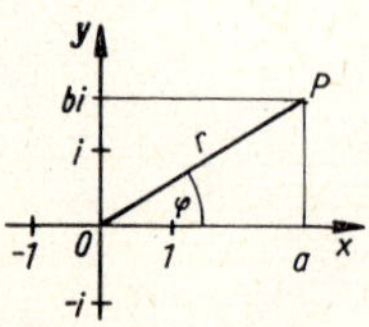

Bild 3/22

Veranschaulichung in Bild 3/22 (Punkten oberhalb der reellen Achse entsprechen positive Winkelgrößen, Punkten unterhalb der reellen Achse entsprechen negative Winkelgrößen.)

Multiplikation und Division komplexer Zahlen in trigonometrischer Form

Es gilt:

Multiplikation:

$$\begin{aligned} z_1 \cdot z_2 &= r_1(\cos\varphi_1 + \mathrm{i}\sin\varphi_1) \cdot r_2(\cos\varphi_2 + \mathrm{i}\sin\varphi_2) \\ &= r_1 r_2(\cos(\varphi_1 + \varphi_2) + \mathrm{i}\sin(\varphi_1 + \varphi_2)) \end{aligned}$$

Potenzieren:

$$z^n = [r(\cos\varphi + i\sin\varphi)]^n = r^n(\cos n\varphi + i\sin n\varphi) \quad (n \in \mathbf{Q})$$

(MOIVREsche Formel)

Division:

$$\frac{z_1}{z_2} = \frac{r_1(\cos\varphi_1 + i\sin\varphi_1)}{r_2(\cos\varphi_2 + i\sin\varphi_2)}$$

$$= \frac{r_1}{r_2}(\cos(\varphi_1 - \varphi_2) + i\sin(\varphi_1 - \varphi_2)).$$

BEISPIEL 3/90

a) $z = 3 + 4i$ wird durch $|z| = r = \sqrt{9 + 16} = \sqrt{25} = 5$ und $\tan\varphi = \frac{4}{3}$ $= 1{,}33$ in die trigonometrische Form übergeführt; $\varphi = 53{,}2°$:
$z = 5(\cos 53{,}2° + i\sin 53{,}2°)$ (Bild 3/23)

b) $z_1 = 3(\cos 30° + i\sin 30°)$, $z_2 = 4(\cos 45° + i\sin 45°)$
Dann ist $z_1 \cdot z_2 = 12(\cos 75° + i\sin 75°)$ (Bild 3/24)

c) $z = 2(\cos 30° + i\sin 30°)$
z^n ist für $n = 3$: $z^3 = 8(\cos 90° + i\sin 90°) = 8i$

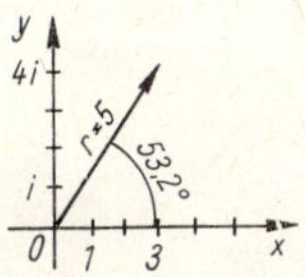

Bild 3/23

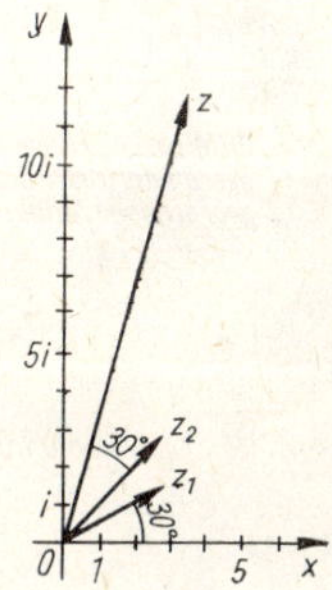

Bild 3/24

Geometrische Bedeutung der Addition und der Multiplikation komplexer Zahlen in der GAUSSschen Zahlenebene:
Der **Addition** komplexer Zahlen entspricht die Vektoraddition in der GAUSSschen Zahlenebene, der **Multiplikation** komplexer Zahlen (in trigonometrischer Darstellung) entspricht eine Drehung um *0* und anschließende Streckung des Vektors von *0* aus.

3.5.4. Exponentialform einer komplexen Zahl

Nach EULER kann für $\cos\varphi + i\sin\varphi = e^{i\varphi}$ geschrieben werden. Deshalb kann jede komplexe Zahl z in der Exponentialform dargestellt werden: $z = re^{i\varphi}$.

Es gelten dann

$$z_1 z_2 = r_1 r_2 e^{i(\varphi_1 + \varphi_2)}$$

$$\frac{z_1}{z_2} = \frac{r_1}{r_2} e^{i(\varphi_1 - \varphi_2)}$$

$$z^n = r^n e^{in\varphi} \quad n \in \mathbf{Z}$$

$$\sqrt[n]{z} = \sqrt[n]{r}\, e^{i\left(\frac{\varphi}{n} + k \cdot \frac{360°}{n}\right)} \quad n \in \mathbf{N}^*, \quad k \in \mathbf{Z}.$$

3.6. Übersicht über den Aufbau der Zahlenbereiche

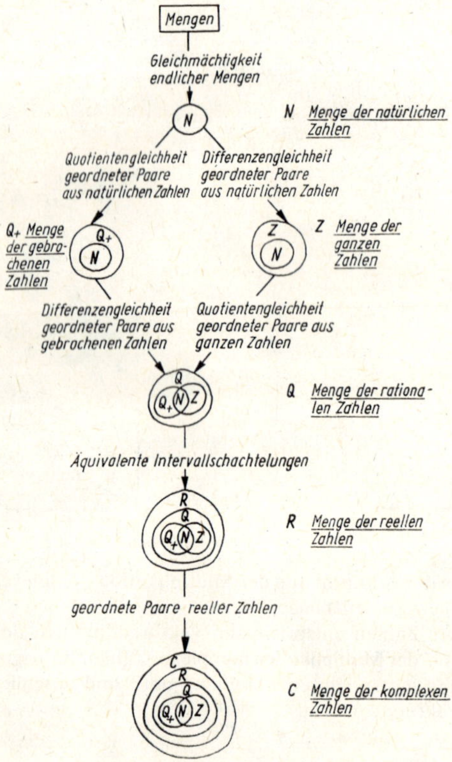

Bild 3/25

4. Gleichungen und Ungleichungen

4.1. Gleichheitsrelation, Begriffe »Gleichung« und »Ungleichung«

Besteht für die Elemente a, b einer Zahlenmenge M die **Gleichheitsrelation** R_G, dann schreibt man

$$(a, b) \in R_G \quad \text{oder} \quad aR_Gb \quad \text{oder} \quad a = b.$$

Das Gleichheitszeichen ist das Relationszeichen.
Die Relation R_G ist eine Äquivalenzrelation (↗ 2.5.3.). Sind die Elemente a, b einer Zahlenmenge M verschieden voneinander (nicht gleich, ungleich), so schreibt man $a \neq b$. Dann ist

entweder a größer als b	oder a kleiner als b

in Zeichen

$a > b$	$a < b$ ($a < b$ ist gleichbedeutend mit $b > a$)

Ist $a \leqq b$ (ist a kleiner als b oder gleich b, gelesen: a kleiner gleich b), so sagt man auch, a ist **höchstens** gleich b. Und gilt $a \geqq b$ (ist a größer als b oder gleich b, gelesen: a größer gleich b), so sagt man auch, b ist **mindestens** gleich a. Ferner ist es bequem, $a \leqq b$ als »a ist nicht größer als b« und $a \geqq b$ als »a ist nicht kleiner als b« zu lesen.

Steht

das Gleichheitszeichen $=$	ein Ungleichheitszeichen $\neq$, $<$, $>$, $\leqq$, $\geqq$

zwischen zwei Termen, wird das neue Objekt

Gleichung	**Ungleichung**

genannt,

z. B. $T_1 = T_2$, $T_l = T_r$	$T_1 < T_2$, $T_l \leqq T_r$

T_1, T_l heißen linke Seite der Gleichung bzw. Ungleichung,
T_2, T_r rechte Seite der Gleichung bzw. Ungleichung.

Eine **Gleichung** bzw. eine **Ungleichung,** die

keine Variable	**mindestens eine Variable**
enthält, ist eine	
Gleichheitsaussage bzw. **Ungleichheitsaussage**, die entweder wahr (W) oder falsch (F) ist.	**Aussageform.** Sie ist weder wahr noch falsch. Werden an Stelle der auftretenden Variablen Bezeichnungen für Zahlen aus dem Grundbereich eingesetzt, dann entstehen wahre oder falsche Gleichheitsaussagen bzw. Ungleichheitsaussagen.

BEISPIEL 4/1

a) Die Gleichung $3 + 5 = 8$ ist eine wahre Aussage; die Gleichung $4 = 1 + 5$ ist eine falsche Aussage.
b) Die Ungleichung $7 < 11 + 2$ ist eine wahre Aussage, die Ungleichung $8 + 2 > 11$ ist eine falsche Aussage.
c) Die Gleichung mit einer Variablen: $2 + x = 3$ ist eine Aussageform. Der Variablengrundbereich sei die Menge der natürlichen Zahlen. Wird z. B. die Variable mit der natürlichen Zahl 1 belegt, geht die Aussageform in eine wahre Aussage, wird sie mit der natürlichen Zahl 2 belegt, geht die Aussageform in eine falsche Aussage über.
d) Die Gleichung mit zwei Variablen $y = 2x + 3$ ist eine Aussageform. Der Variablengrundbereich sei die Menge der rationalen Zahlen. Durch Belegen der Variablen mit dem geordneten Paar $\left(-\frac{5}{2};\ -2\right)$, d. h., setzt man $-\frac{5}{2}$ für x und -2 für y in die Gleichung ein, geht die Aussageform in eine wahre Aussage über.

4.2. Einteilung der Gleichungen

(1) nach der **Anzahl der auftretenden Variablen.** Es gibt Gleichungen mit einer, zwei, ..., einhundert, ... Variablen. Man sagt »eine Gleichung in x«, wenn die Gleichungsvariable mit x bezeichnet wurde.
Meist werden in Gleichungen mit zwei und drei Variablen die Variablen mit x, y, z bezeichnet. In Gleichungen mit mehr als drei Variablen werden die einzelnen Variablen durch Indizes unterschieden, z. B. $x_1, x_2, \ldots, x_{10}, \ldots$

(2) nach der **Art der Terme.** Es werden unterschieden

algebraische Gleichungen in x,	**transzendente Gleichungen in x,**
in denen nur algebraische Operationen (das sind rationale Operationen und das	deren Variable x Argument einer transzendenten Funktion (↗ 6.7.) ist, z. B.

Radizieren) mit den Gleichungsvariablen ausgeführt werden. Dabei können sowohl die Koeffizienten als auch die Lösungen transzendente Zahlen sein (↗ 3.5.1.).

Exponentialgleichungen, logarithmische Gleichungen, goniometrische Gleichungen.

(3) nach dem **Grad einer algebraischen Gleichung.** Algebraische Gleichungen können in der Form einer Summe von Potenzen einer freien Variablen, die hier mit x bezeichnet sei, dargestellt werden: (Polynomdarstellung einer Gleichung)

$$A_n x^n + A_{n-1} x^{n-1} + \dots + A_2 x^2 + A_1 x + A_0 = 0,$$

allgemeine Form einer algebraischen Gleichung n-ten Grades in x genannt.

Die reellen Zahlen A_i $(i = 1, \dots, n)$ mit $A_n \neq 0$ heißen **Koeffizienten**, der größte Exponent n $(n \in \mathbf{N})$ heißt der **Grad** der Gleichung.

Nach Division jedes Summanden der Gleichung durch A_n $(A_n \neq 0)$ erhält man die **Normalform** der Gleichung n-ten Grades:

$$x^n + a_{n-1} n^{n-1} + \dots + a_2 x^2 + a_1 x + a_0 = 0,$$

wobei

$$a_i = \frac{A_i}{A_n}, \quad n \in \mathbf{N}.$$

Eine Gleichung 1. Grades (lineare Gleichung) hat die allgemeine Form

$$A_1 x + A_0 = 0,$$

eine Gleichung 2. Grades (quadratische Gleichung) die allgemeine Form

$$A_2 x^2 + A_1 x + A_0 = 0,$$

eine Gleichung 3. Grades (kubische Gleichung) die allgemeine Form

$$A_3 x^3 + A_2 x^2 + A_1 x + A_0 = 0.$$

4.3. Zum Lösen von Gleichungen

4.3.1. Variablengrundbereich, Lösungsgrundmenge, Lösungsmenge, Lösungsverfahren

Da eine Gleichung mit Variablen eine Aussageform ist (↗ 1.2.3.), ist zur Ermittlung der Lösung dieser Gleichung (d. h. zum Lösen dieser Gleichung) die Angabe des Individuenbereichs für dieauftretenden Variablen, **Variablengrundbereich** genannt, erforderlich. Der Variablengrundbereich kann ein Zahlenbereich oder eine Teilmenge eines Zahlenbereichs sein.

Alle Elemente des Variablengrundbereichs G, durch die eine Aussage-

form in eine Aussage (mit einem der beiden Wahrheitswerte W, F) übergeführt wird, werden zur **Lösungsgrundmenge** (oder Lösungsgrundbereich) G_E (auch Erfüllungsgrundmenge oder Definitionsmenge) dieser Aussageform (↗ Übersicht in 1.2.3.) zusammengefaßt. (Oft wird auch nur angegeben, welche Elemente des Variablengrundbereichs ausgeschlossen werden müssen.)
Der Lösungsgrundbereich einer Gleichung wird durch Bedingungen,

- die sich aus den Definitionsbereichen der auftretenden Terme (z. B. bei Wurzeln und Quotienten),
- die sich aus einer speziellen Aufgabenstellung (z. B. physikalische oder technische Bedingungen)

ergeben, festgelegt.

Die Lösungsgrundmenge G_E

einer **Gleichung mit genau einer Variablen** ist eine Teilmenge des Variablengrundbereichs G	einer **Gleichung mit** n **Variablen** ($n \in \mathbf{N}$, $n > 1$) ist eine Teilmenge der Produktmenge G^n (↗ 2.4.1.)

Jede Zahl	Jedes geordnete n-Tupel

aus der Lösungsmenge, die bzw. das beim Belegen der Variablen eine gegebene Gleichung

mit genau einer Variablen	mit n Variablen

in eine **wahre Aussage** überführt, heißt eine **Lösung** der Gleichung bezüglich des Lösungsgrundbereichs.

Die Menge aller Lösungen einer Gleichung im Lösungsgrundbereich heißt **Lösungsmenge** L der Gleichung bezüglich des Lösungsgrundbereichs.

Eine Gleichung lösen heißt, die Lösungsmenge L einer gegebenen Gleichung mit Variablen zu ermitteln.
Veranschaulichung der Teilmengenbeziehung zwischen Variablengrundbereich G, Lösungsgrundmenge G_E und Lösungsmenge L in einem Mengendiagramm in Bild 1/1 (↗ 1.2.3.); $L \subseteqq G_E \subseteqq G$

BEISPIEL 4/2

Gegeben sei die Gleichung $\frac{2x + 3}{x - 1} = 5$; der Variablengrundbereich sei die Menge $\mathbf{Q}$ der rationalen Zahlen.
Die Lösungsgrundmenge ist $G_E = \mathbf{Q} \setminus \{1\}$, denn für $x = 1$ ist der Term $\frac{2x + 3}{x - 1}$ nicht erklärt.

Die Lösungsmenge ist $L = \left\{\frac{8}{3}\right\}$, denn für $x = \frac{8}{3}$ ist

$$T_l\colon \frac{\frac{16}{3} + \frac{9}{3}}{\frac{8}{3} - \frac{3}{3}} = \frac{\frac{25}{3}}{\frac{5}{3}} = 5; \quad T_r\colon 5.$$

Der Vergleich beider Terme zeigt Übereinstimmung.

Lösungsverfahren für Gleichungen

(1) **Inhaltliches Lösen und Lösen durch systematisches Probieren**

BEISPIEL 4/3

Die Gleichung $3(x - 54) = 72$ soll im Bereich der natürlichen Zahlen inhaltlich gelöst werden.
Überlegungen: Wenn das Dreifache einer Differenz gleich 72 ist, dann ist die Differenz gleich 24 (Anwendung der Umkehroperation der Multiplikation), denn $3 \cdot 24 = 72$.
Wenn die Differenz aus der gesuchten Zahl und 54 gleich 24 ist, dann ist der Minuend gleich 78 (Anwendung der Umkehroperation der Subtraktion), denn $78 - 54 = 24$.
Also ist die gesuchte Zahl 78.

Probe: Linke Seite: $3 \cdot (78 - 54) = 3 \cdot 24 = 72$; rechte Seite: 72. Der Vergleich beider Seiten ergibt Übereinstimmung.

(2) **Algorithmisch-kalkülmäßiges Lösen von Gleichungen**

Zur Ermittlung der Lösungsmenge einer Gleichung zu einem vorgegebenen Lösungsgrundbereich gehören

- die **Auflösung der betreffenden Gleichung**; d. h., die gegebene Gleichung ist schrittweise durch Anwenden eines Systems von Regeln (↗ 4.3.3.) unter der Annahme »Es existiert eine Zahl des Lösungsgrundbereichs, die Lösung der betreffenden Gleichung ist« in dazu äquivalente Gleichungen umzuformen, bis eine »Grundgleichung« entsteht. Das ist eine sehr einfache Gleichung, deren Lösungen sofort abgelesen oder durch einen Algorithmus bestimmt werden können. Es entsteht eine Kette **zueinander äquivalenter Gleichungen.** Das sind solche Gleichungen, die im vorgegebenen Lösungsgrundbereich die gleiche Lösungsmenge haben.
- der **Nachweis**, daß die Zahlen des Lösungsgrundbereichs, die durch die Auflösung gefunden wurden, tatsächlich die Gleichungen erfüllen (**Probe** genannt).

Umformungen, die eine Gleichung in eine zu ihr äquivalente Gleichung über dem gleichen Lösungsgrundbereich überführen, werden **äquivalente Umformungen** genannt.
Die zueinander äquivalenten Gleichungen werden bei den Umformungen so untereinander geschrieben, daß Gleichheitszeichen unter Gleichheitszeichen steht.

Bei der Durchführung der Probe wird empfohlen, die Terme auf beiden Seiten nach Einsetzen der Lösungen an Stelle der Variablen getrennt zu berechnen und anschließend zu vergleichen.
Bei nichtäquivalenten Umformungen (z. B. beim Quadrieren beim Lösen von Wurzelgleichungen) kann die Lösungsmenge verändert werden. Durch eine Probe wird nachgewiesen, ob die ermittelten Zahlen die gegebene Gleichung erfüllen.
(3) **Näherungslösungen von Gleichungen**
Gleichungen können »graphisch gelöst« werden, indem die reellen Lösungen einer Gleichung der Form $f(x) = 0$ als Nullstellen der Funktion f mit der Gleichung $y = f(x)$ aus dem Graph der Funktion im kartesischen Koordinatensystem »abgelesen« werden.
Solche »Lösungen« sind Näherungswerte für die Lösungen einer Gleichung. Sie können die rechnerische Ermittlung der Lösungen nicht ersetzen. Die graphisch ermittelten Lösungen sind rechnerisch zu überprüfen, ob sie die gegebene Gleichung erfüllen. Näherungswerte für Lösungen von Gleichungen können durch Anwendung von Näherungsverfahren (Regula falsi (↗ 4.6.1.) bzw. NEWTONsches Verfahren (↗ 4.6.2.) verbessert werden.

4.3.2. Fundamentalsatz der Algebra für algebraische Gleichungen

Für algebraische Gleichungen gilt der **Fundamentalsatz der Algebra:**

Jede algebraische Gleichung n-ten Grades

$$x^n + a_{n-1}x^{n-1} + a_{n-2}x^{n-2} + \ldots + a_1x + a_0 = 0$$

mit reellen oder komplexen Koeffizienten hat im Bereich **C** der komplexen Zahlen mindestens eine Lösung.

Mit Hilfe dieses Satzes kann eine algebraische Gleichung n-ten Grades in die **Produktdarstellung** übergeführt werden:
Sind $x_1, \ldots, x_n$ die (nicht notwendig verschiedenen) Lösungen einer algebraischen Gleichung n-ten Grades

$$x^n + a_{n-1}x^{n-1} + \ldots + a_1x + a_0 = 0,$$

dann kann diese Gleichung als Produkt von n **Linearfaktoren** $(x - x_i)$ mit $i = 1, \ldots, n$ dargestellt werden:

$$(x - x_1) \cdot (x - x_2) \cdot \ldots \cdot (x - x_n) = 0$$

(Produktdarstellung einer Gleichung n-ten Grades).
Tritt eine Lösung x_i mehrfach auf (z. B. genau α-mal), dann hat die Lösung x_i die **Vielfachheit** α.
Unter Berücksichtigung der Vielfachheit der einzelnen Lösungen nimmt der Fundamentalsatz der Algebra folgende Formulierung an:

Jede algebraische Gleichung n-ten Grades mit reellen oder komplexen Koeffizienten in einer Variablen hat im Bereich **C** der komplexen Zahlen genau n Lösungen.

Der Fundamentalsatz ist ein *Existenzsatz*, d.h., er gewährleistet die Existenz der Lösungen für algebraische Gleichungen aller Grade. Er sagt aber nichts darüber aus, wie diese Lösungen gefunden werden können. Algebraische Gleichungen bis zum 4. Grade können durch **Radikale** (Lösungen reiner Gleichungen der Form $x^n - a = 0$ mit $a \in \mathbf{C}$ und $n \in \mathbf{N}^*$ im Körper der komplexen Zahlen) gelöst werden.
(Der Fundamentalsatz der Algebra wurde 1799 von CARL FRIEDRICH GAUSS, 1777 bis 1855, bewiesen; der norwegische Mathematiker NIELS HENRIK ABEL, 1802 bis 1829, hat 1824 bewiesen, daß algebraische Gleichungen 5. und höheren Grades durch Radikale nicht gelöst werden können.)

4.3.3. System von Regeln für äquivalente Umformungen von Gleichungen (Gleichungskalkül)

Zwei Gleichungen heißen **zueinander äquivalent bezüglich eines gegebenen Lösungsgrundbereichs**, wenn ihre Lösungsmengen gleich sind.

BEISPIEL 4/4

a) Die Gleichungen $5x - 7 = 8$ und $10x = 30$ sind bezüglich der Menge **Q** der rationalen Zahlen zueinander äquivalent, denn ihre Lösungsmengen $L_1 = \{3\}$ und $L_2 = \{3\}$ sind gleich.
b) Die Gleichungen $x^2 = 9$ und $x - 3 = 0$ sind bezüglich der Menge **N** der natürlichen Zahlen zueinander äquivalent: $L_1 = L_2 = \{3\}$; bezüglich der Menge **Q** der rationalen Zahlen sind sie nicht zueinander äquivalent: $L_1 = \{-3; 3\}$, $L_2 = \{3\}$, also $L_1 \neq L_2$.

Es gelten folgende **Regeln für äquivalente Umformungen** von **Gleichungen:**

Zu der gegebenen Gleichung $T_1 = T_2$ ist **äquivalent**

1. die Gleichung $T_2 = T_1$ (Vertauschung der Seiten),
2. die Gleichung $T_1 + T = T_2 + T$ (Addition eines Terms T zu jeder der beiden Seiten der Gleichung),
   bzw. die Gleichung $T_1 - T = T_2 - T$ (Subtraktion eines Terms T von jeder der beiden Seiten der Gleichung),
3. die Gleichung $T_1 \cdot T = T_2 \cdot T$ mit $T \neq 0$ (Multiplikation jeder Seite der Gleichung mit dem von Null verschiedenen Term T),
4. die Gleichung $T_1 : T = T_2 : T$ mit $T \neq 0$ (Division jeder Seite der Gleichung durch einen von Null verschiedenen Term T).

BEISPIEL 4/5

Die Lösungsgrundmenge G_E sei die Menge $\mathbf{Q}$ der rationalen Zahlen. Wenn $5x = 4$ ist, so ist zu dieser Gleichung äquivalent:

1. $4 = 5x$
2. $5x + 1 = 4 + 1$ bzw. $5x - 3 = 4 - 3$
3. $5x \cdot 2 = 4 \cdot 2$ 4. $\frac{5x}{7} = \frac{4}{7}$

In den einzelnen Termen einer oder beider Seiten einer Gleichung können folgende Termumformungen vorgenommen werden:

- Auflösen und Setzen von Klammern (↗ 12.3.2.)
- Ausmultiplizieren von Klammern und Ausklammern gleicher Faktoren in einzelnen Summanden (↗ 12.3.3.)
- Erweitern und Kürzen von rationalen Termen (↗ 12.3.5.)
- Anwenden der Gesetzmäßigkeiten der Addition und der Multiplikation reeller Zahlen (↗ 2.7.1.)
- Zusammenfassen von Termen.

4.4. Lösen algebraischer Gleichungen

4.4.1. Lineare Gleichungen mit einer Variablen

(1) Zur Lösbarkeit linearer Gleichungen

Eine Gleichung heißt **lineare Gleichung** (oder Gleichung 1. Grades) mit einer Variablen (oder in x), wenn sie durch äquivalente Umformungen in die Form $a_1x + a_0 = 0$ (mit $a_1, a_0 \in \mathbf{R}$) übergeführt werden kann.

a_1x heißt das lineare Glied, a_0 das absolute Glied der Gleichung.
Durch Subtraktion des Terms a_0 von beiden Seiten erhält man die **Grundform** einer linearen Gleichung $a_1x = -a_0$.

Lösungsdiskussion durch Fallunterscheidung (der Variablengrundbereich sei $\mathbf{R}$):

1. Fall: $a_1 \neq 0$; dann ist $x = \frac{-a_0}{a_1}$; die Lösungsmenge ist

$$L = \left\{\frac{-a_0}{a_1}\right\}.$$

2. Fall: $a_1 = 0$; dann gilt $0 \cdot x = -a_0$.

a) Ist $a_0 \neq 0$, dann hat die Gleichung $0 \cdot x = -a_0$ keine Lösung. Die Lösungsmenge ist $L = \emptyset$.
b) Ist $a_0 = 0$, dann wird die Gleichung $0 \cdot x = 0$ von allen reellen Zahlen erfüllt. $L = \mathbf{R}$.

Eine lineare Gleichung in der Grundform $a_1 x + a_0 = 0$ (mit $a_1, a_0 \in \mathbf{R}$) hat im vorgegebenen Lösungsgrundbereich

entweder **keine Lösung**	oder **genau eine Lösung**	oder **unendlich viele Lösungen**
Die Gleichung ist in diesem Grundbereich nicht erfüllbar, nicht lösbar. Die Lösungsmenge ist $L = \emptyset$ für $a_1 = 0$, $a_0 \neq 0$	Die Gleichung wird von genau einem Element des Lösungsgrundbereichs erfüllt. Die Gleichung ist in diesem Grundbereich erfüllbar, lösbar. $L = \left\{-\frac{a_0}{a_1}\right\}$ für $a_1 \neq 0$	Die Gleichung wird von allen Zahlen des Lösungsgrundbereichs erfüllt. Sie ist in diesem Grundbereich allgemeingültig. $L = \mathbf{R}$ für $a_1 = 0$, $a_0 = 0$

BEISPIEL 4/6

Der Variablengrundbereich sei **R**.

a) Die Gleichung $5x + 7 - x - 2 = x + 3 + 3x + 4$ ist äquivalent zu der Gleichung $4x + 5 = 4x + 7$ bzw. $5 = 7$.
Das ist eine falsche Aussage; also ist $L = \emptyset$.

b) Die Gleichung $5x + 7 = 0$ ist äquivalent zu der Gleichung $x = -\frac{7}{5}$.
Die Lösung ist $-\frac{7}{5}$; die Lösungsmenge $L = \left\{-\frac{7}{5}\right\}$.

c) Die Gleichung $5x - 3 - 3x + 7 = 5 + 2x - 1$ ist äquivalent zu der Gleichung $2x + 4 = 2x + 4$ bzw. $0 = 0$.
Die gegebene Gleichung wird von allen Zahlen des Lösungsgrundbereichs erfüllt.

(2) **Schritte beim Lösen linearer Gleichungen**

Will man für eine Klasse von Gleichungen Aussagen *in allgemeiner Form* treffen, werden die Koeffizienten durch Hilfsvariablen, **Parameter** genannt, an Stelle der Konstanten ausgedrückt. Dabei muß der Grundbereich dieser Parameter festgelegt sein. Die Lösungsmenge ist dann in Abhängigkeit von der Wahl der Parameter anzugeben, wobei oft Fallunterscheidungen erforderlich sind. Im folgenden sei der Variablengrundbereich **R**.

1. Tritt die freie Variable x in Summanden auf beiden Seiten der Gleichung auf, dann werden durch äquivalente Umformungen mit dem Ziel der *Isolierung* von x die Glieder so **geordnet**, daß die Summanden, die die freie Variable x enthalten, auf der einen Seite, die von x freien Summanden auf der anderen Seite der Gleichung stehen.

Durch Ausklammern von x aus den auf einer Seite stehenden Summanden erhält man eine Grundform $a_1 x = -a_0$, aus der durch Division durch a_1 ($a_1 \neq 0$) die Lösung der Gleichung ermittelt werden kann.

2. Lineare Gleichungen mit *Klammern* werden durch Ausmultiplizieren der Klammern auf Gleichungen vom Typ 1 **zurückgeführt.**
3. Lineare Gleichungen in Bruchform, bei denen wenigstens eine freie Variable x mindestens einmal im Nenner eines Bruches auftritt, *Bruchgleichung* genannt, werden durch Multiplikation mit dem Hauptnenner (gemeinsamer Nenner) (↗ 12.3.6.) auf Gleichungen vom Typ 2 zurückgeführt.

BEISPIEL 4/7

Der Variablengrundbereich sei **R**. Auf die Probe wird bei der Aufgabe b) verzichtet.

a) Die Gleichung $\frac{3}{4}x + \frac{1}{5} = \frac{4}{3}x + \frac{1}{2} - \frac{4}{5}$ ist äquivalent zu der Gleichung $\left(\frac{3}{4} - \frac{4}{3}\right)x = \frac{1}{2} - \frac{4}{5} - \frac{1}{5}$

bzw. zu $-\frac{7}{12}x = -\frac{1}{2}$ (Grundform) bzw. zu $x = \frac{6}{7}$.

Die Lösung ist $\frac{6}{7}$.

Probe: T_1: $\frac{3}{4} \cdot \frac{6}{7} + \frac{1}{5} = \frac{9}{14} + \frac{1}{5} = \frac{45 + 14}{70} = \frac{59}{70}$

T_r: $\frac{4}{3} \cdot \frac{6}{7} + \frac{1}{2} - \frac{4}{5} = \frac{8}{7} + \frac{1}{2} - \frac{4}{5} = \frac{80 + 35 - 56}{70} = \frac{59}{70}$

Vergleich: $\frac{59}{70} = \frac{59}{70}$ (W, Übereinstimmung beider Terme)

Ergebnis: Die Lösungsmenge ist $L = \left\{\frac{6}{7}\right\}$.

b) Die Gleichung $\dfrac{x + \frac{3}{2}}{x - 2} = \dfrac{x - \frac{5}{4}}{x + \frac{1}{2}}$ $\left(\text{mit } x - 2 \neq 0, x + \frac{1}{2} \neq 0\right)$

ist äquivalent zu der Gleichung

$$\left(x + \frac{3}{2}\right)\left(x + \frac{1}{2}\right) = \left(x - \frac{5}{4}\right)(x - 2)$$

(Multiplikation mit dem Hauptnenner)

bzw. zu $4x + \frac{5}{4}x = \frac{5}{2} - \frac{3}{4}$ bzw. zu $\frac{21}{4}x = \frac{7}{4}$.

Aus $x = \frac{1}{3}$ erhält man die Lösung $\frac{1}{3}$. Die Lösungsmenge ist $L = \left\{\frac{1}{3}\right\}$.

(3) Näherungsweise Ermittlung der Lösung einer linearen Gleichung aus dem Graph der zugehörigen linearen Funktion

Da die Nullstelle einer linearen Funktion f mit $f(x) = ax + b$ (↗ 6.2.5.) die Lösung der linearen Gleichung $ax + b = 0$ ist, kann die Lösung der linearen Gleichung $ax + b = 0$ **näherungsweise** aus dem Graph der Funktion f ermittelt werden. Nach der »graphischen Ermittlung« der Lösung einer Gleichung ist eine rechnerische Überprüfung unbedingt erforderlich.

BEISPIEL 4/8

Die Lösung der Gleichung $\frac{1}{2}x - \frac{3}{2} = 0$ kann als Nullstelle der linearen Funktion f mit $f(x) = \frac{1}{2}x - \frac{3}{2}$ aus dem Graph dieser Funktion ermittelt werden. Der Zeichnung (Bild 4/1) wird als Abszisse des Schnittpunkts der Geraden mit der x-Achse (geometrische Deutung der Nullstelle einer linearen Funktion) $x_N \approx 3$ entnommen. Die rechnerische Überprüfung ergibt, daß 3 Lösung der gegebenen Gleichung ist:

$$\frac{1}{2} \cdot 3 - \frac{3}{2} = 0.$$

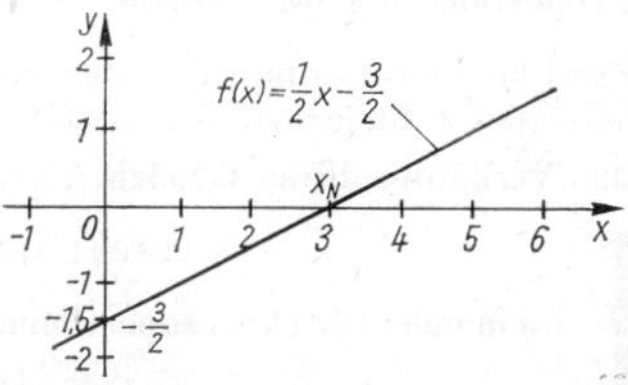

Bild 4/1

(4) Proportionalität von Zahlenfolgen und Größen

Zwei Zahlen können miteinander verglichen werden

- durch Angabe einer Ordnungsrelation (↗ 3.1.4., 3.4.2.)
- durch Angabe eines Verhältnisses dieser Zahlen.

Es seien a, b reelle Zahlen; dann versteht man unter dem **Verhältnis** $a:b$ $(b \neq 0)$ (gelesen: a zu b) den Quotienten $\frac{a}{b}$.

Sind zwei Zahlenfolgen (x), (y) gegeben (↗ 6.8.1.) und besteht zwischen einander zugeordneten Gliedern dieser Zahlenfolgen ein konstantes Verhältnis k, dann heißen diese Zahlenfolgen **zueinander (direkt) proportional**, in Zeichen $y \sim x$. Der konstante Faktor k heißt **Proportionalitätsfaktor.** Es gilt dann die Gleichung $y = k \cdot x$.

Sind zwei Zahlenfolgen (x), (y) gegeben und besteht zwischen jedem Glied der einen Folge und dem Reziproken des zugeordneten Gliedes der anderen Folge ein konstantes Verhältnis k, dann heißen diese Zahlenfolgen **zueinander umgekehrt proportional**, in Zeichen $y \sim \frac{1}{x}$. Es gilt dann die Gleichung $y = k \cdot \frac{1}{x}$. Zwischen einander zugeordneten Gliedern dieser Zahlenfolgen besteht *Produktgleichheit:* $y \cdot x = k$.

BEISPIEL 4/9

a) Für die direkt proportionalen Zahlenfolgen

x	1	3	5	7	9
y	6	18	30	42	54

gilt $y \sim x$; $y = 6x$.

b) Für die umgekehrt proportionalen Zahlenfolgen

x	2	4	6	8
y	4	2	$\frac{4}{3}$	1

gilt $y \sim \frac{1}{x}$; $y = \frac{8}{x}$ bzw. $y \cdot x = 8$.

Proportionalität von Größen

Zwei Größen können miteinander verglichen werden, indem der Quotient der Zahlenwerte dieser Größen gebildet wird. Der Quotient heißt das **Verhältnis dieser Größen.**

Zwei Größen a, b heißen

zueinander (direkt) proportional, in Zeichen $a \sim b$, wenn	**zueinander umgekehrt proportional,** in Zeichen $a \sim \frac{1}{b}$, wenn

zwei beliebig ausgewählte Folgen von einander zugeordneten Zahlenwerten der Größen

zueinander proportional sind.	zueinander umgekehrt proportional sind.

Dabei müssen für jede Größe gleiche Einheiten verwendet werden.

(5) Sind zwei Verhältnisse $a:b$ und $c:d$ gleich, dann gilt eine **Verhältnisgleichung** (oder **Proportion**)

$$a : b = c : d \quad (b, d \neq 0)$$

(gelesen: a verhält sich zu b wie c zu d), die auch als Bruchgleichung aufgefaßt werden kann:

$$\frac{a}{b} = \frac{c}{d}.$$

Die Terme a, b, c, d werden auch *Proportionale*, die Terme b, c speziell *mittlere Proportionale* genannt.
Für die Proportionen

$$a : b = c : d \quad \text{und} \quad c : d = e : f$$

bzw.

$$a : c = b : d \quad \text{und} \quad c : e = \mathrm{d} : f$$

kann eine Kurzform verwendet werden

$$a : c : e = b : d : f,$$

die *fortlaufende Proportion* genannt wird.
Zu der Verhältnisgleichung

$$\frac{x}{b} = \frac{c}{d} \quad (b, d \neq 0) \qquad \Bigg| \qquad \frac{a}{x} = \frac{c}{d} \quad (x, d \neq 0)$$

ist die Gleichung

$$x = \frac{bc}{d} \qquad \Bigg| \qquad x = \frac{ad}{c} \quad (c \neq 0)$$

äquivalent, aus der sich sofort die Lösung ergibt.
(6) Verhältnisgleichungen werden in der **Prozentrechnung** angewandt. Zum Vergleich zweier oder mehrerer Zahlen- oder Größenverhältnisse bezieht man jedes auf eine gleiche Grundzahl, die in der Prozentrechnung 100 ist.
Sollen die Verhältnisse $\frac{w_1}{g_1}$ und $\frac{w_2}{g_2}$ verglichen werden, dann ergibt der jeweilige Quotient in Zehnerbruchdarstellung eine Vergleichsmöglichkeit:

$$\frac{w_1}{g_1} = \frac{a_1}{100}; \quad \frac{w_2}{g_2} = \frac{a_2}{100}$$

Wenn $a_1 \gtreqless a_2$ ist, dann gilt $\frac{w_1}{g_1} \gtreqless \frac{w_2}{g_2}$.

BEISPIEL 4/10

Es soll ermittelt werden, welche der beiden Klassen eine größere Beteiligung an Sportgemeinschaften aufzuweisen hat.

		Klasse 8a	Klasse 8b
Anzahl der Schüler	g	24	27
Anzahl der Teilnehmer an Sportgemeinschaften	w	19	22

Es gilt $\frac{w_1}{g_1} = \frac{19}{24} \approx 0{,}79 = \frac{79}{100}$ bzw. $\frac{w_2}{g_2} = \frac{22}{27} \approx 0{,}81 = \frac{81}{100}$

Wenn jede der beiden Klassen 100 Schüler hätte, dann beteiligten sich unter gleichbleibenden Bedingungen in der Klasse 8a 79 Schüler, in der Klasse 8b 81 Schüler, d. h., die Klasse 8b hat eine größere Beteiligung aufzuweisen.

Ein Prozent (1%) einer Zahl oder einer Größe g ist der hundertste Teil von g.
a Prozent (a %) von g sind $\frac{a}{100}$.

Die Zahl oder Größe g, auf die in der Aufgabenstellung bezogen wird, heißt **Grundwert.** Ein Vielfaches (oder ein Teil) des Grundwertes wird **Prozentwert** genannt und mit w bezeichnet.
Liegt in der Aufgabenstellung direkte Proportionalität vor, dann gilt die Verhältnisgleichung

$$\boxed{w : g = a : 100} \quad \text{bzw.} \quad \frac{w}{g} = \frac{a}{100},$$

wobei $a : 100 = \frac{a}{100} = a\% = p$ **Prozentsatz** genannt wird.
$p = 3\%$ bedeutet $p = \frac{3}{100}$.
In Beispiel 4/10 beteiligten sich in Klasse 8a 79%, in Klasse 8b 81% der Schüler an Sportgemeinschaften.

BEISPIEL 4/11

a) Berechne 17% von 459 kg!

Geg.: $g = 459$ kg, $p = 17\%$ Ges.: w

$$w = \frac{a \cdot g}{100} = \frac{17 \cdot 459 \text{ kg}}{100} \approx 78 \text{ kg}$$

b) Wieviel Prozent sind 2,3 t von 37,2 t?

Geg.: $g = 37{,}2$ t, $w = 2{,}3$ t Ges.: p

$$p = \frac{a}{100} = \frac{w}{g} = \frac{2{,}3 \text{ t}}{37{,}2 \text{ t}} \approx 0{,}06 = \frac{6}{100} = 6\%$$

c) 28,1 ha sind 63% des Grundwertes. Berechne den Grundwert!

Geg.: $w = 28{,}1$ ha, $p = 63\%$ Ges.: g

$$g = \frac{w \cdot 100}{a} = \frac{28{,}1 \text{ ha} \cdot 100}{63} \approx 44{,}6 \text{ ha}$$

Hinweise:

1. Man unterscheide zwischen »Steigerung um« und »Steigerung auf«: Eine Steigerung um 5% ergibt eine Steigerung auf 105%. Entsprechend bedeutet eine Senkung um 10% eine Senkung auf 90%.
2. In manchen Aufgaben wird an Stelle des Grundwertes ein **vermehrter** (bzw. **verminderter**) **Grundwert** gegeben. Dann ist es oft zweckmäßig, zuerst den Grundwert zu berechnen.
3. Bei allen Aufgaben zur Prozentrechnung ist zu überlegen, ob direkte oder

umgekehrte Proportionalität vorliegt. Im Falle von umgekehrter Proportionalität gilt

$$\frac{w}{g} = \frac{1}{p} = \frac{1}{\frac{a}{100}} = \frac{100}{a} \quad \text{bzw.} \quad w \cdot a = g \cdot 100.$$

Eine Anwendung der Prozentrechnung ist die **Zinsrechnung.** Für eine jährliche Verzinsung gilt die Verhältnisgleichung

$$z : g = a : 100 \quad \text{mit} \quad a : 100 = \frac{a}{100} = p,$$

wobei z die Zinsen für das Guthaben g und p den Prozentsatz bezeichnen.

Die Berechnung der Zinsen für j Jahre erfolgt durch $z = g \cdot p \cdot j$, für t Tage durch $z = g \cdot p \cdot \frac{t}{360}$ mit $p = \frac{a}{100}$.

4.4.2. Lineare Gleichungen mit mehr als einer Variablen

(1) **Lineare Gleichungen mit n Variablen**

Eine lineare Gleichung mit n Variablen hat die Form

$$a_1x_1 + a_2x_2 + \ldots + a_nx_n = b,$$

wobei die Koeffizienten $a_i \in \mathbf{R}$ mit $a_i \neq 0$ für $i = 1, \ldots, n$, $b \in \mathbf{R}$ sind.

Der *Variablengrundbereich* sei **R**.

Der *Lösungsgrundbereich* ist dann die Produktmenge von n Mengen **R**, nämlich $\mathbf{R} \times \mathbf{R} \times \ldots \times \mathbf{R}$ bzw. $\mathbf{R}^n$ (↗ 2.4.1.).

Die *Lösungsmenge* ist eine Teilmenge der Produktmenge $\mathbf{R}^n$, nämlich die Menge aller geordneten n-Tupel $(x_1, x_2, \ldots, x_n)$, die die gegebene Gleichung in eine wahre Aussage überführen.

Werden die Variablen $x_1, x_2, \ldots, x_{n-1}$ mit beliebigen Elementen aus dem vorgegebenen Variablengrundbereich belegt, so kann x_n ermittelt werden.

BEISPIEL 4/12

Gegeben sei die lineare Gleichung mit vier Variablen

$$2x_1 + 5x_2 - 3x_3 - x_4 = 33{,}8.$$

Der Variablengrundbereich sei **R**.

Dann ist der Lösungsgrundbereich $\mathbf{R}^4$.

Werden die Variablen x_1, x_2, x_3 z. B. mit den reellen Zahlen $x_1 = 3$, $x_2 = 1{,}08$, $x_3 = -2{,}57$ belegt, dann erhält man $x_4 = -14{,}69$. Das geordnete Zahlenquadrupel $(3; 1{,}08; -2{,}57; -14{,}69)$ ist **eine** Lösung der gegebenen Gleichung. Die Lösungsmenge besteht aus unendlich vielen geordneten Zahlen-4-tupeln.

(2) Lineare Gleichungen mit zwei bzw. drei Variablen
Enthält eine lineare Gleichung nur *zwei Variablen*, z. B.

$$a_1x_1 + a_2x_2 = b \quad \text{mit} \quad a_1, a_2, b \in \mathbf{R},\ a_1 \neq 0,\ a_2 \neq 0,$$

und sei der Variablengrundbereich **R**, so ist die Lösungsmenge die Menge geordneter Paare $(x_1; x_2)$ reeller Zahlen, die die gegebene Gleichung erfüllen. Gelegentlich werden die Variablen mit x, y bezeichnet.

$$a_1x + a_2y = b.$$

Bei linearen Gleichungen mit *drei Variablen* werden die Variablen oft mit x, y, z bezeichnet:

$$a_1x + a_2y + a_3z = b.$$

Bei Gleichungen mit mehr als drei Variablen werden die Variablen (z. B. x) durch Indizes unterschieden.

BEISPIEL 4/13

Gegeben sei die Gleichung $2x + 3y = 5$, der Variablengrundbereich sei **R**.
Dann ist der Lösungsgrundbereich $\mathbf{R} \times \mathbf{R}$ bzw. $\mathbf{R}^2$.

Für $x = 0$ ist $y = \frac{5}{3}$,

$x = 1 \qquad y = \frac{5-2}{3} = 1$

$x = -3 \qquad y = \frac{11}{3}.$

Die geordneten Paare $\left(0; \frac{5}{3}\right)$, $(1; 1)$, $\left(-3; \frac{11}{3}\right)$ sind Lösungen der gegebenen Gleichung mit zwei Variablen.

Die Lösungsmenge ist $L = \left\{(x; y) : (x; y) \in \mathbf{R}^2 \text{ und } y = \frac{5-2x}{3}\right\}$.

(3) Homogene lineare Gleichungen
Eine lineare Gleichung mit n Variablen der Form

$$a_1x_1 + a_2x_2 + \ldots + a_nx_n = 0 \quad (a_i \neq 0 \text{ für } i = 1, \ldots, n)$$

heißt *homogene lineare Gleichung*. Sie hat im Lösungsgrundbereich $\mathbf{R}^n$ unendlich viele Lösungen.

4.4.3. Lineare diophantische Gleichungen mit zwei Variablen

Wird für eine lineare Gleichung mit zwei Variablen in der Form

$$a_1x_1 + a_2x_2 = b \quad (a_1, a_2, b \in \mathbf{Z},\ a_1 \neq 0,\ a_2 \neq 0)$$

als Lösungsgrundbereich **Z** × **Z** vorgeschrieben, dann heißt diese Gleichung **diophantische Gleichung** (benannt nach dem griechischen Mathematiker DIOPHANTOS von Alexandria (um 250 u. Z.)). Das bedeutet, daß DIOPHANTische Gleichungen Gleichungen mit ganzzahligen Lösungen sind.

Für DIOPHANTische Gleichungen sind verschiedene Lösungsverfahren bekannt; hier wird die Lösung mit Hilfe von Zahlenkongruenzen (↗ 3.3.7.2.) dargestellt.

Jede lineare Gleichung mit zwei Variablen der Form $a_1x_1 + a_2x_2 = b$ läßt sich auch als Kongruenz $a_1x_1 \equiv b \pmod{a_2}$ schreiben. Deshalb können Lösungsverfahren für lineare Kongruenzen auf das Lösen von DIOPHANTischen Gleichungen angewandt werden.

BEISPIEL 4/14

Es sind die ganzzahligen Lösungen der Gleichung

$$7x_1 + 17x_2 = 83$$

zu ermitteln.

Jeder Summand wird kongruent modulo 7 betrachtet:

$$7x_1 \equiv 0 \pmod 7; \; 17x_2 \equiv 3x_2 \pmod 7; \; 83 \equiv 6 \pmod 7.$$

Es gilt also $3x_2 \equiv 6 \pmod 7$ bzw. $x_2 \equiv 2 \pmod 7$, d. h., $x_2 = 7k + 2$.
Wird x_2 in die gegebene Gleichung eingesetzt, so erhält man

$$7x_1 + 17(7k + 2) - 83 = 0.$$

Durch äquivalente Umformungen erhält man $x_1 = -17k + 7$. Durchläuft k die Menge der ganzen Zahlen, so können die Komponenten x_1, x_2 der geordneten Paare $(x_1; x_2)$ der unendlichen Lösungsmenge ermittelt werden:

k	$x_1 = -17k + 7$	$x_2 = 7k + 2$	$(x_1; x_2)$
⋮			
-1	$+17 + 7 = 24$	$-7 + 2 = -5$	$(24; -5)$
0	7	2	$(7; 2)$
1	$-17 + 7 = -10$	$7 + 2 = 9$	$(-10; 9)$
2	$-34 + 7 = -27$	$14 + 2 = 16$	$(-27; 16)$
⋮			

Die geordneten Paare $(24; -5)$, $(7; 2)$, $(-10; 9)$, $(-27; 16)$ gehören zur Lösungsmenge der gegebenen Gleichung.

4.4.4. Gleichungen mit Beträgen

Gleichungen, in denen die Variable in der 1. Potenz in dem Betragszeichen auftritt, werden unter Anwendung der Definition des absoluten Betrags einer reellen Zahl (↗ 3.3.5.) durch Fallunterscheidung gelöst.

Es gilt

$$|x| = \begin{cases} x & \text{für} \quad x \geqq 0 \\ -x & \text{für} \quad x < 0. \end{cases}$$

BEISPIEL 4/15

a) Zur Lösung der Gleichung $|x| = 2{,}5$ werden die beiden Fälle unterschieden:

1. Fall: Angenommen, $x \geqq 0$, dann ist $|x| = x$, also $x = 2{,}5$.
2. Fall: Angenommen, $x < 0$, dann ist $|x| = -x$, also $-x = 2{,}5$ bzw. $x = -2{,}5$.

Die Gleichung $|x| = 2{,}5$ hat die beiden Lösungen $x_1 = 2{,}5$ und $x_2 = -2{,}5$, denn $|2{,}5| = 2{,}5$ (W) und $|-2{,}5| = 2{,}5$ (W). Die Lösungsmenge ist $L = \{2{,}5;\ -2{,}5\}$.

b) Fallunterscheidung zur Lösung der Gleichung $|x - 3{,}21| = 1{,}07$:

1. Fall: Angenommen, $x - 3{,}21 \geqq 0$, dann gilt $|x - 3{,}21| = x - 3{,}21$. Wird in der gegebenen Gleichung $|x - 3{,}21|$ durch $x - 3{,}21$ ersetzt, erhält man $x - 3{,}21 = 1{,}07$ bzw. $x = 4{,}28$.
2. Fall: Angenommen, $x - 3{,}21 < 0$, dann gilt $|x - 3{,}21| = -(x - 3{,}21)$. Wird in der gegebenen Gleichung $|x - 3{,}21|$ durch $-(x - 3{,}21)$ ersetzt, erhält man $-(x - 3{,}21) = 1{,}07$ bzw. $-x = -2{,}14$ und daraus $x = 2{,}14$.

4.4.5. Quadratische Gleichungen

(1) Eine Gleichung heißt **quadratische Gleichung** (oder Gleichung 2. Grades) mit einer Variablen, wenn sie durch äquivalente Umformungen in die Form $A_2x^2 + A_1x + A_0 = 0$ ($A_i \in \mathbf{R}$ mit $i = 0, 1, 2$, und $A_2 \neq 0$) übergeführt werden kann.

$A_2x^2 + A_1x + A_0 = 0$ heißt die **allgemeine Form** der quadratischen Gleichung. A_2x^2 wird das quadratische Glied, A_1x das lineare Glied, A_0 das absolute Glied genannt. Der Variablengrundbereich sei **R**. Wird die allgemeine Form durch A_2 dividiert, so erhält man die **Normalform** der quadratischen Gleichung $x^2 + px + q = 0$ mit $p = \frac{A_1}{A_2}$, $q = \frac{A_0}{A_2}$.

Sonderformen der Normalform der quadratischen Gleichung sind:

- die reinquadratische Gleichung $x^2 + q = 0$ (hier ist $p = 0$)
- die gemischtquadratische Gleichung $x^2 + px = 0$ (hier ist das Absolutglied $q = 0$).

(2) **Lösungsverfahren für quadratische Gleichungen**

1. **Lösungsformel für eine quadratische Gleichung in Normalform**

Herleitung:

$$x^2 + px + q = 0 \quad | -q$$

$$x^2 + px = -q$$

Herstellen eines vollständigen Quadrats auf der linken Seite erfordert die Addition der quadratischen Ergänzung auf beiden Seiten:

$$x^2 + px + \left(\frac{p}{2}\right)^2 = -q + \left(\frac{p}{2}\right)^2$$

$$\left(x + \frac{p}{2}\right)^2 = \left(\frac{p}{2}\right)^2 - q$$

Beim Radizieren ist zu beachten, daß $\sqrt{a^2} = |a|$ ist (↗ 3.4.3.)

$$\left|x + \frac{p}{2}\right| = \sqrt{\left(\frac{p}{2}\right)^2 - q}$$

Der Radikand $\left(\frac{p}{2}\right)^2 - q = D$ heißt **Diskriminante.**

Es sei $D > 0$.

Fallunterscheidung:

Wenn $x + \frac{p}{2} \geqq 0$ ist, so ist	Wenn $x + \frac{p}{2} < 0$ ist, so ist
$+\left(x + \frac{p}{2}\right) = \sqrt{\left(\frac{p}{2}\right)^2 - q}$	$-\left(x + \frac{p}{2}\right) = \sqrt{\left(\frac{p}{2}\right)^2 - q}$

bzw. $x_1 = -\frac{p}{2} + \sqrt{\left(\frac{p}{2}\right)^2 - q}$ und $x_2 = -\frac{p}{2} - \sqrt{\left(\frac{p}{2}\right)^2 - q}$.

Die Lösungen x_1 und x_2 einer quadratischen Gleichung (in Normalform) werden nach der Lösungsformel ermittelt:

$$x_{1,2} = -\frac{p}{2} \pm \sqrt{\left(\frac{p}{2}\right)^2 - q}.$$

Ist $D > 0$, so hat die quadratische Gleichung zwei reelle Lösungen x_1 und x_2; ist $D = 0$, so hat sie eine reelle Doppellösung $x_1 = x_2$; ist $D < 0$, so sind die Lösungen x_1 und x_2 komplex.

2. Für die **Sonderformen** der quadratischen Gleichung gilt auch die Lösungsformel (für $p = 0$ bzw. $q = 0$), wenn auch einfachere Wege zweckmäßiger sind:

   Die **reinquadratische Gleichung** $x^2 + q = 0$ hat nur dann reelle Lösungen, wenn $q \leqq 0$ ist: Es gilt $x^2 = -q$ bzw. $|x| = \sqrt{-q}$. Die Lösungen sind dann $x_1 = \sqrt{-q}$ und $x_2 = -\sqrt{-q}$.
   Für $q > 0$ sind im Bereich **C** der komplexen Zahlen die Lösungen imaginäre Zahlen: $x_{1,2} = \pm i\sqrt{q}$. (↗ 3.5.)

Die **Gleichung der Form** $x^2 + px = 0$ wird durch Ausklammern des beiden Gliedern der linken Seite gemeinsamen Faktors x umgeformt: $x(x + p) = 0$.
Ein Produkt zweier reeller Zahlen a, b ist Null ($a \cdot b = 0$) genau dann, wenn $a = 0$ oder $b = 0$ ist (Das »Oder« im nichtausschließenden Sinn, ↗ 1.3.5.). Also sind $x_1 = 0$ oder $x_2 + p = 0$. Die Gleichung $x^2 + px = 0$ hat stets die Lösungen 0 und $-p$.

BEISPIEL 4/16

a) Die Gleichung $3x^2 + 15x + 18 = 0$ wird durch Division durch 3 in die Normalform übergeführt: $x^2 + 5x + 6 = 0$. Da $p = 5$ und $q = 6$ sind, ergibt die Lösungsformel:

$$x_{1,2} = -\frac{5}{2} \pm \sqrt{\left(-\frac{5}{2}\right)^2 - 6} = -\frac{5}{2} \pm \sqrt{\frac{25}{4} - \frac{24}{4}}$$

$$= -\frac{5}{2} \pm \sqrt{\frac{1}{4}} = -\frac{5}{2} \pm \frac{1}{2}$$

$$x_1 = -\frac{4}{2} = -2 \quad \text{und} \quad x_2 = -\frac{6}{2} = -3$$

Probe:

Für $x_1 = -2$: l. S.: $3 \cdot (-2)^2 + 15 \cdot (-2) + 18 = 12 - 30 + 18 = 0$.
r. S.: 0; Vergleich: $0 = 0$ (W)
Für $x_2 = -3$: l. S.: $3 \cdot (-3)^2 + 15 \cdot (-3) + 18 = 27 - 45 + 18 = 0$
r. S.: 0; Vergleich: $0 = 0$ (W)
Die Lösungsmenge ist $L = \{-2; -3\}$

b) Die Gleichung $x^2 + 4x + 13 = 0$ hat im Bereich **R** keine Lösungen, wohl aber im Bereich **C** der komplexen Zahlen:

$$x_{1,2} = -2 \pm \sqrt{(-2)^2 - 13} = -2 \pm \sqrt{4 - 13}$$

$$= -2 \pm \sqrt{-9} = -2 \pm 3\mathrm{i}$$

$x_1 = -2 + 3\mathrm{i}$ und $x_2 = -2 - 3\mathrm{i}$

Probe:

Für $x_1 = -2 + 3\mathrm{i}$: l. S.: $(-2 + 3\mathrm{i})^2 + 4(-2 + 3\mathrm{i}) + 13$
$= 4 - 12\mathrm{i} + 9\mathrm{i}^2 - 8 + 12\mathrm{i} + 13 = 0$ (da $9\mathrm{i}^2 = -9$ ist)
r. S.: 0; Vergleich: $0 = 0$ (W)

(3) **Beziehungen zwischen den Koeffizienten und den Lösungen der Normalform der quadratischen Gleichung (Vietascher Wurzelsatz)** (François Vieta, 1540 bis 1603)
(Die Lösungen algebraischer Gleichungen werden gelegentlich auch »Wurzeln« genannt.)

Die Zahlen x_1 und x_2 seien die Lösungen der Normalform der quadratischen Gleichung $x^2 + px + q = 0$.
Dann gilt $x_1 + x_2 = -p$ und $x_1 \cdot x_2 = q$.

Durch Einsetzen der Lösungen $x_1 = -\frac{p}{2} + \sqrt{\left(\frac{p}{2}\right)^2 - q}$ und $x_2 = -\frac{p}{2} - \sqrt{\left(\frac{p}{2}\right)^2 - q}$ in den Term $x_1 + x_2$ erhält man $x_1 + x_2 = -\frac{p}{2} + \sqrt{\left(\frac{p}{2}\right)^2 - q} - \frac{p}{2} - \sqrt{\left(\frac{p}{2}\right)^2 - q} = -2 \cdot \frac{p}{2} = -p$; beim Einsetzen der Lösungen x_1, x_2 in den Term $x_1 \cdot x_2$ erhält man $x_1 \cdot x_2 = \left(-\frac{p}{2} + \sqrt{\left(\frac{p}{2}\right)^2 - q}\right)\left(-\frac{p}{2} - \sqrt{\left(\frac{p}{2}\right)^2 - q}\right) = \left(-\frac{p}{2}\right)^2 - \left(\sqrt{\left(\frac{p}{2}\right)^2 - q}\right)^2 = \left(\frac{p}{2}\right)^2 - \left(\frac{p}{2}\right)^2 + q = q.$

Mit Hilfe des VIËTAschen Wurzelsatzes kann die Richtigkeit der Lösungen der Normalform der quadratischen Gleichung bequem überprüft werden (Probe).

BEISPIEL 4/17

Die Lösungen der quadratischen Gleichung in Normalform $x^2 + 5x + 6 = 0$ sind $x_1 = -2$ und $x_2 = -3$ (↗ Beispiel 4/16a). Nach dem VIËTAschen Wurzelsatz ergibt die Summe der beiden Lösungen $-2 - 3 = -5$, den negativen Koeffizienten des linearen Gliedes, das Produkt der beiden Lösungen $(-2)(-3) = 6$, das Absolutglied der Normalform der quadratischen Gleichung.

Setzt man in die Normalform der quadratischen Gleichung die Beziehungen aus dem VIËTAschen Wurzelsatz ein, so erhält man aus

$$x^2 + px + q = 0$$

die Gleichung

$$x^2 - (x_1 + x_2)\,x + x_1 x_2 = 0\,.$$

Nach Ausmultiplizieren und anschließendem Ausklammern gemeinsamer Faktoren in den Summanden erhält man

$$x^2 - x_1 x - x_2 x + x_1 x_2 = 0 \quad \text{bzw.}$$

$$x(x - x_1) - x_2(x - x_1) = 0 \quad \text{bzw.}$$

$$(x - x_1)(x - x_2) = 0\,.$$

Nach 4.3.2. heißt diese Darstellung die **Produktform** einer quadratischen Gleichung, und die Faktoren $(x - x_1)$, $(x - x_2)$ sind **Linearfaktoren.**

BEISPIEL 4/18

Da $x_1 = -2$ und $x_2 = -3$ Lösungen der quadratischen Gleichung $x^2 + 5x + 6 = 0$ sind, lautet deren Produktform $(x + 2)(x + 3) = 0$.

Das Lösen von **Bruchgleichungen** führt oft auf das Lösen von quadratischen Gleichungen.

BEISPIEL 4/19

Der Variablengrundbereich sei **R**.

Die Gleichung $\frac{x}{x+1} + \frac{3x}{x-1} = \frac{5x^2 - 8}{x^2 - 1}$ (mit $x \neq -1, x \neq 1$)

wird durch Multiplikation mit dem gemeinsamen Nenner (Hauptnenner), $x^2 - 1$, auf eine quadratische Gleichung zurückgeführt:

$$x(x-1) + 3x(x+1) = 5x^2 - 8,$$

die äquivalent umgeformt wird:

$$x^2 - 2x - 8 = 0.$$

Auf die in Normalform vorliegende quadratische Gleichung kann die Lösungsformel angewendet werden:

$$x_{1,2} = 1 \pm \sqrt{1 + 8} = 1 \pm 3.$$

Die Lösungen sind $x_1 = 4$ und $x_2 = -2$.
Die Lösungsmenge ist $L = \{4; -2\}$.

(4) Näherungsweise Ermittlung der Lösungen einer quadratischen Gleichung aus dem Graph der zugehörigen quadratischen Funktion

Da die Nullstellen einer quadratischen Funktion f mit $f(x) = a_2x^2 + a_1x + a_0$ die reellen Lösungen der quadratischen Gleichung $a_2x^2 + a_1x + a_0 = 0$ sind, können die reellen Lösungen dieser quadratischen Gleichung **näherungsweise** aus dem Graph der Funktion f ermittelt werden.

Die Nullstellen einer quadratischen Funktion werden geometrisch als Abszissen der Schnittpunkte des Graphen der Funktion f mit der x-Achse gedeutet. Die graphisch ermittelten Lösungen einer Gleichung müssen rechnerisch bestätigt werden.

BEISPIEL 4/20

Die reellen Lösungen der quadratischen Gleichungen

$x^2 - 6x + 7 = 0$	$x^2 - 6x + 9 = 0$	$x^2 - 6x + 11 = 0$

sind die Nullstellen der quadratischen Funktionen

$y = f(x) = x^2 - 6x + 7$	$y = f(x) = x^2 - 6x + 9$	$y = f(x) = x^2 - 6x + 11$

Ermittlung der Scheitel dieser Funktionen:

$y - 7 = x^2 - 6x$	$y - 9 = x^2 - 6x$	$y - 11 = x^2 - 6x$

durch quadratische Ergänzung

$y - 7 + 9 = (x-3)^2$	$y - 9 + 9 = (x-3)^2$	$y - 11 + 9 = (x-3)^2$
$y + 2 = (x-3)^2$	$y = (x-3)^2$	$y - 2 = (x-3)^2$
$A\,(3;\ -2)$	$A\,(3;\ 0)$	$A\,(3;\ 2)$.

Aus dem Graph der Funktion f können die Nullstellen ermittelt werden:

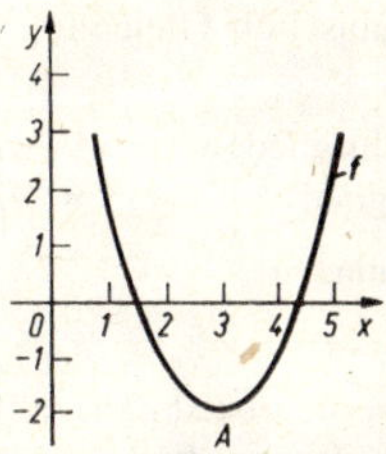

Bild 4/2

$x_1 \approx 1{,}6$; $x_2 \approx 4{,}4$

Die rechnerische Überprüfung ergibt annähernde Übereinstimmung beider Seiten der Gleichung für x_1 bzw. x_2.

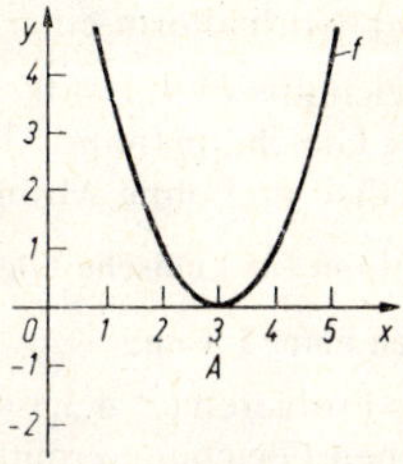

Bild 4/3

$x_1 = x_2 \approx 3$

Probe für $x_1 = 3$; $x_2 = 3$:
T_l: 0; T_r: 0
V: 0 = 0 (W)

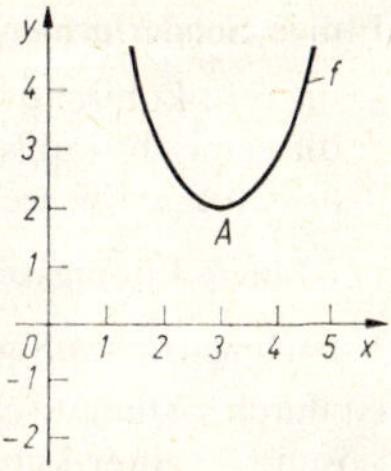

Bild 4/4

Es existieren keine Nullstellen.

4.4.6. Zu Gleichungen 3. und 4. Grades

(1) Eine Gleichung heißt **kubische Gleichung** (oder Gleichung dritten Grades) mit einer Variablen, wenn sie durch äquivalente Umformungen in die Form

$$A_3x^3 + A_2x^2 + A_1x + A_0 = 0$$

(mit $A_i \in \mathbf{R}$, $i = 0, 1, 2, 3$; $A_3 \neq 0$) übergeführt werden kann.

Auf Grund des Fundamentalsatzes der Algebra (↗ 4.3.2.) hat eine kubische Gleichung im Variablengrundbereich der komplexen Zahlen drei Lösungen.

$$A_3x^3 + A_2x^2 + A_1x + A_0 = 0$$

heißt die **allgemeine Form** der kubischen Gleichung; der Term A_3x^3 heißt das kubische, A_2x^2 das quadratische, A_1x das lineare, A_0 das absolute Glied.

Wird die allgemeine Form durch A_3 dividiert, so erhält man die **Normalform** der kubischen Gleichung:

$$x^3 + rx^2 + sx + t = 0$$

mit

$$r = \frac{A_2}{A_3}, \qquad s = \frac{A_1}{A_3}, \qquad t = \frac{A_0}{A_3}.$$

Sind x_1, x_2, x_3 Lösungen der kubischen Gleichung, dann heißt die Gleichung $(x - x_1)(x - x_2)(x - x_3) = 0$ die **Produktform** der kubischen Gleichung.

Die Terme $x - x_1$, $x - x_2$, $x - x_3$ heißen Linearfaktoren.
Einige **Sonderformen** der Normalform einer kubischen Gleichung sind

- die rein-kubische Gleichung $x^3 - t = 0$
- die gemischt-kubische Gleichung (ohne Absolutglied) $x^3 + rx^2 + sx = 0$ bzw. (ohne lineares Glied und ohne Absolutglied) $x^3 + rx^2 = 0$.

(2) **Einige Lösungsverfahren für kubische Gleichungen**

1. **Systematisches Suchen einer Lösung**

Ist durch systematisches Probieren (↗ 4.3.1.(1)) eine (meist ganzzahlige) Lösung x_1 einer kubischen Gleichung ermittelt worden, kann die Normalform der kubischen Gleichung durch Division durch den Linearfaktor $(x - x_1)$ auf die Normalform einer quadratischen Gleichung zurückgeführt werden, deren Lösungen mit Hilfe der Lösungsformel bestimmt werden können.

BEISPIEL 4/21

Durch systematisches Probieren sei die Lösung 2 der kubischen Gleichung $x^3 + 2x^2 - 5x - 6 = 0$ gefunden worden, denn es gilt:

$8 + 8 - 10 - 6 = 0$.

Bei Division des Terms $x^3 + 2x^2 - 5x - 6$ durch den Linearfaktor $(x - 2)$ erhält man (↗ 12.3.5.)

$$\begin{array}{l}
(x^3 + 2x^2 - 5x - 6) : (x - 2) = x^2 + 4x + 3 \\
\underline{-(x^3 - 2x^2)} \\
\qquad 4x^2 \\
\quad \underline{-(4x^2 - 8x)} \\
\qquad\qquad 3x \\
\qquad\quad \underline{-(3x - 6)} \\
\qquad\qquad\quad 0
\end{array}$$

Der Term auf der linken Seite der gegebenen Gleichung kann als Produkt dargestellt werden:

$$x^3 + 2x^2 - 5x - 6 = (x - 2) \cdot (x^2 + 4x + 3).$$

Demnach ist die Gleichung

$$(x - 2)(x^2 + 4x + 3) = 0$$

zu lösen.

Da für alle komplexen Zahlen z_1, z_2 gilt: $z_1 \cdot z_2 = 0$ genau dann, wenn $z_1 = 0$ oder $z_2 = 0$ ist, gilt für die Gleichung in Produktform: $x - 2 = 0$ oder $x^2 + 4x + 3 = 0$.
Die Lösungen der quadratischen Gleichung sind -1 und -3. Die Lösungsmenge der gegebenen Gleichung ist $L = \{2; -1; -3\}$.

2. **Lösungsverfahren für Sonderformen der kubischen Gleichungen**

Die **reinkubische Gleichung** $x^3 + t = 0$ hat im Variablengrundbereich der reellen Zahlen für $t < 0$ nur die Lösung $x = \sqrt[3]{-t}$ und für $t \geqq 0$ nur die Lösung $x = \sqrt[3]{t}$.

Im Bereich der komplexen Zahlen hat die reinkubische Gleichung drei Lösungen (Fundamentalsatz der Algebra, ↗ 4.3.2.). Aus $x^3 + t = 0$ folgt $x^3 = -t$ bzw. $x = \sqrt[3]{-t} = \sqrt[3]{t} \cdot \sqrt[3]{-1}$, wobei

$$\sqrt[3]{-1} = \cos\frac{180° + k \cdot 360°}{3} + \mathrm{i}\sin\frac{180° + k \cdot 360°}{3} \qquad \text{mit} \quad k = 0, 1, 2$$

(MOIVREsche Formel, ↗ 3.5.3.) ist. Damit erhält man folgende Lösungen:

Für

$$k = 0{:}\ x_1 = \sqrt[3]{t} \cdot (\cos 60° + \mathrm{i}\sin 60°) = \left(\frac{1}{2} + \frac{1}{2}\sqrt{3}\,\mathrm{i}\right) \cdot \sqrt[3]{t}$$

$$k = 1{:}\ x_2 = \sqrt[3]{t} \cdot (\cos 180° + \mathrm{i}\sin 180°) = -1 \cdot \sqrt[3]{t}$$

$$k = 2{:}\ x_3 = \sqrt[3]{t} \cdot (\cos 300° + \mathrm{i}\sin 300°) = \left(\frac{1}{2} - \frac{1}{2}\sqrt{3}\,\mathrm{i}\right) \cdot \sqrt[3]{t}$$

Eine Gleichung der Form $z^n - 1 = 0$ mit $n \in \mathbf{N}$ heißt **Kreisteilungsgleichung.** Ihre n verschiedenen Lösungen im Bereich der komplexen Zahlen werden nach der MOIVREschen Formel berechnet: $z = \sqrt[n]{1} = \cos k \cdot \frac{360°}{n} + \mathrm{i}\sin k \cdot \frac{360°}{n}$ für $k = 0, \ldots, n-1$ und **n-te Einheitswurzeln** genannt, die mit $\varepsilon_1, \ldots, \varepsilon_n$ bezeichnet werden. Bei Darstellung der Einheitswurzeln in der GAUSSschen Zahlenebene (↗ 3.5.2.) zerlegen sie den Umfang des Einheitskreises um den Nullpunkt in n gleiche Teile.

BEISPIEL 4/22

Zur Ermittlung der Lösungsmenge der reinkubischen Gleichung $x^3 - 8 = 0$ erhält man $x = \sqrt[3]{8} \cdot \sqrt[3]{1}$. Mit den dritten Einheitswurzeln

für $k = 0{:}\ \varepsilon_1 = \cos 0° + \mathrm{i}\sin 0° = 1$

$$k = 1{:}\ \varepsilon_2 = \cos 120° + \mathrm{i}\sin 120° = -\frac{1}{2} + \frac{1}{2}\sqrt{3}\,\mathrm{i}$$

$$k = 2{:}\ \varepsilon_3 = \cos 240° + \mathrm{i}\sin 240° = -\frac{1}{2} - \frac{1}{2}\sqrt{3}\,\mathrm{i}$$

ergeben sich die Lösungen der Gleichung:

$$x_1 = 2 \cdot \varepsilon_1 = 2 \cdot 1 = 2$$

$$x_2 = 2 \cdot \varepsilon_2 = 2 \cdot \left(-\frac{1}{2} + \frac{1}{2}\sqrt{3}\,\mathrm{i}\right) = -1 + \sqrt{3}\,\mathrm{i}$$

$$x_3 = 2 \cdot \varepsilon_3 = 2 \cdot \left(-\frac{1}{2} - \frac{1}{2}\sqrt{3}\,\mathrm{i}\right) = -1 - \sqrt{3}\,\mathrm{i}$$

Die Lösungsmenge der reinkubischen Gleichung ist

$$L = \{2;\ -1+\sqrt{3}\,\mathrm{i};\ -1-\sqrt{3}\,\mathrm{i}\}.$$

Gemischt-kubische Gleichungen, in denen das Absolutglied Null ist, werden durch Ausklammern des allen Summanden gemeinsamen Faktors x in eine Produktdarstellung übergeführt, aus der die einzelnen Lösungen ermittelt werden können.

BEISPIEL 4/23

Die Gleichung $x^3 - 5x^2 + 6x = 0$ wird durch Ausklammern von x in ein Produkt umgeformt: $x \cdot (x^2 - 5x + 6) = 0$.
Daraus folgt $x = 0$ oder $x^2 - 5x + 6 = 0$.
Die Lösungen dieser Gleichungen sind $x_1 = 0$ und $x_2 = 3$, $x_3 = 2$.
In der Tat ist für x_1: $0 = 0$, für x_2: $27 - 45 + 18 = 0$, für x_3: $8 - 20 + 12 = 0$.
Die Lösungsmenge ist $L = \{0;\ 2;\ 3\}$.

(3) Eine **Sonderform** einer Gleichung 4. Grades in Normalform ist die biquadratische Gleichung $x^4 + sx^2 + u = 0$.
Eine **biquadratische Gleichung** wird durch die Substitution $x^2 = z$ in die quadratische Gleichung $z^2 + pz + q = 0$ übergeführt, aus deren Lösungen z_1, z_2 sich mit Hilfe von $x^2 = z_1$ und $x^2 = z_2$ die Lösungen der biquadratischen Gleichung ergeben.
Die biquadratische Gleichung $x^4 - 3x^2 - 4 = 0$ wird durch die Substitution $x^2 = z$ auf eine quadratische Gleichung in z zurückgeführt:

$$z^2 - 3z - 4 = 0,$$

deren Lösungen mit Hilfe der Lösungsformel für die Normalform der quadratischen Gleichung ermittelt werden können:

$$z_1 = 4, \qquad z_2 = -1.$$

Aus den Gleichungen $x^2 = 4$ und $x^2 = -1$ erhält man im Bereich der komplexen Zahlen die Lösungen $x_1 = 2$, $x_2 = -2$, $x_3 = \mathrm{i}$, $x_4 = -\mathrm{i}$.
Im Variablengrundbereich **C** hat die gegebene Gleichung die Lösungsmenge $L = \{2;\ -2;\ \mathrm{i};\ -\mathrm{i}\}$, im Variablengrundbereich **R** jedoch die Lösungsmenge $L_1 = \{2;\ -2)$.

4.4.7. Wurzelgleichungen mit einer Variablen

Gleichungen, in denen die zu ermittelnde Variable mindestens einmal im Radikanden einer Wurzel auftritt, heißen **Wurzelgleichungen**.

Im folgenden werden Wurzelgleichungen gelöst, die **Quadratwurzeln** enthalten.
Der Variablengrundbereich sei der Bereich **R** der reellen Zahlen. Auf Grund der Definition der Wurzel (hier besonders der Quadratwurzel) (↗ 3.4.3.) ist vor dem Lösen der Wurzelgleichung der **Lösungsgrundbereich** (Definitionsmenge) anzugeben.

Wurzelgleichungen, die Quadratwurzeln enthalten, werden durch **Quadrieren** beider Seiten der Gleichung in eine allgemeine Form einer algebraischen Gleichung übergeführt. Da das Quadrieren einer Gleichung im allgemeinen **keine äquivalente Umformung** ist, sind unter den Lösungen der umgeformten Gleichung Zahlen zu erwarten, die die gegebene Gleichung nicht erfüllen. Deshalb ist stets der Nachweis zu führen, ob die bei der Auflösung gefundenen Zahlen des Lösungsgrundbereichs auch tatsächlich die gegebene Gleichung erfüllen [↗ 4.3.1.(2)].

BEISPIEL 4/24

Der Variablengrundbereich sei **R**.
Gegeben sei die Gleichung $\sqrt{3x + 4} - 5 = 0$.
Die Lösungsgrundmenge ist $G_E = \left\{x\colon x \in \mathbf{R} \wedge x \geqq -\frac{4}{3}\right\}$, da auf Grund der Wurzeldefinition der Radikand $3x + 4 \geqq 0$ sein muß.
Vor dem Quadrieren wird die Gleichung umgeformt mit dem Ziel, die Wurzel zu isolieren: $\sqrt{3x + 4} = 5$

Quadrieren: $3x + 4 = 25$
Ordnen: $3x = 21$ (Grundform)
$x = 7$

x ist Element der Lösungsgrundmenge.

Probe: $T_l\colon \sqrt{21 + 4} - 5 = \sqrt{25} - 5 = 5 - 5 = 0$
$T_r\colon 0$ V.: $0 = 0$ (W)

Die Lösungsmenge ist $L = \{7\}$.

4.5. Lösen transzendenter Gleichungen

4.5.1. Exponentialgleichungen

Gleichungen, in denen die Gleichungsvariable im Exponenten einer Potenz auftritt, heißen **Exponentialgleichungen.** Dabei ist nicht ausgeschlossen, daß die Variable auch in der Basis vorkommt.

BEISPIEL 4/25

Beispiele für Exponentialgleichungen:
a) $2^x - 8 = 0$
b) $5^x - 3^{x+2} = 0$
c) $e^{2x} + 2e^x - 3 = 0$ (transzendent in x, algebraisch in e^x)
d) $2^x + x - 3 = 0$

Lösungsverfahren für Exponentialgleichungen

1. Einfachste Exponentialgleichungen, in denen die Variable nur im Exponenten auftritt, können durch inhaltliche Betrachtungen (z. B. Exponentenvergleich bei gleichen Basen der Potenzen) [4.3.1.(1)] gelöst werden.

2. Ziel des algorithmisch-kalkülmäßigen Lösens von Exponentialgleichungen ist die Überführung der gegebenen Gleichung in die Grundform $a^x = b$ einer Exponentialgleichung, deren Lösung $x = \log_a b = \frac{\lg b}{\lg a}$ ist, denn die Gleichungen $a^x = b$ und $x = \log_a b$ (mit $a > 0$, $a \neq 1$, $b > 0$) sind über dem Variablengrundbereich **R** äquivalent.
   Es gilt der **Satz:** Jede Gleichung $a^x = b$ (mit $a, b \in \mathbf{R}$, $a > 0, b > 0$, $a \neq 1$) hat genau eine reelle Lösung.
   In einigen Fällen (z. B. Beispiel 4/25c) kann die gegebene Exponentialgleichung in eine algebraische Gleichung übergeführt werden.
3. Die Lösungen komplizierterer Exponentialgleichungen, besonders solcher, bei denen die Variable nicht nur im Exponenten von Potenzen auftritt (Beispiel 4/25d) können näherungsweise als Nullstelle der entsprechenden Exponentialfunktionen bzw. als Abszisse des Schnittpunkts der Graphen einer Exponentialfunktion $f(x) = a^x$ und einer rationalen Funktion ermittelt werden.

BEISPIEL 4/26

Der Variablengrundbereich sei für alle Gleichungen die Menge **R** der reellen Zahlen.

a) Die Gleichung $3^x - 81 = 0$ ist zu der Gleichung $3^x = 3^4$ äquivalent. Durch Vergleich der Exponenten (bei gleicher Basis) erhält man $x = 4$. Die Lösungsmenge ist $L = \{4\}$.
b) Die Gleichung $17^x = 5377$ besitzt schon die Grundform $a^x = b$. Durch Logarithmieren beider Seiten der Gleichung zur Basis 10 und nachfolgender Anwendung des Logarithmengesetzes 3 (↗ 3.4.6.) erhält man

$$x = \frac{\lg 5377}{\lg 17} \approx \frac{3{,}7306}{1{,}2304} \approx 3{,}03.$$

c) Die Gleichung $5^x - 3^{x+2} = 0$ wird in folgender Weise äquivalent umgeformt:

$$\begin{aligned} 5^x &= 3^{x+2} \\ \lg 5^x &= \lg 3^{x+2} \\ x \cdot \lg 5 &= (x + 2) \cdot \lg 3 \\ x \cdot \lg 5 &= x \cdot \lg 3 + 2 \cdot \lg 3 \\ x \cdot (\lg 5 - \lg 3) &= 2 \lg 3 \\ x &= \frac{2 \lg 3}{\lg 5 - \lg 3} \approx 4{,}3 \end{aligned}$$

4.5.2. Logarithmische Gleichungen

Gleichungen, in denen die Gleichungsvariable im Argument eines Logarithmus auftritt, heißen **logarithmische Gleichungen.** Dabei ist zu beachten, daß der Logarithmus nur für positive reelle Zahlen a (mit $a \neq 1$) als Basis und positive reelle Argumente definiert ist.

Ziel des kalkülmäßigen Lösens logarithmischer Gleichungen ist die Umformung der gegebenen Gleichung in die Grundform $\log_a x = c$ einer logarithmischen Gleichung, die zu der Gleichung $a^c = x$ äquivalent ist und die die Lösung sofort ergibt.
In den Fällen, in denen die Gleichungsvariable nicht nur im Argument eines Logarithmus vorkommt, sind die Lösungen der logarithmischen Gleichung näherungsweise als Nullstellen der entsprechenden Funktion oder als Abszissen der Schnittpunkte der Funktion f mit $f(x) = \log_a x$ und einer rationalen Funktion graphisch zu ermitteln.

BEISPIEL 4/27

a) Zu der Gleichung $5 - \log_3 (x - 2) = 0$ (Lösungsgrundbereich $G_E = \{x\colon x \in \mathbf{R} \text{ und } x - 2 > 0\}$) ist die Gleichung $\log_3 (x - 2) = 5$ bzw. $3^5 = x - 2$ äquivalent.
Da $3^5 = 243$ ist, ist $x = 243 + 2 = 245$.
In der Tat ist $5 - \log_3 243 = 5 - 5 = 0$.
Die Lösungsmenge ist $L = \{243\}$.

b) Die Gleichung $2 \lg x = \lg (4x - 3)$ $\left(\text{mit } G_E = \left\{x\colon x \in \mathbf{R} \text{ und } x > \frac{3}{4}\right\}\right)$ ist zu der Gleichung $\lg x^2 = \lg (4x - 3)$ äquivalent. Durch Vergleich der Argumente (bei gleicher Basis) erhält man die quadratische Gleichung

$$x^2 = 4x - 3$$

bzw.

$$x^2 - 4x + 3 = 0,$$

deren Lösungen $x_1 = 3$, $x_2 = 1$ sind. Die Lösungsmenge ist $L = \{3;\ 1\}$.

4.5.3. Goniometrische Gleichungen

(1) Formen goniometrischer Gleichungen

Gleichungen, in denen die Gleichungsvariable im Argument einer Winkelfunktion auftritt, heißen **goniometrische Gleichungen.** Tritt die Gleichungsvariable nur im Argument von Winkelfunktionen auf, werden diese Gleichungen **rein-goniometrisch** genannt, andernfalls **gemischt-goniometrisch.**

BEISPIEL 4/28

a) $\sin x = \frac{1}{2}\sqrt{2}$ ist eine rein-goniometrische Gleichung.

b) $\sin \frac{x}{2} = x - 2$ ist eine gemischt-goniometrische Gleichung.

(2) Lösen rein-goniometrischer Gleichungen

Ziel der Umformungen beim Lösen rein-goniometrischer Gleichungen ist es, die gegebene Gleichung in eine Grundform einer goniometrischen Gleichung, in $f(x) = c$ bzw. $f(ax + b) = c$, zu überführen, wobei f eine der vier Winkelfunktionen sin, cos, tan, cot ist und a, b, c, d Konstanten sind.

Der Variablengrundbereich sei der Bereich **R** der reellen Zahlen, wenn in den Aufgaben keine einschränkenden Bedingungen gestellt werden. Über den Lösungsgrundbereich muß bei jeder Aufgabe nachgedacht werden. Dabei beachte man, daß die Funktion $f(x) = \tan x$ für $x = (2k+1)\frac{\pi}{2}$ bzw. die Funktion $f(x) = \cot x$ für $x = k\pi$ $(k \in \mathbf{Z})$ nicht definiert ist.
Wegen der Periodizität der Winkelfunktionen sind die rein-goniometrischen Gleichungen über dem Variablengrundbereich **R** nicht eindeutig lösbar. In der Lösung muß die Periodizität der Winkelfunktionen berücksichtigt werden. Die Lösungen können im Gradmaß oder im Bogenmaß angegeben werden.

(3) **Gleichungen mit nur einer Winkelfunktion**

Diese Gleichungen können durch äquivalente Umformungen in eine Grundform einer goniometrischen Gleichung übergeführt werden.

BEISPIEL 4/29

a) Die Gleichung $\frac{1}{2} - \cos x = 0$ ist äquivalent zu der Gleichung $\cos x = \frac{1}{2}$ (Grundform einer goniometrischen Gleichung). Der Sinustafel entnimmt man das Argument der Cosinusfunktion, dem der Funktionswert $\frac{1}{2}$ zugeordnet ist. Das im Intervall $0 \leqq x \leqq \frac{\pi}{2}$ (I. Quadrant) liegende Argument wird mit $\tilde{x}$ (gelesen: x Tilde) bezeichnet: $\tilde{x} = \frac{\pi}{3}$.
Die im Intervall $0 \leqq x < 2\pi$ liegenden Lösungen werden *Hauptwerte* genannt und mit $\bar{x}$ bezeichnet: $\bar{x}_1 = \frac{\pi}{3}$, $\bar{x}_2 = 2\pi - \frac{\pi}{3} = \frac{5\pi}{3}$. Unter Berücksichtigung der Periodizität der Cosinusfunktion erhält man die **Lösungen** der gegebenen Gleichung:

$$x_1 = \frac{\pi}{3} + k \cdot 2\pi, \qquad x_2 = \frac{5\pi}{3} + k \cdot 2\pi \quad (k \in \mathbf{Z})$$

Probe für $x_1 = \frac{\pi}{3}$: T_1: $\frac{1}{2} - \cos\frac{\pi}{3} = \frac{1}{2} - \frac{1}{2} = 0$, T_r: 0

V.: 0 = 0 (W)

für $x_2 = \frac{5\pi}{3}$: T_1: $\frac{1}{2} - \cos\frac{5\pi}{3} = \frac{1}{2} - \frac{1}{2} = 0$, T_r: 0

V.: 0 = 0 (W)

Die Lösungsmenge ist $L = \left\{\frac{\pi}{3} + 2k\pi;\ k \in \mathbf{Z}\right\} \cup \left\{\frac{5}{3}\pi + 2k\pi;\ k \in \mathbf{Z}\right\}$.

b) Die Gleichung $4\sin^2 x - 4\sin x + 1 = 0$ wird durch Substitution $\sin x = z$ in eine quadratische Gleichung in z übergeführt: $4z^2 - 4z + 1 = 0$ bzw. in die Normalform der quadratischen Gleichung: $z^2 - z + \frac{1}{4} = 0$, deren Lösungen $z_1 = z_2 = \frac{1}{2}$ sind. Aus $\sin x = \frac{1}{2}$ erhält man die Lösungen der gegebenen Gleichung: $x_1 = \frac{\pi}{6} + 2\pi k$, $x_2 = \frac{5\pi}{6} + 2\pi k$ (mit $k \in \mathbf{Z}$).

(4) Gleichungen mit mehreren Winkelfunktionen des gleichen Arguments

Das Ziel der Umformungen besteht darin, die gegebene Gleichung auf eine goniometrische Gleichung mit nur einer Winkelfunktion zurückzuführen. Dazu können goniometrische Beziehungen (↗ 6.7.4.) dienen.

BEISPIEL 4/30

Die Gleichung $3 \sin^2 x + 18 \cos x + 18 = 0$ ist äquivalent zu der Gleichung $\sin^2 x + 6 \cos x + 6 = 0$ und kann durch die Substitution $\cos x = \sqrt{1 - \sin^2 x}$ auf eine Wurzelgleichung in $\sin^2 x$ zurückgeführt werden. Zweckmäßiger ist jedoch eine Substitution $\sin^2 x = 1 - \cos^2 x$. Man erhält dann

$$\cos^2 x - 6 \cos x - 7 = 0.$$

Setzt man $\cos x = z$, dann ist die folgende Normalform einer quadratischen Gleichung zu lösen: $z^2 - 6z - 7 = 0$. Ihre Lösungen sind nach der Lösungsformel $z_1 = 7$, $z_2 = -1$.
Da für $\cos x$ gilt: $-1 \leqq \cos x \leqq 1$, scheidet z_1 für die weitere Rechnung aus. Aus $z_2 = -1$ bzw. $\cos x = -1$ erhält man $x = \pi + k \cdot 2\pi$ bzw. $x = (2k + 1)\pi$ mit $k \in \mathbf{Z}$ als Lösung der gegebenen goniometrischen Gleichung.

(5) Gleichungen mit Winkelfunktionen verschiedener Argumente

Das Ziel der Umformungen besteht darin, die gegebene Gleichung zunächst auf eine goniometrische Gleichung mit Winkelfunktionen gleicher Argumente (↗ (4)) zurückzuführen. Dazu dienen Beziehungen zwischen Winkelfunktionen, besonders die Additionstheoreme.

BEISPIEL 4/31

a) Die Gleichung $\sin 2x + \sin x = 0$ wird durch Anwenden der Beziehung

$$\sin 2x = 2 \sin x \cos x \text{ auf die Gleichung}$$
$$2 \sin x \cos x + \sin x = 0,$$

die Winkelfunktionen des gleichen Arguments x enthält, zurückgeführt. Durch Ausklammern von $\sin x$ erhält man

$$\sin x\,(2 \cos x + 1) = 0.$$

Da das Produkt $a \cdot b$ reeller Zahlen a, b genau dann Null ist, wenn $a = 0$ oder $b = 0$ ist, gilt:

$$\sin x = 0 \text{ oder } 2 \cos x + 1 = 0 \text{ bzw. } \cos x = -\frac{1}{2}.$$

Die Lösungen dieser Gleichungen sind $x_1 = k\pi$, $x_2 = \frac{2\pi}{3} + k \cdot 2\pi$, $x_3 = \frac{4\pi}{3} + k \cdot 2\pi$ mit $k \in \mathbf{Z}$.

b) Die Gleichung $\sin\left(x - \frac{\pi}{3}\right) + \sin\left(x + \frac{\pi}{2}\right) = \frac{1}{4}$ ist zu der Gleichung

$$2 \cdot \sin \frac{x - \frac{\pi}{3} + x + \frac{\pi}{2}}{2} \cdot \cos \frac{x - \frac{\pi}{3} - x - \frac{\pi}{2}}{2} = \frac{1}{4}$$

äquivalent bzw. zu

$$\sin \frac{2x + \frac{\pi}{6}}{2} \cdot \cos \left(\frac{-\frac{5\pi}{6}}{2} \right) = \frac{1}{8}$$

$$\sin\left(x + \frac{\pi}{12}\right) \cdot \cos\left(-\frac{5\pi}{12}\right) = 0{,}125$$

$$\sin(x + 15°) \cdot \cos(-75°) = 0{,}125$$

$$\sin(x + 15°) = \frac{0{,}125}{0{,}2588} = 0{,}4830$$

Aus dieser Grundform erhält man $\left.\begin{aligned} x_1 &= 13{,}88° + k \cdot 360° \\ x_2 &= 136{,}12° + k \cdot 360° \end{aligned}\right\} k \in \mathbf{Z}$

(6) Lösen gemischt-goniometrischer Gleichungen

Lösungen gemischt-goniometrischer Gleichungen können im allgemeinen nur **näherungsweise** mit Hilfe der Graphen von Winkelfunktionen und rationalen Funktionen (insbesondere linearen Funktionen) ermittelt werden [↗ 4.3.1.(3)]. Die gemischt-goniometrische Gleichung wird als Zusammenfassung zweier Funktionsgleichungen, wobei eine davon eine Winkelfunktion darstellt, aufgefaßt. Die Abszisse x_1 eines Schnittpunkts der Graphen beider Funktionen ist dann ein Näherungswert für eine Lösung dieser Gleichung. Eine rechnerische Überprüfung der Lösung ist anschließend erforderlich, wobei die Angabe eines Winkels sowohl im Gradmaß als auch im Bogenmaß erforderlich ist.

BEISPIEL 4/32

Die Gleichung

$$\sin x + 2x - 3 = 0$$

bzw.

$$\sin x = -2x + 3$$

kann in zwei Funktionsgleichungen

$$y = f(x) = \sin x \quad \text{und} \quad y = g(x) = -2x + 3$$

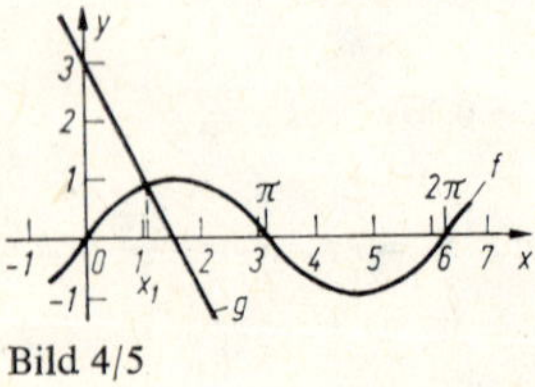

Bild 4/5

zerlegt werden. Die Abszisse x_1 des Schnittpunkts der Graphen dieser Funktionen f und g ist ein Näherungswert für eine Lösung der gegebenen Gleichung. In Bild 4/5 kann näherungsweise eine Lösung $x_1 \approx 63°$, im Bogenmaß $x_1 \approx 1{,}0996$, ermittelt werden.

Die rechnerische Überprüfung an der gegebenen Aufgabe

$$\sin 63^\circ + 2 \cdot \operatorname{arc} 63^\circ - 3 = 0{,}8910 + 2 \cdot 1{,}0996 - 3$$
$$= 0{,}0902 \approx 0$$

zeigt, daß $x = 63^\circ$ als Näherungswert anerkannt werden kann.

4.6. Verfahren zur Verbesserung von Näherungswerten für Lösungen von Gleichungen

4.6.1. Sekantennäherungsverfahren (Regula falsi)

Eine zu ermittelnde Lösung der Gleichung $f(x) = 0$ sei mit $\bar{x}$ bezeichnet, d. h., eine Nullstelle der Funktion f sei $\bar{x}$.

Hat man aus dem Graph der Funktion f oder aus einer Wertetabelle zwei Argumente x_1, x_2 (Startwerte genannt) mit $x_1 < \bar{x} < x_2$ gefunden, für die gilt $f(x_1) \cdot f(x_2) < 0$ (d. h., deren Funktionswerte verschiedene Vorzeichen haben), und verbindet man die Punkte $P_1(x_1; f(x_1))$ und $P_2(x_2; f(x_2))$ durch eine Gerade (Sekante), dann ist die Abszisse x_3 des Schnittpunkts dieser Geraden mit der x-Achse (Nullstelle einer linearen Funktion) im allgemeinen ein besserer Näherungswert für $\bar{x}$, als es die Näherungswerte x_1 und x_2 waren (Bild 4/6).

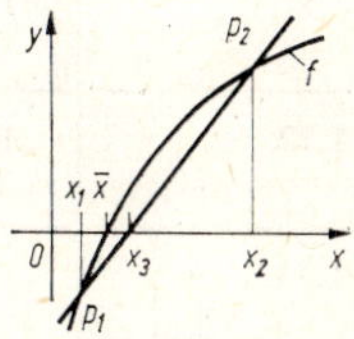

Bild 4/6

Zur Berechnung des besseren Näherungswertes x_3 dient die Beziehung

$$x_3 = x_1 - \frac{(x_2 - x_1) \cdot f(x_1)}{f(x_2) - f(x_1)}.$$

Besitzt x_3 die vorgeschriebene Genauigkeit von ε mit $|x_{n+1} - x_n| < \varepsilon$ noch nicht (wobei x_{n+1} der verbesserte Näherungswert sei, dessen Funktionswert das gleiche Vorzeichen wie x_n hat), dann wird dieses Verfahren zur Verbesserung des Näherungswertes fortgesetzt. Dabei ersetzt x_3 den Startwert, dessen Funktionswert das gleiche Vorzeichen wie $f(x_3)$ hat (z. B. wird in Bild 4/6 x_2 durch x_3 ersetzt). Es entsteht eine Folge von Näherungswerten, die gegen die Nullstelle $\bar{x}$ der Funktion f konvergiert.

BEISPIEL 4/33

Es ist eine Lösung der Gleichung

$$x^3 - 2x^2 + 0{,}8 = 0$$

mit Hilfe der Regula falsi mit einer Genauigkeit von $\varepsilon = 0{,}01$ zu ermitteln. Eine Lösung existiert im Intervall $1{,}6 < x < 1{,}8$, denn für $x_1 = 1{,}6$ ist $f(x_1) = -0{,}224$ und für $x_2 = 1{,}8$ ist $f(x_2) = 0{,}152$ (Berechnung im Hornerschen Schema ↗ 6.5.5.).

Mit den Startwerten x_1, x_2 erhält man x_3 aus

$$x_3 = x_1 - \frac{(x_2 - x_1)f(x_1)}{f(x_2) - f(x_1)} = 1{,}6 - \frac{0{,}2 \cdot (-0{,}224)}{0{,}152 + 0{,}224} \approx 1{,}72.$$

Da $|x_3 - x_1| = |1{,}72 - 1{,}6| = 0{,}12 > 0{,}01$ ist, wird der Näherungswert x_3 weiter verbessert.
Für x_5 gilt $|1{,}734 - 1{,}733| = 0{,}001 < 0{,}01$. Die vorgeschriebene Genauigkeit ist erreicht. Der zugehörige Funktionswert ist $f(x_5) = 0{,}0002$ (siehe HORNERsches Schema).
Die im Intervall $1{,}6 < x < 1{,}8$ befindliche Lösung der gegebenen Gleichung ist $\bar{x} = 1{,}734$.

Hornersches Schema zu dieser Aufgabe: (↗ 6.5.5.)

	1	−2	0	0,8
1,6	1	1,6	−0,64	−1,024
		−0,4	−0,64	−0,224
1,8	1	1,8	−0,36	−0,648
		−0,2	−0,36	0,152
1,72	1	1,72	−0,4816	−0,8284
		−0,28	−0,4816	−0,0284
1,733	1	1,733	−0,4627	−0,801878
		−0,267	−0,4627	−0,001878
1,734	1	1,734	−0,4612	−0,7998
		−0,266	−0,4612	0,0002

4.6.2. Tangentennäherungsverfahren (Newtonsches Verfahren)

Es sei x_1 ein Näherungswert (Startwert) für die Lösung $\bar{x}$ einer gegebenen Gleichung $f(x) = 0$, d. h., x_1 sei ein benachbartes Argument der Nullstelle $\bar{x}$ der Funktion f, die im Intervall I mit $x_m < x_1 < x_n$ mindestens zweimal differenzierbar ist, und für alle $x \in I$ gilt $f'(x) \neq 0$. Wird im Punkt $P_1(x_1; f(x_1))$ eine Tangente an den Graph der Funktion f gelegt und gilt $f(x_1) \cdot f''(x_1) > 0$, so ist die Abszisse x_2 des Schnittpunkts der Tangente mit der x-Achse (Nullstelle der linearen Funktion) ein besserer Näherungswert für die Lösung $\bar{x}$ der gegebenen Gleichung, als es x_1 war (Bild 4/7).

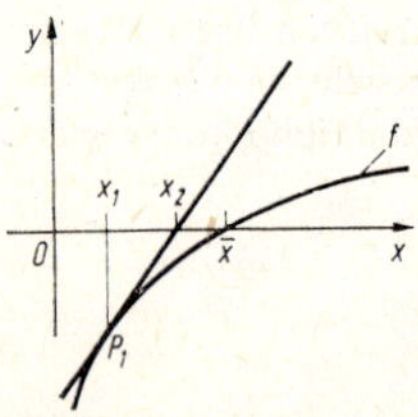

Bild 4/7

Zur Berechnung des besseren Näherungswertes x_2 dient unter Verwendung der 1. Ableitung der Funktion f (↗ 11.1.) die Beziehung

$$x_2 = x_1 - \frac{f(x_1)}{f'(x_1)}.$$

Besitzt x_2 die vorgeschriebene Genauigkeit von ε noch nicht, so kann dieses Verfahren zur Verbesserung des Näherungswertes fortgesetzt werden.

BEISPIEL 4/34

Es ist eine Lösung der Gleichung

$$x^3 - 2x^2 + 0{,}2 = 0$$

mit Hilfe des NEWTONschen Verfahrens mit einer Genauigkeit von $\varepsilon = 0{,}01$ zu ermitteln.
Man bildet zunächst die 1. und 2. Ableitung der Funktion f mit

$$f(x) = x^3 - 2x^2 + 0{,}2 : f'(x) = 3x^2 - 4x; \quad f''(x) = 6x - 4.$$

Die Berechnung der erforderlichen Funktionswerte erfolgt im HORNERschen Schema.
Als Startwert wurde $x_1 = 0{,}5$ gewählt; denn es ist $f(0{,}5) = -0{,}175$ und $f''(0{,}5) = -1$, also $f(0{,}5) \cdot f''(0{,}5) > 0$.
Dann erhält man mit $f'(0{,}5) = -1{,}25$

$$x_2 = x_1 - \frac{f(x_1)}{f'(x_1)} = 0{,}5 - \frac{-0{,}175}{-1{,}25} \approx 0{,}5 - 0{,}14 = 0{,}36.$$

Da $|x_2 - x_1| = |0{,}36 - 0{,}5| = |-0{,}14| = 0{,}14 > 0{,}01$ ist, ist eine weitere Verbesserung des Näherungswertes erforderlich: Nun gilt $|x_4 - x_3| = |0{,}3474 - 0{,}348| = 0{,}0006 < 0{,}01$. Eine Lösung der Gleichung $x^3 - 2x^2 + 0{,}2 = 0$ ist $\bar{x} = 0{,}3474$.
Berechnung in einem HORNER-Schema (↗ 6.5.5.).

4.7. Lösen von Gleichungssystemen

4.7.1. Lösungsgrundbereich und Lösungsmenge eines Gleichungssystems

Werden m Gleichungen mit n Variablen durch die logische Verknüpfung »und« (↗ 1.3.) verbunden, erhält man ein **System** von m Gleichungen mit n Variablen ($m, n \in \mathbf{N}$). Das System heißt **linear**, wenn nur lineare Gleichungen (↗ 4.4.2.) mit mehreren Variablen verbunden sind, sonst heißt es nichtlinear.
Der Variablengrundbereich sei **R**. Dann versteht man unter dem **Lösungsgrundbereich** G_E eines Systems von n Gleichungen mit n Variablen die Menge aller geordneten Zahlen-n-tupel $(c_1, \ldots, c_n) \in \mathbf{R}^n$, die bei der Ersetzung der Variablen x_1 durch $c_1, \ldots, x_n$ durch c_n alle Gleichungen in (wahre oder falsche) Aussagen überführen.
Ein Element des Lösungsgrundbereichs (das ist ein geordnetes Zahlen-n-tupel), das bei Ersetzung der Variablen x_i durch c_i (mit $i = 1, \ldots, n$) **alle** Gleichungen in **wahre** Aussagen überführt, heißt **Lösung** des Gleichungssystems.

Die **Lösungsmenge** L eines Gleichungssystems bezüglich des Lösungsgrundbereichs ist die Menge aller Lösungen dieses Systems. Sie ist gleich dem Durchschnitt der Lösungsmengen der einzelnen Gleichungen: $L = L_1 \cap L_2 \cap \ldots \cap L_n$, wenn n die Anzahl der Gleichungen ist.

BEISPIEL 4/35

Gegeben sei das Gleichungssystem von 2 Gleichungen mit 2 Variablen

$$\begin{aligned} &(\mathrm{I}) \quad 2x_1 + x_2 = 4 \\ &(\mathrm{II}) \quad 6x_1 + 2x_2 = 2. \end{aligned}$$

Der Variablengrundbereich sei **R**.
Der Lösungsgrundbereich G_E ist die Menge aller geordneten Zahlenpaare $(c_1; c_2) \in \mathbf{R}^2$, die bei Ersetzung der Variablen x_1 durch c_1 und x_2 durch c_2 beide Gleichungen in Aussagen überführen.

Die Lösungsmenge der Gleichung (I) ist

$$L_1 = \{(x_1; x_2) : (x_1; x_2) \in \mathbf{R}^2 \wedge x_2 = -2x_1 + 4\},$$

die der Gleichung (II) ist

$$L_2 = \{(x_1; x_2) : (x_1; x_2) \in \mathbf{R}^2 \wedge x_2 = 3x_1 - 1\}.$$

Die Lösungsmenge L des Gleichungssystems ist der Durchschnitt der Lösungsmengen L_1, L_2:

$$L = L_1 \cap L_2 = \{(1; 2)\}.$$

4.7.2. Lösen linearer Gleichungssysteme

(1) **Allgemeine Form** eines linearen Gleichungssystems von n Gleichungen mit n Variablen:

$$\begin{aligned} a_{11}x_1 + a_{12}x_2 + \ldots + a_{1n}x_n &= s_1 \\ a_{21}x_1 + a_{22}x_2 + \ldots + a_{2n}x_n &= s_2 \\ \cdots\cdots\cdots\cdots\cdots\cdots\cdots\cdots \\ a_{n1}x_1 + a_{n2}x_2 + \ldots + a_{nn}x_n &= s_n \end{aligned}$$

Der Variablengrundbereich sei **R**.
Die Koeffizienten tragen Doppelindizes, z. B. a_{ik} mit $i, k = 1, \ldots, n$. Dabei gibt der erste Index i die Zugehörigkeit zur Gleichung, der zweite Index k die zur Variablen x_k an. a_{ik}, $s_i \in \mathbf{R}$.

(2) **Äquivalente Gleichungssysteme**

Zwei Systeme von n linearen Gleichungen mit den Variablen x_1, $x_2, \ldots, x_n$ heißen **äquivalent** bezüglich eines Lösungsgrundbereichs, wenn sie die gleiche Lösungsmenge haben.

Aus einem linearen Gleichungssystem entsteht ein dazu äquivalentes System, wenn

- zwei oder mehrere Gleichungen miteinander vertauscht werden,
- eine Gleichung mit einer von Null verschiedenen reellen Zahl multipliziert wird,
- zu einer Gleichung des Systems das Vielfache einer anderen Gleichung dieses Systems addiert wird. Diese neue Gleichung nennt man eine **Linearkombination** der beiden Gleichungen.

(3) **Überblick über Verfahren zum Lösen linearer Gleichungssysteme**
Ein Gleichungssystem lösen heißt, die Lösungsmenge *L* eines gegebenen Gleichungssystems mit Variablen zu ermitteln.

Lösungsverfahren:

1. Schrittweise Elimination der einzelnen Variablen im **Additions-** bzw. **Substitutionsverfahren** (geeignet für Gleichungssysteme bis zu drei Gleichungen mit drei Variablen)
2. CRAMERsche Regel (↗ 8.9.5.)
3. GAUSSscher Algorithmus, verkettete Form des Gaussschen Algorithmus nach BANACHIEWICZ (↗ 8.7.2.)
4. Austauschverfahren nach GAUSS-JORDAN mit Spaltentilgung (↗ 8.8.2.)

(4) **Schrittweise Elimination** der einzelnen Variablen im **Additions-** bzw. **Substitutionsverfahren** beim Lösen eines linearen Gleichungssystems von zwei Gleichungen mit zwei Variablen:

Additionsverfahren

Aus den beiden Gleichungen des Systems wird durch Multiplikation mit einer geeigneten reellen Zahl eine Linearkombination gebildet, die nur noch eine Variable enthält.

Substitutionsverfahren
(Einsetzungsverfahren)
Eine der beiden Gleichungen wird nach einer der beiden Variablen (z. B. nach x_2) aufgelöst. Dieser Term wird in die andere Gleichung an Stelle dieser Variablen (z. B. x_2) eingesetzt.

Dadurch wird das Problem auf die Lösung einer linearen Gleichung mit einer Variablen zurückgeführt. Wurde die Lösung dieser Gleichung ermittelt, kann durch rückläufiges Einsetzen der Wert der anderen Variablen dieses Gleichungssystems bestimmt werden.

BEISPIEL 4/36

Lösen des linearen Gleichungssystems

(I) $2x_1 + 3x_2 = 4$
(II) $3x_1 + 4x_2 = 5$

(*Hinweis:* Oft werden in Gleichungssystemen mit zwei Gleichungen und zwei Variablen die Variablen mit *x* und *y* bezeichnet.)

(Lösungsgrundbereich: $\mathbf{R}^2$) mit Hilfe des

Additionsverfahrens

Bildung einer Linearkombination, die nur noch eine Variable enthält:

$$\begin{aligned} 2x_1 + 3x_2 &= 4 \quad \Big| \cdot \left(-\frac{3}{2}\right) \\ 3x_1 + 4x_2 &= 5 \\ -3x_1 - \frac{9}{2} x_2 &= -6 \\ 3x_1 + 4x_2 &= 5 \\ \hline -\frac{1}{2} x_2 &= -1 \\ x_2 &= 2. \end{aligned}$$

Für x_1 erhält man dann aus Gleichung (I):

$$x_1 = \frac{4 - 3x_2}{2} = \frac{4 - 3 \cdot 2}{2} = -1.$$

Substitutionsverfahrens

Wird Gleichung (I) nach x_1 aufgelöst:

$$x_1 = \frac{4 - 3\,x_2}{2}$$

und an Stelle von x_1 in Gleichung II eingesetzt:

$$3 \cdot \frac{4 - 3x_2}{2} + 4x_2 = 5,$$

so erhält man

$$\begin{aligned} 12 - 9x_2 + 8x_2 &= 10 \quad \text{bzw.} \\ -x_2 &= -2 \\ x_2 &= 2. \end{aligned}$$

Für x_1 erhält man

$$x_1 = \frac{4 - 3x_2}{2} = \frac{4 - 3 \cdot 2}{2} = -1.$$

Die Lösungsmenge ist $L = \{(-1;\ 2)\}$.

Hinweis: Gelegentlich ist es bei der Durchführung des Additionsverfahrens üblich, die Gleichung (I) mit $-a_{21}$ und die Gleichung (II) mit a_{11} zu multiplizieren und anschließend beide Gleichungen zu addieren.

$$\begin{aligned} 2x_1 + 3x_2 &= 4 \mid \cdot (-3) \\ 3x_1 + 4x_2 &= 5 \mid \cdot 2 \\ -6x_1 - 9x_2 &= -12 \\ 6x_1 + 8x_2 &= 10 \\ \hline -x_2 &= -2 \\ x_2 &= 2 \end{aligned}$$

(5) Bedingungen für die Lösbarkeit linearer Gleichungssysteme von zwei Gleichungen mit zwei Variablen

Es sei ein Gleichungssystem von zwei Gleichungen mit zwei Variablen in allgemeiner Form gegeben:

$$\begin{aligned} a_{11}x_1 + a_{12}x_2 &= s_1 \\ a_{21}x_1 + a_{22}x_2 &= s_2 . \end{aligned}$$

Führt die Umformung des Gleichungssystems auf eine Gleichung mit einer Variablen der Form:

$cx_2 = d$ (mit $c, d \in \mathbf{R}$, $c \neq 0, d \neq 0$), so ist das Gleichungssystem **lösbar.** Es gibt **genau eine Lösung**; die Lösungsmenge ist $L = \{(x_1; x_2)\}$.	$0x_2 = d$ (mit $d \in \mathbf{R}$, $d \neq 0$), so hat das Gleichungssystem **keine Lösung**; die Lösungsmenge ist die leere Menge: $L = \emptyset$. Die Gleichungen des Systems sind nicht miteinander verträglich.	$0x_2 = 0$, so hat das Gleichungssystem **unendlich viele Lösungen.** Eine Gleichung ist ein Vielfaches der anderen. Die Gleichungen sind **voneinander linear abhängig.** Die Lösungsmenge ist $L = \left\{(x_1; x_2): (x_1; x_2) \in \mathbf{R}^2 \wedge x_2 = \dfrac{s_1 - a_{11}x_1}{a_{12}}\right\}$.

BEISPIEL 4/37

$x_1 + x_2 = 3$ $-x_1 + x_2 = 1$ ――――― $2x_2 = 4$ $x_2 = 2$ $x_1 = 1$ $L = \{(1;\ 2)\}$	$x_1 + x_2 = 3$ $-x_1 - x_2 = -1$ ――――― $0x_2 = 2$ $L = \emptyset$	$x_1 + x_2 = 3$ $-2x_1 - 2x_2 = -6$ ――――― $0x_2 = 0$ $L = \{(x_1;\ x_2): (x_1;\ x_2) \in \mathbf{R}^2$ und $x_2 = 3 - x_1\}$

Veranschaulichung im kartesischen Koordinatensystem:

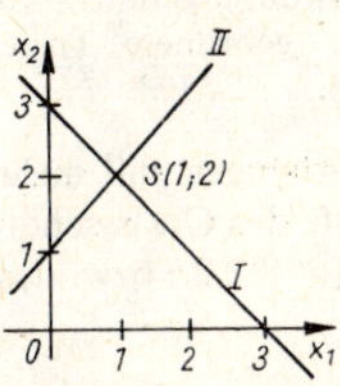

Bild 4/8

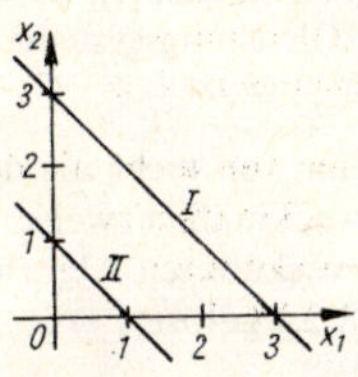

Bild 4/9

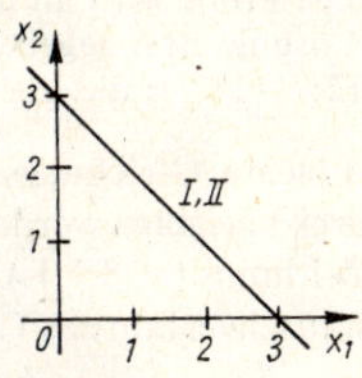

Bild 4/10

(6) **Lineare Systeme von drei Gleichungen mit drei Variablen**

Das Additions- und das Substitutionsverfahren eignen sich auch zur Lösung von drei Gleichungen mit drei Variablen. Dabei entsteht ein Zwischengleichungssystem von zwei Gleichungen mit zwei Variablen.

BEISPIEL 4/38

Das Gleichungssystem

$$\begin{array}{ll} \text{(I)} & x_1 + 2x_2 + 4x_3 = 4 \\ \text{(II)} & 2x_1 + 3x_2 + 6x_3 = 7 \\ \text{(III)} & 3x_1 + 5x_2 + 2x_3 = 3 \end{array}$$

soll mit Hilfe des Additionsverfahrens gelöst werden.
Wird die Gleichung (I) mit (-2) multipliziert und anschließend Gleichung (II) addiert, so erhält man Gleichung (IV):

$$\begin{array}{lrcl} \text{(I')} & -2x_1 - 4x_2 - 8x_3 &=& -8 \\ \text{(II)} & 2x_1 + 3x_2 + 6x_3 &=& 7 \\ \hline \text{(IV)} & - x_2 - 2x_3 &=& -1 \end{array}$$

Wird die Gleichung (I) mit (-3) multipliziert und anschließend Gleichung (III) addiert, so erhält man Gleichung (V):

$$\begin{array}{lrcl} \text{(I')} & -3x_1 - 6x_2 - 12x_3 &=& -12 \\ \text{(III)} & 3x_1 + 5x_2 + 2x_3 &=& 3 \\ \hline \text{(V)} & - x_2 - 10x_3 &=& -9 \end{array}$$

Die Gleichungen (IV) und (V) bilden ein lineares Gleichungssystem von zwei Gleichungen mit zwei Variablen (Zwischengleichungssystem):

$$\begin{array}{lrcl} \text{(IV)} & -x_2 - 2x_3 &=& -1 \\ \text{(V)} & -x_2 - 10x_3 &=& -9 \end{array}$$

Wird die Gleichung (IV) mit (-1) multipliziert und Gleichung (V) addiert, so erhält man Gleichung (VI):

$$\begin{array}{lrcl} \text{(IV')} & x_2 + 2x_3 &=& 1 \\ \text{(V)} & -x_2 - 10x_3 &=& -9 \\ \hline \text{(VI)} & - 8x_3 &=& -8 \end{array}$$

Aus Gleichung (VI) erhält man $x_3 = 1$; aus Gleichung (IV) durch Einsetzen von x_3 ergibt sich $x_2 = -1$; aus Gleichung (I) erhält man durch Einsetzen von x_3 und x_2: $x_1 = 2$.
Die Probe wird an den Gleichungen (I), (II) und (III) durchgeführt. Die Lösung des gegebenen Gleichungssystems ist das geordnete Tripel $(2; -1; 1)$; die Lösungsmenge ist $L = \{(2; -1; 1)\}$.

(7) **Lineare Gleichungssysteme von mehr als drei Gleichungen mit mehr als drei Variablen** werden zweckmäßigerweise mit Hilfe des GAUSSschen Algorithmus (↗ 8.7.1.), des verketteten Algorithmus (↗ 8.7.2.) bzw. des Austauschverfahrens (↗ 8.8.2.) gelöst.

(8) Enthalten Gleichungssysteme **Parameter** (Hilfsvariablen), so muß auch für die Parameter ein Variablengrundbereich festgelegt sein. Dabei ist zu berücksichtigen, daß für gewisse Variablenbelegungen einige Terme nicht definiert sein können.

BEISPIEL 4/39

Es seien a, b beliebige reelle Zahlen.

Das Gleichungssystem

$$\frac{x_1}{a+b} + \frac{x_2}{a-b} = \frac{1}{a-b}$$

$$\frac{x_1}{a+b} - \frac{x_2}{a-b} = \frac{1}{a+b}$$

mit $(x_1; x_2) \in \mathbf{R}^2$ ist nur für $a - b \neq 0$ und $a + b \neq 0$ erklärt.
Durch Addition beider Gleichungen erhält man

$$\frac{2x_1}{a+b} = \frac{1}{a-b} + \frac{1}{a+b}$$

bzw.

$$x_1 = \frac{a}{a-b},$$

sowie

$$x_2 = \frac{b}{a+b}.$$

Die Lösungsmenge ist

$$L = \left\{\left(\frac{a}{a-b};\ \frac{b}{a+b}\right)\right\},$$

wobei $a, b \in \mathbf{R}$ und $a \neq b$, $a \neq -b$.

4.7.3. Lösen nichtlinearer Gleichungssysteme von zwei Gleichungen mit zwei Variablen

Sind die Gleichungen eines Systems voneinander unabhängig und miteinander verträglich, dann können die Lösungen eines Gleichungssystems mit mindestens einer quadratischen Gleichung mit Hilfe der Eliminationsmethode rechnerisch ermittelt werden. Die Lösungsmenge enthält alle geordneten Paare, die beide Gleichungen des Systems erfüllen. Die Variablen seien hier mit x, y bezeichnet.

BEISPIEL 4/40

Gegeben sei das Gleichungssystem

$$\text{(I)} \quad x^2 + 4x - y = -1$$

$$\text{(II)} \quad -x + y = 1$$

Die Anwendung des Substitutionsverfahrens führt zur Elimination der Variablen y: $x^2 + 3x = 0$ bzw. $x(x + 3) = 0$.
Daraus erhält man $x_1 = 0$, $x_2 = -3$.
Durch Einsetzen von $x_1 = 0$ bzw. $x_2 = -3$ in Gleichung (II) ermittelt man $y_1 = 1$ bzw. $y_2 = -2$.
Die geordneten Paare (0; 1) und (−3; −2) sind Lösungen des gegebenen Gleichungssystems. Die Lösungsmenge ist

$$L = \{(0;\ 1),\ (-3;\ -2)\}.$$

Geometrische Veranschaulichung:

(I) $y = x^2 + 4x + 1$ ist die Gleichung einer nach oben geöffneten Parabel mit dem Scheitel $A(-2;\ 3)$,

(II) $y = x + 1$ ist die Gleichung einer linearen Funktion, deren Graph eine Gerade ist.

Die Lösungen des Gleichungssystems ergeben die Koordinaten der Schnittpunkte beider Kurven (Bild 4/11).

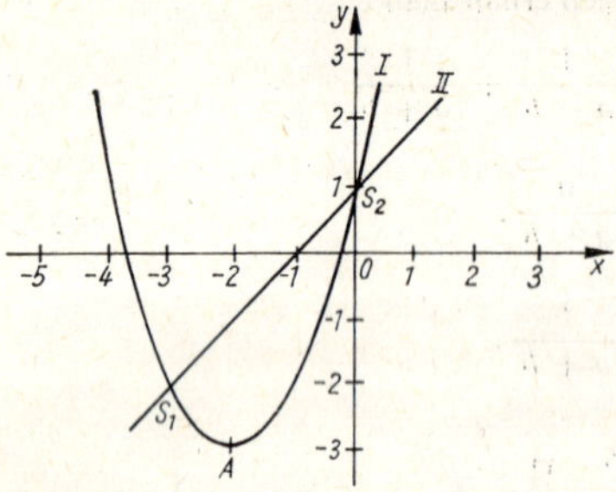

Bild 4/11

4.8. Textaufgaben, die auf Gleichungen führen; Größengleichungen

Um in Textform gekleidete Aufgaben algorithmisch-kalkülmäßig lösen zu können, ist ein **mathematisches Modell** (↗ 1.6.5.) in der Form einer Gleichung oder eines Systems von Gleichungen aufzustellen, das den Sachverhalt adäquat beschreibt. (Über die Gleichheit von Zahlen ↗ 4.1., über die Gleichheit von Größen ↗ 12.6.1.).
Beim Lösen von Textaufgaben ist folgende **Handlungsvorschrift** zweckmäßig:

1. Erfasse und analysiere die Aufgabe!

- Lies die Aufgabe gründlich durch!
- Kläre, wenn nötig, in der Aufgabenstellung auftretende Begriffe und ungewohnte sprachliche Formulierungen!
- Gib den Sachverhalt mit eigenen Worten wieder!
- Schreibe die gegebenen und die gesuchten Zahlen bzw. Größen unter Verwendung geeigneter Bezeichnungen mit Hilfe von Variablen auf!
  Beachte, daß eine Variable in einer Aufgabe entweder zur Bezeichnung einer Größe oder zur Bezeichnung des Zahlenwertes einer Größe verwendet wird!
- Fertige, wenn möglich, eine Skizze oder eine Tabelle an, die Beziehungen zwischen gegebenen und gesuchten Größen verdeutlicht!
- Schätze das Ergebnis ab!

2. **Suche den mathematischen Ansatz der Aufgabe** (das mathematische Modell)!
   - Formuliere eine Antwort auf die Frage der Aufgabe unter Verwendung der eingeführten Variablen für die gesuchte Größe!
   - Überlege, wodurch die gesuchte Größe mathematisch ausgedrückt werden kann und welche Beziehungen zwischen den gegebenen und den gesuchten Größen bestehen!

Ist eine Formel anwendbar? Überlege, welche Bedeutung die Variablen in der Formel haben! Übertrage die in der Aufgabe gewählten Bezeichnungen der Variablen auf die Symbole der Formel!	Zwischen welchen Größen besteht Gleichheit? Stelle eine Gleichung ($T_1 = T_r$) bzw. ein System von Gleichungen evtl. unter Nutzung der Skizze bzw. Tabelle auf! Sind Hilfsgrößen zu ermitteln? Welche Beziehungen bestehen zwischen gegebenen Größen und Hilfsgrößen bzw. zwischen Hilfsgrößen und den gesuchten Größen?

   - Überlege, ob alle Bedingungen der Aufgabenstellung berücksichtigt worden sind!
   - Überlege, welcher Lösungsgrundbereich durch die Bedingungen, die sich aus den Definitionsbereichen der einzelnen Terme und aus der speziellen Aufgabenstellung ergeben, festgelegt ist!

3. **Löse die Gleichung bzw. das Gleichungssystem**!
   - Mache einen Überschlag!
   - Überlege, welche Art der Gleichung bzw. des Gleichungssystems vorliegt! Wähle ein geeignetes Lösungsverfahren!
   - Löse die Gleichung zuerst allgemein (unter Verwendung von Variablen)!
   - Ermittle die numerische Lösung der Gleichung! Gib die Lösungsmenge der Gleichung unter Berücksichtigung des Lösungsgrundbereichs an!

4. **Überprüfe das Ergebnis**!
   - Vergleiche das Ergebnis mit dem Überschlag und mit der Schätzung!
   - Mache die Probe am Text der Aufgabenstellung!

5. **Formuliere einen Antwortsatz**!
   - Beantworte die in der Aufgabe gestellte Frage unter Verwendung des Ergebnisses!

BEISPIEL 4/41

Multipliziert man eine negative reelle Zahl mit der um 12 größeren Zahl, so erhält man 133. Wie lauten die Zahlen, die dieser Bedingung genügen?
Festsetzung: Eine dieser Zahlen sei mit x bezeichnet. Für x gilt dann $x \in \mathbf{R}$ und $x < 0$.
Überlegungen zur Formulierung einer Gleichung: Die um 12 größere Zahl ist dann mit $(x + 12)$ bezeichnet. Das Produkt aus x und $(x + 12)$ soll 133 sein. Also gilt die Gleichung:

$$x(x + 12) = 133 \quad (\text{mit } x \in \mathbf{R} \text{ und } x < 0).$$

Die äquivalente Umformung ergibt die Normalform der quadratischen Gleichung:

$$x^2 + 12x - 133 = 0,$$

für die die Lösungsformel angewendet werden kann:

$$x_{1,2} = -6 \pm \sqrt{36 + 133} = -6 \pm \sqrt{169} = -6 \pm 13.$$

Als Lösungen der Normalform wurden ermittelt $x_1 = 7$ und $x_2 = -19$. Unter Beachtung der Lösungsgrundmenge ($x \in \mathbf{R}$ und $x < 0$) ist nur -19 die Lösung der Textaufgabe. Die um 12 größere Zahl ist -7.
Die *Probe* an der Aufgabenstellung bestätigt die Richtigkeit der Lösung: Das Produkt aus -19 und -7 ergibt 133.

4.9. Zum Lösen von Ungleichungen

4.9.1. Zum Ungleichungsbegriff

(1) Nach 4.1. sind $a < b$, $a > b$ bzw. $T_1 < T_r$, $T_1 > T_r$ Ungleichungen zwischen Zahlen bzw. Termen.
Wenn $a < b$ und $b < c$ gelten, können beide Ungleichungen zu einer **Doppelungleichung** $a < b < c$ zusammengefaßt werden. Doppelungleichungen werden zur Kennzeichnung von Intervallen genutzt (↗ 3.4.1.).
(2) **Ungleichungen mit Variablen** sind Aussageformen, die erst nach dem Ersetzen der Variablen durch Bezeichnungen für Zahlen aus dem **Variablengrundbereich** der Ungleichung in (wahre oder falsche) Aussagen übergehen. Alle Elemente des Variablengrundbereichs, durch die eine Aussageform in eine Aussage übergeführt wird, bilden die **Lösungsgrundmenge** (Lösungsgrundbereich)

Jede Zahl | Jedes geordnete n-Tupel

aus der Lösungsgrundmenge, die bzw. das beim Belegen der Variablen eine gegebene Ungleichung

mit genau einer Variablen | mit n Variablen

in eine wahre Aussage überführt, heißt **Lösung** der Ungleichung bezüglich des Lösungsgrundbereichs.

Die Menge aller Lösungen einer Ungleichung im Lösungsgrundbereich heißt die **Lösungsmenge** L der Ungleichung bezüglich des Lösungsgrundbereichs.

4.9.2. Lösungsverfahren für Ungleichungen

(1) Inhaltliches Lösen von Ungleichungen

Einfache lineare Ungleichungen können durch inhaltliche Betrachtungen gelöst werden, z. B. durch systematisches Probieren in Tabellen, Anwenden der Umkehroperationen, Veranschaulichungen auf dem Zahlenstrahl bzw. der Zahlengeraden.

BEISPIEL 4/42

Die Ungleichung $x + 4 < 8$ hat im Bereich der natürlichen Zahlen die in der Tabelle ermittelten Lösungen:

x	0	1	2	3
$x + 4$	4	5	6	7

Die Lösungsmenge ist $L = \{0;\ 1;\ 2;\ 3\}$.
Veranschaulichung am Zahlenstrahl (Bild 4/12)
Diese Ungleichung $x + 4 < 8$ hat im Bereich $\mathbf{Q}_+$ der gebrochenen Zahlen die Lösungsmenge $L = \{x\colon x \in \mathbf{Q}_+ \wedge x < 4\}$.
Veranschaulichung am Zahlenstrahl (Bild 4/13)

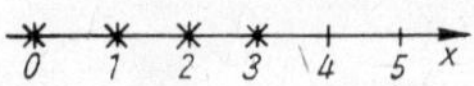

Bild 4/12

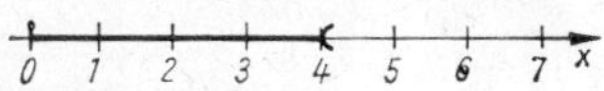

Bild 4/13

(2) Kalkülmäßiges Lösen von Ungleichungen

Ziel des Lösens von Ungleichungen ist es, die gegebene Ungleichung durch äquivalente Umformungen in eine Grundform (einfachste Form) zu überführen, aus der die Lösungen ermittelt werden können.
Für das äquivalente Umformen von Ungleichungen gelten folgende **Regeln:**

Wenn für die Terme T_1, T_2 keine Einschränkungen gelten, dann ist zu der gegebenen Ungleichung $T_1 < T_2$ äquivalent

1. die Ungleichung $T_2 > T_1$,
2. die Ungleichung $T_1 + T < T_2 + T$ bzw. $T_1 - T < T_2 - T$, wobei T im gesamten Variablengrundbereich definiert ist,
3. die Ungleichung $T_1 \cdot T < T_2 \cdot T$ bzw. $\frac{T_1}{T} < \frac{T_2}{T}$, wobei T im gesamten Variablengrundbereich definiert und **positiv** ist,
4. die Ungleichung $T_1 \cdot T > T_2 \cdot T$ bzw. $\frac{T_1}{T} > \frac{T_2}{T}$, wobei T im gesamten Variablengrundbereich definiert und **negativ** ist.

(3) Zur Probe bei linearen Ungleichungen mit einer Variablen

Um den Nachweis zu führen, daß die bei der Auflösung gefundenen Zahlen bzw. geordnete n-Tupel des Lösungsgrundbereichs tatsächlich die gegebene Ungleichung erfüllen, gibt es zwei Verfahren:

1. Ist die Lösungsmenge endlich, so kann für jede einzelne Lösung nachgewiesen werden, daß sie die Ungleichung erfüllt.
2. Ist die Anzahl der einzelnen Lösungen sehr groß oder ist die Lösungsmenge unendlich, so stellt man die Lösung unter Nutzung einer neuen Variablen als Gleichung dar, berechnet die Terme getrennt und vergleicht sie anschließend.

BEISPIEL 4/43

Es sei als Lösung der Ungleichung $3x + 5 > x + 9$ im Grundbereich der rationalen Zahlen $x > 2$ gefunden worden.
Dann wird die Variable x ersetzt durch $x = 2 + r$ mit $r \in \mathbf{Q}_+$. Die einzelnen Terme werden getrennt berechnet und anschließend verglichen:

T_l: $3(2 + r) + 5 = 6 + 3r + 5 = 11 + 3r$
T_r: $2 + r + 9 = 11 + r$

Vergleich: $11 + 3r > 11 + r$ bzw. $3r > r$,
und, da $r > 0$ ist, gilt $3 > 1$ (W).

4.10. Lösen algebraischer Ungleichungen

4.10.1. Lineare Ungleichungen mit genau einer Variablen

Untersuchung der Abhängigkeit der Lösungsmenge einer Ungleichung vom Typ $ax + b < 0$ von den Zahlen $a, b \in \mathbf{Q}$ mittels *Fallunterscheidung:* (Der Lösungsgrundbereich sei $\mathbf{Q}$)

1. Ist $a = 0$ und

$b \geqq 0$,	$b < 0$,

dann hat die Ungleichung $ax + b < 0$

keine Lösung, denn es gibt keine Belegung für x, die die Ungleichung $0 \cdot x + b < 0$ bei $b \geqq 0$ in eine wahre Aussage überführt. $L = \emptyset$	unendlich viele Lösungen, denn jede Zahl aus dem Grundbereich $\mathbf{Q}$ erfüllt die Ungleichung $0 \cdot x + b < 0$. $L = \mathbf{Q}$

2. Ist $a \neq 0$, so muß zwischen $a > 0$ und $a < 0$ unterschieden werden:

(1) Ist $a > 0$ und

$b \neq 0$,	$b = 0$,

dann hat die Ungleichung $ax + b < 0$ die Lösungsmenge

$L = \left\{x\colon x \in \mathbf{Q} \wedge x < -\dfrac{b}{a}\right\}$,	$L = \{x\colon x \in \mathbf{Q} \wedge x < 0\}$,

denn aus

$ax + b < 0$ mit $a > 0$, $b \neq 0$	$ax + 0 < 0$ mit $a > 0$

folgt

$ax < -b$ bzw. $x < -\frac{b}{a}$.	$ax < 0$ bzw. $x < 0$.

(2) Ist $a < 0$ und

$b \neq 0$,	$b = 0$,

dann hat die Ungleichung $ax + b < 0$ die Lösungsmenge

$L = \left\{x\colon x \in \mathbf{Q} \wedge x > -\frac{b}{a}\right\}$,	$L = \{x\colon x \in \mathbf{Q} \wedge x > 0\}$,

denn aus

$ax + b < 0$ mit $a < 0$, $b \neq 0$	$ax + 0 < 0$ mit $a < 0$

folgt

$ax < -b$ bzw. $x > -\frac{b}{a}$.	$ax < 0$ bzw. $x > 0$.

Jede Ungleichung der Form $a'x + b' > 0$ läßt sich durch Multiplikation mit -1 in die Form $ax + b < 0$ überführen.

BEISPIEL 4/44

a) Die Lösungsmenge der Ungleichung $3x - 15 < 0$ ist über den Grundbereichen **N, Z, Q, R** anzugeben.
Aus $3x - 15 < 0$ folgt $3x < 15$ bzw. $x < 5$.
Die Lösungsmenge L ist im Bereich

der natürlichen Zahlen: $L = \{x\colon x \in \mathbf{N} \wedge x < 5\} = \{0;\ 1;\ 2;\ 3;\ 4\}$,
der ganzen Zahlen: $L = \{x\colon x \in \mathbf{Z} \wedge x < 5\} = \{\ldots, -2;\ -1;\ 0;\ 1;\ 2;\ 3;\ 4\}$,
der rationalen Zahlen: $L = \{x\colon x \in \mathbf{Q} \wedge x < 5\}$,
der reellen Zahlen: $L = \{x\colon x \in \mathbf{R} \wedge x < 5\}$.

b) Beim Lösen der Ungleichung

$$3(2x - 1) < x + 2(3 + 4x) + 1 \quad \text{(Gundbereich } \mathbf{R}\text{)}$$

sind die Regeln für äquivalente Umformungen von Ungleichungen anzuwenden:

$$6x - 3 < x + 6 + 8x + 1$$
$$-3x < 10$$
$$x > -\frac{10}{3}$$

Probe: Es sei $x = -\frac{10}{3} + r$ mit $r \in \mathbf{R}$ und $r > 0$.

$$T_l\colon\ 3\left[2 \cdot \left(-\frac{10}{3} + r\right)\right] - 1 = -23 + 6r$$

$$T_r\colon\ -\frac{10}{3} + r + 2 \cdot \left[3 + 4 \cdot \left(-\frac{10}{3} + r\right)\right] + 1 = -23 + 9r$$

Vergleich: Aus $-23 + 6r < -23 + 9r$ mit $r > 0$ folgt $6r < 9r$ (W)

Die Lösungsmenge ist $L = \left\{x\colon\ x \in \mathbf{R} \wedge x > -\frac{10}{3}\right\}$.

4.10.2. Simultane Ungleichungen mit einer Variablen

Systeme von mehreren Ungleichungen mit nur einer Variablen heißen simultane Ungleichungen. Die Lösungsmenge des Systems ist der Durchschnitt der Lösungsmengen der einzelnen Ungleichungen.

BEISPIEL 4/45

Gegeben sei das Ungleichungssystem

(I) $4x - 3 < 3x + 1$

(II) $x + 1 < 2x + 3$.

Der Grundbereich sei $\mathbf{Q}$.
Die Lösungsmenge L_1 ist $L_1 = \{x\colon\ x \in \mathbf{Q} \wedge x < 4\}$, denn aus $4x - 3 < 3x + 1$ folgt $x < 4$.
Die Lösungsmenge L_2 ist $L_2 = \{x\colon\ x \in \mathbf{Q} \wedge x > -2\}$, denn aus $x + 1 < 2x + 3$ folgt $-x < 2$ bzw. $x > -2$.
Die Lösungsmenge L des Systems ist der Durchschnitt von L_1 und L_2:

$$L = L_1 \cap L_2 = \{x\colon\ x \in \mathbf{Q} \wedge -2 < x < 4\}.$$

Die Probe wird für jede Ungleichung gesondert durchgeführt. Veranschaulichung der Lösungsmenge an der Zahlengeraden (Bild 4/14)

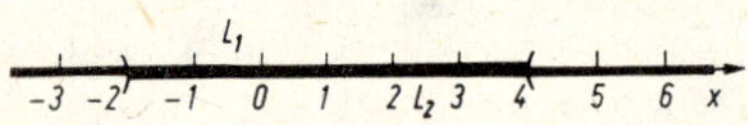

Bild 4/14

4.10.3. Linear gebrochene Ungleichungen mit einer Variablen

Ungleichungen vom Typ $\frac{ax + b}{cx + d} < 0$ werden linear gebrochene Ungleichungen genannt. Sie werden durch Fallunterscheidungen gelöst, wobei simultane Ungleichungen auftreten (↗ 4.10.2.).

BEISPIEL 4/46

a) Die Ungleichung $\frac{4x + 1}{x - 3} < 2$ ist im Bereich $\mathbf{Q}$ der rationalen Zahlen für $x \neq 3$ erklärt. (Der Lösungsgrundbereich ist $G_E = \mathbf{Q} \setminus \{3\}$.)

Umformung in eine Ungleichung vom Typ $\frac{ax + b}{cx + d} < 0$:

$$\frac{4x + 1}{x - 3} - 2 < 0$$

$$\frac{4x + 1 - 2x + 6}{x - 3} < 0$$

$$\frac{2x + 7}{x - 3} < 0$$

Fallunterscheidung: Ein Bruch ist negativ, wenn entweder sein Zähler positiv und sein Nenner negativ (1. Fall) oder sein Zähler negativ und sein Nenner positiv (2. Fall) ist.

1. Fall	**2. Fall**
$2x + 7 > 0$ und $x - 3 < 0$	$2x + 7 < 0$ und $x - 3 > 0$
bzw. $x > -\frac{7}{2}$ und $x < 3$	bzw. $x < -\frac{7}{2}$ und $x > 3$

Da die Lösungsmenge zweier simultaner Ungleichungen der Durchschnitt der Teilmengen ist, gilt

$$L_1 = \left\{x\colon x \in \mathbf{Q} \wedge -\frac{7}{2} < x < 3\right\} \quad \Big| \quad L_2 = \emptyset.$$

Die Gesamtlösungsmenge im Lösungsgrundbereich ist die Vereinigung von L_1 und L_2:

$$L = L_1 \cup L_2 = \left\{x\colon x \in \mathbf{Q} \wedge -\frac{7}{2} < x < 3\right\}.$$

Veranschaulichung der Lösungsmenge durch die Graphen der Funktionen f mit $f(x) = \frac{4x + 1}{x - 3}$ und g mit $g(x) = 2$ in Bild 4/15

b) Ist die Lösungsmenge einer Doppelungleichung

$$-1 < \frac{2x + 1}{4x - 3} < 1 \text{ (Variablengrundbereich } \mathbf{R})$$

zu ermitteln, dann ist ein System von zwei linear gebrochenen Ungleichungen mit einer Variablen zu lösen:

$$\text{(I)} \qquad -1 < \frac{2x + 1}{4x - 3}$$

$$\text{(II)} \qquad \frac{2x + 1}{4x - 3} < -1$$

Die Anwendung des in Beispiel a) angegebenen Lösungsverfahrens ergibt die Lösungsmengen

$$L_{\text{I}} = \left\{x\colon x \in \mathbf{R} \wedge -\infty < x < \frac{1}{3} \wedge \frac{3}{4} < x < \infty\right\},$$

$$L_{\text{II}} = \left\{x\colon x \in \mathbf{R} \wedge -\infty < x < \frac{3}{4} \wedge 2 < x < \infty\right\}.$$

Die Lösungsmenge L der Doppelungleichung ist der Durchschnitt der Lösungsmengen L_{I} und L_{II}:

$$L = \left\{x\colon x \in \mathbf{R} \wedge -\infty < x < \frac{1}{3} \wedge 2 < x < \infty\right\}.$$

Veranschaulichung der Lösungsmenge mit Hilfe der Graphen der Funktionen $f(x) = \frac{2x+1}{4x-3}$, $g(x) = -1$, $h(x) = 1$ auf der x-Achse (Bild 4/16). In der graphischen Darstellung der Funktionen f, g, h wird deutlich, daß nur für die Argumente $x < \frac{1}{3}$ und $x > 2$ die Funktionswerte der Funktion f mit $f(x) = \frac{2x+1}{4x-3}$ im Intervall $-1 < f(x) < 1$ liegen.

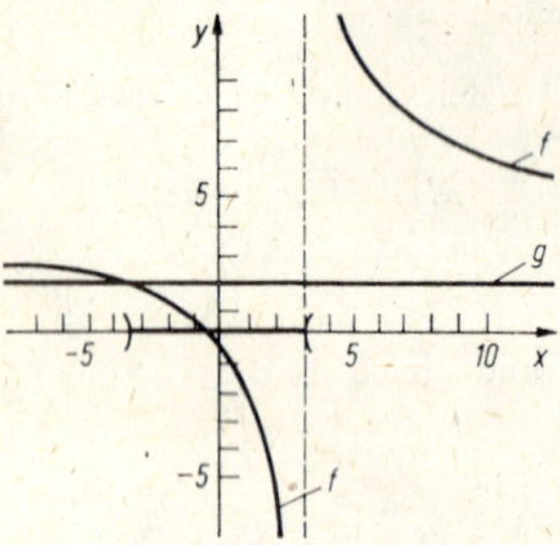

Bild 4/15

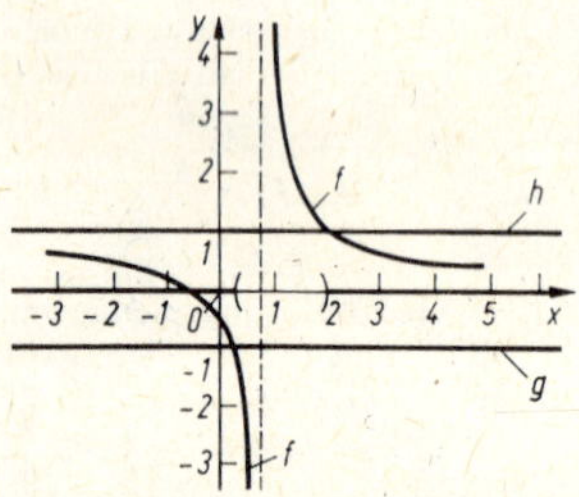

Bild 4/16

4.10.4. Lineare Ungleichungen mit genau zwei Variablen

Eine lineare Ungleichung mit zwei Variablen von der Form

$$ax + by + c < 0$$

mit reellen Zahlen a, b, c hat im Variablengrundbereich $\mathbf{R}$ stets unendlich viele Lösungen. Demnach gibt es zu jedem $x \in \mathbf{R}$ mindestens ein $y \in \mathbf{R}$, das die gegebene Ungleichung erfüllt. Die Lösungsmenge ist die Menge aller geordneten Paare $(x; y)$ mit $(x; y) \in \mathbf{R}^2$, die die gegebene Ungleichung erfüllen.

BEISPIEL 4/47

a) Gegeben sei die Ungleichung $x + y - 5 < 0$. Es sollen alle natürlichen Zahlen x angegeben werden, für die $y \in \mathbf{N}$ ist. Die Umformung der Ungleichung ergibt $y < -x + 5$.

Für $x = 0$ ist $y < 5$. Die Lösungsteilmenge L_1 ist

$$L_1 = \{(0;\ 0), (0;\ 1), (0;\ 2)\ (0;\ 3), (0;\ 4)\}.$$

Für $x = 1$ ist $y < 4$. Die Lösungsteilmenge L_2 ist

$$L_2 = \{(1;\ 0), (1;\ 1), (1;\ 2), (1;\ 3)\}.$$

Entsprechend erhält man für

$x = 2$ die Lösungsteilmenge $L_3 = \{(2;\ 0), (2;\ 1), (2;\ 2)\}$,
$x = 3$ die Lösungsteilmenge $L_4 = \{(3;\ 0), (3;\ 1)\}$,
$x = 4$ die Lösungsteilmenge $L_5 = \{(4;\ 0)\}$.

Die Lösungsmenge L der gegebenen Ungleichung ist

$$L = L_1 \cup L_2 \cup L_3 \cup L_4 \cup L_5.$$

b) Durch äquivalente Umformung der Ungleichung $2x + 3y - 6 < 0$ mit $(x;\ y) \in \mathbf{R}^2$ erhält man $y < -\frac{2}{3}x + 2$.

Die Lösungsmenge enthält alle geordneten Zahlenpaare $(x;\ y)$ mit $y < -\frac{2}{3}x + 2$. Sie kann veranschaulicht werden durch die Punkte der Halbebene unterhalb der Geraden mit der Gleichung $y = -\frac{2}{3}x + 2$ (Bild 4/17). Die Punkte der Geraden gehören nicht mit zur Lösungsmenge (offene Punktmenge); die Gerade wird deshalb gestrichelt gezeichnet.

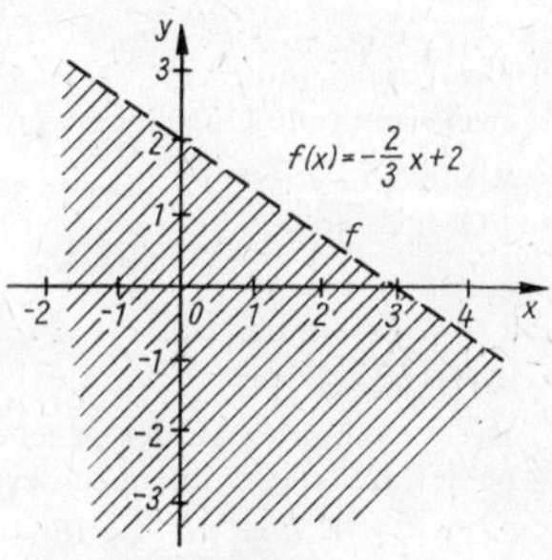

Bild 4/17

4.10.5. Ungleichungen mit absoluten Beträgen

Ungleichungen, in denen die Variable in der ersten Potenz in dem Betragszeichen auftritt, werden unter Anwendung der Definition des absoluten Betrags einer rationalen bzw. reellen Zahl umgeformt. Nach 3.3.2. gilt für jede rationale bzw. reelle Zahl a

$$|a| = \begin{cases} a & \text{für } a \geqq 0 \\ -a & \text{für } a < 0. \end{cases}$$

BEISPIEL 4/48

a) Die Ungleichung $|x| < 3$ ($x \in \mathbf{R}$) wird durch Anwenden der Definition des absoluten Betrags einer reellen Zahl in zwei simultane Ungleichungen zerlegt (Fallunterscheidung):

Wenn $x \geqq 0$ ist, so gilt	Wenn $x < 0$ ist, so gilt
$x < 3$.	$-x < 3$ bzw. $x > -3$.
$x < 3$ zusammen mit $x \geqq 0$ liefert $0 \leqq x < 3$.	$x > -3$ zusammen mit $x < 0$ liefert $-3 < x < 0$.
Die Lösungsteilmenge L_1 ist	Die Lösungsteilmenge L_2 ist
$L_1 = \{x\colon x \in \mathbf{R} \wedge 0 \leqq x < 3\}$.	$L_2 = \{x\colon x \in \mathbf{R} \wedge -3 < x < 0\}$.

Die Lösungsmenge L der Ungleichung ist die Vereinigung der Lösungsteilmengen L_1 und L_2: $L = L_1 \cup L_2$

$$L = \{x\colon x \in \mathbf{R} \wedge -3 < x < 3\}.$$

Veranschaulichung in Bild 4/18

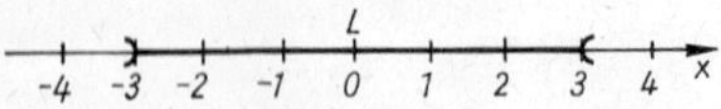

Bild 4/18

b) In entsprechender Weise erhält man die Lösungsmenge L der Ungleichung $|x| > 3$. Es ist $L = \{x\colon x \in \mathbf{R} \wedge x > 3 \wedge x < -3\}$. Veranschaulichung in Bild 4/19

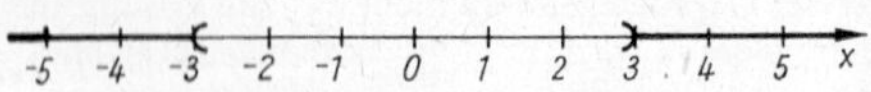

Bild 4/19

c) Die Ungleichung $|x + 2| < 5$ ($x \in \mathbf{R}$) wird durch Fallunterscheidung in zwei simultane Ungleichungen zerlegt:

Wenn $x + 2 \geqq 0$ ist, so gilt	Wenn $x + 2 < 0$ ist, so gilt
$x + 2 < 5$ bzw. $x < 3$.	$-(x + 2) < 5$ bzw. $x + 2 > -5$ bzw. $x > -7$.
$x < 3$ zusammen mit $x + 2 \geqq 0$ liefert $-2 \leqq x < 3$.	$x > -7$ zusammen mit $x + 2 < 0$ liefert $-7 < x < -2$.

Die Lösungsmenge der gegebenen Ungleichung ist die Vereinigung der beiden Lösungsteilmengen der simultanen Ungleichungen:

$$L = \{x\colon x \in \mathbf{R} \wedge -7 < x < 3\}.$$

Veranschaulichung der Lösungsmenge an der Zahlengeraden in Bild 4/20

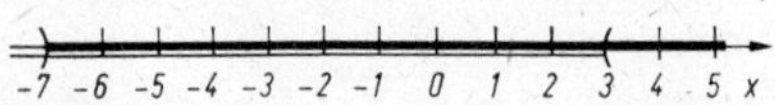

Bild 4/20

4.10.6. Quadratische Ungleichungen

Quadratische Ungleichungen werden nach Bildung des vollständigen Quadrats in Analogie zur Lösung einer quadratischen Gleichung in Normalform (↗ 4.4.5.(2)) auf zwei simultane Ungleichungen zurückgeführt. Die Lösungsmenge der gegebenen quadratischen Ungleichung ist die

Vereinigung der Lösungsteilmengen der beiden simultanen Ungleichungen.

BEISPIEL 4/49

a) Die linke Seite der Ungleichung $x^2 - 2x < 8$ $(x \in \mathbf{R})$ wird zunächst zu einem vollständigen Quadrat ergänzt:

$$x^2 - 2x + 1 < 8 + 1$$
$$(x-1)^2 < 9.$$

Werden beide Seiten der Ungleichung radiziert, so ist zu beachten, daß $\sqrt{a^2} = |a|$ gilt (↗ 3.4.3.):

$$|x - 1| < 3$$

Wenn $x - 1 \geqq 0$ ist, so gilt
$x - 1 < 3$ bzw. $x < 4$.

$x < 4$ zusammen mit $x - 1 \geqq 0$ liefert $1 \leqq x < 4$.
$L_1 = \{x\colon x \in \mathbf{R} \wedge 1 \leqq x < 4\}$.

Wenn $x - 1 < 0$ ist, so gilt
$-(x-1) < 3$ bzw. $x - 1 > -3$ bzw. $x > -2$.

$x > -2$ zusammen mit $x - 1 < 0$ liefert $-2 < x < 1$.
$L_2 = \{x\colon x \in \mathbf{R} \wedge -2 < x < 1\}$.

Die Lösungsmenge der gegebenen Ungleichung ist die Vereinigung der beiden Lösungsteilmengen, $L = L_1 \cup L_2$.

$$L = \{x\colon x \in \mathbf{R} \wedge -2 < x < 4\},$$

Veranschaulichung in Bild 4/21

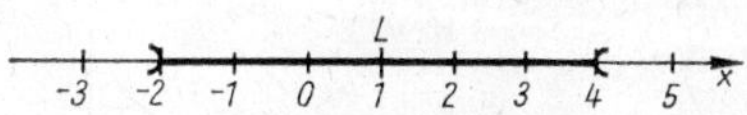

Bild 4/21

b) Die Ungleichung $x^2 + 16 < 0$ $(x \in \mathbf{R})$ ist nicht lösbar, da $x^2 + 16 > 0$ für jede reelle Zahl x ist.

4.10.7. Wurzelungleichungen

Beim Lösen von Ungleichungen, die Quadratwurzeln enthalten, ist stets der Lösungsgrundbereich der Variablen zu beachten (↗ Definition der Quadratwurzel in 3.4.3.). Ungleichungen, die Quadratwurzeln enthalten, werden häufig durch Quadrieren gelöst. Da das Quadrieren im allgemeinen eine nichtäquivalente Umformung ist, sind die ermittelten Lösungen zu überprüfen, ob sie auch tatsächlich die gegebene Ungleichung erfüllen.

BEISPIEL 4/50

In allen Beispielen sei der Variablengrundbereich **R**.

a) Gegeben sei die Ungleichung $\sqrt{x + 3} < 5$.
Der Lösungsgrundbereich ist durch $x + 3 \geqq 0$ bzw. $x \geqq -3$ festgelegt. Nach dem Quadrieren der Ungleichung erhält man $x + 3 < 25$ bzw. $x < 22$.

Unter Beachtung des Lösungsgrundbereichs ist die Lösungsmenge

$$L = \{x\colon x \in \mathbf{R} \text{ und } -3 \leqq x < 22\}.$$

Probe: Es sei $r \in \mathbf{R}$ mit $0 < r \leqq 25$. Dann ist $x = 22 - r$. In der Tat ist $\sqrt{22 - r + 3} = \sqrt{25 - r} < 5$.

b) Gegeben sei die Ungleichung $\sqrt{5 - 4x} > x$.
Auf Grund der Wurzeldefinition ist der Lösungsgrundbereich durch $x \leqq \frac{5}{4}$ festgelegt.

Fallunterscheidung:
1. Fall: Für $x < 0$ ist die Ungleichung stets erfüllt, da dann der Radikand stets positiv ist; $L_1 = \{x\colon x \in \mathbf{R} \text{ und } x < 0\}$.
2. Fall: Für $x \geqq 0$ wird die Ungleichung quadriert:

$$5 - 4x > x^2$$

Diese Ungleichung wird nach 4.10.6. gelöst:

$$x^2 + 4x < 5$$

Bilden des vollständigen Quadrats:

$$(x + 2)^2 < 5 + 4 \quad \text{bzw.}$$
$$(x + 2)^2 < 9$$

Radizieren: $|x + 2| < 3$.

Erneute Fallunterscheidung:

(a) Wenn $x + 2 \geqq 0$ ist, so gilt
$x + 2 < 3$ bzw. $x < 1$.

$x < 1$ zusammen mit
$x + 2 \geqq 0$
liefert $-2 \leqq x < 1$.

(b) Wenn $x + 2 < 0$ ist, so gilt
$-(x + 2) < 3$ bzw.
$x + 2 > -3$ bzw. $x > -5$.
$x > -5$ zusammen mit
$x + 2 < 0$
liefert $-5 < x < -2$.

Daraus erhält man $-5 < x < 1$.
Unter Beachtung der Bedingung für den 2. Fall ($x \geqq 0$) ergibt sich die Lösungsmenge L_2 als Durchschnitt der beiden Teilmengen:

$$L_2 = \{x\colon x \in \mathbf{R} \wedge 0 \leqq x < 1\}.$$

Die Lösungsmenge der gegebenen Ungleichung ist die Vereinigung von L_1 und L_2: $L = L_1 \cup L_2 = \{x\colon x \in \mathbf{R} \text{ und } x < 1\}$.

c) Gegeben sei die Ungleichung $\sqrt{x + 3} - \sqrt{5 - x} > 2$.

Durch die Radikanden ist der Lösungsgrundbereich festgelegt:

$$-3 \leqq x \leqq 5.$$

Da $x + 3 > 5 - x$ sein muß, wird der Lösungsgrundbereich weiter eingeschränkt. Es muß $2x > 2$ bzw. $x > 1$ sein. Also gilt

$$1 < x \leqq 5.$$

Unter dieser Bedingung kann die Ungleichung quadriert werden:

$$x + 3 - 2\sqrt{15 + 2x - x^2} + 5 - x > 4.$$

Die weitere Umformung ergibt:

$$
\begin{aligned}
-2\sqrt{15 + 2x - x^2} &> -4 \\
15 + 2x - x^2 &< 4 \\
-x^2 + 2x &< 4 - 15 \\
x^2 - 2x &> 11 \\
(x-1)^2 &> 12 \\
|x - 1| &> \sqrt{12}
\end{aligned}
$$

Fallunterscheidung:

Wenn $x - 1 \geqq 0$ ist, so gilt

$x - 1 > \sqrt{12}$ bzw.

$x > 1 + \sqrt{12}$

Wenn $x - 1 < 0$ ist, so gilt

$-(x - 1) > 12$ bzw.

$x < 1 - \sqrt{12}$.

Der Durchschnitt mit dem eingeschränkten Lösungsgrundbereich $1 < x \leqq 5$ ergibt dann die Lösungsmenge der gegebenen Ungleichung:

$$L = \{x\colon x \in \mathbf{R} \wedge 1 + \sqrt{12} < x \leqq 5\}.$$

4.11. Ungleichungssysteme

4.11.1. Lineare Ungleichungssysteme

Ein System von n linearen Ungleichungen mit n Variablen hat die Form

$$
\begin{aligned}
a_{11}x_1 + a_{12}x_2 + \ldots + a_{1n}x_n &< s_1 \\
a_{21}x_1 + a_{22}x_2 + \ldots + a_{2n}x_n &< s_2 \\
\ldots\ldots\ldots\ldots\ldots\ldots\ldots\ldots\ldots & \\
a_{n1}x_1 + a_{n2}x_2 + \ldots + a_{nn}x_n &< s_n
\end{aligned}
$$

in Kurzform $\boldsymbol{Ax} < \boldsymbol{s}$ (↗ 8.7.1. Matrizenschreibweise linearer Gleichungssysteme)

In einem Ungleichungssystem können auch die Zeichen $>$, $\leqq$, $\geqq$ auftreten. Nicht alle a_{ik} müssen ungleich Null sein. Lösungsgrundbereich G_E sei die Menge der geordneten n-Tupel reeller Zahlen, wenn kein anderer Zahlenbereich festgelegt ist.

Systeme von zwei linearen Ungleichungen mit zwei Variablen können geometrisch veranschaulicht werden: Die Lösungsbereiche können als Punktmengen in einem ebenen kartesischen Koordinatensystem dargestellt werden.

Die Lösungsbereiche der einzelnen Ungleichungen sind jeweils Halbebenen. Lösungsbereiche können

- konvex und beschränkt (Beispiel 4/51 b)
- unbeschränkt (Beispiel 4/51 a)
- leer sein (Beispiel 4/51 c)

Der Lösungsbereich eines Ungleichungssystems ist der Durchschnitt der Lösungsbereiche der einzelnen Ungleichungen.

BEISPIEL 4/51

a) Es soll der Lösungsbereich des Ungleichungssystems

$$5x - y > 3$$
$$2x - y < 2$$

über der Menge der geordneten Paare reeller Zahlen ermittelt werden. Werden die einzelnen Ungleichungen nach y aufgelöst, erhält man $y < 5x - 3$ bzw. $y > 2x - 2$. Die Grenzgeraden $y = 5x - 3$ und $y = 2x - 2$ schneiden einander im Punkt $P\left(\frac{1}{3}; -\frac{4}{3}\right)$.
Aus $2x - 2 < y < 5x - 3$ folgt $2x - 2 < 5x - 3$ bzw. $-3x < -1$ bzw. $x > \frac{1}{3}$.

Der Lösungsbereich ist demnach

$$L = \left\{(x;\ y)\colon (x;\ y) \in \mathbf{R}^2;\quad x < \frac{1}{3} \text{ und } 2x - 2 < y < 5x - 3\right\}.$$

Geometrische Veranschaulichung in Bild 4/22

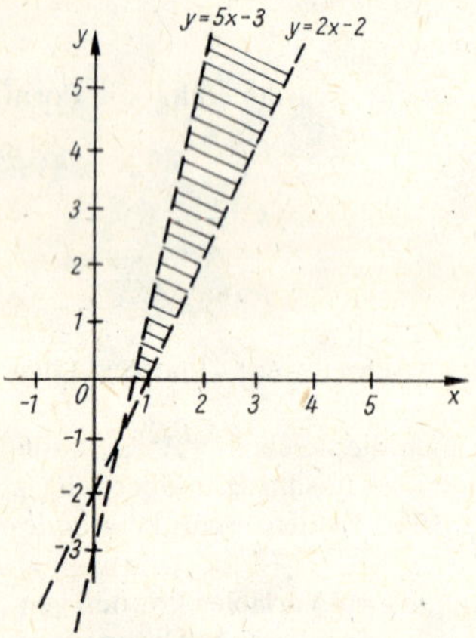

Bild 4/22

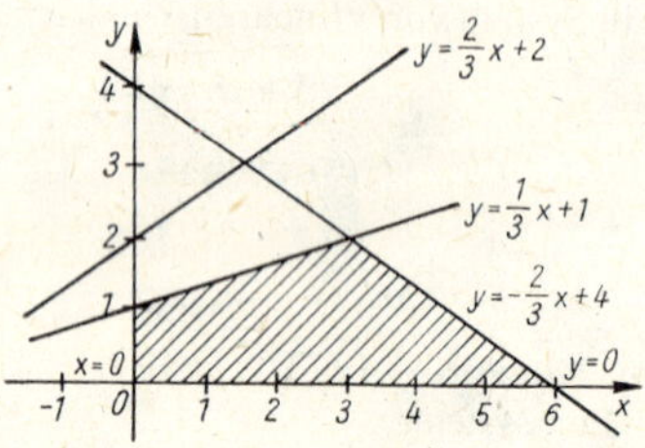

Bild 4/23

b) Das Ungleichungssystem

(I)	$2x + 3y \leqq 12$
(II)	$-x + 3y \leqq 3$
(III)	$x \geqq 0$
(IV)	$y \geqq 0$

enthält in den Ungleichungen (III) und (IV) **Nichtnegativitätsbedingungen** für die Variablen x und y.

Durch die Grenzgeraden mit den Gleichungen

$y = -\frac{2}{3}x + 4$ für den Lösungsbereich der Ungleichung (I),

$y = \frac{1}{3}x + 1$ für den Lösungsbereich der Ungleichung (II),

$x = 0$ für den Lösungsbereich der Ungleichung (III),

$y = 0$ für den Lösungsbereich der Ungleichung (IV)

wird der Lösungsbereich des Ungleichungssystems als Fläche eines konvexen Vierecks veranschaulicht (Bild 4/23). Der Lösungsbereich

$$L = \left\{(x;\ y):\ (x;\ y) \in \mathbf{R}^2;\ 0 \leqq x \leqq 3,\ 0 \leqq y \leqq \frac{1}{3}x + 1 \text{ und } 3 \leqq x \leqq 6,\ 0 \leqq y \leqq -\frac{2}{3}x + 4\right\}$$

ist konvex und beschränkt.

c) Der Lösungsbereich des Ungleichungssystems

(I) $2x + y \leqq -3$

(II) $-2x + y \leqq 5$

(III) $x \geqq 0$

(IV) $y \geqq 0$

ist leer. Geometrische Veranschaulichung in Bild 4/24.

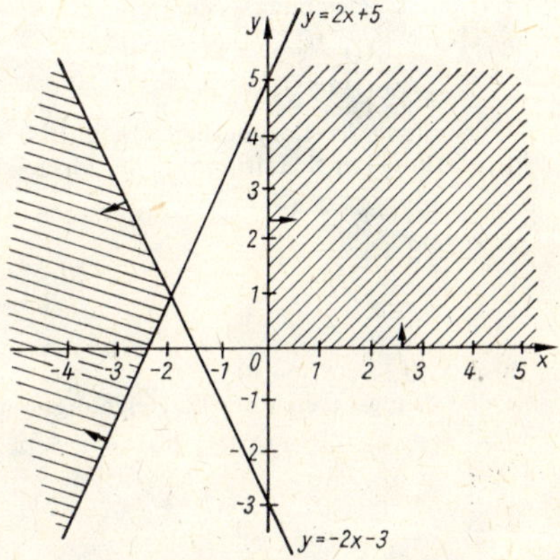

Bild 4/24

Die Ungleichungen (I) und (II) haben einen gemeinsamen Lösungsbereich, die Ungleichungen (III) und (IV) haben ebenfalls einen (anderen) gemeinsamen Lösungsbereich. Alle vier Ungleichungen des Systems haben jedoch keinen gemeinsamen Lösungsbereich.

Eine Ungleichung eines Systems, die keinen Einfluß auf die Bildung des Lösungsbereichs hat und die nicht im Widerspruch zu anderen Ungleichungen des Systems steht, heißt **überflüssig.** Sie kann aus dem System

ausgesondert werden, z. B. wäre die Ungleichung $y < \frac{2}{3}x + 2$ im Beispiel 4/51 b) überflüssig (↗ Bild 4/23).
Lineare Ungleichungssysteme finden bei der Lösung von Problemen der **linearen Optimierung** Anwendung, die im Falle von zwei Variablen graphisch veranschaulicht werden können.

4.11.2. Quadratische Ungleichungssysteme mit zwei Variablen

Das in 4.11.1. dargestellte Verfahren zur Ermittlung des Lösungsbereichs von Ungleichungssystemen kann auch auf Systeme von zwei Ungleichungen (von denen wenigstens eine in einer Variablen quadratisch ist) mit zwei Variablen übertragen werden.

BEISPIEL 4/52

Gegeben sei das Ungleichungssystem

$$\text{(I)} \quad x^2 - 4x - y + 3 < 0$$
$$\text{(II)} \quad x - y + 3 > 0.$$

Gleichungen der Grenzkurven sind
$y = x^2 - 4x + 3$ (veranschaulicht durch eine nach oben geöffnete Parabel mit dem Scheitel $A(2;\ -1)$) bzw. $y = x + 3$ (veranschaulicht durch eine Gerade).
Für das Ungleichungssystem gilt

$$\text{(I)} \quad y > (x-2)^2 - 1$$
$$\text{(II)} \quad y < x + 3$$

Darstellung der Lösungsbereiche in Bild 4/25
Ermittlung der Schnittpunkte der Grenzkurven:

$$x^2 - 4x + 3 = x + 3$$
$$x^2 - 5x = 0$$
$$x_1 = 0 \qquad x_2 = 5$$
$$y_1 = 3 \qquad y_2 = 8$$

also $S_1(0;\ 3)$, $S_2(5;\ 8)$.
Der Lösungsbereich des Ungleichungssystems ist
$L = \{(x;\ y)\colon (x;\ y) \in \mathbf{R}^2;\ 0 < x < 5,\ (x-2)^2 - 1 < y < x + 3\}$.

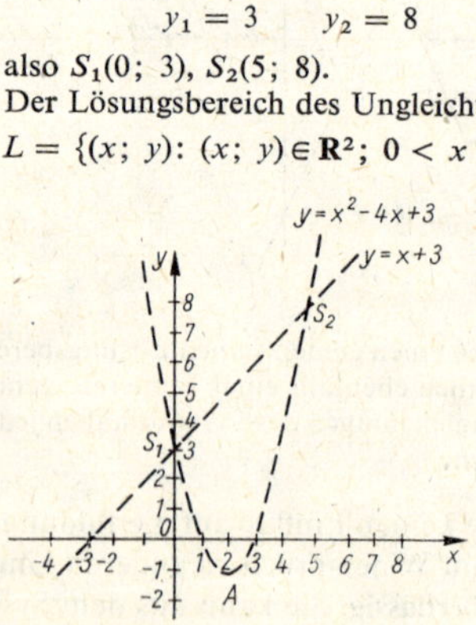

Bild 4/25

5. Elementare Geometrie

5.1. Geometrie der Ebene

5.1.1. Grundlagen

(1) **Punkt, Gerade, Ebene**

Die Ebene wird als eine Menge festgelegt, deren Elemente **Punkte** genannt und durch große lateinische Buchstaben bezeichnet werden. In der Ebene ist ein System von Teilmengen ausgezeichnet, dessen Elemente **Geraden** genannt und durch kleine lateinische Buchstaben bezeichnet werden.

Ist der Punkt P ein Element der Geraden g ($P \in g$), so sagt man: »Der Punkt P *liegt auf* der Geraden g «oder» Die Gerade *geht durch* den Punkt P«.
Zu zwei voneinander verschiedenen Punkten A, B gibt es genau eine Gerade g, die A und B enthält. Sie heißt die **Verbindungsgerade** durch A und B und wird durch $g(AB)$ bezeichnet.
Sind g und h zwei verschiedene Geraden und ist P sowohl ein Punkt von g als auch ein Punkt von h, so heißt P **Schnittpunkt** von g und h. Man sagt auch: »g und h schneiden einander in P«. Die Menge aller Geraden einer Ebene, die einander in genau einem Punkt schneiden, heißt **Geradenbüschel.**

(2) **Parallele Geraden**

Haben zwei Geraden g, h keinen Punkt gemeinsam oder gilt $g = h$, dann heißen diese Geraden **parallel** oder Parallelen, in Zeichen $g \parallel h$ (gelesen »g ist zu h parallel«).

Ist g eine beliebige Gerade und P ein beliebiger Punkt, so gibt es genau eine Gerade h, die P enthält und zu g parallel ist. Die zweistellige Relation »parallel« ist eine Äquivalenzrelation (↗ 2.5.3.) in der Menge aller Geraden. Deshalb kann die Menge aller Geraden in Klassen zueinander paralleler Geraden zerlegt werden. Jede solche Klasse heißt **Parallelenklasse.**

(3) Eine **geometrische Figur** ist eine beliebige nicht leere Punktmenge. Sie heißt

linear (oder eindimensional), wenn sie in einer Geraden liegt und kein Punkt ist.

eben (oder zweidimensional), wenn sie in einer Ebene, jedoch nicht in einer Geraden liegt.

(4) Zwischenrelation

In der Menge der Punkte einer Ebene ist eine dreistellige Relation, **Zwischenrelation** genannt, erklärt. Wenn sie für die Punkte A, B, C gilt, werde sie mit Zw(ABC) bezeichnet.

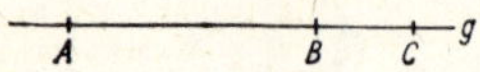

Bild 5/1

Liegt ein Punkt B zwischen A und C [d. h. Zw(ABC)], so sind A, B, C drei verschiedene Punkte einer Geraden (Bild 5/1).

$A < B$ bedeute »A liegt vor B« auf einer Geraden g, d. h., beim Durchlaufen von g trifft man zuerst auf A, dann auf B. So wird durch die Zwischenrelation eine **Gerade orientiert.**
Zw (ABC) bedeutet entweder $A < B < C$ oder $C < B < A$; d. h., jede Gerade kann auf zwei Arten orientiert werden.

Ist g eine orientierte Gerade und A ein Punkt von g, so kann die Menge der von A verschiedenen Punkte von g in zwei Teilmengen zerlegt werden:

$$\{X\colon X \in g \text{ und } X < A\}, \qquad \{Y\colon Y \in g \text{ und } Y > A\}.$$

Fügt man den beiden Mengen den Punkt A hinzu, dann entstehen die beiden von A auf g erzeugten **Strahlen.** A heißt Anfangspunkt, g Trägergerade der beiden zueinander entgegengesetzten Strahlen bezüglich A.

Ein Strahl ist durch die Angabe seines Anfangspunktes A und eines zu dem Strahl gehörenden Punktes P ($P \neq A$) eindeutig bestimmt. Er wird mit AP^+ bezeichnet. Der zu AP^+ entgegengesetzte Strahl wird dann mit AP^- bezeichnet. Es gilt stets: $AP^+ \cap AP^- = \{A\}$ und $AP^+ \cup AP^- = g(AP)$.

Sind A, B zwei Punkte, so wird die Menge

$$\{X\colon \text{Zw}(AXB) \text{ oder } \quad X = A \quad \text{oder } X = B\}$$

die **Strecke** AB genannt und mit AB bezeichnet. Eine Strecke ist demnach die Punktmenge, die die Endpunkte A, B und alle zwischen A und B liegenden Punkte (innere Punkte genannt) enthält.

Durch die Festlegung, welcher Endpunkt einer Strecke vor dem anderen liegt, wird eine **Strecke orientiert.** Liegt A vor B, so bezeichnet man die orientierte Strecke mit $\overrightarrow{AB}$. In der Zeichnung wird die Orientierung einer Strecke durch eine Pfeilspitze am Endpunkt der Strecke veranschaulicht.
$\overrightarrow{AB}$ und $\overrightarrow{BA}$ sind zueinander entgegengesetzt orientierte Strecken.
Ein **Streckenzug** ist die Vereinigung von n Strecken, in der je zwei aufeinanderfolgende Strecken genau einen Endpunkt gemeinsam haben.

(5) **Halbebenen**

Jede Gerade g zerlegt die Menge der nicht zu ihr gehörenden Punkte einer Ebene in zwei **offene Halbebenen.** Zwei Punkte liegen genau dann in derselben offenen Halbebene, wenn zwischen ihnen kein Punkt von g liegt. g heißt **Randgerade** der offenen Halbebene.
Die Vereinigung einer offenen Halbebene und der Randgeraden heißt **Halbebene.** Die beiden zu einer Randgeraden gehörenden Halbebenen werden **zueinander entgegengesetzt** genannt.

Liegen A und B in derselben von g erzeugten Halbebene, so sagt man: »A und B liegen auf derselben Seite von g«.
Eine Halbebene ist durch die Angabe ihrer Randgeraden g und eines zur Halbebene (aber nicht zur Randgeraden) gehörenden Punktes P bestimmt.

(6) Eine Punktmenge, die aus einem Strahl und einer offenen Halbebene besteht, heißt **Fahne.** Dabei ist die Randgerade der offenen Halbebene Trägergerade des Strahls.

Der Strahl wird *Randstrahl* der Fahne, sein Anfangspunkt wird *Anfangspunkt* der Fahne genannt. Eine Fahne f mit dem Randstrahl s und dem in ihrer offenen Halbebene liegenden Punkt P wird mit sP^+ bezeichnet. Die Fahne mit dem gleichen Randstrahl s und der offenen Halbebene, die zu der von sP^+ entgegengesetzt ist, wird mit sP^- bezeichnet (Bild 5/2a).

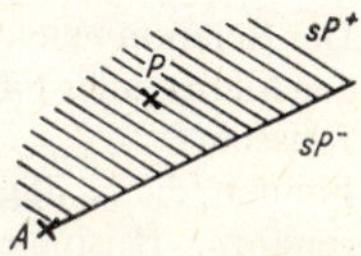

Bild 5/2 a

Wird in sP^+ bzw. in sP^- das Symbol s durch die oben eingeführte Symbolik für einen Strahl aus A durch B, AB^+ bzw. AB^-, ersetzt, dann werden durch die Symbole AB^+P^+, AB^+P^-, AB^-P^+, AB^-P^- bestimmte Fahnen charakterisiert (Bild 5/2b).

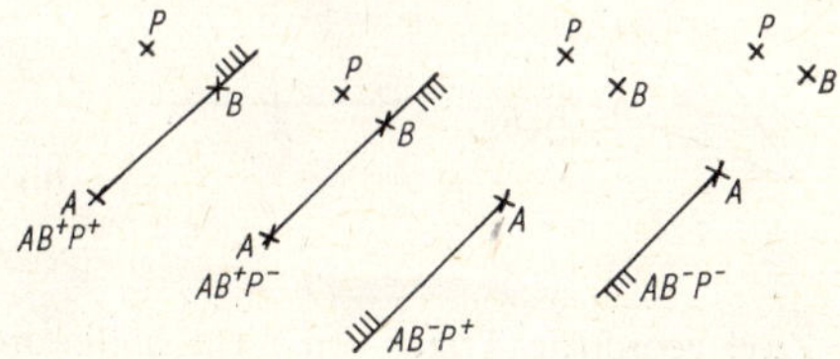

Bild 5/2 b

Die Fahnen AB^+P^+ und AB^-P^- sind **entgegengesetzt,** weil sowohl ihre Randstrahlen als auch ihre Halbebenen entgegengesetzt sind.

Zwei Fahnen f_1, f_2 (mit gleichem Anfangspunkt) sind **gleichorientiert** bezüglich des Anfangspunktes A

bei kollinearen Randstrahlen, wenn $f_1 = f_2$ oder f_1 zu f_2 entgegengesetzt ist.

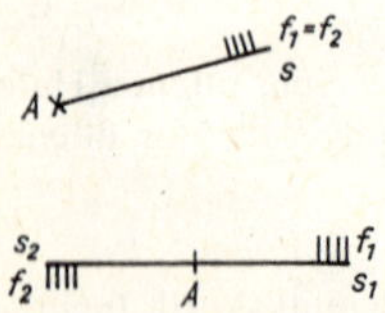

Bild 5/3a

bei nichtkollinearen Randstrahlen, wenn entweder der Randstrahl von f_1 in f_2 oder der Randstrahl von f_2 in f_1 enthalten ist, jedoch beides nicht gilt.

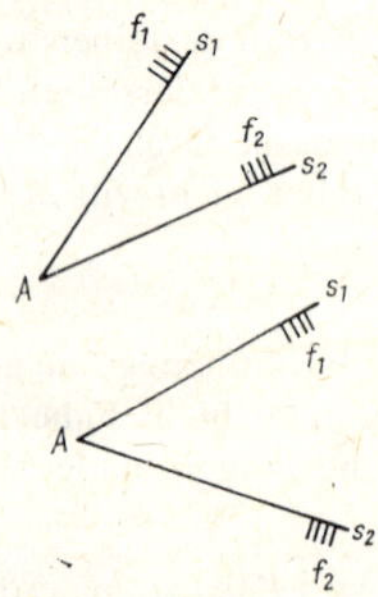

Bild 5/3b

Die Relation »gleichorientiert« ist eine Äquivalenzrelation (↗ 2.5.3.) in der Menge aller Fahnen. Sie bewirkt eine Zerlegung der Menge in zwei Klassen.
Fahnen, die nicht gleichorientiert sind, werden **entgegengesetzt orientiert** genannt. Beispiele für entgegengesetzt orientierte Fahnen sind in Bild 5/4 dargestellt.
Ist eine solche Orientierungsklasse ausgezeichnet, dann sagt man, die **Ebene ist orientiert.**

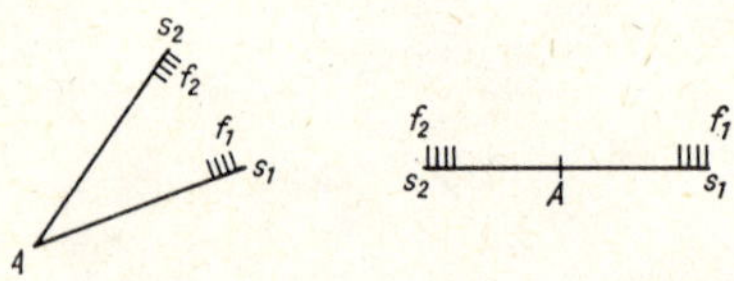

Bild 5/4

Zwei geordnete Tripel von nicht kollinearen Punkten (A, B, C) und (D, E, F) haben denselben Umlaufsinn genau dann, wenn die Fahnen AB^+C^+ und DE^+F^+ gleichorientiert sind. Unter dem **Umlaufsinn** eines geordneten nicht kollinearen Punktetripels (A, B, C) versteht man die Orientierungsklasse der Fahne AB^+C^+.

(7) Zum Winkelbegriff

Folgende Winkelarten werden unterschieden, je nachdem, ob die Reihenfolge der Schenkel festgelegt und ob ein Inneres ausgezeichnet ist.

	Die Reihenfolge der Schenkel ist	
	nicht festgelegt	festgelegt
Ein Inneres ist nicht ausgezeichnet	**Elementarwinkel:** (Ungeordnetes) Paar von Strahlen p, q mit gemeinsamem Anfangspunkt 0; in Zeichen $\sphericalangle (p, q)$, $\sphericalangle A0B$ mit $A \in p$, $B \in q$ 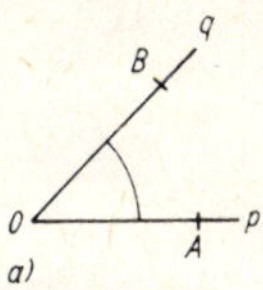 Bild 5/5a 0 ist der **Scheitel,** p, q sind die **Schenkel** des Winkels.	**Orientierter Elementarwinkel:** Geordnetes Paar von Strahlen p, q mit gemeinsamem Anfangspunkt 0; in Zeichen $\sphericalangle (p, q)$, $\sphericalangle A0B$ mit $A \in p$, $B \in q$ 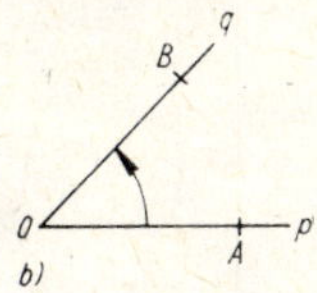 Bild 5/5b 0 ist der **Scheitel,** p ist der **erste Schenkel,** q der **zweite Schenkel** des Winkels. Positive Orientierung im mathematisch positiven Drehsinn.
	Wenn $p = q$ ist, so ist $\sphericalangle (p, q)$ der **Null-Elementarwinkel**; wenn p und q entgegengesetzte Strahlen in einer Geraden sind, so ist $\sphericalangle (p, q)$ ein **gestreckter Elementarwinkel**; wenn $p \perp q$ ist, so ist $\sphericalangle (p, q)$ **rechter Elementarwinkel.** Zwei orientierte Elementarwinkel $\sphericalangle A0B$ und $\sphericalangle CQD$ sind genau dann **gleichorientiert**, wenn die Fahnen $0A^+B^+$ und QC^+D^+ gleichorientiert sind (Bild 5/6). 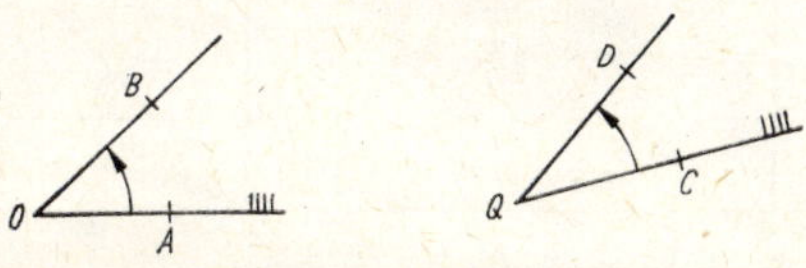 Bild 5/6	

•	Die Reihenfolge der Schenkel ist	
	nicht festgelegt	festgelegt
Ein Inneres ist ausgezeichnet	**(Gewöhnlicher) Winkel:** Jeder Elementarwinkel zerlegt die Ebene in zwei offene Teilmengen M_1, M_2. Die (z. B. durch den Punkt P) ausgezeichnete Teilmenge heißt das Innere des Winkels (Winkelfläche); in Zeichen $\sphericalangle(p, q; P)$, $\sphericalangle(AOB; P)$ 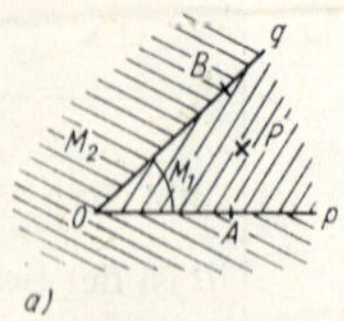 a) Bild 5/7	**Orientierter Winkel:** Orientierter Elementarwinkel und Inneres; in Zeichen $\sphericalangle(p, q; P)$. Wenn $p \neq q$ ist, so sind $\sphericalangle(p, q; P)$ und $\sphericalangle(q, p; P)$ verschieden orientiert. 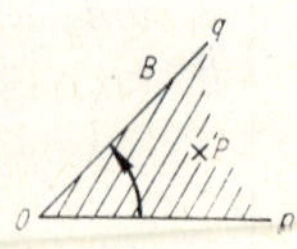 b) 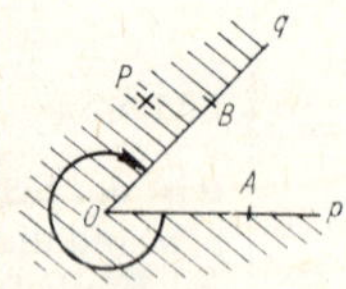
	Ist das Innere die leere Menge, so ist $\sphericalangle(p, q; P)$ der **Nullwinkel.**	
Drehprozeß		**Drehwinkel:** Orientierter Winkel, dem die Angabe einer natürlichen Zahl von Umdrehungen des zweiten Schenkels q in einem festgelegten Drehsinn beigefügt ist; p bleibt fest. 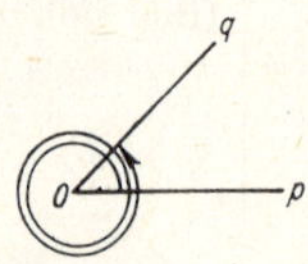 Bild 5/8

5.1.2. Bewegungen

(1) Eineindeutige Abbildungen der Ebene auf sich heißen **Bewegungen** und werden mit φ bezeichnet, wenn sie folgende Eigenschaften haben:

1. Die Bildmenge einer geometrischen Figur (Gerade, Strahl, Strecke, Halbebene) ist eine geometrische Figur, wobei Anfangspunkt, Endpunkte, Randgerade auf Anfangspunkt, Endpunkte, Randgerade der entsprechenden Bildmengen abgebildet werden.
2. Sind f_1, f_2 zwei beliebige Fahnen, dann gibt es genau eine Bewegung φ mit $\varphi(f_1) = f_2$.
3. Sind A, B zwei beliebige Punkte, dann gibt es eine Bewegung φ mit $\varphi(A) = B$ und $\varphi(B) = A$.
4. Sind p, q zwei Strahlen mit gemeinsamem Anfangspunkt, dann gibt es eine Bewegung φ mit $\varphi(p) = q$ und $\varphi(q) = p$.
5. Die Menge der Bewegungen ist bezüglich der Nacheinanderausführung der Abbildungen eine **Gruppe** (↗ 2.7.1.)

Spezielle Typen von Bewegungen sind

- Verschiebungen, bezeichnet mit τ
- Spiegelungen, bezeichnet mit σ
- Drehungen, bezeichnet mit δ.

Ein Punkt bzw. eine Gerade, der bzw. die bei einer Abbildung auf sich selbst abgebildet wird, heißt **Fixpunkt** bzw. **Fixgerade** der betreffenden Abbildung.

(2) Eine **Verschiebung** τ ist eine Bewegung mit folgenden speziellen Eigenschaften:

V 1: Das Bild einer beliebigen Geraden g ist eine zu g parallele Gerade.
V 2: Wenn die Abbildung nicht die identische Abbildung ist, so ist jeder Bildpunkt von seinem Originalpunkt verschieden.

Ist τ eine Verschiebung, die nicht die identische Abbildung ist,

ist P ein beliebiger Punkt und g die Verbindungsgerade von P und $\tau(P)$, so wird die Gerade g bei der Verschiebung auf sich selbst abgebildet.

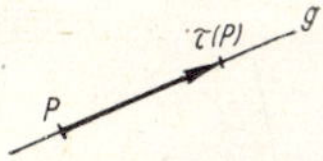

Bild 5/9

sind P und Q zwei Punkte, so ist die Verbindungsgerade von P und $\tau(P)$ parallel zu der Verbindungsgeraden von Q und $\tau(Q)$.

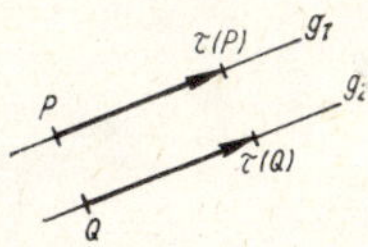

Bild 5/10

Für eine feste Verschiebung τ ist die Menge aller Verbindungsgeraden von Original- und zugehörigen Bildpunkten eine Parallelenklasse, die **Verschiebungsrichtung** genannt wird.

Sind M_1 und M_2 Punktmengen der Ebene und gibt es eine Verschiebung τ, bei der M_1 auf M_2 abgebildet wird, dann ist M_1 **verschiebungsgleich** zu M_2.
Die Relation »verschiebungsgleich« ist eine Äquivalenzrelation (↗ 2.5.3.), die eine Klasseneinteilung ermöglicht, z. B. wird in der Menge aller Strahlen jede solche Klasse ein **Richtungssinn** genannt. Eine Klasse verschiebungsgleicher geordneter Paare von Punkten P, Q wird **Verschiebungspfeil** (orientierte Strecke) oder **Vektor** genannt (↗ 7.2.3.) und mit $\overrightarrow{PQ}$ bezeichnet. Die Länge der Strecke PQ heißt **Verschiebungsweite.**

BEISPIEL 5/1

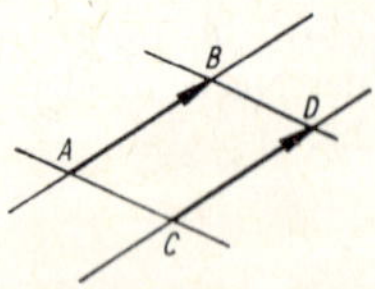

Bild 5/11

Gehören die Punktepaare (A, B) und (C, D) zu ein und demselben Vektor, so sind sowohl die Geraden $g(AB)$ und $g(CD)$ zueinander parallel als auch die Geraden $g(AC)$ und $g(BD)$ zueinander parallel.

Alle Punktepaare (A, B) und (C, D), die zu dem gleichen Vektor gehören, nennt man **parallelgleich** (↗ 7.2.2.).

(3) Es gibt zwei Typen von **Spiegelungen:**

Spiegelung σ_g an einer Geraden g, **Geradenspiegelung** genannt,

Spiegelung σ_A an einem Punkt A, **Punktspiegelung** genannt,

ist eine Bewegung mit folgenden Eigenschaften:

S 1: Jeder Punkt der Geraden g ist Fixpunkt, d. h., die Gerade g, **Spiegelgerade** genannt, ist Fixpunktgerade.

S 2: Die beiden offenen Halbebenen der Geraden g werden miteinander vertauscht.

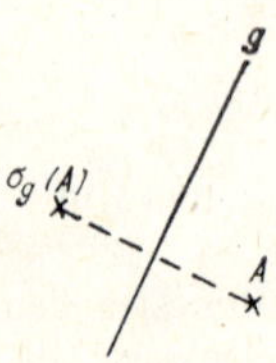

Bild 5/12

P 1: Jede Gerade durch A wird so auf sich abgebildet, daß ihre beiden durch den Punkt A erzeugten Strahlen miteinander vertauscht werden.

P 2: Jede Gerade wird auf eine zu ihr parallele Gerade abgebildet.

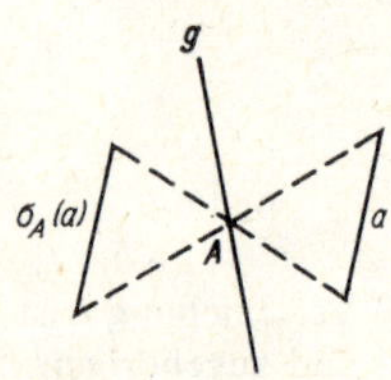

Bild 5/13

Mit Hilfe der Spiegelung an einer Geraden wird die Relation »senkrecht sein« festgelegt. Die Fixgeraden einer Geradenspiegelung, die von der Spiegelgeraden verschieden sind, werden **senkrecht** zur Spiegelgeraden genannt (Zeichen: $\perp$).

$g \perp h$ wird gelesen: »g senkrecht zu h« oder »g ist ein Lot zu h«. Ist a eine Gerade und P ein beliebiger Punkt, so gibt es genau ein Lot l zu a, das den Punkt P enthält. Der Schnittpunkt von a und l heißt Lotfußpunkt L von l auf a.

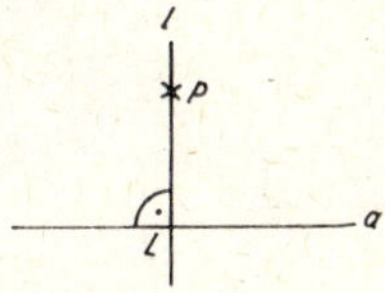

Bild 5/14

Hinweis: Gelegentlich wird die Strecke PL als Lot bezeichnet. Dann ist l die Trägergerade des Lots PL.

Unter dem **Abstand eines Punktes P von einer Geraden** versteht man die Länge der Strecke PL (zu Länge ↗ 5.1.3.).
Unter dem **Abstand zweier paralleler Geraden** a, b versteht man die Länge einer Strecke AB mit $A \in a$ und $B \in b$ sowie $g(AB) \perp a$ und $g(AB) \perp b$ (Bild 5/15a).

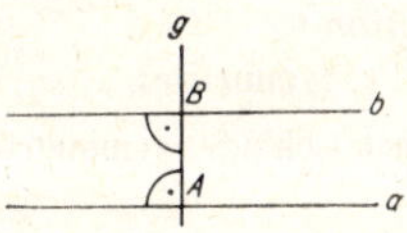

Bild 5/15a

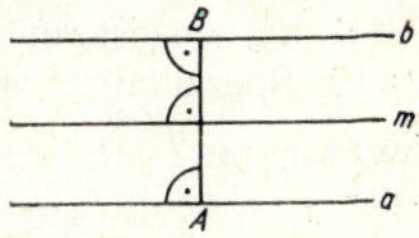

Bild 5/15b

Die Gerade, deren Punkte von zwei verschiedenen parallelen Geraden den gleichen Abstand haben, heißt **Mittelparallele** oder **Mittellinie** (Bild 5/15b).

(4) Eine Bewegung φ ist

gleichsinnig	**ungleichsinnig**
genau dann, wenn jede Figur F	
mit $\varphi(F)$ gleichorientiert ist.	zu $\varphi(F)$ entgegengesetzt orientiert ist.

BEISPIEL 5/2

Eine Verschiebung ist eine gleichsinnige Bewegung.

Eine Geradenspiegelung ist eine ungleichsinnige Bewegung.

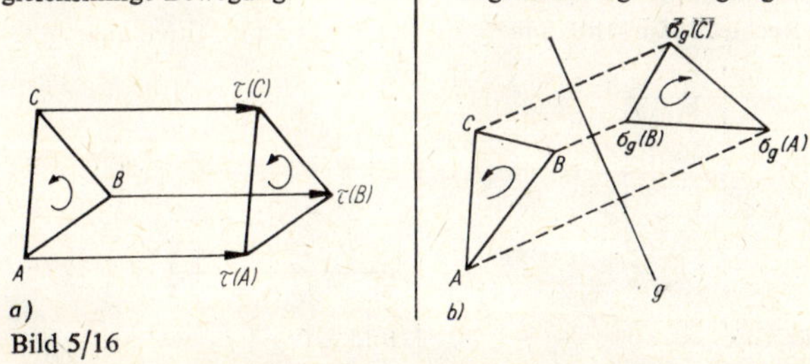

Bild 5/16

Eine Bewegung heißt **Drehung** δ mit dem Zentrum M genau dann, wenn δ eine gleichsinnige Bewegung ist, die M als Fixpunkt hat.

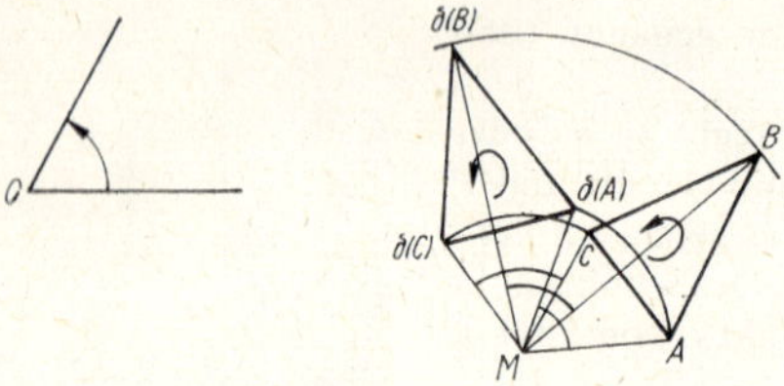

Bild 5/17

5.1.3. Kongruenz geometrischer Figuren

(1) Geometrische Figuren F_1, F_2 heißen **kongruent** genau dann, wenn es eine Bewegung φ gibt, die F_1 auf F_2 abbildet; in Zeichen $F_1 \cong F_2$ (gelesen: F_1 kongruent zu F_2).

Das heißt, F_2 ist das Bild von F_1; in Zeichen $F_2 = \varphi(F_1)$.
Die Kongruenz ist eine Äquivalenzrelation (↗ 2.5.3.).
(2) Ein Spezialfall der Kongruenz ist die **Symmetrie:**

Zwei Figuren F_1, F_2 liegen **spiegelsymmetrisch** oder **symmetrisch** zur Geraden g, wenn $\sigma_g(F_1) = F_2$ ist.
Werden F_1 und F_2 zu einer Menge zusammengefaßt, dann nennt man $F_1 \cup F_2$ eine **symmetrische Figur.** Eine ebene Figur heißt symmetrisch, wenn es eine Bewegung gibt, bei der die Figur *auf sich selbst* abgebildet wird.

Eine ebene Figur heißt

axialsymmetrisch, | **zentralsymmetrisch,**

wenn es eine Spiegelung an

einer Geraden s | einem Punkt S

gibt, so daß die Figur auf sich selbst abgebildet wird.

BEISPIEL 5/3

Axialsymmetrische Figuren:

a) Rechteck mit Mittellinien

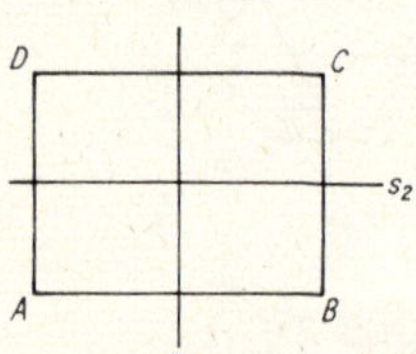

Bild 5/18

Zentralsymmetrische Figuren:

c) Strecke mit Mittelpunkt

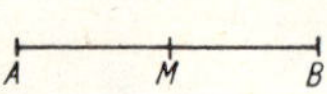

Bild 5/19

b) Gleichseitiges Dreieck mit Winkelhalbierenden

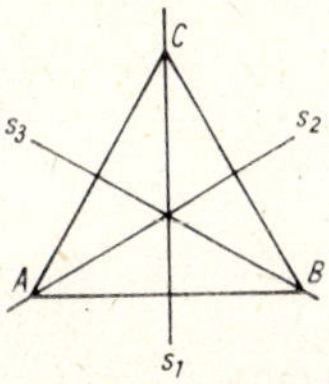

Bild 5/20

d) Parallelogramm mit Schnittpunkt der Diagonalen

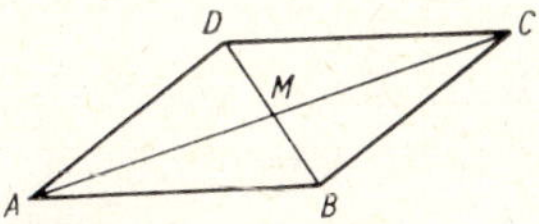

Bild 5/21

Eine ebene Figur heißt **radialsymmetrisch** der Ordnung k mit $k = 2, 3, \ldots, n$, wenn es in der Ebene einen Punkt D gibt, so daß bei Drehung mit dem Zentrum D um einen Winkel der Größe $\frac{360°}{k}$ die Figur auf sich selbst abgebildet wird.

Für $k = 2$ geht die radiale Symmetrie in die zentrale Symmetrie über.

BEISPIEL 5/4

a) Das regelmäßige Sechseck ist radialsymmetrisch der Ordnung $k = 6$ mit seinem Mittelpunkt als Zentrum (Bild 5/22).

b) Der Kreis ist radialsymmetrisch bezüglich jeder Drehung um seinen Mittelpunkt (Bild 5/23).

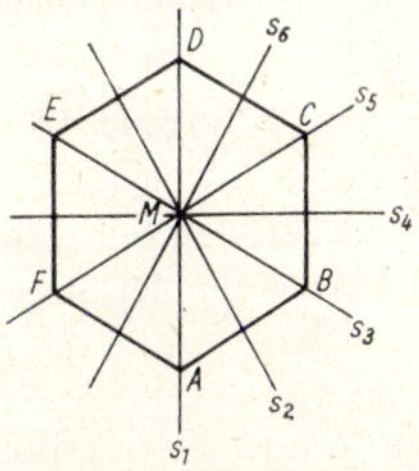

Bild 5/22

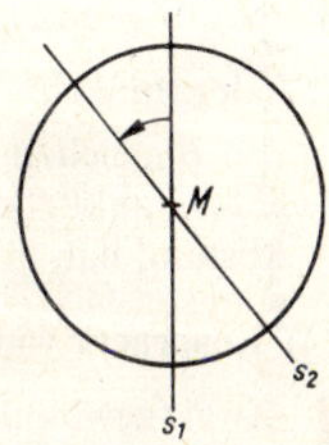

Bild 5/23

(3) **Kongruenz von Strecken**

Zwei Strecken AB und CD sind kongruent genau dann, wenn es eine Bewegung φ gibt, die AB auf CD abbildet.
Die Äquivalenzrelation »kongruent« zerlegt die Menge S aller Strecken in Klassen, die **Längen** genannt werden. Die Länge, der die Strecke AB angehört, wird mit $\overline{AB}$ bezeichnet und die Länge von AB genannt.
Es ist auch üblich, die Längen von Strecken mit kleinen lateinischen Buchstaben zu bezeichnen.

Ist $\overline{PQ}$ eine Länge und AS^+ ein Strahl, dann gibt es genau einen Punkt B mit $B \in AS$ und $\overline{AB} = \overline{PQ}$ (Streckenabtragung) (Bild 5/24).
Im System der kongruenten Strecken ist eine Operation **»Addition der Längen«** erklärt: Es seien s_1, s_2 beliebige Längen, dann ist $s = s_1 + s_2$

die Summe der Längen s_1, s_2. Veranschaulicht als geradliniges Aneinanderlegen von Strecken in Bild 5/25. $\overline{AB} = s_1$, $\overline{BC} = s_2$, $\overline{AC} = s$

Bild 5/24

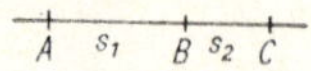

Bild 5/25

Die Addition der Längen ist assoziativ und kommutativ.
Ordnungsrelation für Längen: Wenn s_1 und s_2 beliebige Längen sind, so gilt $s_1 < s_2$, wenn es eine Länge x gibt, so daß $s_1 + x = s_2$ ist.
Diese Ordnungsrelation für Längen kann (teilweise) auf Strecken übertragen werden: $AB < CD$ genau dann, wenn $\overline{AB} < \overline{CD}$ ist, wobei A, B, C, D kollinear sein müssen.
Für Längen gilt das **Monotoniegesetz:**

Wenn s_1, s_2, s Längen sind, für die $s_1 < s_2$ gilt, so gilt auch $s_1 + s < s_2 + s$.

Mittelpunkt einer Strecke: M ist Mittelpunkt der Strecke AB, wenn $M \in g(AB)$ und $MA \cong MB$ ist.
Eine Gerade, die durch den Mittelpunkt M einer Strecke AB verläuft und senkrecht zur Strecke AB ist, heißt **Mittelsenkrechte der Strecke** AB.
Sie hat folgende Eigenschaften:

1. Jeder Punkt P der Mittelsenkrechten der Strecke AB hat von A und von B gleichen Abstand, d. h., $\overline{PA} = \overline{PB}$.
2. Jeder Punkt P der Ebene, der von zwei festen Punkten A, B gleichen Abstand hat, liegt auf der Mittelsenkrechten der Strecke AB.

(4) Kongruenz von Winkeln

Zwei (gewöhnliche) Winkel $\sphericalangle (p, q)$ und $\sphericalangle (r, s)$ sind **kongruent** genau dann, wenn es eine Bewegung φ gibt, die $\sphericalangle (p, q)$ auf $\sphericalangle (r, s)$ abbildet.
Die Äquivalenzrelation »kongruent« zerlegt die Menge W aller Winkel in Klassen, die **Winkelgrößen** heißen.
Die Winkelgröße, zu der der Winkel $\sphericalangle (p, q)$ gehört, wird mit $\overline{\sphericalangle (p, q)}$ bezeichnet. Es ist auch üblich, die Größen von Winkeln mit kleinen griechischen Buchstaben zu bezeichnen.

Ist α eine Winkelgröße und p ein Strahl, so gibt es genau einen Strahl q, so daß $\sphericalangle (p, q)$ ein Winkel aus α ist (Winkelantragung).

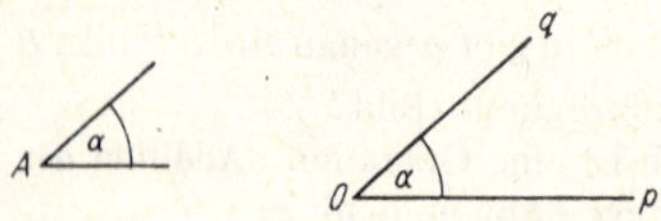

Bild 5/26

In der Menge der Winkelgrößen ist eine (partielle) Operation »**Addition von Winkelgrößen**« erklärt: Es seien α_1, α_2 beliebige Winkelgrößen, dann ist $\alpha = \alpha_1 + \alpha_2$ die Summe der Winkelgrößen α_1, α_2; veranschaulicht als Aneinanderlegen von Winkeln in Bild 5/27.

$$\overline{\sphericalangle(p, q)} = \alpha_1, \quad \overline{\sphericalangle(r, s)} = \alpha_2, \quad \overline{\sphericalangle(p, s)} = \alpha$$

Die Addition von Winkelgrößen ist assoziativ und kommutativ, jedoch nur teilweise ausführbar.

Ordnungsrelation in der Menge der Winkelgrößen: Wenn $\alpha_1 < \alpha_2$ ist, dann gibt es eine Winkelgröße x, so daß $\alpha_1 + x = \alpha_2$ ist. Diese Ordnungsrelation für Winkelgrößen kann auf Winkel übertragen werden:

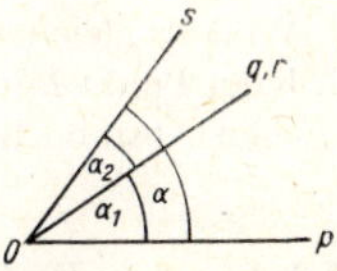

Bild 5/27

$$\sphericalangle(p, q) < \sphericalangle(r, s)$$

genau dann, wenn

$$\overline{\sphericalangle(p, q)} < \overline{\sphericalangle(r, s)}$$

ist.

Einteilung der (gewöhnlichen) Winkel nach ihrer Größe:

Größe des Winkels	Bezeichnung	Bild 5/28
kleiner als die Größe eines rechten Winkels	spitz	a) 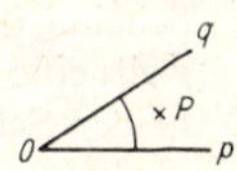
größer als die Größe eines rechten Winkels, aber kleiner als die Größe eines gestreckten Winkels	stumpf	b) 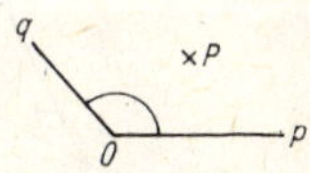
größer als die Größe eines gestreckten Winkels	überstumpf	c) 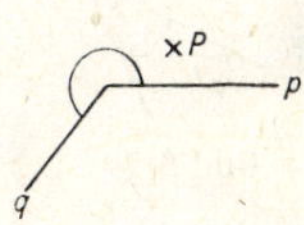

Die Bezeichnungen spitz, stumpf, überstumpf werden auch für Winkel (nicht bloß für Winkelgrößen) verwendet.

Monotoniegesetz für Winkelgrößen: Wenn $\alpha_1, \alpha_2, \alpha$ Winkelgrößen sind, für die $\alpha_1 < \alpha_2$ gilt, dann gilt auch $\alpha_1 + \alpha < \alpha_2 + \alpha$.

Halbierung von Winkelgrößen: Ist α eine gegebene Winkelgröße, so hat die Gleichung $x + x = \alpha$ genau eine Lösung. Diese Lösung ist keine überstumpfe Winkelgröße.

Daraus folgt: Zu jedem Winkel gibt es genau eine **Winkelhalbierende.** Das ist ein Strahl, der den Winkelscheitel als Anfangspunkt hat; die beiden Teilwinkel gehören zur gleichen Winkelgröße, und die Addition der Winkelgrößen beider Teilwinkel ergibt die Größe des Winkels.
Eigenschaften der Winkelhalbierenden eines Winkels:

1. Jeder Punkt *P* der Winkelhalbierenden hat von den Schenkeln des Winkels gleichen Abstand.
2. Jeder Punkt *P* im Innern eines Winkels, der von den Schenkeln gleichen Abstand hat, liegt auf der Winkelhalbierenden des Winkels.

5.1.4. Beziehungen zwischen Winkeln

(1) Zwei beliebige Winkel, die einander zu einem

gestreckten Winkel	rechten Winkel

ergänzen, heißen

Supplementwinkel.	**Komplementwinkel.**

(2) Schneiden zwei Geraden *h*, *k* einander im Punkt *S*, dann entstehen Winkelpaare, die gemeinsamen Scheitel *S* haben und Scheitelwinkel bzw. Nebenwinkel genannt werden.

Zwei Winkel mit gemeinsamem Scheitel, deren Schenkel jeweils eine Gerade bilden, heißen **Scheitelwinkel.**

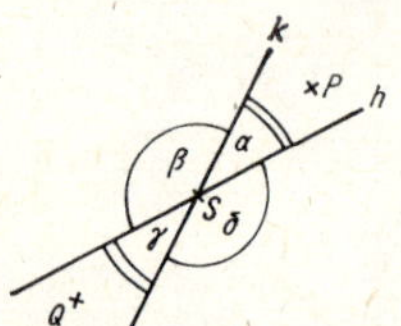

Bild 5/29

Scheitelwinkelpaare:
α, γ und β, δ

Satz über Scheitelwinkel:
Scheitelwinkel sind kongruent.

Zwei Winkel, die einen Schenkel gemeinsam haben und deren andere Schenkel eine Gerade bilden, heißen **Nebenwinkel.**

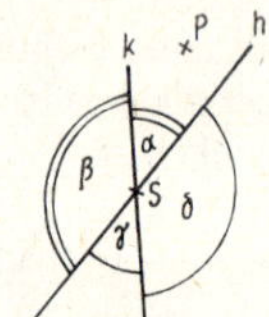

Bild 5/30

Nebenwinkelpaare:
α, β; β, γ; γ, δ; δ, α

Satz über Nebenwinkel:
Jeder der beiden Nebenwinkel ist Supplementwinkel zum gegebenen. Oder: Die Summe der Winkelgrößen zweier Nebenwinkel ist 180°.

(3) **Satz über rechte Winkel:** Ein nicht überstumpfer und nicht gestreckter Winkel ist genau dann ein **rechter Winkel**, wenn er zu seinen Nebenwinkeln kongruent ist.

(4) Schneidet eine Gerade zwei andere Geraden, so entstehen außer 8 Nebenwinkelpaaren und 4 Scheitelwinkelpaaren weitere Winkelpaare, deren Winkel voneinander verschiedene Scheitel haben. (Dabei sei ausgeschlossen, daß die schneidende Gerade durch den Schnittpunkt der geschnittenen Geraden geht.) (Bild 5/31) *g* sei die schneidende Gerade; *h*, *k* seien die geschnittenen Geraden.

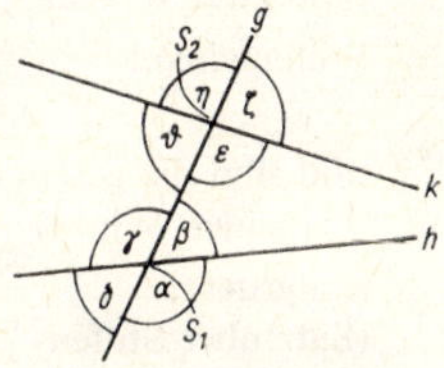

Bild 5/31

Zwei Winkel an den von der Geraden *g* geschnittenen Geraden *h*, *k* heißen

Stufenwinkel,	**Wechselwinkel,**	**entgegengesetzt liegende Winkel,**

wenn sie folgende Eigenschaften haben:

1. Sie haben verschiedene Scheitel.
2. Die Schenkel auf der schneidenden Geraden sind

gleich orientiert.	entgegengesetzt orientiert.	

3. Die Schenkel auf den geschnittenen Geraden liegen auf

derselben Seite	verschiedenen Seiten	derselben Seite

der schneidenden Geraden.

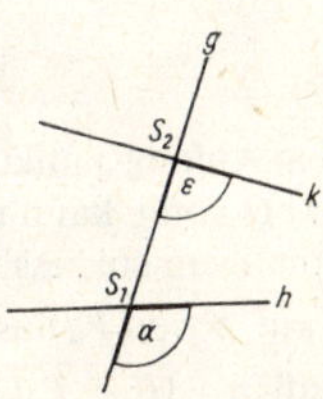

Bild 5/32

Stufenwinkelpaare:

$\alpha, \varepsilon; \beta, \zeta; \gamma, \eta; \delta, \vartheta$

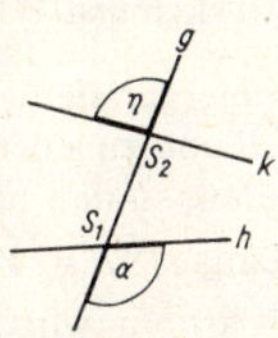

Bild 5/33

Wechselwinkelpaare:

$\alpha, \eta; \beta, \vartheta; \gamma, \varepsilon; \delta, \zeta$

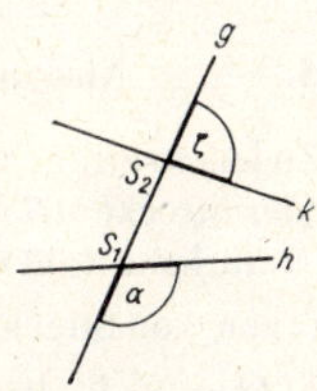

Bild 5/34

Paare entgegengesetzt liegender Winkel:

$\alpha, \zeta; \beta, \varepsilon; \gamma, \vartheta; \delta, \eta$

Sind die *geschnittenen Geraden h, k parallel zueinander*, dann gelten die **Sätze:**

Sind zwei Winkel

Stufenwinkel	Wechselwinkel	entgegengesetzt liegende Winkel

und sind die geschnittenen Geraden zueinander parallel, so sind die beiden Winkel

kongruent. (Satz über Stufenwinkel an geschnittenen Parallelen)	kongruent. (Satz über Wechselwinkel an geschnittenen Parallelen)	Supplementwinkel. (Satz über entgegengesetzt liegende Winkel an geschnittenen Parallelen)

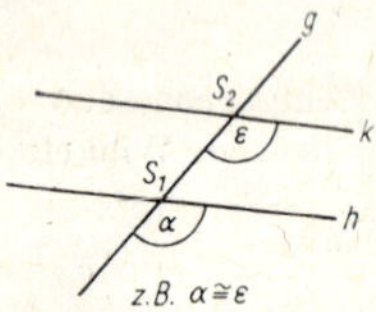

Bild 5/35

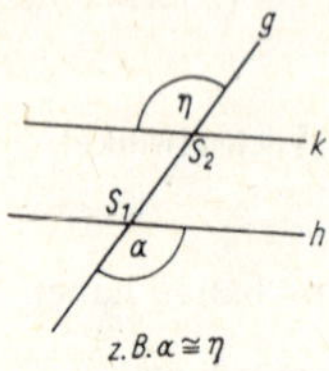

Bild 5/36

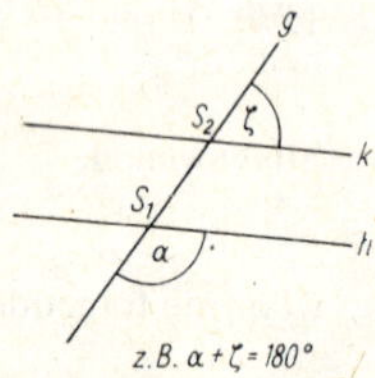

Bild 5/37

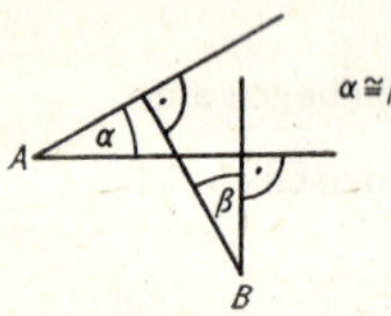

(5) Zwei Winkel, deren Schenkel paarweise senkrecht aufeinander stehen, sind kongruent, wenn der Scheitel des einen Winkels nicht im Innern oder auf einem Schenkel des anderen Winkels liegt.

Bild 5/38

5.1.5. Messung von Strecken und Winkeln

(1) Zu jedem Strahl auf der Trägergeraden g mit dem Anfangspunkt P_0, zu jeder Strecke AB mit $A \neq B$ und zu jedem Punkt Q von g kann man eine natürliche Zahl $n \geqq 1$ finden, so daß nach n-maligem sukzessivem Abtragen von Strecken der Länge $\overline{AB} = \overline{P_nP_{n+1}}$ auf g von P_0 aus der Punkt Q erreicht bzw. überschritten wird, so daß $n \cdot \overline{AB} = \overline{P_0Q}$ ist (ARCHIMEDisches Axiom).

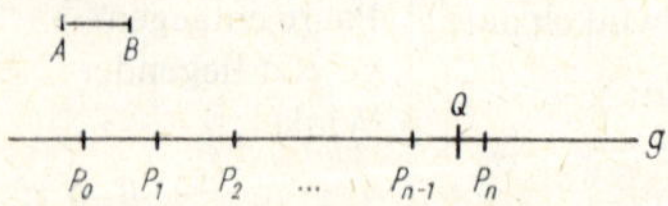

Bild 5/39

Das heißt, jede noch so große Strecke P_0Q kann durch eine endliche Anzahl von Abtragungen einer noch so kleinen Strecke AB ausgemessen werden.
(2) Unter einer **Streckenmessung** versteht man die Angabe einer Abbildung l der Menge aller Strecken in die Menge $\mathbf{R}_+$ der nichtnegativen reellen Zahlen. Das Bild $l(PQ)$ der Strecke PQ heißt **Zahlenwert** (früher Maßzahl genannt). Diese Abbildung hat folgende Eigenschaften:

1. Aus $PQ \cong ST$ folgt $l(PQ) = l(ST)$, d. h., Strecken, die durch eine Bewegung ineinander übergehen, haben denselben Zahlenwert.
2. Liegt Z zwischen P und Q, so gilt $l(PQ) = l(PZ) + l(ZQ)$ (Additivität), d. h., der Zahlenwert einer in Teilstrecken zerlegten Strecke ist gleich der Summe der Zahlenwerte dieser Teilstrecken.
3. Es gibt eine Strecke AB $(A \neq B)$ mit $l(AB) = 1$ (Normiertheit), d. h., es existiert ein Maßstab.

Der Zahlenwert $l(PQ)$ einer Strecke PQ hängt von der Wahl der Einheitsstrecke AB, dem Maßstab, ab. Deshalb wird bei fester Wahl von AB die Länge $\overline{PQ}$ der Strecke PQ als **formales Produkt aus Zahlenwert und Einheit** geschrieben: $\overline{PQ} = \lambda \cdot \overline{AB}$, wobei $\lambda \in \mathbf{R}$ der Zahlenwert der Länge von PQ und $\overline{AB}$ die Einheit genannt werden. Die Einheit ist also die Länge mit dem Zahlenwert 1.
Die Basiseinheit der Größe »Länge« ist im Internationalen Einheitensystem (SI) das **Meter** (m). Das Meter ist die Länge der Strecke, die Licht im Vakuum während der Dauer von 1/299 792 458 Sekunden durchläuft.
Zwei Strecken AB, CD heißen

kommensurabel	**inkommensurabel**
genau dann, wenn $z \cdot \overline{AB} = \overline{CD}$ gilt und	
z eine rationale Zahl ist.	z eine irrationale Zahl ist.

(3) Unter einer **Winkelmessung** versteht man die Angabe einer Abbildung ω der Menge aller Drehwinkel in die Menge $\mathbf{R}$ der reellen Zahlen. Das Bild $\omega(\sphericalangle(p, q))$ des Winkels $\sphericalangle(p, q)$ heißt **Zahlenwert**. Diese Abbildung hat folgende Eigenschaften:

1. Winkel, die durch eine Bewegung ineinander übergehen, haben denselben Zahlenwert.
2. Der Zahlenwert eines in Teilwinkel zerlegten Winkels ist gleich der Summe der Zahlenwerte dieser Teilwinkel (Additivität).
3. Es gibt einen Winkel $\sphericalangle(a, b)$ $(a \neq b)$ mit $\omega(\sphericalangle(a, b)) = 1$ (Normiertheit), d. h., es existiert ein Maßstab.

Der Zahlenwert $\omega(\sphericalangle(p, q))$ eines Winkels $\sphericalangle(p, q)$ hängt von der Wahl des Einheitswinkels $\sphericalangle(a, b)$ ab. Bei fester Wahl von $\sphericalangle(a, b)$ wird die

Größe $\overline{\sphericalangle\,(p,q)}$ des Winkels $\sphericalangle\,(p,q)$ als **formales Produkt aus Zahlenwert und Einheit** geschrieben: $\overline{\sphericalangle\,(p,q)} = \lambda \cdot \overline{\sphericalangle\,(a,b)}$, wobei $\lambda \in \mathbf{R}$ der Zahlenwert der Winkelgröße des Winkels $\sphericalangle\,(p,q)$ und $\overline{\sphericalangle\,(a,b)}$ die Einheit genannt werden.

Im Internationalen Einheitensystem (SI) ist die Einheit der Größe »ebener Winkel« die ergänzende SI-Einheit **Radiant** (rad). Dort wird dazu bemerkt: »Der Radiant ist die Größe des Winkels zwischen zwei Kreisradien, die aus dem Kreisumfang einen Bogen ausschneiden, dessen Länge gleich dem Radius ist.«

Der Radiant wird als Verhältnisgröße aufgefaßt: $1\ \text{rad} = 1\ \dfrac{\text{m}}{\text{m}}$; »und darf durch die Einheit Eins ersetzt werden«.

Daneben ist die allgemein gültige SI-fremde Einheit der Größe »ebener Winkel« **Grad** (°) gültig. Es gilt

$$1° = \frac{\pi}{180}\ \text{rad} = 1{,}745\,329 \cdot 10^{-2}\ \text{rad}$$

$$\text{bzw.}\quad 1\ \text{rad} = \frac{180°}{\pi} = 57{,}295°$$

$$1\ \text{Minute} = 1' = \frac{1}{60}{}°, \quad 1\ \text{Sekunde} = 1'' = \frac{1}{3\,600}{}°.$$

Für die einzelnen Winkelarten [↗ 5.1.1.(7)] sind folgende Intervalle reeller Zahlen zugelassen:

Elementarwinkel: $0 \leqq \overline{\sphericalangle\,(p,q)} \leqq \pi$	orientierter Elementarwinkel: additive Restklasse mod 2π
Winkel: $0 \leqq \overline{\sphericalangle\,(p,q)} \leqq 2\pi$	orientierter Winkel: $-2\pi \leqq \overline{\sphericalangle\,(p,q)} \leqq 2\pi$

BEISPIEL 5/5

Umrechnungen:

a) $17° = 0{,}01745 \cdot 17\ \text{rad} = 0{,}297\ \text{rad}$
b) $3{,}87\ \text{rad} = 57{,}295 \cdot 3{,}87° = 221{,}73°$

Wird festgelegt, daß der Strahl p im mathematisch positiven (bzw. negativen) Drehsinn bis zur Deckung mit q gedreht werden soll, spricht man vom **positiv** (bzw. **negativ**) **orientierten Winkel.** Einem solchen Winkel werden positive (bzw. negative) Zahlenwerte zugeordnet.

Winkel, deren Gradmaße sich um ein ganzzahliges Vielfaches von 360° (bzw. deren Bogenmaße sich um ein ganzzahliges Vielfaches von 2π)

unterscheiden, heißen **zueinander äquivalente Winkel.** Sie bilden jeweils eine Klasse (Restklasse ↗ 3.3.7.3.). Die im Intervall $0° \leqq \alpha < 360°$ (bzw. $0 \leqq \alpha < 2\pi$) liegende Winkelgröße wird als **Hauptwert** bezeichnet.

5.1.6. Ähnlichkeitsabbildungen

5.1.6.1. Strahlensatz

(1) **Streckenverhältnisse**

Gegeben seien zwei Strecken PQ und ST mit $\overline{PQ} = \lambda_1 \cdot \overline{AB}$, $\overline{ST} = \lambda_2 \cdot \overline{AB}$; λ_1, λ_2 seien Zahlenwerte. Dann heißt der Quotient $\frac{\lambda_1}{\lambda_2}$ der nichtnegativen reellen Zahlen λ_1, λ_2 bei gleicher Einheit der Länge **Streckenverhältnis** der Strecken PQ und ST.

(2) Beim Schnitt eines Strahlenbüschels mit den Strahlen s_1, s_2, s_3 durch eine Parallelenschar mit den paarweise parallelen Geraden g_1, g_2, g_3 entstehen Strahlenabschnitte und Parallelenabschnitte (Bild 5/40), zwischen denen Streckenverhältnisse gebildet werden können.

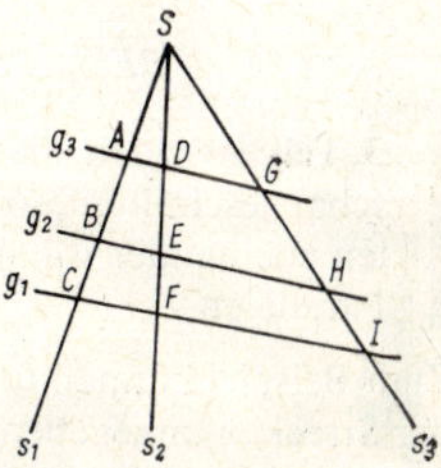

Bild 5/40

Zwei *Strahlenabschnitte* heißen **gleichliegend**, wenn sie auf verschiedenen Strahlen, aber zwischen Scheitel und ein und derselben Parallelen oder zwischen denselben zwei Parallelen liegen, z. B. sind SA, SD bzw. DE, GH gleichliegende Strahlenabschnitte.

Zwei *Parallelenabschnitte* heißen gleichliegend, wenn sie auf verschiedenen Parallelen, aber zwischen denselben Strahlen liegen, z. B. sind AD, BE bzw. DG, FI gleichliegende Parallelenabschnitte.

Ein Strahlenabschnitt heißt **zu einem Parallelenabschnitt zugehörig**, wenn ein Endpunkt dieser Strecke der Schnittpunkt der Parallelen mit dem Strahl, der andere Endpunkt der Scheitel ist, z. B. ist der Strahlenabschnitt SE dem Parallelenabschnitt BE zugehörig.

Mit Hilfe des **Strahlensatzes** können Verhältnisgleichungen zwischen Strahlenabschnitten und Parallelenabschnitten angegeben werden:

1. Teil: Werden die Strahlen eines Büschels von einer Parallelenschar geschnitten, dann verhalten sich zwei Abschnitte auf einem Strahl zueinander wie die *gleichliegenden* Abschnitte auf einem anderen Strahl.

Es können z. B. folgende Verhältnisgleichungen zwischen Längen der Strecken angegeben werden:

$$\frac{\overline{SA}}{\overline{SB}} = \frac{\overline{SD}}{\overline{SE}}; \quad \frac{\overline{SA}}{\overline{SB}} = \frac{\overline{SG}}{\overline{SH}}$$

$$\frac{\overline{SA}}{\overline{AB}} = \frac{\overline{SD}}{\overline{DE}}; \quad \frac{\overline{SD}}{\overline{DE}} = \frac{\overline{SG}}{\overline{GH}}$$

$$\frac{\overline{AB}}{\overline{BC}} = \frac{\overline{DE}}{\overline{EF}}; \quad \frac{\overline{AB}}{\overline{AC}} = \frac{\overline{GH}}{\overline{GI}}$$

2. Teil: Werden die Strahlen eines Büschels von einer Parallelenschar geschnitten, so verhalten sich je zwei gleichliegende Parallelenabschnitte zueinander wie die *zugehörigen* Abschnitte auf ein und demselben Strahl.

Es können z. B. folgende Verhältnisgleichungen zwischen Längen der Strecken angegeben werden:

$$\frac{\overline{AD}}{\overline{BE}} = \frac{\overline{SA}}{\overline{SB}}; \quad \frac{\overline{AD}}{\overline{CF}} = \frac{\overline{SD}}{\overline{SF}}.$$

3. Teil: Werden die Strahlen eines Büschels von einer Parallelenschar geschnitten, so verhalten sich zwei Abschnitte auf einer Parallelen zueinander wie die *gleichliegenden* Abschnitte auf einer anderen Parallelen.

Zum Beispiel können folgende Verhältnisgleichungen zwischen Längen der Strecken angegeben werden:

$$\frac{\overline{AD}}{\overline{DG}} = \frac{\overline{BE}}{\overline{EH}}; \quad \frac{\overline{AD}}{\overline{AG}} = \frac{\overline{CF}}{\overline{CI}}.$$

(3) **Wahre Umkehrungen der einzelnen Teile des Strahlensatzes:**

Wahre Umkehrung des **1. Teils:** Werden die Strahlen eines Büschels von Geraden geschnitten und verhalten sich zwei Abschnitte auf einem Strahl wie die gleichliegenden Abschnitte auf einem anderen Strahl, dann sind die schneidenden Geraden zueinander parallel.

Wahre Umkehrung des **2. Teils:** Wird eine Parallelenschar von einem Strahl s aus S und von nicht zu s parallelen Geraden geschnitten und verhalten sich zwei gleichliegende Parallelenabschnitte wie die zugehörigen Strahlenabschnitte auf s, so gehen die schneidenden Geraden durch S.

Wahre Umkehrung des **3. Teils:** Wird eine Parallelenschar von paarweise nicht parallelen Geraden geschnitten und verhalten sich zwei Abschnitte auf einer Parallelen zueinander wie die gleichliegenden Abschnitte auf einer anderen Parallelen, dann gehen die schneidenden Geraden durch einen gemeinsamen Punkt; d. h., sie sind Strahlen eines Büschels.

5.1.6.2. Anwendungen des Strahlensatzes

(1) Vervielfachen einer Strecke

Es soll das k-fache einer Strecke AB konstruiert werden.

- Ist k eine natürliche Zahl, dann wird die Strecke AB $(k - 1)$mal auf der Verlängerung der Strecke AB abgetragen.
- Ist k eine rationale Zahl, so wird der 1. Teil des Strahlensatzes angewendet: Ist $k = \frac{p}{q}$, so wird die Strecke AB in q kongruente Teilstrecken zerlegt. Anschließend ist das p-fache einer Teilstrecke zu konstruieren.
- Ist k eine irrationale Zahl, so wird k durch einen rationalen Näherungswert ersetzt. Es gibt aber auch irrationale Zahlen, für die die zugehörigen Punkte unmittelbar konstruiert werden können (Anwendung des Satzes des PYTHAGORAS ↗ 5.1.10.5. Punkt 6). Beim Vervielfachen einer Strecke entsteht für $0 < k < 1$ eine kürzere Strecke, bei $k > 1$ eine längere Strecke als die gegebene Strecke.

BEISPIEL 5/6

Die Strecke AB mit $\overline{AB} = 4{,}0$ cm soll vervielfacht werden.

a) $k = 2$, b) $k = \frac{1}{3}$, c) $k = \frac{5}{3}$

a) Auf der Verlängerung von AB über B hinaus wird die Länge der Strecke AB von B aus abgetragen. Der Endpunkt sei C. Dann ist $\overline{AC} = 2 \cdot \overline{AB}$ (Bild 5/41).

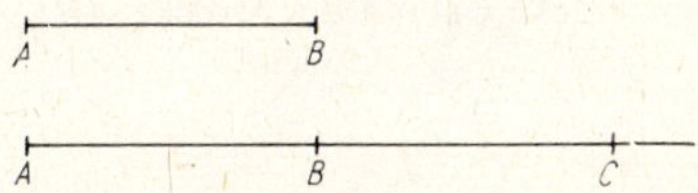

Bild 5/41

b) Vom Punkt A der Strecke AB aus wird ein Strahl s gezeichnet, auf dem eine Strecke beliebiger Länge dreimal nacheinander abgetragen wird. Der Endpunkt E wird mit B verbunden und zu EB durch C die Parallele gezeichnet, die die Strecke AB in F schneidet. Dann ist $\overline{AF} = \frac{1}{3} \cdot \overline{AB}$ (Bild 5/42).

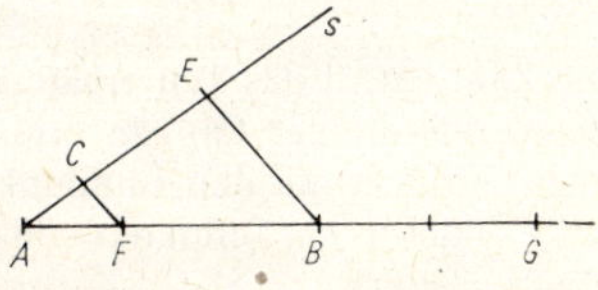

Bild 5/42

c) Nach Beispiel 5.6.b wird $\overline{AF} = \frac{1}{3}\overline{AB}$ konstruiert. Auf der Strecke AB bzw. deren Verlängerung wird die Strecke AF von F aus weitere viermal nacheinander abgetragen. Der Endpunkt sei G. Dann ist $\overline{AG} = \frac{5}{3}\overline{AB}$.

(2) Innere und äußere Teilung einer Strecke

Um eine Strecke AB innen und außen im Verhältnis $p:q$ zu teilen, wird der 2. Teil des Strahlensatzes angewandt:

Innere Teilung	**Äußere Teilung**

der Strecke AB mit $\overline{AB} = 3{,}0$ cm, $p:q = 3:2$.

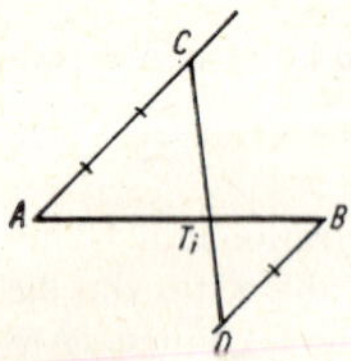

Bild 5/43

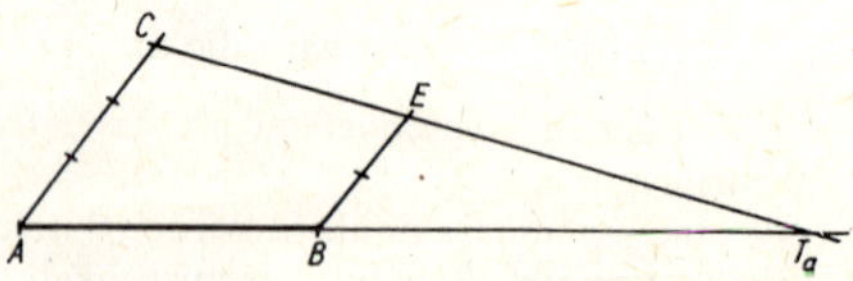

Bild 5/44

Von den Endpunkten A, B der Strecke AB aus wird je ein Strahl auf parallelen Geraden in

unterschiedliche Halbebenen	die gleiche Halbebene

gezeichnet. Auf dem von A ausgehenden Strahl wird die Strecke PQ beliebiger Länge p-mal, auf dem von B ausgehenden Strahl diese Länge $\overline{PQ}$ q-mal abgetragen. Die Endpunkte C und D bzw. E werden verbunden. Der Schnittpunkt

der Strecke CD mit der Strecke AB	des Strahls von C aus durch E mit dem Strahl von A aus durch B

ist der

innere Teilpunkt T_i,	äußere Teilpunkt T_a,

und es gilt

$\frac{\overline{AT_i}}{\overline{T_iB}} = \frac{\overline{AC}}{\overline{BD}} = \frac{p}{q} = \lambda.$	$\frac{\overline{AT_a}}{\overline{T_aB}} = \frac{\overline{AC}}{\overline{BE}} = \frac{p}{q} = \lambda.$

Die Zahl λ wird das **Teilverhältnis** der Punkte A, B, T genannt. Es ist das Verhältnis der Längen orientierter Teilstrecken, die ein Punkt T einer Geraden mit den Endpunkten A, B der orientierten Strecke AB auf g bildet. (Der Teilpunkt soll nicht mit A oder B zusammenfallen.)

Bei **innerer Teilung** der Strecke AB ist $\lambda > 0$.	Bei **äußerer Teilung** der Strecke AB ist $\lambda < 0$.
Für den Mittelpunkt M der Strecke AB ist $\lambda = \frac{\overline{AM}}{\overline{MB}} = +1.$	

Wird eine Strecke AB innen und außen im gleichen Verhältnis $p:q$ geteilt, dann nennt man die Punkte A, B, T_i, T_a die zu AB und $p:q$ gehörenden vier **harmonischen Punkte** und diese Teilung **harmonische Teilung** einer Strecke AB im Verhältnis $p:q$.

BEISPIEL 5/7

Die Strecke $AB = 4{,}0$ cm soll im Verhältnis 2:5 harmonisch geteilt werden.
Die Strecke AB wird innen und außen im Verhältnis 2:5 geteilt.

Bild 5/45

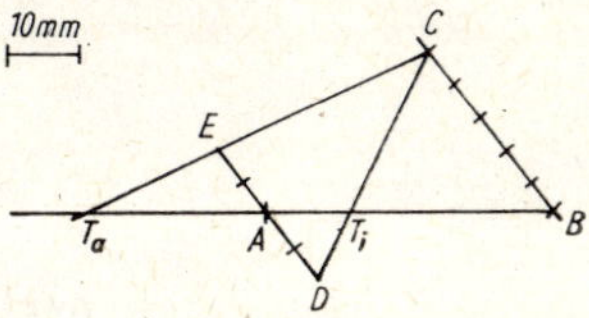

5.1.6.3. Zentrische Streckung

Eine **zentrische Streckung** $\varkappa$ mit dem Punkt Z als Streckungszentrum und einer nichtnegativen reellen Zahl k als Streckungsfaktor ist eine eineindeutige Abbildung der Ebene auf sich mit folgenden Eigenschaften (Bild 5/46):

1. Das Bild $\varkappa(P) = P'$ des Punktes P liegt auf dem Strahl ZP mit $\overline{ZP'} = k \cdot \overline{ZP}$ für $P \neq Z$.
2. Der Bildpunkt von Z liegt im Streckungszentrum Z.

Die zentrische Streckung $\varkappa$ wird durch das geordnete Paar $(Z; k)$ bezeichnet.

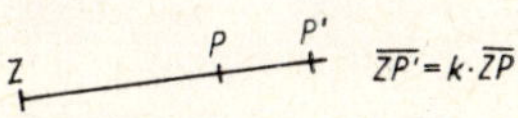

Bild 5/46

Eine Streckung $(Z; k)$ mit $k \in \mathbf{R}_+^*$ und

$0 < k < 1$	$k = 1$	$k > 1$
	ergibt	
eine maßstäbliche Verkleinerung, **Stauchung** genannt.	die **identische Abbildung** (alle Punkte des Originals werden auf sich selbst abgebildet).	eine maßstäbliche Vergrößerung, **Dehnung** genannt.

5.1.6.4. Ähnlichkeit

Jede Nacheinanderausführung einer zentrischen Streckung $\varkappa$ und einer Bewegung φ heißt **Ähnlichkeitsabbildung** (oder äquiforme Abbildung) und wird mit ϑ bezeichnet. $k \in \mathbf{R}$ wird *Ähnlichkeitsfaktor* genannt. Z heißt *Ähnlichkeitspunkt.*

(1) Geometrische Figuren F_1, F_2 heißen **ähnlich** genau dann, wenn es eine Ähnlichkeitsabbildung gibt, bei der F_2 das Bild von F_1 ist, in Zeichen: $F_1 \sim F_2$ (gelesen: F_1 ähnlich F_2).

Kongruente Figuren sind ähnliche Figuren mit dem Ähnlichkeitsfaktor $k = 1$.

(2) Eine Ähnlichkeitsabbildung $(Z; k)$ mit $k < 0$ wird als Nacheinanderausführung einer Streckung $(Z; k_1)$ mit $k_1 > 0$ und einer Punktspiegelung σ_Z am Punkt Z erklärt.

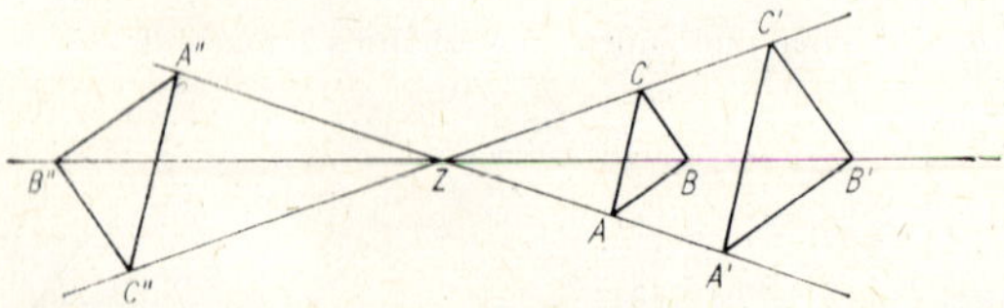

Bild 5/47

Zwei Figuren sind

gleichsinnig ähnlich	**ungleichsinnig ähnlich**

genau dann, wenn jede Figur F

mit $\vartheta(F)$ gleichorientiert ist.	zu $\vartheta(F)$ entgegengesetzt orientiert ist. Eine ungleichsinnige Ähnlichkeitsabbildung entsteht als Nacheinanderausführung einer Streckung $(Z; k)$ mit $k > 0$ und einer Geradenspiegelung σ_g an einer Geraden g.

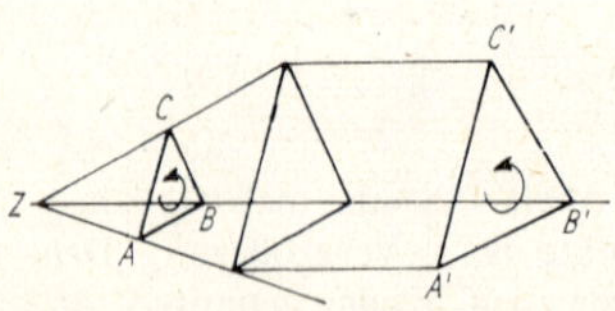

Bild 5/48

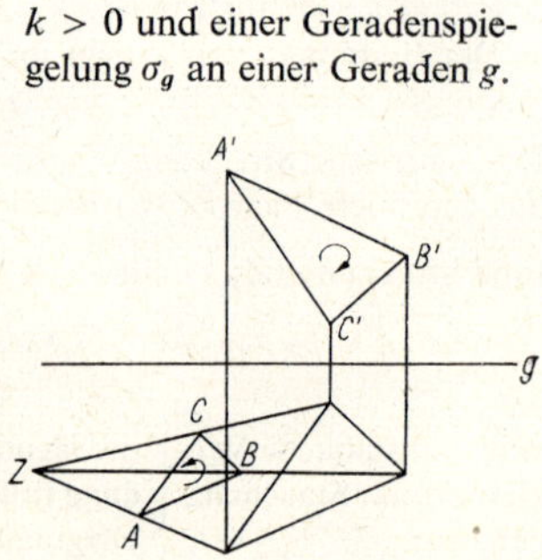

Bild 5/49

5.1.7. Affine Abbildungen

Unter einer **affinen Abbildung** versteht man jede eineindeutige Abbildung einer Punktmenge der Ebene auf sich, bei der die Parallelität von Geraden und das Teilverhältnis dreier (kollinearer) Punkte [↗5.1.6.2.(2)] erhalten bleibt.

Affine Abbildungen heißen

- **gleichsinnig,** wenn die Orientierung aller Figuren erhalten bleibt,
- **inhaltstreu,** wenn der Flächeninhalt aller Figuren dem Betrag nach erhalten bleibt,
- **ähnlich,** wenn sie winkeltreu sind,
- **kongruent,** wenn sie winkeltreu und streckentreu sind.

Zwei Figuren der Ebene heißen **affin** genau dann, wenn sie durch eine affine Abbildung ineinander übergeführt werden können. Dann schneiden einander entsprechende Strecken im Original und im Bild nach Verlängerung einander auf ein und derselben Geraden, **Affinitätsachse** genannt, und
dann verlaufen die Verbindungsgeraden einander entsprechender Punkte im Original und im Bild, **Affinitätsstrahlen** genannt, zueinander parallel.

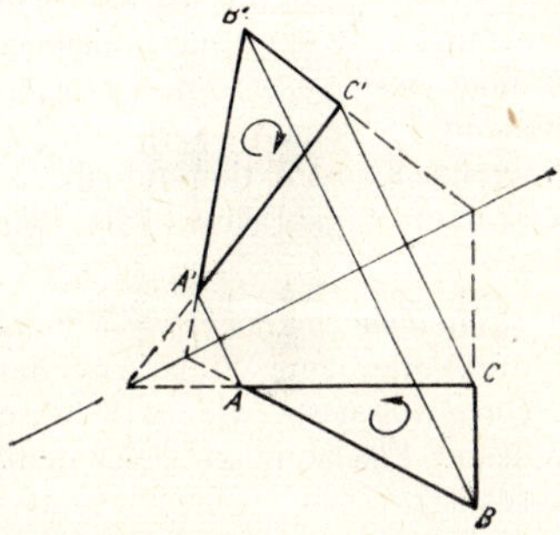

Bild 5/50

5.1.8. Zum Konstruieren geometrischer Figuren

(1) Unter einer **geometrischen Konstruktion** versteht man das Zeichnen einer geometrischen Figur, indem man von gegebenen Punkten ausgeht und bestimmte Konstruktionsmittel verwendet. Neben den üblichen Zeichengeräten (Lineal, Zeichendreiecke, Zirkel, Winkelmesser) können auch Präzisionsgeräte (Zeichenmaschinen) benutzt werden. Beim Lösen einer Konstruktionsaufgabe sind stets zwei Fragen zu beantworten:

1. Wie kann die geforderte Figur konstruiert werden?
2. Wie viele (paarweise voneinander verschiedene) Figuren der geforderten Art gibt es?

Unter den Konstruktionsaufgaben sind die **Konstruktionen im klassischen Sinne** mathematisch interessant, zu denen als Hilfsmittel nur Zirkel und Lineal zugelassen sind.
Mit Zirkel und Lineal sind die *Elementarkonstruktionen* [↗ (2)], die *Grundkonstruktionen* [↗ (3)] und mit deren Hilfe Konstruktionen gewisser geometrischer Objekte (Dreiecke, Vierecke, ...) ausführbar.
Jede Konstruktionsaufgabe kann so umgeformt werden, daß nur Punkte und Beziehungen zwischen Punkten gegeben sind und nur Punkte gesucht werden. Selbst wenn nur Zirkel und Lineal als Konstruktionshilfsmittel zugelassen sind, sind stets Punkte zu konstruieren, weil als zu konstruierende Objekte nur Punkte, Geraden, Strahlen, Strecken, Kreise auftreten, die sich als Punktmengen eindeutig festlegen lassen. Jeder Punkt läßt sich als Durchschnitt zweier Punktmengen, auch »geometrische Örter« [↗ (4)] genannt, konstruieren.
Die höchste Abstraktionsstufe liegt vor, wenn in solchen Konstruktionsaufgaben die Bestimmungsstücke durch Variablen gegeben sind. Dann stehen mathematische Untersuchungen über die Lösbarkeit der Konstruktionsaufgabe im Mittelpunkt. Dabei sind Fallunterscheidungen für die gegebenen Größen durchzuführen. Zeichnungen dienen lediglich zur Veranschaulichung und als Gedächtnisstütze, keinesfalls als Beweis und sind mathematisch gesehen überflüssig. Deshalb wird dann die Konstruktion nur als Konstruktionsbeschreibung gegeben und der Existenz- und der Einzigkeitsnachweis erbracht. Für die *vollständige Lösung einer Konstruktionsaufgabe* eignet sich ein aus vier Teilen bestehendes Schema [↗ (5)].
Folgende Konstruktionsaufgaben sind unter alleiniger Zuhilfenahme von Zirkel und Lineal ohne Skale, Bleistift und einem Blatt Papier **nicht zu lösen:**

- *Dreiteilung eines beliebigen Winkels* (d. h., einen gegebenen Winkel in drei kongruente Winkel zu teilen)
- *Quadratur des Kreises* (d. h., die Seite eines Quadrats zu konstruieren, dessen Flächeninhalt gleich dem Flächeninhalt eines gegebenen Kreises ist)
- *Verdoppelung des Würfels* (d. h., zu einer gegebenen Würfelkante die Kante des Würfels mit doppeltem Volumen zu konstruieren).

(2) **Elementarkonstruktionen**

1. Durch zwei gegebene Punkte P_1, P_2 kann stets eine Gerade gezeichnet werden (Bild 5/51)
2. Der Schnittpunkt S zweier nichtparalleler Geraden g_1, g_2 kann stets eindeutig ermittelt werden (Bild 5/52).
3. Es kann stets genau ein Kreis gezeichnet werden, wenn sein Mittelpunkt und wenigstens ein Punkt seiner Peripherie gegeben sind (Bild 5/3).
4. Die Schnittpunkte S_1, S_2 zweier einander schneidender Kreise k_1, k_2 können stets eindeutig konstruiert werden (Bild 5/54).

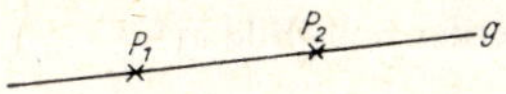

Bild 5/51

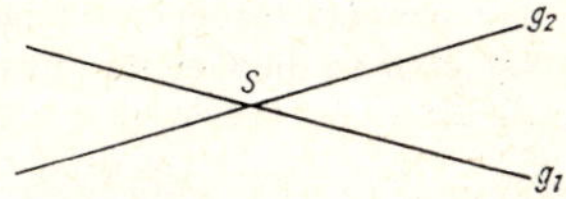

Bild 5/52

5. Die Schnittpunkte S_1, S_2 eines Kreises k um M mit Radius r mit einer Geraden g, die diesen Kreis schneidet, können stets eindeutig konstruiert werden (Bild 5/55).

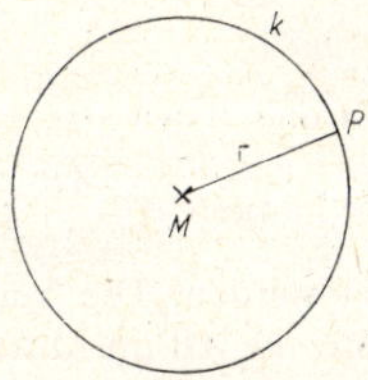

Bild 5/53

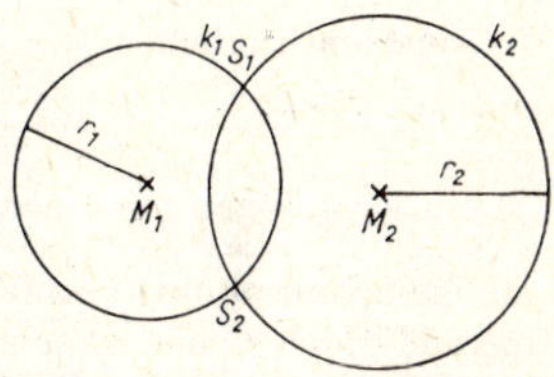

Bild 5/54

Ferner unter Anwendung dieser Elementarkonstruktionen:

6. **Strecke abtragen:** Auf einer Geraden g wird vom Punkt P aus die Strecke AB mit der Länge $\overline{AB}$ abgetragen, indem um P mit Radius $\overline{AB}$ der Kreis gezeichnet wird, der die Gerade in den Punkten Q_1 und Q_2 schneidet. Dabei ist anzugeben, in welcher Richtung die Strecke AB abgetragen werden soll (Bild 5/56).

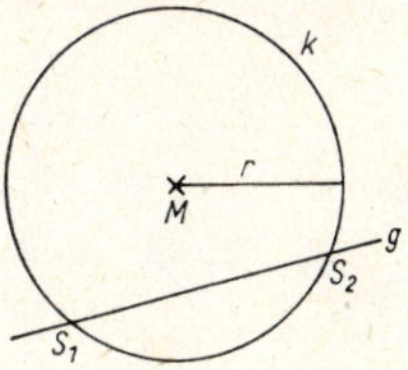

Bild 5/55

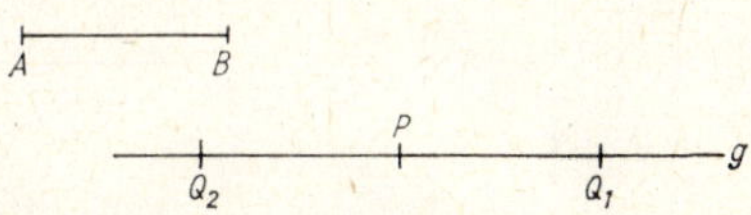

Bild 5/56

7. **Winkel antragen:** Im Punkt P wird an die Gerade g der Winkel $\sphericalangle\, AOB$ der Größe $\overline{\sphericalangle\, AOB}$ angetragen, indem um O und um P je ein Kreis mit beliebigem, jedoch konstantem Radius gezeichnet wird, der die Schenkel des Winkels $\sphericalangle\, AOB$ in den Punkten C und D und die Gerade g im Punkt E schneidet. Um E wird ein Kreis mit einem Radius der Länge $\overline{CD}$ beschrieben, der den Kreis um P in F schneidet. Der Strahl PF ist freier Schenkel des in P an die Gerade g angetrage-

nen Winkels. Dabei ist anzugeben, nach welcher Seite von g der Winkel AOB an die Gerade angetragen werden soll (Bild 5/57).

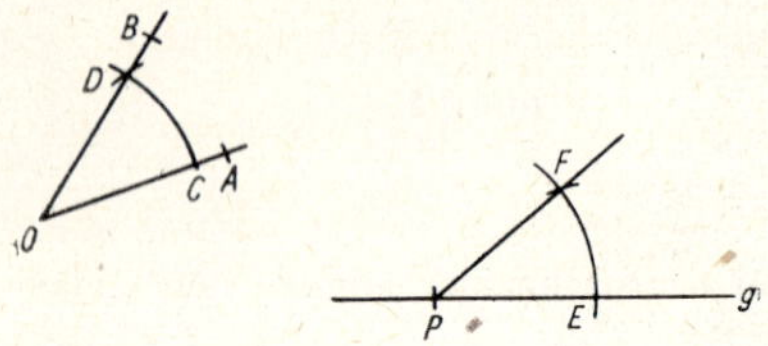

Bild 5/57

(3) **Grundkonstruktionen**

1. **Strecke halbieren:** Um die Endpunkte A und B der Strecke AB wird je ein Kreisbogen mit einem Radius der Länge $r > \frac{\overline{AB}}{2}$ gezeichnet, deren Schnittpunkte C und D genannt werden. Die Verbindungsgerade durch C und D schneidet die Strecke AB im Mittelpunkt M der Strecke AB (Bild 5/58). Die Gerade $g(CD)$ heißt *Mittelsenkrechte* der Strecke AB.
2. **Winkel halbieren:** Um den Scheitel O des Winkels $\sphericalangle\,(p, q)$ wird ein Kreisbogen mit einem Radius beliebiger Länge gezeichnet, der die Schenkel p, q in den Punkten A, B schneidet. Um A und B wird je ein Kreisbogen mit einem Radius der Länge $r > \frac{\overline{AB}}{2}$ gezeichnet, deren Schnittpunkt mit C bezeichnet wird. Der Strahl OC ist die gesuchte *Winkelhalbierende* (Bild 5/59).

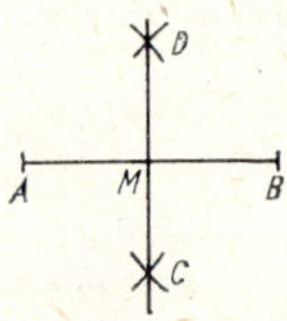

Bild 5/58

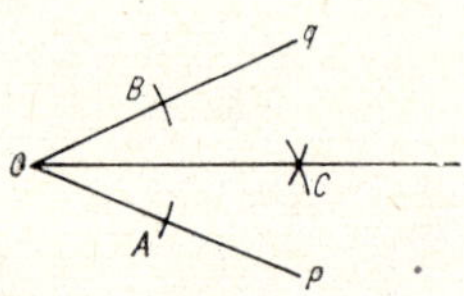

Bild 5/59

3. **Senkrechte errichten:** Im Punkt A wird auf der Geraden g die Senkrechte errichtet, indem um A ein Kreis mit einem Radius beliebiger Länge gezeichnet wird, der g in den Punkten B und C schneidet. Um B und um C wird je ein Kreisbogen mit einem Radius der Länge $r > \overline{AB}$ gezeichnet. Einer ihrer Schnittpunkte werde mit D bezeichnet. Die Gerade durch die Punkte A und D ist die gesuchte Senkrechte. (Der andere Schnittpunkt beider Kreisbögen, mit E bezeichnet, dient als Zeichenkontrolle.) (Bild 5/60)

4. **Lot fällen:** Vom Punkt A wird auf die Gerade g das Lot gefällt, indem um A ein Kreis mit einem Radius einer solchen Länge gezeichnet wird, daß die Gerade g in den Punkten B und C geschnitten wird. Um B und um C wird je ein Kreisbogen mit einem Radius der Länge $r > \frac{\overline{BC}}{2}$ gezeichnet, deren Schnittpunkt mit D bezeichnet wird. Die Gerade durch A und D ist das gesuchte Lot (Bild 5/61). Der Schnittpunkt der Geraden $g(AD)$ und der gegebenen Geraden heißt Lotfußpunkt und wird mit L bezeichnet.

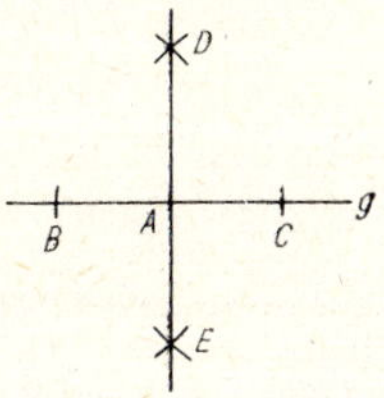

Bild 5/60

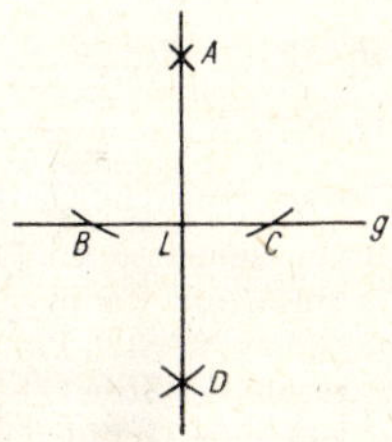

Bild 5/61

5. **Parallele zeichnen:** Um zu einer Geraden g

durch den Punkt P ($P \notin g$) die Parallele zu zeichnen, wird von P das Lot auf g gefällt und im Punkt P die Senkrechte auf diesem Lot errichtet; kurz: Parallelverschiebung mit Hilfe zweier Zeichendreiecke zu g durch P (Bild 5/62).

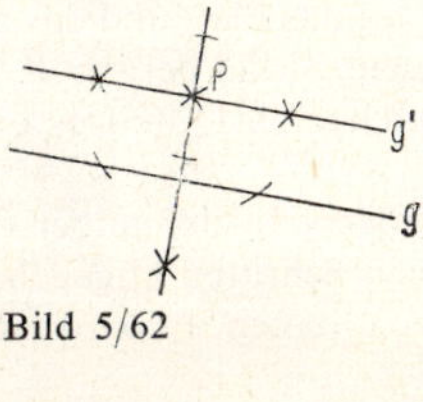

Bild 5/62

im Abstand a eine Parallele zu zeichnen, wird in einem beliebigen Punkt A auf g die Senkrechte errichtet, auf der die Länge a des gegebenen Abstands vom Punkt A aus abgetragen wird. Der Endpunkt dieser Strecke sei P. Konstruktion der Parallelen zu g durch P nach dem nebenstehenden Verfahren (Bild 5/63).

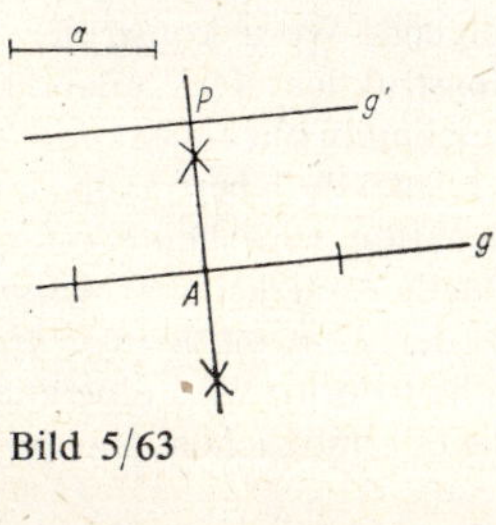

Bild 5/63

(4) Geometrische Örter

Unter einem geometrischen Ort versteht man die Menge aller Punkte, die einer geometrischen Bedingung genügen.
Die Aussage »M ist die Menge aller Punkte P, die der Bedingung B genügen« ist gleichwertig mit den beiden Sätzen:

»Wenn $P \in M$ ist, so genügt P der Bedingung B« und »Wenn P der Bedingung B genügt, so ist $P \in M$«.

Die Kenntnis solcher Punktmengen, die bestimmten Bedingungen genügen, ist für d e Konstruktion geometrischer Figuren vorteilhaft.

BEISPIEL 5/8

Beispiele für geometrische Örter:

Der geometrische Ort für alle Punkte der Ebene, die

a) von einem festen Punkt M den gleichen Abstand r haben, ist der **Kreis** um M mit Radius r.
b) von zwei festen Punkten A, B gleichen Abstand haben, ist die **Mittelsenkrechte** zur Strecke AB.
c) von einer Geraden g den Abstand a haben, ist das **Parallelenpaar** zur Geraden g im Abstand a.
d) von zwei einander schneidenden Geraden g_1, g_2 gleichen Abstand haben, ist das Geradenpaar, das die von g_1, g_2 gebildeten Winkel halbiert. Diese beiden **Winkelhalbierenden** stehen aufeinander senkrecht.
e) von zwei Parallelen gleichen Abstand haben, ist die **Mittelparallele** dieser Parallelen.

(5) Schema für die vollständige Lösung einer Konstruktionsaufgabe

Die »gegebenen Stücke« seien durch ihre Größen vorgegeben. Es soll eine Zeichnung angefertigt werden (vgl. Beispiel 5/13).

(I) **Analyse:** Es wird angenommen, daß es eine allen Bedingungen der Aufgabe genügende Figur gibt. Unter Nutzung einer *Planfigur* wird angegeben, wie die zu konstruierende Figur in Teilfiguren zerlegt werden kann, die nacheinander mit Hilfe von bekannten Verfahren aus den gegebenen Stücken konstruierbar sind. Die Analyse schließt mit der Formulierung des Satzes: »Wenn es eine allen Bedingungen der Aufgabe genügende Figur gibt, so kann sie auf folgende Weise konstruiert werden«.

(II) **Konstruktion:** Das »Bereitstellen der gegebenen Stücke« durch Zeichnung mit Lineal und Winkelmesser auf das Blatt und das anschließende Übertragen der Stücke mit dem Zirkel bei der Konstruktion wird heute oft nicht mehr durchgeführt, weil es eine Quelle zusätzlicher Ungenauigkeiten sei.
In der *Konstruktionsbeschreibung* (zweckmäßig in der unpersönlichen Form) wird eine endliche Folge von Schritten angegeben, die es ermöglichen, eine gesuchte Figur zu erhalten. Es wird nicht

gesagt, daß eine solche Figur nur auf die angegebene Weise konstruiert werden kann. Es kann auch andere Konstruktionsmöglichkeiten für die gesuchte Figur geben, die jedoch auf einer anderen Analyse beruhen.
Die Ausführung von Elementarkonstruktionen und von Grundkonstruktionen wird nicht im einzelnen beschrieben.

(III) **Beweis:** Der in (I) formulierte Satz ist umzukehren und zu beweisen: »Wenn jeder der in der Konstruktionsbeschreibung angegebenen Schritte ausführbar ist, so genügt jede dabei entstehende Figur allen Bedingungen der Aufgabe« und ist somit Lösung der Konstruktionsaufgabe.

(IV) **Determination:**
Existenz: Es wird gezeigt, in welchen Fällen jeder der in b) angegebenen Schritte ausführbar ist und in welchen Fällen ein Schritt nicht ausführbar ist.
Eindeutigkeit: Es wird gezeigt, welche verschiedenen Möglichkeiten bei der Ausführung der Konstruktionsschritte bestehen und welche Folgen sich für die Konstruktion der geometrischen Figur ergeben, d. h., wie viele *nicht kongruente* Endfiguren entstehen, wenn die Lage unberücksichtigt bleibt.

5.1.9. Ebene *n*-Ecke, elementarer Inhalt

5.1.9.1. Zum Begriff »*n*-Eck«

(1) Ein geschlossener Streckenzug $A_1A_2 \dots A_n$, dessen n Eckpunkte in einer Ebene liegen, heißt **n-Eck** (oder Vieleck oder Polygon) und wird mit $\boldsymbol{A}$ bezeichnet.
In einem n-Eck liegen drei benachbarte Eckpunkte nicht auf einer Geraden.
Die Verbindungsstrecke zweier benachbarter Eckpunkte heißt **n-Ecksseite** (Polygonseite). Ein n-Eck ($n > 2$) besitzt genau n Seiten.
Die Menge der Punkte aller n Seiten des n-Ecks heißt **Rand des n-Ecks.**
Ein n-Eck heißt **einfach**, wenn zwei aufeinanderfolgende (aber nicht benachbarte) Seiten des n-Ecks keinen Punkt gemeinsam haben. Andernfalls heißt ein n-Eck **nicht einfach.** Ein nicht einfaches n-Eck heißt **überschlagen**, wenn mindestens zwei Seiten einander schneiden. Es heißt **nicht überschlagen**, wenn ein Eckpunkt auf einer ihm nicht unmittelbar vorangehenden Seite liegt.
Der Rand eines ebenen einfachen n-Ecks zerlegt die Ebene in zwei disjunkte Punktmengen, die das **Innere des n-Ecks** und das **Äußere des n-Ecks** genannt werden.
Ein einfaches n-Eck heißt **konvex**, wenn die Verbindungsstrecke zweier beliebiger Punkte P, Q des Innern nur Punkte des Innern des n-Ecks enthält. Ein einfaches nicht konvexes n-Eck heißt **konkav.**

ÜBERSICHT

n-**Eck** (Beispiel Fünfeck)

- **einfach**
  - **konvex**
  - **konkav**
- **nicht einfach**
  - **überschlagen**
  - **nicht überschlagen**

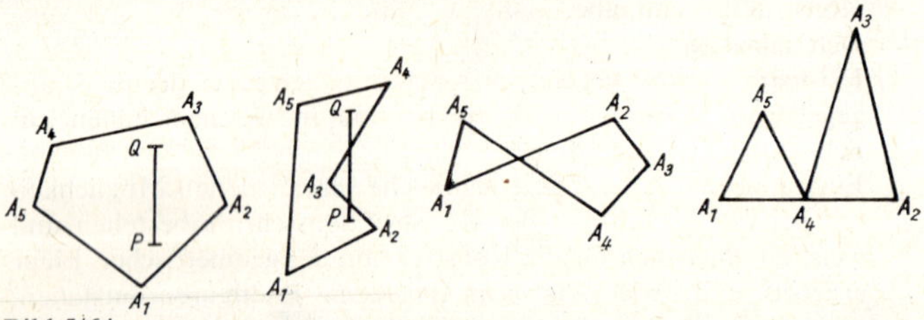

Bild 5/64

Ein konvexes *n*-Eck heißt **eigentlich**, wenn $n > 2$ ist. Es wird mit $\boldsymbol{A} = A_1A_2 \dots A_n$ bezeichnet, wobei A_i $(i = 1, \dots, n)$ die Eckpunkte sind. $\boldsymbol{A}$ ist im Fall $n = 2$ eine Strecke, für $n = 1$ ein Punkt und für $n = 0$ das »leere *n*-Eck« $\emptyset$.

Strecken, Punkte (und das leere *n*-Eck) heißen **uneigentliche** *n*-**Ecke.**

Im folgenden werden nur **eigentliche konvexe** *n*-**Ecke** betrachtet. Der Zahlenwert $u\,(\boldsymbol{A})$ des Umfangs ist gleich der Summe der Zahlenwerte aller Seitenlängen von $\boldsymbol{A}$.

Eine Verbindungsstrecke zweier nicht benachbarter Eckpunkte eines *n*-Ecks $(n > 3)$ heißt **Diagonale.** Ein *n*-Eck besitzt $\frac{n \cdot (n-3)}{2}$ Diagonalen.

(2) Der Rand und das Innere eines *n*-Ecks heißen die **Fläche des** *n*-**Ecks** (zuweilen auch nur als *n*-Eck bezeichnet).

(3) In einem *n*-Eck heißen die Winkel, deren Scheitel mit einem Eckpunkt zusammenfällt und deren Schenkel zwei benachbarte Seiten eines *n*-Ecks bilden, so daß in seiner offenen Winkelfläche das *n*-Eck liegt, **Innenwinkel** (Bild 5/65). Jedes *n*-Eck hat *n* Innenwinkel. Die Größe jedes Innenwinkels ist kleiner als 180°. Die Summe der Größen der Innenwinkel eines *n*-Ecks ist $(n-2) \cdot 180°$. Jeder der beiden Nebenwinkel eines Innenwinkels heißt **Außenwinkel** des *n*-Ecks (Bild 5/65).

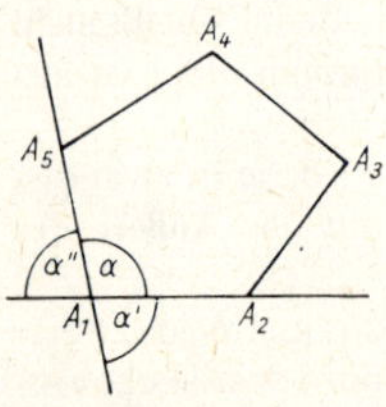

Bild 5/65

(4) Jedes beliebige *n*-Eck ist durch $2n - 3$ Stücke vollständig bestimmt.

5.1.9.2. Regelmäßige n-Ecke

Ein konvexes n-Eck heißt **regelmäßig**, wenn die n Seiten die gleiche Länge s_n und die Innenwinkel die gleiche Größe α haben. Aus $n \cdot \alpha = (n-2) \cdot 180°$ folgt für die Größe jedes Innenwinkels eines regelmäßigen n-Ecks $\alpha = \frac{(n-2) \cdot 180°}{n}$. Um jedes regelmäßige n-Eck läßt sich durch die Eckpunkte ein Umkreis (Radius r) und in jedes regelmäßige n-Eck durch die Seitenmitten ein dazu konzentrischer Inkreis (Radius ϱ) zeichnen.

Verbindet man den Mittelpunkt M des Umkreises (bzw. Inkreises) mit jedem der Eckpunkte, so wird das n-Eck in n kongruente gleichschenklige Dreiecke, Bestimmungsdreiecke genannt, zerlegt. Die Basis dieses Dreiecks ist eine Seite des n-Ecks, die Schenkel haben die Länge r des Umkreisradius. Jeder Basiswinkel dieses Dreiecks hat die Größe der halben Innenwinkelgröße, $\frac{\alpha}{2} = \frac{(n-2) \cdot 180°}{2n}$. Jeder Winkel γ an der Spitze des Bestimmungsdreiecks hat die Größe $\frac{360°}{n}$; er wird auch Mittelpunktswinkel genannt (Bild 5/66).

Jeder Außenwinkel eines regelmäßigen n-Ecks hat die Größe des Mittelpunktswinkels (Bild 5/66).

Jedes regelmäßige n-Eck hat n Symmetrieachsen und ist radialsymmetrisch der Ordnung n mit M als Symmetriezentrum. M wird *Mittelpunkt* des regelmäßigen n-Ecks genannt.

Aus der Seitenlänge s_n eines regelmäßigen n-Ecks wird die Länge s_{2n} eines regelmäßigen $2n$-Ecks konstruiert, indem das von M auf die Seite AB gefällte Lot MF bis zum Schnittpunkt L mit dem Umkreis verlängert wird. Dann ist $\overline{AL}$ die Länge der Seite des $2n$-Ecks (Bild 5/67).

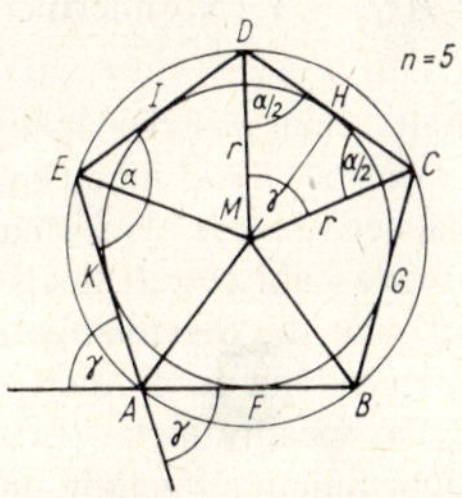

Bild 5/66

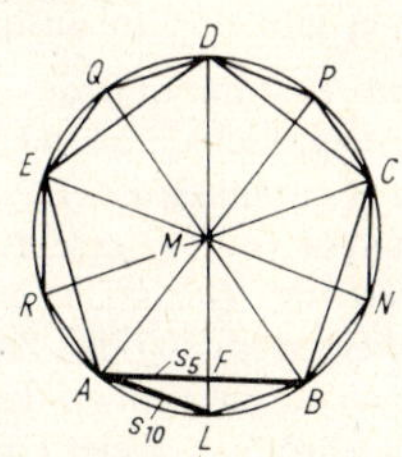

Bild 5/67

5.1.9.3. Inhalt von n-Ecksflächen

(1) Eine n-Ecksfläche kann in Teil-n-Ecksflächen zerlegt werden. Als Teil-n-Ecksflächen sind besonders Dreiecksflächen, Trapezflächen und Quadratflächen geeignet.

BEISPIEL 5/9

Eine Fünfecksfläche kann durch Einzeichnen von zwei Diagonalen in drei Dreiecksflächen (Bild 5/68 a) oder durch Einzeichnen einer Diagonale und zweier Lote von Eckpunkten des Fünfecks auf die Diagonale in drei Dreiecksflächen und eine Trapezfläche (Bild 5/68 b) zerlegt werden.

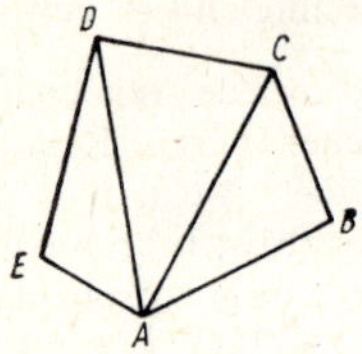

a)

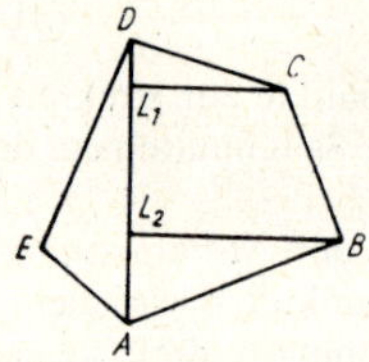

b)

Bild 5/68

(2) In Analogie zur Streckenmessung [5.1.5.(2)] bzw. zur Winkelmessung [↗ 5.1.5.(3)] versteht man unter einer **Inhaltsmessung von n-Ecksflächen** die Angabe einer Abbildung J der Menge aller eigentlichen n-Ecksflächen in die Menge $\mathbf{R}_+$ der nichtnegativen reellen Zahlen. Das Bild $J(A)$ der n-Ecksfläche A heißt **Zahlenwert** der Größe »elementarer Inhalt« von A. Diese Abbildung hat folgende Eigenschaften:

1. Aus $A \cong B$ folgt $J(A) = J(B)$, d. h., n-Ecksflächen, die durch eine Bewegung ineinander übergehen, haben denselben Zahlenwert des Flächeninhalts.
2. Aus $C = A + B$ folgt $J(C) = J(A) + J(B)$ (Additivität), d. h., der Zahlenwert des Flächeninhalts einer in Teil-n-Ecksflächen zerlegten n-Ecksfläche ist gleich der Summe der Zahlenwerte der Flächeninhalte dieser Teil-n-Ecksflächen.
3. Es gibt ein eigentliches n-Eck Q mit $J(Q) = 1$ (Normiertheit), d. h., es gibt ein Einheitsquadrat.

Zur Bestimmung des elementaren Inhalts einer n-Ecksfläche A (zum »Ausmessen« von A) wird festgestellt, wie oft das Einheitsquadrat Q in A enthalten ist. Deshalb wird der Flächeninhalt A als formales Produkt $A = \lambda \cdot Q$ geschrieben, wobei die reelle Zahl $\lambda = J(A)$ als Zahlenwert und Q als Einheit bezeichnet wird. Hat die Seitenlänge des Einheitsquadrats Q den Zahlenwert 1 bei Verwendung der Einheit »Meter«, dann ist die Einheit der Inhaltsmessung das Quadratmeter (m^2).
Das Produkt zweier Längen wird als Flächeninhalt aufgefaßt, und es gilt der **Satz vom Inhalt des Rechtecks:** Ist R ein Rechteck mit den Zahlenwerten a, b der Seitenlängen, dann gilt $J(R) = a \cdot b$.
(3) Zwei Flächen sind **inhaltsgleich** (oder flächengleich), wenn sie folgende Eigenschaften haben:

Entweder sind sie kongruent,	oder sie können in paarweise kongruente Teilflächen zerlegt werden.

BEISPIEL 5/10

Aus der Kongruenz der Dreiecke *ABC* und *DEF* folgt ihre Flächengleichheit.

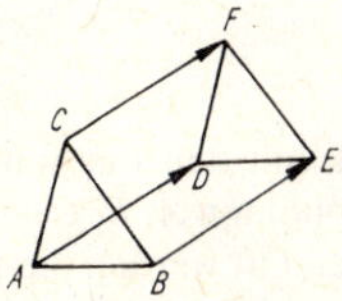

Bild 5/69

Da das Trapez *ABED* in beiden Teilfiguren *ABCD* und *ABEF* enthalten und $\triangle ADF \cong \triangle BCE$ ist, sind das Parallelogramm *ABCD* und das Rechteck *ABEF* flächengleich.

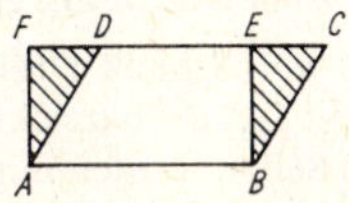

Bild 5/70

5.1.9.4. Ähnlichkeit von *n*-Ecken

(1) Nach 5.1.6.4. sind zwei *n*-Ecke F_1, F_2 ($n > 2$) einander **ähnlich** genau dann, wenn es eine Ähnlichkeitsabbildung ϑ gibt, die F_1 in F_2 überführt.
Es gilt der **Satz:**

> Wenn zwei *n*-Ecke ($n > 2$) einander ähnlich sind, dann sind die Winkelgrößen gleichliegender Winkel gleich, und dann bilden Paare gleichliegender Seiten gleiche Verhältnisse.

Es gilt auch die **Umkehrung dieses Satzes:** Wenn es zwischen den Eckpunkten zweier *n*-Ecke ($n > 2$) bei Beachtung der Reihenfolge eine eineindeutige Zuordnung gibt, so daß die Winkelgrößen gleichliegender Winkel gleich sind und gleichliegende Seiten gleiche Verhältnisse bilden, so sind die beiden *n*-Ecke ähnlich.

BEISPIEL 5/11

Aus der Ähnlichkeit der Vierecke *ABCD* und *EFGH* (Bild 5/71) folgt $\alpha = \varepsilon$, $\beta = \varsigma$, $\gamma = \eta$, $\delta = \iota$ und $\overline{AB}:\overline{EF} = \overline{BC}:\overline{FG}$ (sowie weitere Verhältnisgleichungen).

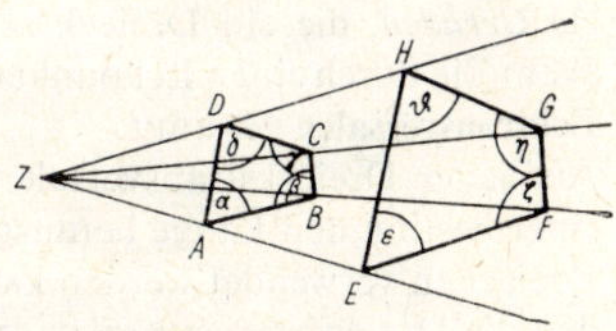

Bild 5/71

(2) Zwei *n*-Ecke F_1, F_2 befinden sich in Ähnlichkeitslage genau dann, wenn es eine Streckung $\varkappa$ gibt, die F_1 auf F_2 abbildet (Bild 5/71).

(3) Für die Umfänge ähnlicher n-Ecke ($n > 2$) gilt: $\frac{u'}{u} = \frac{a'}{a}$ (Bild 5/71).

(4) Für die Inhalte ähnlicher n-Ecksflächen ($n > 2$) gilt: $\frac{A'}{A} = \frac{a'^2}{a^2}$.

5.1.10. Dreiecke

5.1.10.1. Zum Begriff »Dreieck«

Ein n-Eck mit $n = 3$ heißt Dreieck. Ein Dreieck mit den Eckpunkten A, B, C wird mit $\triangle ABC$ bezeichnet. Die den Eckpunkten A, B, C gegenüberliegenden Seiten werden mit a, b, c bezeichnet. Oft werden die Längen der Seiten mit a, b, c bezeichnet.

Einteilung der Menge aller Dreiecke

nach Seiten
(Teilmengenbeziehung)

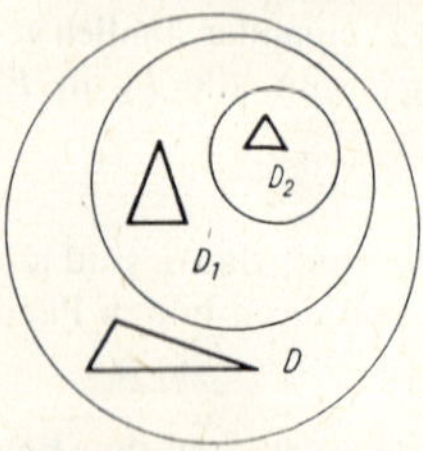

Bild 5/72

D ... Menge aller Dreiecke
D_1 ... Menge aller gleichschenkligen Dreiecke
D_2 ... Menge aller gleichseitigen Dreiecke

nach Winkeln
(Klassenbildung)

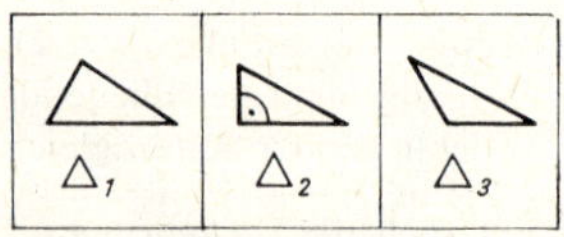

Bild 5/73

$\triangle_1$ ... Menge aller spitzwinkligen Dreiecke
$\triangle_2$ ... Menge aller rechtwinkligen Dreiecke
$\triangle_3$ ... Menge aller stumpfwinkligen Dreiecke

5.1.10.2. Beliebige Dreiecke

(1) *Geraden*, die ein Dreieck schneiden, heißen **Dreieckstransversalen.** Wenn sie durch einen Eckpunkt des Dreiecks verlaufen, werden sie auch **Ecktransversalen** genannt.

Aus jeder Dreieckstransversalen wird durch das Dreieck eine *Strecke* einer bestimmten Länge herausgeschnitten, die zu Konstruktionen von Dreiecken verwendet werden kann. In anderen Zusammenhängen werden die Dreieckstransversalen auch als *Strahlen* aufgefaßt. Dann gehen in jedem beliebigen Dreieck von jeder Ecke drei Transversalen aus: die Seitenhalbierende s, die Winkelhalbierende w, die Höhe h und von jeder Seitenmitte die Mittelsenkrechte m. Sie werden auch **besondere Linien des**

Dreiecks genannt. Vom Punkt C bzw. vom Mittelpunkt der Seite c ausgehende Transversalen zeigt Bild 5/74.

Bild 5/74

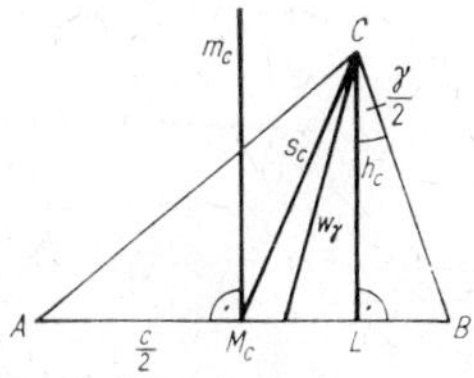

Jeweils drei gleichartige besondere Linien eines Dreiecks schneiden einander in einem Punkt,

- dem Schnittpunkt S der Seitenhalbierenden (Bild 5/75)
- dem Schnittpunkt W der Winkelhalbierenden (Bild 5/76)
- dem Schnittpunkt M der Mittelsenkrechten (Bild 5/77)
- dem Schnittpunkt H der Höhen (Bild 5/78),

die **merkwürdigen Punkte eines Dreiecks** genannt.

Von diesen ist S der Schwerpunkt des Dreiecks,
W der Mittelpunkt des Inkreises (Radius ϱ),
M der Mittelpunkt des Umkreises (Radius r).

Bild 5/75

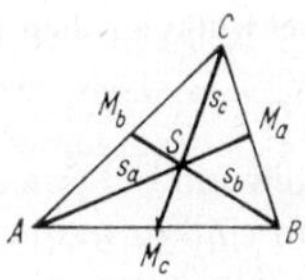

Bild 5/76

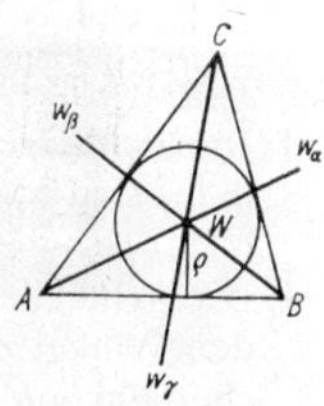

Bild 5/77

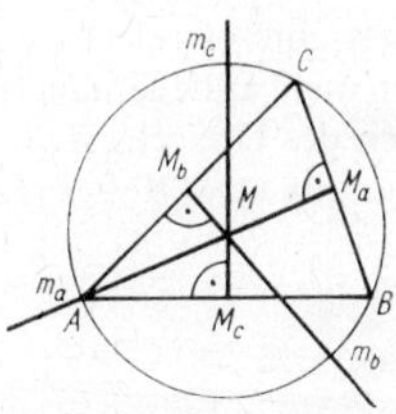

Bild 5/78

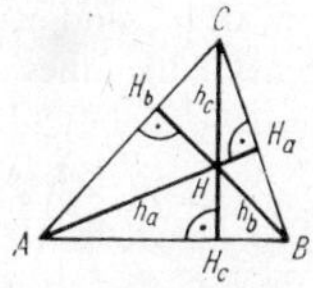

Die Halbierende eines Innenwinkels und die Halbierenden der beiden diesem Winkel nicht anliegenden Außenwinkel eines Dreiecks schneiden einander in einem Punkt M_A, dem Mittelpunkt des Ankreises (Bild 5/79).

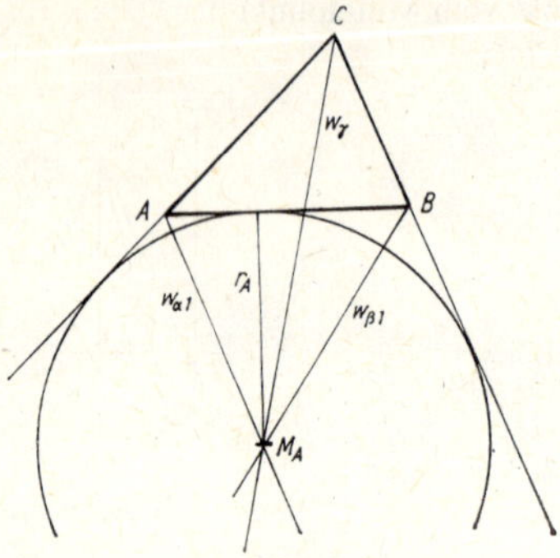

Bild 5/79

(2) **Sätze über beliebige Dreiecke**

1. In jedem Dreieck ist die Summe der Längen zweier Dreieckseiten stets größer, ihre Differenz stets kleiner als die Länge der dritten Seite **(Dreiecksungleichung):**

   $a + b > c, \quad b + c > a, \quad c + a > b$
   $b - a < c, \quad c - b < a, \quad c - a < b$ (falls $a \leqq b \leqq c$)

2. In jedem Dreieck liegen einander gegenüber:
   – die größte Seite und der größte Winkel,
   – die kleinste Seite und der kleinste Winkel,
   – gleich lange Seiten und gleich große Winkel.
3. In jedem Dreieck ist die **Summe der Innenwinkelgrößen** gleich 180°, d. h., sind α, β, γ Innenwinkelgrößen eines Dreiecks *ABC*, so gilt $\alpha + \beta + \gamma = 180°$.
4. Die Winkelhalbierende eines **Innenwinkels** eines Dreiecks halbiert den Winkel zwischen der Höhe und dem Umkreisradius vom gleichen Eckpunkt aus (Satz über die Winkelhalbierende eines Dreieckswinkels) (Bild 5/80).
5. Die Winkelgröße jedes **Außenwinkels** eines Dreiecks ist gleich der Summe der Winkelgrößen der beiden nicht anliegenden Innenwinkel, d. h., sind α, β, γ Innenwinkelgrößen des Dreiecks *ABC* und α_1 die Größe eines Außenwinkels von α, so gilt $\alpha_1 = \beta + \gamma$ (Bild 5/81).

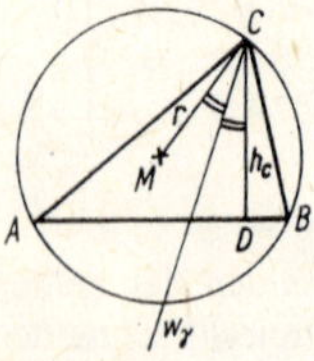

Bild 5/80

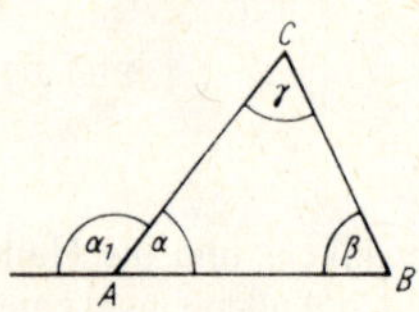

Bild 5/81

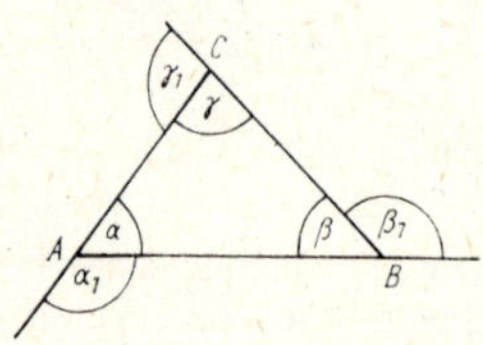

Bild 5/82

6. In jedem Dreieck ist die **Summe der Außenwinkelgrößen** gleich 360°, d. h., sind $\alpha_1, \beta_1, \gamma_1$ Außenwinkelgrößen des Dreiecks *ABC*, so gilt $\alpha_1 + \beta_1 + \gamma_1 = 360°$ (Bild 5/82).
7. Die merkwürdigen Punkte *H*, *S*, *M* eines Dreiecks *ABC* (mit Ausnahme des gleichseitigen Dreiecks) liegen stets auf einer Geraden, die **Eulersche Gerade** genannt wird (Bild 5/83). Der Punkt *S* teilt die Strecke *HM* im Verhältnis $\overline{HS}:\overline{SM} = 2:1$.

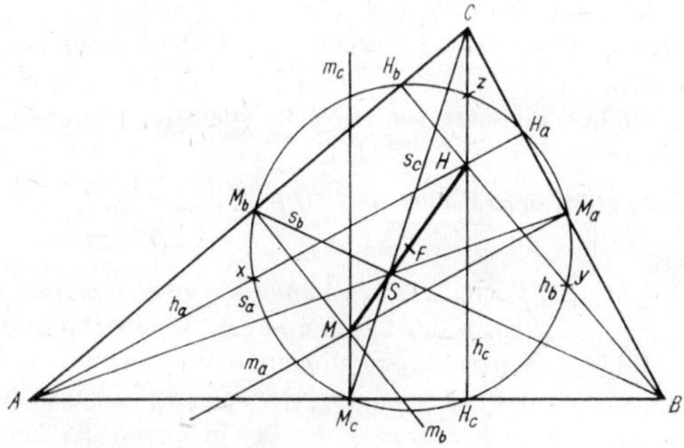

Bild 5/83

Der Mittelpunkt *F* der Strecke *HM* ist der Mittelpunkt des **Feuerbachschen Kreises,** auf dem folgende neun Punkte liegen:

- die Höhenfußpunkte H_a, H_b, H_c,
- die Mittelpunkte M_a, M_b, M_c der Dreieckseiten und
- die Mittelpunkte *X*, *Y*, *Z* der oberen Höhenabschnitte *HA*, *HB*, *HC* (Bild 5/83)

8. **Kongruenz von Dreiecken**
Zwei Dreiecke *ABC* und *DEF* sind kongruent genau dann, wenn es eine Bewegung φ gibt, bei der das Dreieck *DEF* das Bild des Dreiecks *ABC* ist; in Zeichen: $\triangle ABC \cong \triangle DEF$.
Kongruenzsätze (Aussagen, unter welchen Bedingungen zwei Dreiecke *ABC* und *DEF* kongruent sind);

Zwei Dreiecke *ABC* und *DEF* sind kongruent, wenn sie übereinstimmen

- in den Längen aller drei Seiten (sss),
- in den Längen zweier Seiten und in der Größe des von diesen Seiten eingeschlossenen Winkels (sws),
- in den Längen zweier Seiten und in der Größe desjenigen Innenwinkels, der der größeren dieser beiden Seiten gegenüberliegt (ssw),
- in der Länge einer Seite und den Größen zweier Innenwinkel [d. h. in der Länge einer Seite und in den Größen der beiden anliegenden

Winkeln (wsw) bzw. in der Länge einer Seite und in den Größen eines anliegenden und eines dieser Seite gegenüberliegenden Winkels (sww)].
Auf den Kongruenzsätzen beruhen die vier Grundaufgaben der Dreieckskonstruktionen (↗ 5.1.10.6.).

9. **Ähnlichkeit von Dreiecken**
Zwei Dreiecke *ABC* und *DEF* sind einander **ähnlich** genau dann, wenn es eine Ähnlichkeitsabbildung ϑ gibt, bei der das Dreieck *DEF* das Bild des Dreiecks *ABC* ist: $\triangle ABC \sim \triangle DEF$. Zwei Dreiecke können durch eine Bewegung φ in Ähnlichkeitslage übergeführt werden.
Ähnlichkeitssätze für Dreiecke (Verallgemeinerung der Kongruenzsätze):

Zwei Dreiecke *ABC* und *DEF* sind einander ähnlich, wenn sie übereinstimmen

- in dem Verhältnis der Längen je zweier Seiten,
- im Verhältnis der Längen zweier Seiten und in der Größe des von diesen Seiten eingeschlossenen Winkels,
- im Verhältnis der Längen zweier Seiten und in der Größe desjenigen Innenwinkels, der der größeren der beiden Seiten gegenüberliegt,
- in den Größen zweier Innenwinkel (Hauptähnlichkeitssatz).

10. In jedem Dreieck verläuft die Strecke, die die Mittelpunkte zweier Seiten verbindet (eine **Mittellinie** des Dreiecks), parallel zur dritten Seite dieses Dreiecks. Ihre Länge ist gleich der halben Länge dieser Seite.
Es gilt:

$$M_bM_a \parallel AB; \qquad \overline{M_bM_a} = \frac{1}{2}\overline{AB}.$$

11. In jedem Dreieck verhalten sich die Längen zweier **Höhen** wie die Reziproken der Längen der zugehörigen Seiten.
Es gilt:

$$h_a : h_b = \frac{1}{a} : \frac{1}{b}.$$

12. Der Schnittpunkt *S* der Seitenhalbierenden teilt jede Seitenhalbierende eines Dreiecks so, daß der der Ecke anliegende Abschnitt (oberer Abschnitt) doppelt so lang ist wie der der Seite anliegende (untere) Abschnitt.
Es gilt:

$$\overline{AS} : \overline{SM_a} = 2:1, \qquad \overline{BS} : \overline{SM_b} = 2:1,$$

$$\overline{CS} : \overline{SM_c} = 2:1. \qquad \text{(Bild 5/83)}$$

13. Jede Seite eines Dreiecks ABC wird von der Winkelhalbierenden des gegenüberliegenden Innenwinkels innen und von der Winkelhalbierenden eines diesem Innenwinkel anliegenden Außenwinkels außen im Verhältnis der beiden anderen Seitenlängen geteilt, z. B. wird die Seite AB durch die Winkelhalbierenden w_γ und w_{γ_1} harmonisch geteilt [↗ 5.1.6.2.(2)] (Bild 5/84).

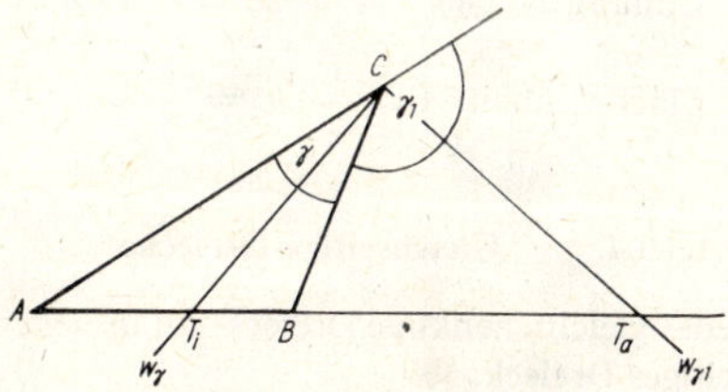

Bild 5/84

14. Die Länge des **Umfangs** eines Dreiecks ABC mit den Seitenlängen

$$\overline{AB} = c, \quad \overline{BC} = a, \quad \overline{CA} = b \quad \text{ist} \quad u_\triangle = a + b + c.$$

Der Flächeninhalt dieses Dreiecks ist

$$A_\triangle = \frac{1}{2} a \cdot h_a \quad \text{bzw.} \quad A_\triangle = \frac{1}{2} b \cdot h_b, \quad A_\triangle = \frac{1}{2} c \cdot h_c,$$

wenn h_a, h_b, h_c die Längen der auf BC bzw. CA, AB senkrecht stehenden Höhen sind.

Weitere Beziehungen zur Dreiecksberechnung ↗ 5.1.14.3.

5.1.10.3. Gleichschenklige Dreiecke

Jedes Dreieck mit genau einem Paar gleich langer Seiten heißt **gleichschenkliges Dreieck.** Die gleich langen Seiten werden **Schenkel** genannt, die dritte Seite heißt **Basis.**

Die der Basis anliegenden Winkel heißen **Basiswinkel.** Der der Basis gegenüberliegende Winkel wird **Winkel an der Spitze** genannt. Da die Menge der gleichschenkligen Dreiecke eine Teilmenge der Menge aller Dreiecke ist (↗ 5.1.10.1.), gelten für gleichschenklige Dreiecke alle in 5.1.10.2. für beliebige Dreiecke aufgestellten Beziehungen. Darüber hinaus gelten für gleichschenklige Dreiecke folgende **spezielle Beziehungen:**

1. Jedes gleichschenklige Dreieck ist axialsymmetrisch.
2. Die Symmetrieachse ist die Mittelsenkrechte der Basis; sie ist zugleich Höhe auf die Basis, Seitenhalbierende der Basis und Winkelhalbierende des Winkels an der Spitze.

3. Die Basiswinkel eines jeden gleichschenkligen Dreiecks sind gleich groß ($\alpha = \beta$). Es gilt $\alpha = \beta = 90° - \frac{\gamma}{2}$ bzw. $\gamma = 180° - 2\alpha = 180° - 2\beta$.
   Die Größe jedes Basiswinkels eines jeden gleichschenklig-rechtwinkligen Dreiecks ist 45°.
4. Für jedes gleichschenklige Dreieck gilt:

   Umfangslänge $u = c + 2a = c + 2b$,

   Flächeninhalt $A = \frac{1}{2} ch_c = \frac{1}{4} c \sqrt{4a^2 - c^2} = \frac{1}{4} c \sqrt{4b^2 - c^2}$

5.1.10.4. Gleichseitige Dreiecke

Jedes gleichschenklige Dreieck mit drei gleich langen Seiten heißt **gleichseitiges Dreieck.**
Da die Menge der gleichseitigen Dreiecke eine Teilmenge der Menge der gleichschenkligen Dreiecke und damit auch eine Teilmenge der Menge aller Dreiecke ist, gelten die in 5.1.10.2. und 5.1.10.3. genannten Beziehungen auch für gleichseitige Dreiecke.
Da außerdem die gleichseitigen Dreiecke regelmäßige n-Ecke mit $n = 3$ sind, gelten überdies die in 5.1.9.2. aufgeführten Beziehungen.
Darüber hinaus gelten für gleichseitige Dreiecke folgende **spezielle Sätze:**

1. Die Innenwinkel eines gleichseitigen Dreiecks sind paarweise gleich groß; d. h., die Größe jedes Innenwinkels ist 60°.
2. Jedes gleichseitige Dreieck besitzt drei Symmetrieachsen, die Mittelsenkrechten der Dreiecksseiten sind. Sie sind zugleich Höhen auf die Seiten, Seitenhalbierenden und Winkelhalbierenden.
3. Umkreis und Inkreis sind konzentrische Kreise. Die Radiuslänge des Umkreises ist $r = \frac{a}{3}\sqrt{3}$, die des Inkreises $\varrho = \frac{a}{6}\sqrt{3}$, wenn a die Seitenlänge des gleichseitigen Dreiecks ist.
   Es gilt $r + \varrho = h = w = s = \frac{a}{2}\sqrt{3}$, wobei h die Länge der Höhe, w die Länge der Winkelhalbierenden, s die Länge der Seitenhalbierenden (als Strecken aufgefaßt) ist.
4. Die Länge des Umfangs eines gleichseitigen Dreiecks ist $u = 3a$, der Flächeninhalt ist $A = \frac{a^2}{4}\sqrt{3}$.

5.1.10.5. Rechtwinklige Dreiecke

In einem rechtwinkligen Dreieck ABC (Bild 5/85) heißen die dem rechten Winkel anliegenden Seiten **Katheten**, die dem rechten Winkel gegenüberliegende Seite **Hypotenuse.** Die Projektion der Kathete a bzw. b auf die Hypotenuse heißt der zu a bzw. b gehörige Hypotenusenabschnitt und wird mit p bzw. q bezeichnet.

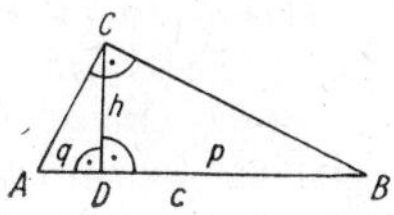

Bild 5/85

Für rechtwinklige Dreiecke gelten die in 5.1.10.2. zusammengestellten Beziehungen sowie folgende **spezielle Sätze:**

1. In jedem rechtwinkligen Dreieck ist die Hypotenuse c die größte Seite, ihre Länge ist aber kleiner als die Summe der Längen der Katheten:

   $c > a,\ c > b,\ c < a + b.$

2. In jedem rechtwinkligen Dreieck sind die beiden spitzen Winkel Komplementwinkel; d. h., für die Winkelgrößen α, β gilt $\alpha + \beta = 90°$.
3. Die Höhe zerlegt jedes rechtwinklige Dreieck in zwei rechtwinklige Teildreiecke, die untereinander und zum gesamten Dreieck ähnlich sind (Bild 5/85).

   $\triangle ADC \sim \triangle CDB; \qquad \triangle ADC \sim ACB;$

   $\triangle BDC \sim \triangle ACB$

4. **Höhensatz:** In jedem rechtwinkligen Dreieck ist das Quadrat über der Höhe flächengleich dem Rechteck aus den beiden Hypotenusenabschnitten, d. h., wenn im Dreieck ABC gilt $\overline{\sphericalangle ACB} = 90°$, so ist $h^2 = p \cdot q$.

   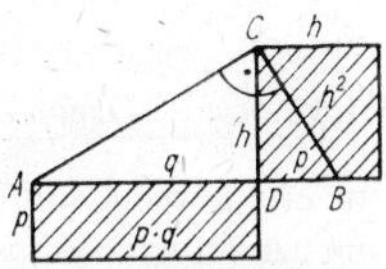

   Bild 5/86

   Umkehrung des Höhensatzes: Wenn die größte Seite c eines Dreiecks ABC durch die zugehörige Höhe h so in zwei Abschnitte p, q geteilt wird, daß $h^2 = p \cdot q$ gilt, dann ist das Dreieck ABC rechtwinklig, und p, q sind Abschnitte der Hypotenuse c.
5. **Kathetensatz:** In jedem rechtwinkligen Dreieck ist das Quadrat über jeder Kathete flächengleich dem Rechteck aus Hypotenuse und dem zugehörigen Hypotenusenabschnitt, d. h., wenn im Dreieck ABC gilt $\overline{\sphericalangle ACB} = 90°$, so ist $a^2 = p \cdot c$ bzw. $b^2 = q \cdot c$. (Bild 5\87)

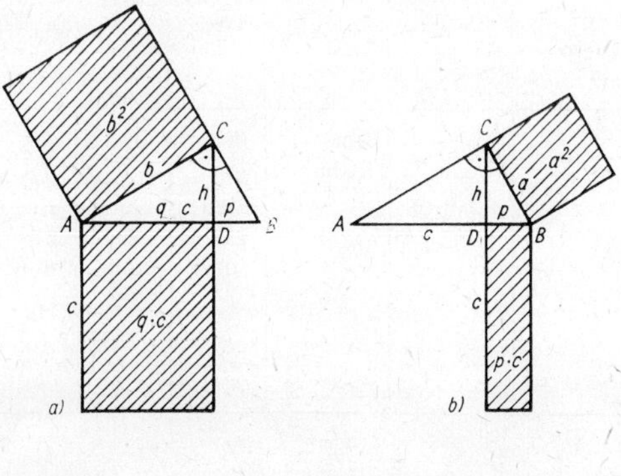

Bild 5/87

Umkehrung des Kathetensatzes: Wenn für die Seiten a, b und $c = p + q$ des Dreiecks ABC die Beziehungen $a^2 = p \cdot c$ und $b^2 = q \cdot c$ gelten, so ist das Dreieck rechtwinklig, a, b sind die Katheten und c ist die Hypotenuse des Dreiecks ABC.

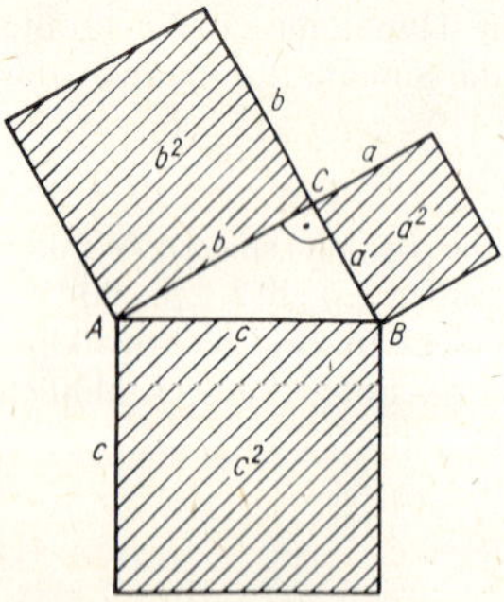

Bild 5/88

6. **Satz des Pythagoras:** In jedem rechtwinkligen Dreieck ist die Summe der Kathetenquadrate flächengleich dem Quadrat über der Hypotenuse, d. h., wenn im Dreieck ABC gilt $\sphericalangle\, \overline{ACB} = 90°$, so ist $a^2 + b^2 = c^2$.
Umkehrung des Satzes des Pythagoras: Wenn für die Seiten a, b, c des Dreiecks ABC die Beziehung $a^2 + b^2 = c^2$ gilt, so ist das Dreieck ABC rechtwinklig und c ist die Hypotenuse.
7. Die Länge des Umfangs eines rechtwinkligen Dreiecks ist $u = a + b + c$, der Flächeninhalt ist $A = \frac{1}{2} a \cdot b$.

5.1.10.6. Dreieckskonstruktionen

Um ein Dreieck unter alleiniger Verwendung von Zirkel und Lineal konstruieren zu können (↗ 5.1.8.), ist die Vorgabe von drei Stücken erforderlich. Bei der Konstruktion spezieller Dreiecke verringert sich die Anzahl der vorzugebenden Stücke.

(1) **Grundaufgaben der Dreieckskonstruktionen** (Dreiecke, die nach einem Kongruenzsatz zu konstruieren sind)

Komplex	(a, b, c)	(a, b, γ)	(a, b, β)				(c, α, β)
Kongruenzsatz	sss	sws	ssw				sww
	lösbar, wenn $a+b>c>a-b$ ist.	stets lösbar	$\beta \geqq 90°$ und		$\beta < 90°$ und		lösbar, wenn $\alpha+\beta<180°$ ist.
			$b > a$, eine Lösung	$b \leqq a$, keine Lösung	$b \geqq a$, eine Lösung	$b < a$, zwei, eine oder keine Lösung	

BEISPIEL 5/12

a) Es ist ein Dreieck ABC zu konstruieren, in dem gilt:

$a = 4{,}5$ cm, $b = 4{,}0$ cm, $\beta = 50°$

Lösungsidee: Das Dreieck ABC ist konstruierbar nach Kongruenzsatz ssw.
Konstruktion: (Bild 5/89a)

- Man trage im Endpunkt B der Strecke BC den Winkel β an.
- Man zeichne um C den Kreis mit Radius b, der den freien Schenkel des Winkels β in den Punkten A_1 und A_2 schneidet.
- Man verbinde A_1 bzw. A_2 mit C. Dann sind die Dreiecke A_1BC und A_2BC Lösungen der Aufgabe.

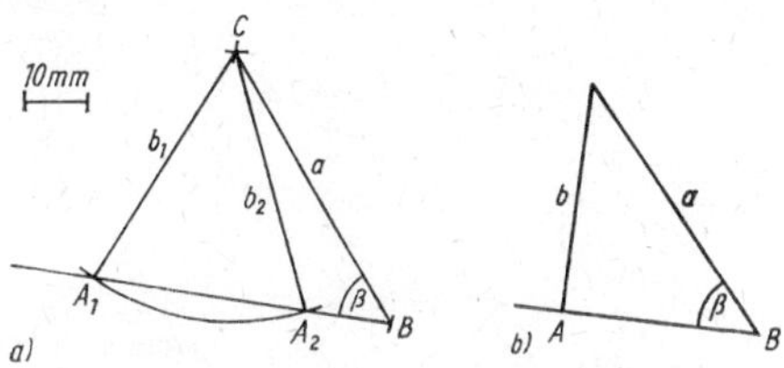

Bild 5/89

b) Wird die Aufgabe im Beispiel a) abgeändert: $b = 3{,}5$ cm, dann gibt es nur ein Dreieck, das die Bedingungen der Aufgabe erfüllt (Bild 5/89 b).
Ist jedoch $b < 3{,}5$ cm, dann schneidet der Kreis um C mit Radius b den freien Schenkel des Winkels β nicht. Es gibt keine Lösung dieser Aufgabe.

(2) Dreieckskonstruktionen mit Hilfe von Teildreiecken

Können in einem zu konstruierenden Dreieck Teildreiecke nach Kongruenzsätzen konstruiert werden, werden die noch fehlenden Punkte als Schnittpunkte zweier geometrischer Örter ermittelt.

BEISPIEL 5/13

Es ist ein Dreieck ABC zu konstruieren, für das gilt:

$$\alpha = 60°, \ \beta = 35°, \ w_\alpha = 5{,}5 \text{ cm}.$$

Dabei sind α bzw. β die Größen der Winkel $\sphericalangle\, BAC$ bzw. $\sphericalangle\, ABC$ und w_α die Länge der Winkelhalbierenden des Winkels $\sphericalangle\, BAC$.
Es ist die vollständige Lösung der Konstruktionsaufgabe anzugeben [↗ 5.1.8.(5)].

(I) Angenommen, $\triangle\, ABC$ sei das gesuchte, dann ist $\overline{AD} = w_\alpha$, $\overline{\sphericalangle\, BAD} = \overline{\sphericalangle\, DAC} = \frac{\alpha}{2}$, $\overline{\sphericalangle\, ABC} = \beta$. Das Teildreieck ABD ist konstruierbar nach Kongruenzsatz sww. Der Punkt C liegt

1. auf dem freien Schenkel des in A an AB nach derselben Seite der Geraden $g(AB)$, auf der D liegt, angetragenen Winkels α,

2. auf dem Strahl aus B durch D.

Planfigur (Bild 5/90)
Daraus folgt, daß ein Dreieck nur dann den Bedingungen der Aufgabe entspricht, wenn es durch folgende Konstruktion erhalten werden kann:

(II) *Konstruktion* (Bild 5/91)

1. Man konstruiere das Dreieck ABD aus $\overline{AD} = 5{,}5$ cm, $\overline{\sphericalangle\, BAD} = 30°$, $\overline{\sphericalangle\, ABD} = 35°$.
2. Man trage in A an AB einen Winkel der Größe 60° an nach derselben Seite der Geraden $g(AB)$, auf der D liegt.
3. Man zeichne den Strahl aus B durch D. Sein Schnittpunkt mit dem freien Schenkel des in A an AB angetragenen Winkels werde C genannt.

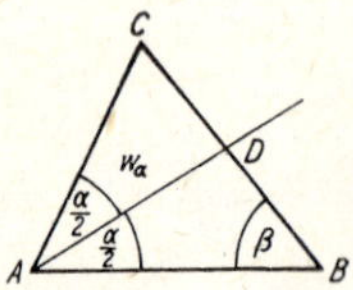

Bild 5/90

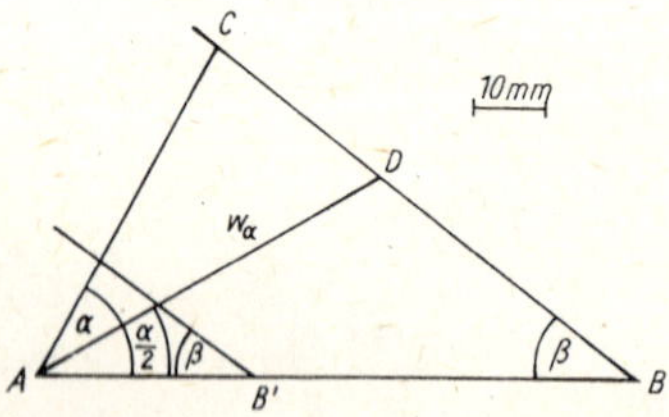

Bild 5/91

(III) Jedes so konstruierte Dreieck ABC entspricht den Bedingungen der Aufgabe.
Beweis: Der Winkel BAC hat nach Konstruktion die Größe 60°, der Winkel ABC nach Konstruktion die Größe 35°. Nach Konstruktion ist AD die Halbierende des Winkels BAC und hat die Länge 5,5 cm.
(IV) Konstruktionsschritt 1. ist bis auf Kongruenz eindeutig ausführbar. Die Konstruktionsschritte 2. und 3. sind ebenfalls eindeutig ausführbar. Da $\sphericalangle\, BAC$ und $\sphericalangle\, ABD$ spitze Winkel sind, gibt es genau einen Schnittpunkt C.
Also ist Dreieck ABC durch die gegebenen Stücke bis auf Kongruenz eindeutig bestimmt.

Weitere Verfahren zur Lösung von Aufgaben zur Konstruktion von Dreiecken findet der interessierte Leser in dem Bändchen »Ebene Geometrie«.

5.1.11. Vierecke

5.1.11.1. Zum Begriff »Viereck«

Nach 5.1.9.1. versteht man unter einem **Viereck** einen geschlossenen Streckenzug $ABCD$, in dem drei benachbarte Eckpunkte nicht auf einer Geraden liegen (Bild 5/92).
Die einzelnen Strecken heißen **Seiten** des Vierecks. Die Länge der

Seite *AB* wird mit *a*, die der Seite *BC* mit *b* usw. bezeichnet. Die Länge des Streckenzugs *ABCD* heißt **Umfang** des Vierecks.
Haben zwei Seiten eines Vierecks

einen gemeinsamen Eckpunkt,	keinen gemeinsamen Eckpunkt,

werden sie

benachbarte Seiten	**Gegenseiten**

genannt.

Die Strecken *AC* und *BD* heißen **Diagonalen** des Vierecks *ABCD*. Ihre Länge wird mit *e* bzw. *f* bezeichnet (Bild 5/92).

Bild 5/92

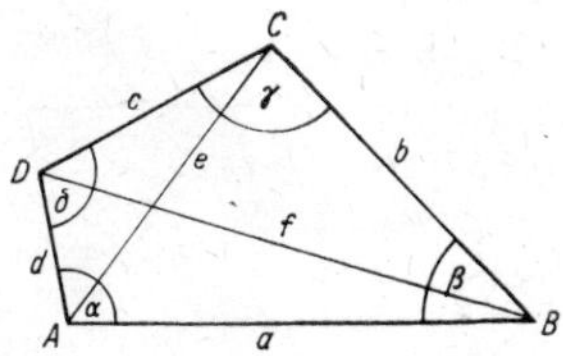

Im folgenden werden nur konvexe Vierecke behandelt (↗ 5.1.9.1.).
Jede Diagonale zerlegt ein Viereck in zwei Dreiecke.
Die Größen der Innenwinkel werden unter Berücksichtigung des Scheitels im allgemeinen mit α, β, γ, δ bezeichnet.
Zwei Innenwinkel eines Vierecks heißen

benachbarte Winkel,	**Gegenwinkel,**

wenn ihre Scheitel Endpunkte

ein und derselben Seite	ein und derselben Diagonalen

sind.

In jedem Viereck ist die **Summe der Größen der Innenwinkel** gleich 360°, da ein Viereck durch eine Diagonale in zwei Dreiecke zerlegt werden kann und die Summe der Größen der Innenwinkel jedes Dreiecks 180° ist.
Stücke eines Vierecks sind die Seiten, die Diagonalen, die Innenwinkel und die Winkel, die von einer Seite und einer Diagonalen mit gemeinsamem Eckpunkt gebildet werden.
Zur Konstruktion eines Vierecks sind fünf geeignete Stücke erforderlich, unter denen wenigstens eine Seite oder eine Diagonale gegeben sein muß.
Unter der zum Viereck *ABCD* gehörenden **Vierecksfläche** versteht man die Menge aller Punkte, die auf dem Viereck oder im Innern des Vierecks liegen.

5.1.11.2. Konstruktion von Vierecken

Die Konstruktion von Vierecken wird auf die Konstruktion von Dreiecken, die Teilfiguren dieser Vierecke sind, zurückgeführt.

BEISPIEL 5/14

Es ist ein Viereck $ABCD$ zu konstruieren, in dem gilt:

$b = 4$ cm, $c = 6{,}5$ cm, $f = 7$ cm, $\beta = 130°$, $\delta = 78°$.
Lösungsidee: Bild 5/93
Das Dreieck BCD ist nach Kongruenzsatz sss konstruierbar. Der Punkt A liegt 1. auf dem freien Schenkel des in B an BC angetragenen Winkels β, 2. auf dem freien Schenkel des in C an CD angetragenen Winkels δ.

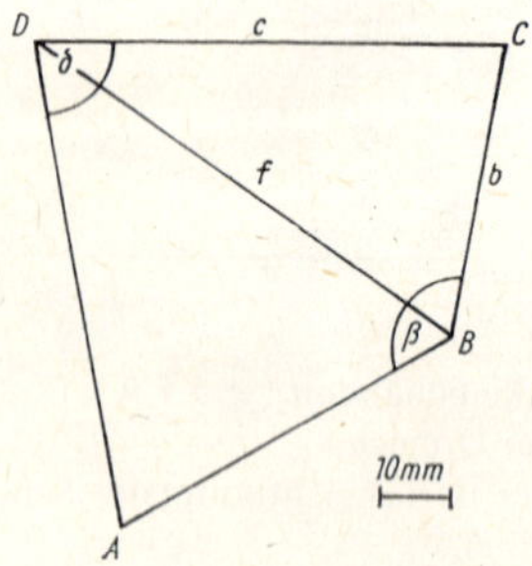

Bild 5/93

5.1.11.3. Übersicht über Arten der Vierecke

Abbildung 5/94 siehe S. 239

Mengendiagramm für Vierecksarten

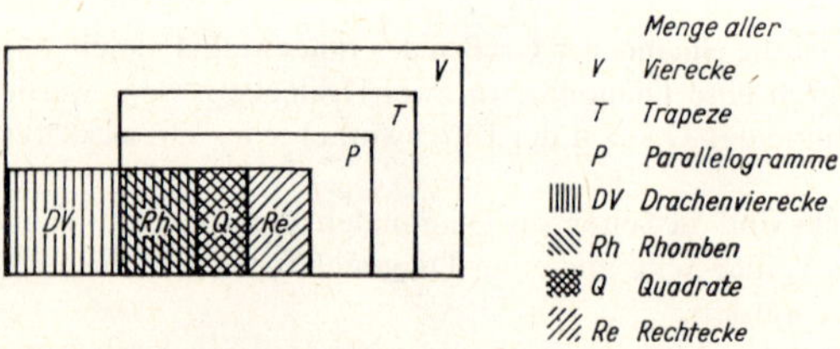

Bild 5/95

5.1.11.4. Trapeze

(1) Ein Viereck heißt **Trapez**, wenn zwei Gegenseiten zueinander parallel sind.

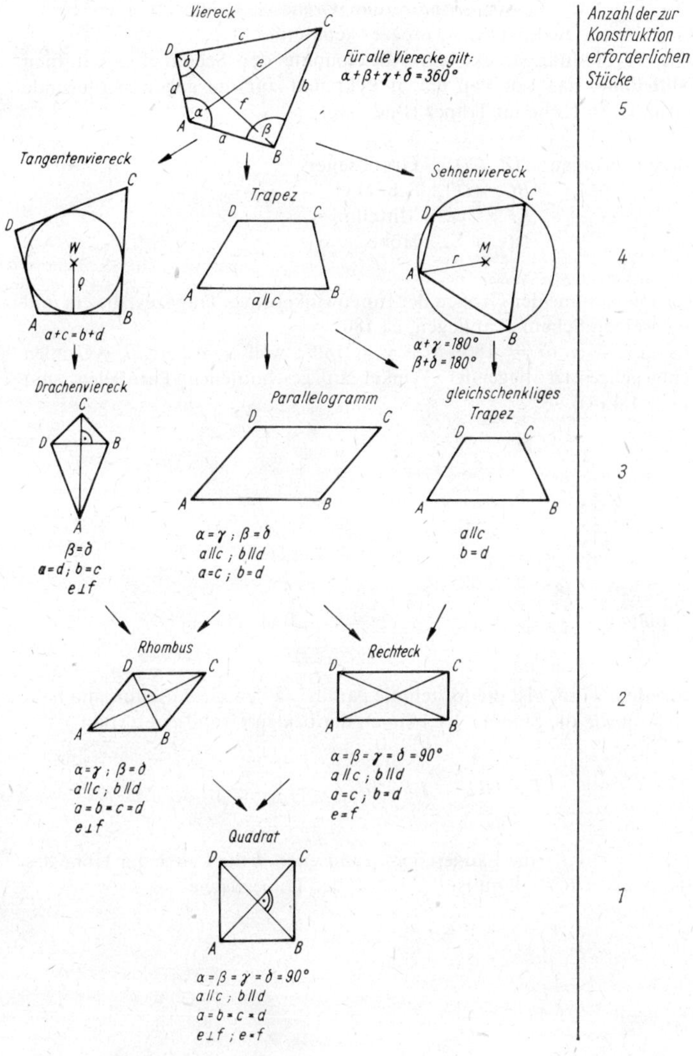
Viereck
Für alle Vierecke gilt:
α+β+γ+δ=360°
Anzahl der zur Konstruktion erforderlichen Stücke
5
Tangentenviereck
a+c=b+d
Trapez
a ∥ c
Sehnenviereck
α+γ=180°
β+δ=180°
4
Drachenviereck
β=δ
a=d; b=c
e⊥f
Parallelogramm
α=γ; β=δ
a∥c; b∥d
a=c; b=d
gleichschenkliges Trapez
a∥c
b=d
3
Rhombus
α=γ; β=δ
a∥c; b∥d
a=b=c=d
e⊥f
Rechteck
α=β=γ=δ=90°
a∥c; b∥d
a=c; b=d
e=f
2
Quadrat
α=β=γ=δ=90°
a∥c; b∥d
a=b=c=d
e⊥f; e=f
1

Bild 5/94

Die parallelen Gegenseiten werden **Grundseiten**, die nicht parallelen Gegenseiten **Schenkel** des Trapezes genannt.
Die Verbindungsstrecke der Mittelpunkte der Schenkel nennt man **Mittellinie**, das Lot von einem Eckpunkt auf die gegenüberliegende Grundseite Höhe im Trapez (Bild 5/96).

Bezeichnungen: *AB*, *CD* ... Grundseiten
BC, *AD* ... Schenkel
EF ... Mittellinie
DG ... Höhe

(2) Die Summe der Größen der Innenwinkel eines Trapezes, die ein und demselben Schenkel anliegen, ist 180°.
Es gilt: $\alpha + \delta = 180°, \beta + \gamma = 180°$; weil α, δ bzw. β, γ Größen entgegengesetzt liegender Winkel an geschnittenen Parallelen sind [↗ 5.1.4.(4)].

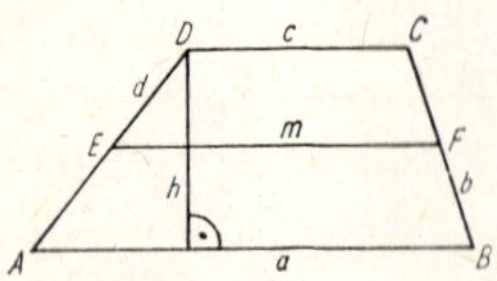

Bild 5/96

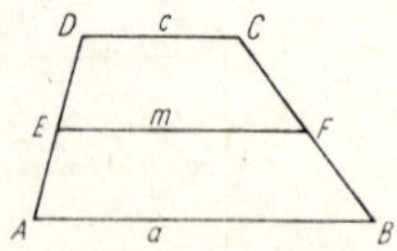

Bild 5/97

In jedem Trapez ist die Mittellinie parallel zu den Grundseiten und halb so lang wie die Summe der Längen der beiden Grundseiten (Bild 5/97).

$$EF \parallel AB, \qquad EF \parallel DC, \qquad m = \frac{a + c}{2}$$

(3) Es seien *a*, *c* die Längen der Grundseiten, *h* die Länge der Höhe des Trapezes *ABCD*, dann ist der Inhalt der Trapezfläche

$$A = \frac{a + c}{2} \cdot h.$$

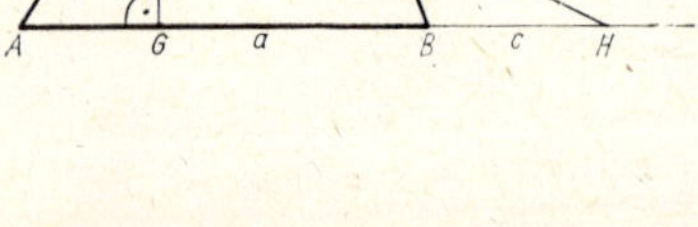

Bild 5/98

Da $\triangle FCD \cong \triangle BHF$ ist, ist der Flächeninhalt des Trapezes $ABCD$ gleich dem Flächeninhalt des Dreiecks AHD, der mit Hilfe von $A_\triangle = \frac{g \cdot h}{2}$ berechnet wird.

(4) Ein Trapez heißt **rechtwinklig**, wenn ein Innenwinkel ein rechter Winkel ist.

(5) Ein Trapez heißt **gleichschenklig**, wenn seine Schenkel gleich lang sind.

In jedem gleichschenkligen Trapez sind die Winkel, die ein und derselben Grundseite anliegen, kongruent.

Wird jedoch ein gleichschenkliges Trapez durch zwei kongruente Innenwinkel, die keine rechten Winkel sind, definiert, dann gilt der Satz: In jedem gleichschenkligen Trapez sind die Schenkel gleich lang.

5.1.11.5. Parallelogramme

(1) Ein Viereck heißt **Parallelogramm**, wenn die Gegenseiten zueinander parallel sind.

Das Lot von einem Eckpunkt auf die Gegenseite (oder deren Verlängerung) heißt die zu dieser Seite gehörende Höhe im Parallelogramm (Bild 5/99).

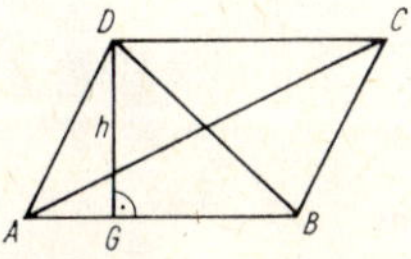

Bild 5/99

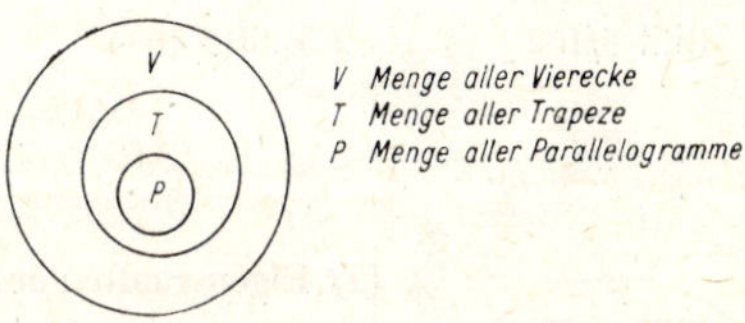

Bild 5/100

Die Menge aller Parallelogramme ist eine Teilmenge der Menge aller Trapeze (Bild 5/100).

(2) Ein (konvexes) Viereck ist genau dann ein Parallelogramm, wenn

- jeweils die Gegenseiten gleich lang sind oder
- jeweils die Gegenwinkel gleich groß sind oder
- die Diagonalen einander halbieren.

Jedes Parallelogramm ist **zentralsymmetrisch** bezüglich des Schnittpunktes der Diagonalen, der **Mittelpunkt** des Parallelogramms genannt wird.

In jedem Parallelogramm sind benachbarte Winkel Supplementwinkel, da benachbarte Winkel im Parallelogramm entgegengesetzt liegende Winkel an geschnittenen Parallelen sind.

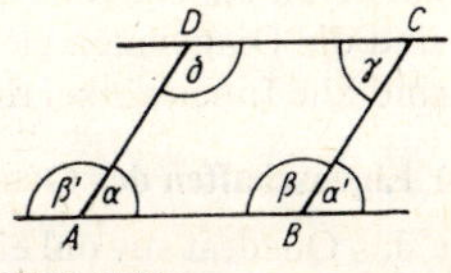

Bild 5/101

(3) Der **Inhalt von Parallelogrammflächen** ist gleich dem Produkt aus den Längen einer Seite und der zugehörigen Höhe:

$$A_P = g \cdot h.$$

5.1.11.6. Rhomben, Rechtecke, Quadrate

(1) Ein Parallelogramm heißt

Rhombus,	**Quadrat,**	**Rechteck,**
	wenn	
zwei benachbarte Seiten gleich lang sind.	zwei benachbarte Seiten gleich lang sind und ein Innenwinkel ein rechter Winkel ist.	ein Innenwinkel ein rechter Winkel ist.

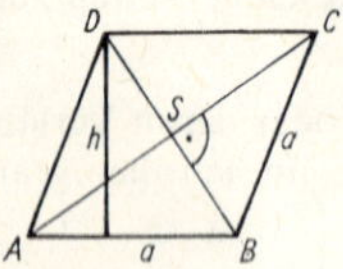

Bild 5/102

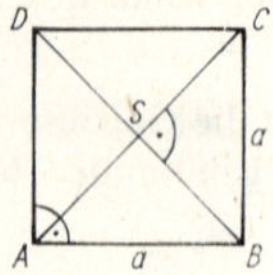

Bild 5/103

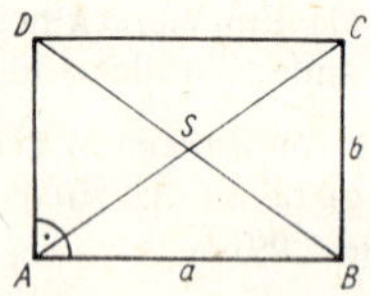

Bild 5/104

Mengendiagramm

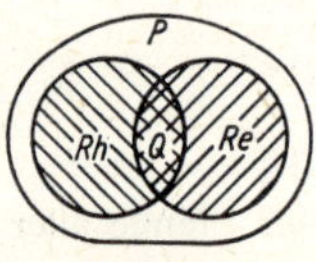

Bild 5/105

(2) **Eigenschaften des Rhombus**

- Jede Diagonale zerlegt den Rhombus in zwei gleichschenklige Dreiecke und halbiert die Innenwinkel.
- Ein Parallelogramm ist genau dann ein **Rhombus,** wenn die Diagonalen aufeinander senkrecht stehen (↗ Beispiel 1/32).

(3) **Eigenschaften des Rechtecks**

Wenn ein Parallelogramm ein **Rechteck** ist, dann

- sind die Gegenseiten gleich lang oder
- halbieren die Diagonalen einander oder
- sind die Diagonalen gleich lang oder
- sind alle Innenwinkel rechte Winkel.

(4) **Eigenschaften des Quadrats**

Da das Quadrat sowohl ein Rechteck als auch ein Rhombus ist, besitzt es die Eigenschaften des Rechtecks und die des Rhombus.

(5) **Inhalt der**

Rhombusfläche	**Quadratfläche**	**Rechteckfläche**
$A = g \cdot h$, g Länge der Seite h Länge der Höhe $A = \frac{e \cdot f}{2}$ e, f Längen der Diagonalen	$A = a^2$ a Länge der Seite	$A = a \cdot b$ a, b Längen der benachbarten Seiten

5.1.11.7. Drachenvierecke

Ein konvexes Viereck, in dem jede Seite mindestens eine gleich lange benachbarte Seite hat, heißt **Drachenviereck.**

Jedes Drachenviereck besitzt eine Symmetrieachse.
Im Drachenviereck stehen die Diagonalen senkrecht aufeinander.
Inhalt der Drachenvierecksfläche:

$$A = \frac{e \cdot f}{2}.$$

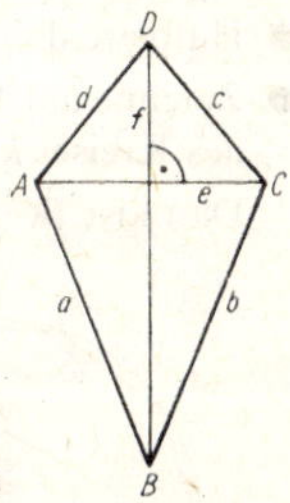

Bild 5/106

5.1.12. Zur Konstruktion regelmäßiger n-Ecke

(1) C. F. GAUSS hat 1799 bewiesen, daß sich die Kreislinie mit Zirkel und Lineal in n Bogen gleicher Länge teilen läßt, wenn der Exponent n in der Kreisteilungsgleichung $x^n - 1 = 0$ (↗ 3.5.) eine Primzahl der Gestalt $2^{2^k} + 1$ mit $k = 0, 1, 2, \ldots$ ist. Für $k = 0$ erhält man $n = 3$, für $k = 1$ ist $n = 5$, für $k = 2$ ist $n = 17$, für $k = 3$ ist $n = 257, \ldots$, d. h., mit Zirkel und Lineal sind das regelmäßige Dreieck, das regelmäßige Fünfeck, das regelmäßige Siebzehneck, ... konstruierbar, jedoch nicht das regelmäßige Siebeneck, das regelmäßige Neuneck, ...
Mit einfachen Mitteln sind nur das regelmäßige Viereck, Sechseck, Zehneck, Fünfzehneck und wenn man immer einen Eckpunkt überspringt, das regelmäßige Dreieck und das regelmäßige Fünfeck zu konstruieren. Ferner sind alle regelmäßigen n-Ecke konstruierbar, die man erhält, wenn man den Winkel an der Spitze der Bestimmungsdreiecke der oben genannten n-Ecke fortgesetzt halbiert.

(2) Regelmäßiges Zehneck und regelmäßiges Fünfeck

Der Mittelpunktswinkel des **regelmäßigen Zehnecks** hat die Größe 36° und jeder Basiswinkel die Größe 72°. Die Länge s_{10} der Seite eines regelmäßigen Zehnecks ist der größere Abschnitt des stetig geteilten Radius. Konstruktionsbeschreibung: (Bild 5/107)

- Zeichne um den Mittelpunkt M_1 des Radius CM den Kreis k_1 mit Radius $\overline{CM_1}$!
- Zeichne die Strecke AM_1, die den Kreis k_1 in D schneidet!
- Zeichne um A mit Radius AD den Kreis, der den Durchmesser AB des gegebenen Kreises k in E schneidet!

  Dann ist die Strecke AM in E stetig geteilt. $\overline{AE}$ ist die Länge der Zehneckseite.

Die Konstruktion des **regelmäßigen Fünfecks** kann auf die des regelmäßigen Zehnecks zurückgeführt werden, indem nur jeder zweite Punkt des Zehnecks verbunden wird.
Darüber hinaus gibt es für die Konstruktion der Länge des regelmäßigen Fünfecks eine weitere Möglichkeit: (Bild 5/108)

- Halbiere den Radius AM! Der Mittelpunkt sei M_1.
- Zeichne um M_1 mit Radius $\overline{M_1B}$ den Kreis, der den Durchmesser AD des Kreises k in C schneidet.

  Dann ist $\overline{BC}$ die Länge der Seite des regelmäßigen Fünfecks.

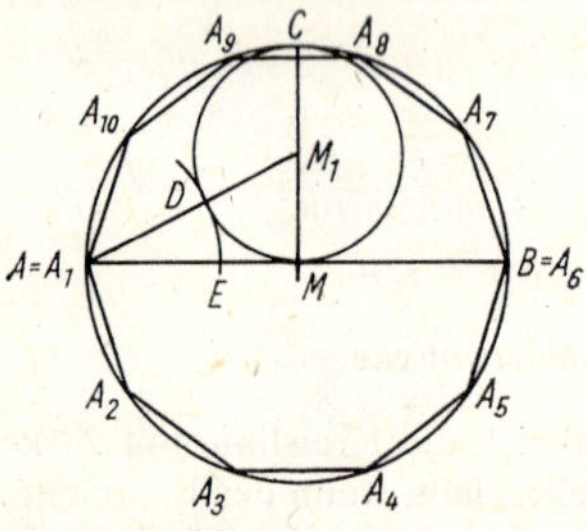

Bild 5/107

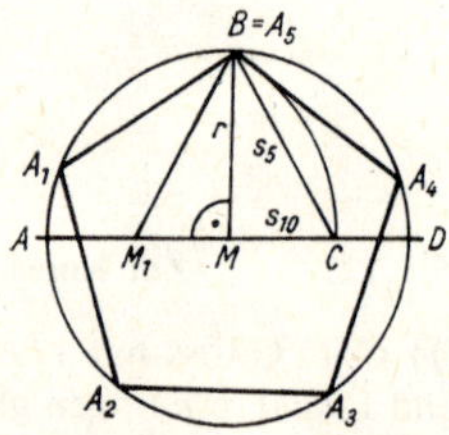

Bild 5/108

(3) Regelmäßiges Sechseck und regelmäßiges Fünfzehneck

Da die Größe des Mittelpunktswinkels jedes Bestimmungsdreiecks im **regelmäßigen Sechseck** $\frac{360°}{6} = 60°$ ist, sind auch die Basiswinkel 60°.

Die Bestimmungsdreiecke sind gleichseitige Dreiecke mit der Seitenlänge r (Bild 5/109).

Da die Größe des Mittelpunktswinkels jedes Bestimmungsdreiecks im **regelmäßigen Fünfzehneck** $\frac{360°}{15} = 24°$ ist und $60° - 36° = 24°$ ist, kann man in einem gegebenen Kreis von einem beliebigen Punkt A des

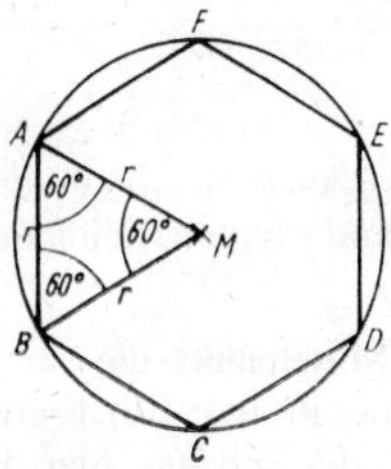

Bild 5/109

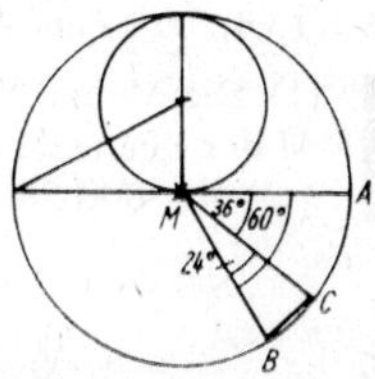

Bild 5/110

Kreisumfangs aus nach derselben Richtung die Seite des Sechsecks (mit der Länge $\overline{AB}$) und die Seite des Zehnecks (mit der Länge $\overline{AC}$) als Sehnen abtragen. Dann ist die Sehne BC die Seite des regelmäßigen Fünfzehnecks (Bild 5/110).

(4) Berechnung der Länge s_{2n} der Seite des **regelmäßigen 2*n*-Ecks:** Es sei r die Länge des Umkreisradius. Aus s_n berechnet man zunächst

$$\varrho_n = \overline{MD} = \sqrt{r^2 - \left(\frac{s_n}{2}\right)^2}$$

(Bild 5/111) und anschließend

$$s_{2n} = \sqrt{2r^2 - 2r\varrho_n}\,.$$

BEISPIEL 5/15

Es ist die Länge der Seite des 24ecks zu berechnen.

Lösung: $\varrho_6 = \frac{r}{2}\sqrt{3}$; $s_{12} = \sqrt{2r^2 - 2\frac{r^2}{2}\sqrt{3}}$

$$= r\sqrt{2-\sqrt{3}} \approx 0{,}518$$

$$\varrho_{12} = \sqrt{r^2 - \left(\frac{s_{12}}{2}\right)^2} = \frac{r}{2}\sqrt{2+\sqrt{3}}$$

$$s_{24} = \sqrt{2r^2 - 2r\frac{r}{2}\sqrt{2+\sqrt{3}}} = r\sqrt{2-\sqrt{2+\sqrt{3}}}$$

$$\approx 0{,}261$$

Bild 5/111

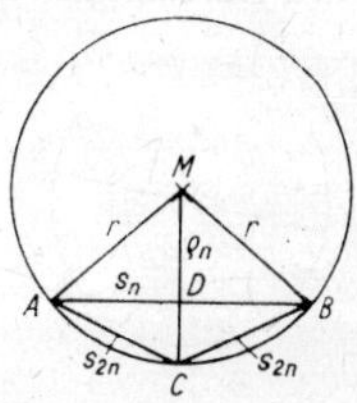

5.1.13. Der Kreis

5.1.13.1. Zum Begriff »Kreis«

(1) Die Menge aller Punkte der Ebene, die von einem festen Punkt M der Ebene den gleichen Abstand r haben, heißt **Kreis**, in Zeichen $k(M; r)$, Bild 5/112.

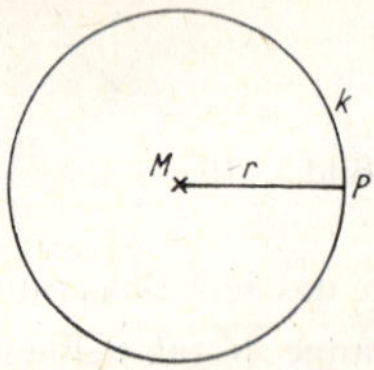

M wird der **Mittelpunkt**, die Länge r **Radius** genannt. Oft nennt man auch eine Strecke, die einen Punkt des Kreises (der Kreislinie oder Kreisperipherie) mit seinem Mittelpunkt verbindet, Radius.

Bild 5/112

(2) Ein Punkt Q heißt	von $k(M; r)$ genau dann, wenn
Randpunkt	$\overline{MQ} = r$
innerer Punkt	$\overline{MQ} < r$
äußerer Punkt	$\overline{MQ} > r$ ist.

(3) Die Menge aller Randpunkte und die Menge aller inneren Punkte von $k(M; r)$ heißen die Fläche von $k(M; r)$, die **Kreisfläche.**

(4) Eine Gerade, die mit einem Kreis

genau zwei Punkte	genau einen Punkt

gemeinsam hat, heißt

Sekante.	**Tangente.**

Diese Gerade

schneidet den Kreis in zwei Punkten. Eine Sekante durch den Mittelpunkt M des Kreises heißt **Zentrale.**	berührt den Kreis in einem Punkt (Berührungspunkt).

Eine Strecke AB, deren Endpunkte A, B auf einem Kreis liegen, heißt **Sehne** des Kreises. Eine Sehne durch den Mittelpunkt M des Kreises wird **Durchmesser** des Kreises genannt (Bild 5/113).

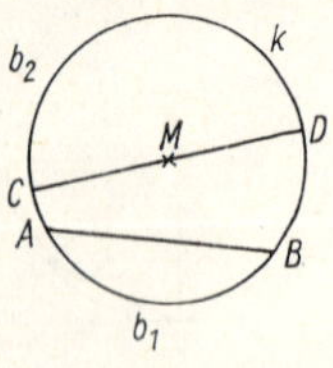

Bild 5/113

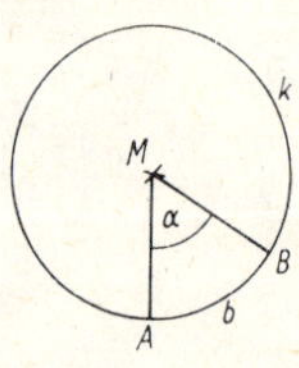

Bild 5/114

(5) Ein (gewöhnlicher) Winkel heißt **Zentriwinkel** (oder Mittelpunktswinkel) von $k(M; r)$ genau dann, wenn sein Scheitel im Mittelpunkt des Kreises liegt (Bild 5/114).
Jedem Zentriwinkel eines Kreises ist ein **Kreisbogen** b zugeordnet, der innerhalb des Winkels liegt.
Der einem gestreckten Zentriwinkel zugeordnete Kreisbogen heißt **Halbkreis.**
Ein Kreis wird durch eine Sehne in zwei zueinander entgegengesetzte Kreisbögen von k zerlegt (Bild 5/113).
(6) Eine Kreisfläche wird

durch eine Sehne
in zwei **Segmente** zerlegt.

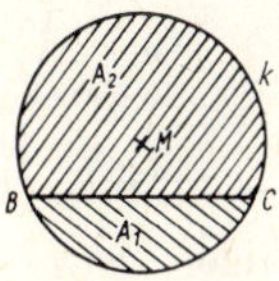

Bild 5/115

durch zwei Radien
in zwei **Sektoren** zerlegt.

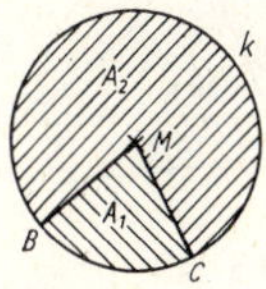

Bild 5/116

5.1.13.2. Kreis und Tangente

Der Radius, der den Berührungspunkt einer Tangente mit dem Mittelpunkt des Kreises verbindet, heißt **Berührungsradius.**
Eine Gerade g durch einen Punkt A eines Kreises $k(M; r)$ ist Tangente dieses Kreises genau dann, wenn der Radius MA senkrecht auf g steht (Bild 5/117).

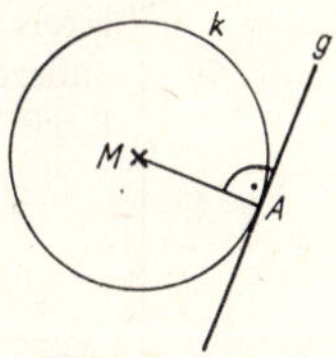

Bild 5/117

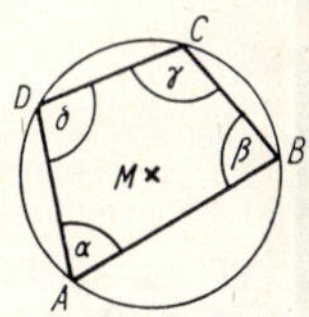

Bild 5/118

5.1.13.3. Kreis und Viereck

(1) Ein Viereck, dessen Seiten $\begin{Bmatrix}\text{Sehnen}\\ \text{Tangenten}\end{Bmatrix}$ eines Kreises sind, heißt $\begin{Bmatrix}\text{Sehnenviereck}\\ \text{Tangentenviereck}\end{Bmatrix}$ (Bild 5/94).
(2) **Satz vom Sehnenviereck:** In jedem Sehnenviereck ist die Summe der Größen der Gegenwinkel gleich 180°, d. h., wenn ein Viereck $ABCD$ Sehnenviereck ist, dann ist $\alpha + \gamma = 180°$ und $\beta + \delta = 180°$ (Bild 5/118).

(3) **Ptolemäischer Satz:** In jedem Sehnenviereck ist das Produkt aus den Längen der Diagonalen gleich der Summe aus den Produkten der Längen zweier Gegenseiten, d. h., wenn Viereck *ABCD* Sehnenviereck ist, dann gilt: $\overline{AC} \cdot \overline{BD} = \overline{AB} \cdot \overline{CD} + \overline{BC} \cdot \overline{AD}$ (Bild 5/119).

(4) **Satz vom Tangentenviereck:** In jedem Tangentenviereck sind die Summen der Längen je zweier Gegenseiten einander gleich, d. h., wenn Viereck *ABCD* Tangentenviereck ist, dann gilt:

$$a + c = b + d$$

(Bild 5/120).

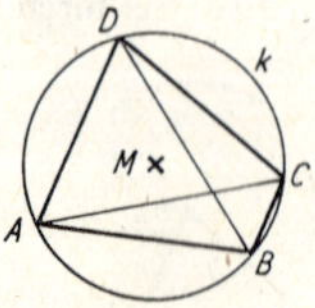

Bild 5/119

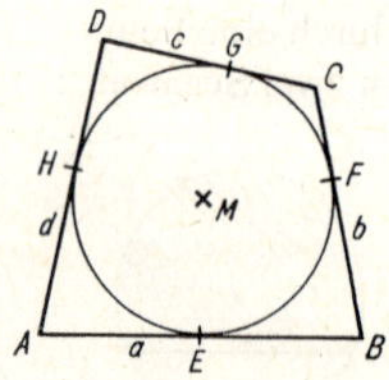

Bild 5/120

5.1.13.4. Kreis und Winkel

(1) Ein Winkel heißt

<table>
<tr><td>Zentriwinkel α,</td><td>Peripheriewinkel β,</td><td>Sehnentangentenwinkel γ,</td></tr>
<tr><td></td><td colspan="2">wenn sein Scheitel</td></tr>
<tr><td>im Mittelpunkt des Kreises liegt.</td><td colspan="2">auf dem Kreis liegt und</td></tr>
<tr><td></td><td>die Schenkel den Kreis schneiden.</td><td>ein Schenkel den Kreis schneidet, der andere Schenkel den Kreis berührt.</td></tr>
</table>

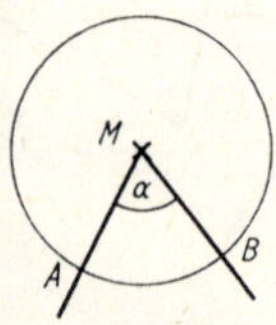

Bild 5/121

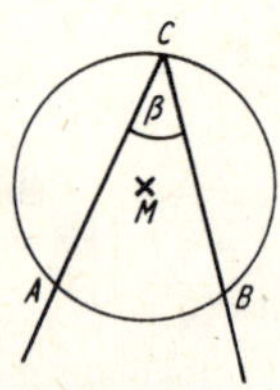

Bild 5/122

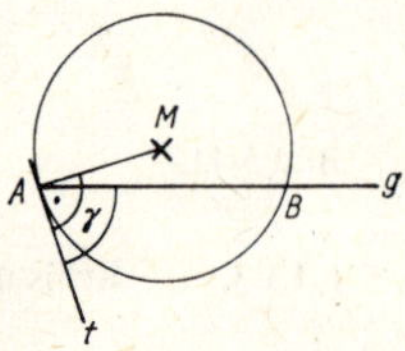

Bild 5/123

(2) Zentriwinkel *AMB* und Peripheriewinkel *ACB* sind **einander zugehörig**, wenn der Scheitel *M* des Zentriwinkels und der Scheitel *C* des Peripheriewinkels auf *derselben*

Peripheriewinkel *ACB* und Sehnentangentenwinkel *BAD* sind **einander zugehörig,** wenn der Scheitel *C* des Peripheriewinkels und der Punkt *D* auf

Seite der Sehne *AB* liegen (od »der Zentriwinkel *AMB* und der Peripheriewinkel *ACB* über derselben Sehne liegen«).

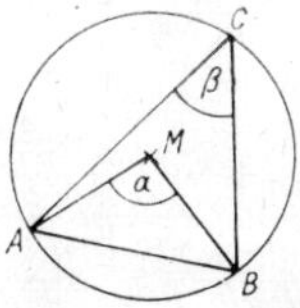

Bild 5/124

dem freien Schenkel des Sehnentangentenwinkels auf *verschiedenen* Seiten der Sehne *AB* liegen.

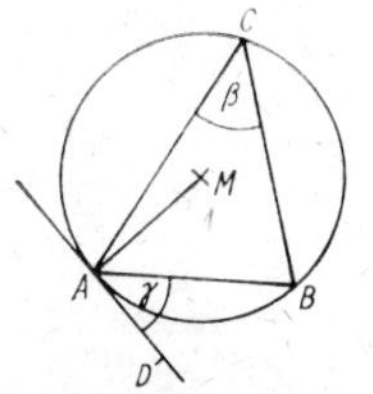

Bild 5/125

(3) **Sätze über Winkel am Kreis**

1. **Peripheriewinkelsatz:** Peripheriewinkel über derselben Sehne eines Kreises sind gleich groß, d. h., wenn α_1, α_2 Größen der Peripheriewinkel BA_1D, BA_2D über derselben Sehne *BD* eines Kreises sind, dann gilt: $\alpha_1 = \alpha_2$ (Bild 5/126).

2. **Satz des Thales:** Jeder Peripheriewinkel über einem Durchmesser eines Kreises ist ein rechter Winkel, d. h., wenn $\sphericalangle ACB$ ein Peripheriewinkel über dem Durchmesser *AB* eines Kreises $k(M; r)$ ist, dann gilt: $\overline{\sphericalangle ACB} = 90°$ (Bild 5/127).

Wahre Umkehrung des Satzes des Thales: Wenn $\sphericalangle ACB$ ein rechter Winkel und *AB* Durchmesser eines Kreises ist, so ist $\sphericalangle ACB$ Peripheriewinkel über *AB*.

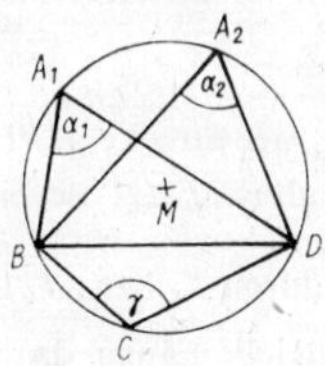

Bild 5/126

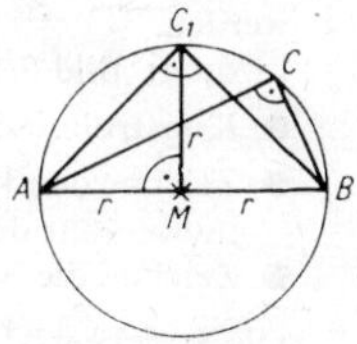

Bild 5/127

3. **Zentriwinkel-Peripheriewinkelsatz:** Jeder Zentriwinkel ist doppelt so groß wie jeder Peripheriewinkel über derselben Sehne, d. h., wenn $\overline{\sphericalangle AMB} = \alpha$ die Größe des Zentriwinkels über der Sehne *AB* und $\overline{\sphericalangle ACB} = \beta$ die Größe eines Peripheriewinkels über derselben Sehne *AB* ist, dann gilt: $\alpha = 2\beta$ (Bild 5/128).

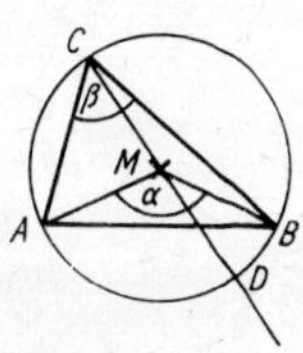

Bild 5/128

4. Sätze über Sehnentangentenwinkel

Die Größe jedes Sehnentangentenwinkels eines Kreises ist

gleich der halben Größe jedes zugehörigen Zentriwinkels.

$$\gamma = \frac{\alpha}{2}$$

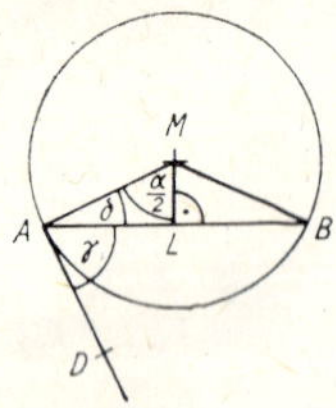

Bild 5/129

gleich der Größe jedes zugehörigen Peripheriewinkels.

$$\gamma = \beta$$

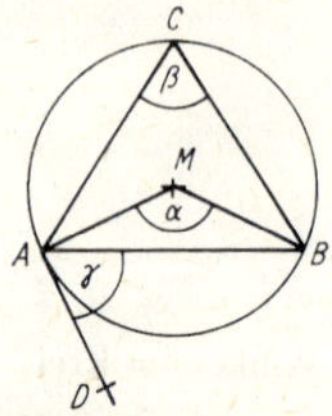

Bild 5/130

(4) Konstruktion der Tangenten von einem Punkt außerhalb eines Kreises an diesen Kreis

Von jedem Punkt P außerhalb des Kreises $k(M; r)$ können zwei Tangenten an diesen Kreis konstruiert werden. Wegen der Orthogonalität von Tangente und Berührungsradius (↗ 5.1.13.2.) liegen die Berührungspunkte T_1, T_2 auf dem Kreis des THALES (↗ (3)2.) mit dem Durchmesser MP.

BEISPIEL 5/16

Vom Punkt P sollen die Tangenten an den Kreis $k(M; r)$ konstruiert werden.

Lösung: Bild 5/131

- Konstruiere den Mittelpunkt M_1 der Strecke MP!
- Zeichne den Kreis um M_1 mit Radius $\overline{MM_1}$! Bezeichne seine Schnittpunkte mit dem Kreis k mit T_1, T_2!
- Zeichne die Strahlen von P aus durch T_1 bzw. T_2!

Die Strecken PT_1 und PT_2 haben gleiche Länge, da sie symmetrisch bezüglich der Geraden $g(PM)$ liegen.

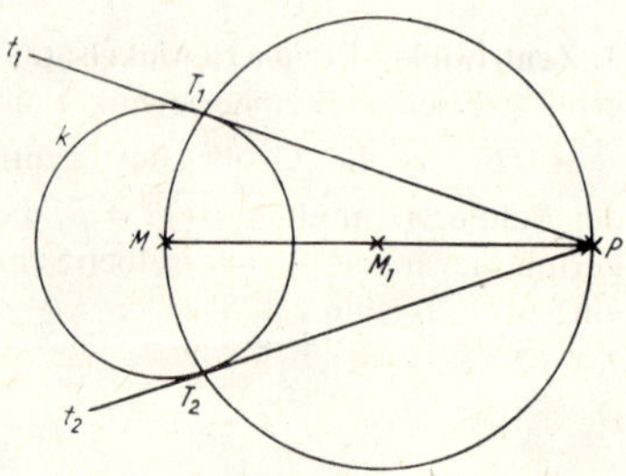

Bild 5/131

5.1.13.5. Zwei Kreise

(1) **Gegenseitige Lage zweier Kreise:** Es sei $r_1 > r_2$.

Fall 1

Die Kreise haben keinen Punkt gemeinsam.

a) $\overline{M_1M_2} > r_1 + r_2$

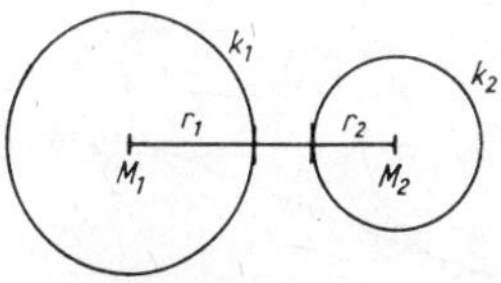

Bild 5/132

Jeder Kreis liegt außerhalb des anderen.

b) $\overline{M_1M_2} < r_1 - r_2$

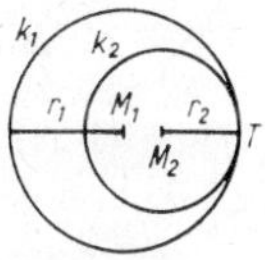

Bild 5/135

Einer der Kreise liegt innerhalb des anderen.

c) $M_1 = M_2$,
$r_1 \neq r_2$

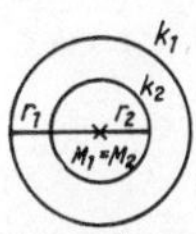

Bild 5/137

Einer der Kreise liegt innerhalb des anderen. *Konzentrische Kreise.*

Fall 2

Die Kreise haben genau einen Punkt gemeinsam.

a) $\overline{M_1M_2} = r_1 + r_2$

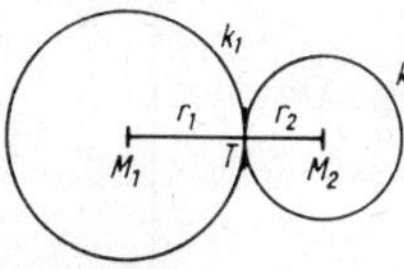

Bild 5/133

Die Kreise berühren einander von außen.

b) $\overline{M_1M_2} = r_1 - r_2$

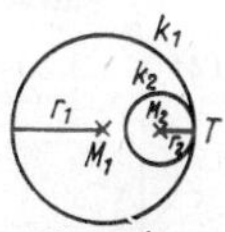

Bild 5/136

Die Kreise berühren einander von innen.

Fall 3

Die Kreise haben genau zwei Punkte gemeinsam.

$r_1 - r_2 < \overline{M_1M_2} < r_1 + r_2$

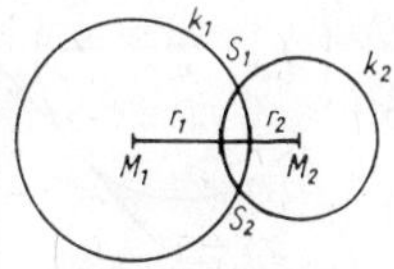

Bild 5/134

Die Kreise schneiden einander.

Fall 4

Haben zwei Kreise (mindestens) drei Punkte gemeinsam, dann stimmen die Kreise völlig überein. Man sagt: »Die Kreise sind identisch«.

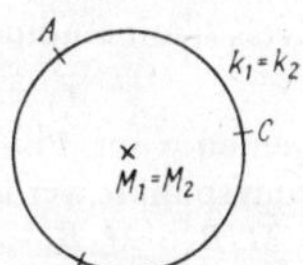

Bild 5/138

(2) **Konstruktion gemeinsamer Tangenten zweier Kreise**

Ist eine Gerade sowohl Tangente des Kreises $k_1(M_1; r_1)$ als auch Tangente des Kreises $k_2(M_2; r_2)$, dann heißt sie **gemeinsame Tangente beider Kreise.**

Schneidet eine gemeinsame Tangente zweier Kreise $k_1(M_1; r_1)$, $k_2(M_2; r_2)$

die Strecke M_1M_2,	die Strecke M_1M_2 nicht,

dann wird sie

gemeinsame innere Tangente	**gemeinsame äußere Tangente**

der beiden Kreise genannt.

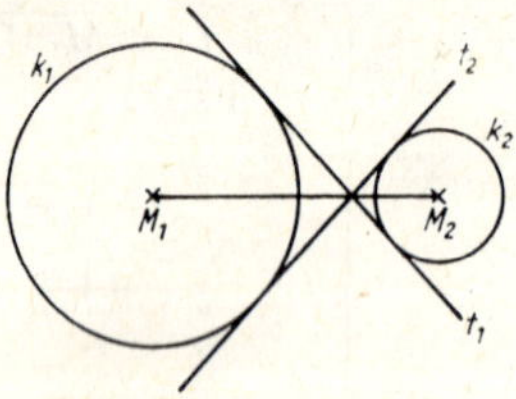

Bild 5/139

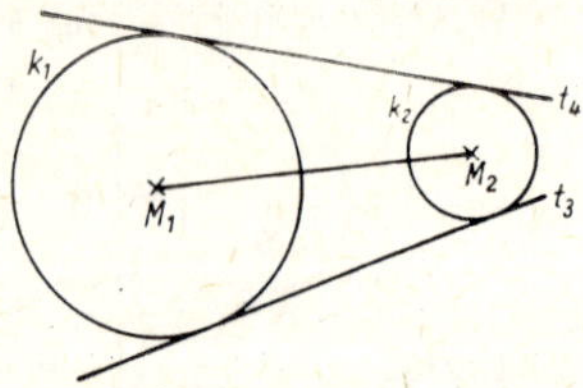

Bild 5/140

BEISPIEL 5/17

Es sind die gemeinsamen

inneren Tangenten	äußeren Tangenten

der Kreise $k_1(M_1;\ r_1)$ und $k_2(M_2;\ r_2)$ zu konstruieren.
Lösung:

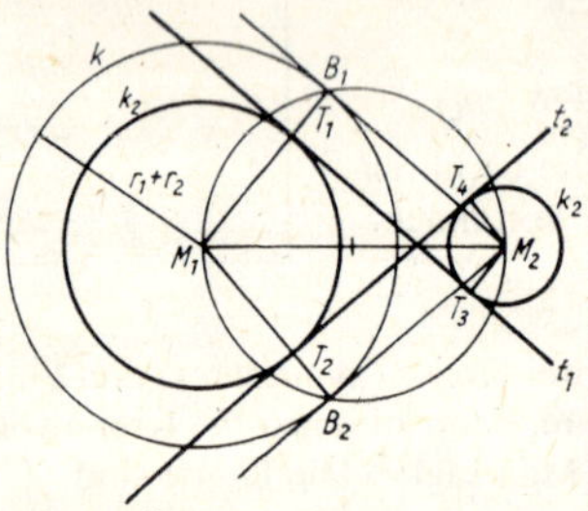

Bild 5/141

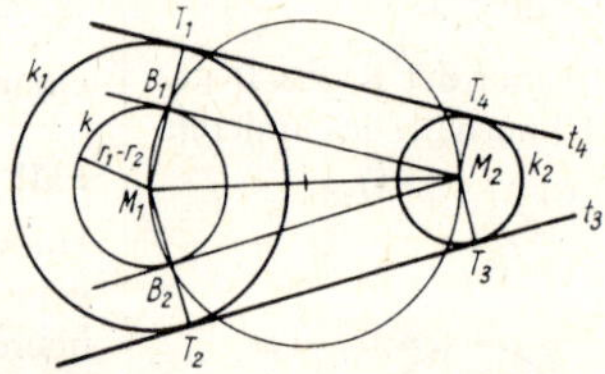

Bild 5/142

- Zeichne um M_1 den Kreis k mit Radius

$r_1 + r_2$!	$r_1 - r_2$!

- Konstruiere die Tangenten vom Punkt M_2 an den Kreis k (Beispiel 5/16)! Die Berührungspunkte werden mit B_1 bzw. B_2 bezeichnet.
- Zeichne die Strahlen M_1B_1, M_1B_2! Ihre Schnittpunkte mit dem Kreis k_1 werden mit T_1 bzw. T_2 bezeichnet.
- Errichte in M_2 je eine Senkrechte auf M_2B_1 und auf M_2B_2! Ihre Schnittpunkte mit dem Kreis k_2 werden mit T_3 bzw. T_4 bezeichnet.
- Die Geraden durch T_1 und T_3 bzw. durch T_2 und T_4 sind die gesuchten gemeinsamen

inneren	äußeren

Tangenten der Kreise k_1, k_2.

5.1.13.6. Verhältnisbeziehungen am Kreise

(1) **Sehnensatz:** Schneiden zwei Sehnen eines Kreises einander im Punkt S, so ist das Produkt der Abschnitte der einen Sehne gleich dem Produkt der Abschnitte der anderen Sehne; d. h., es gilt

$$\overline{AS} \cdot \overline{SB} = \overline{CS} \cdot \overline{SD}$$

(Bild 5/143).

(2) **Sekantensatz:** Schneiden zwei Sekanten eines Kreises einander außerhalb des Kreises im Punkt S, so ist das Produkt der vom Schnittpunkt aus gemessenen Sekantenabschnitte auf beiden Sekanten gleich; d. h., es gilt

$$\overline{AS} \cdot \overline{BS} = \overline{CS} \cdot \overline{DS}$$

(Bild 5/144).

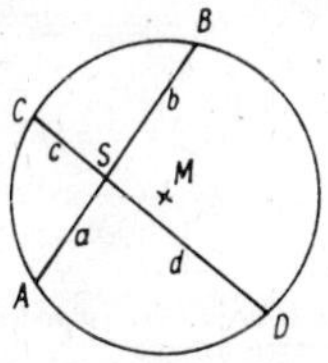

Bild 5/143

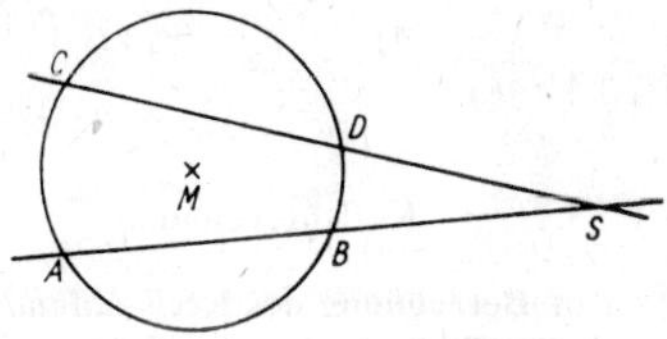

Bild 5/144

(3) **Sekantentangentensatz:** Schneiden eine Tangente und eine Sekante eines Kreises einander im Punkt S, so ist der Tangentenabschnitt mittlere Proportionale zwischen den vom Schnittpunkt S aus gemessenen Sekantenabschnitten; d. h., es gilt

$$\overline{CS} : \overline{AS} = \overline{AS} : \overline{DS} \quad \text{bzw.} \quad \overline{AS}^2 = \overline{CS} \cdot \overline{DS}$$

(Bild 5/145).

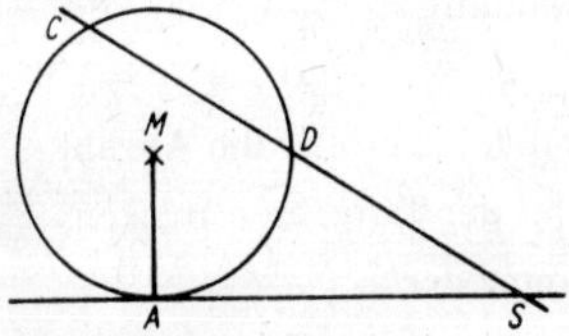

Bild 5/145

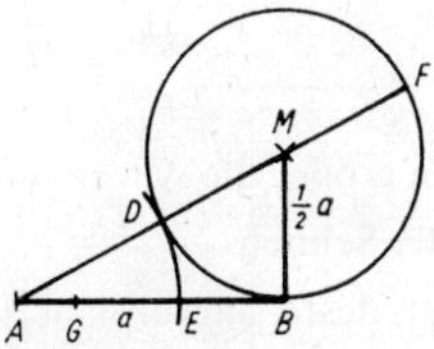

Bild 5/146

(4) **Stetige Teilung einer Strecke** (Teilung nach dem **goldenen Schnitt**)
Eine Strecke heißt **stetig geteilt**, wenn der größere Abschnitt die mittlere Proportionale zwischen der ganzen Strecke und dem kleineren Abschnitt ist.

Mit Hilfe des Sekantentangentensatzes kann eine Strecke stetig geteilt werden: Bild 5/146

- Errichte im Endpunkt B der Strecke AB die Senkrechte, und trage darauf vom Punkt B aus eine Strecke der Länge $\frac{\overline{AB}}{2}$ ab!
- Zeichne um den Endpunkt M dieser Strecke den Kreis mit dem Radius $\overline{MB}$, der den Strahl aus A durch M in D und F schneidet!
- Zeichne um A den Kreis mit Radius $\overline{AD}$, der die Strecke AB in E schneidet! Dann ist die Strecke AB in E stetig geteilt. Es gilt

$$\overline{AB} : \overline{AE} = \overline{AE} : \overline{EB}.$$

Wird nun der kleinere Abschnitt dieser stetig geteilten Strecke auf dem größeren Abschnitt abgetragen, so wird der größere Abschnitt wieder stetig geteilt:

$$\overline{AE} : \overline{EG} = \overline{EG} : \overline{GA}$$

(Bild 5/146).

5.1.13.7. Kreisberechnung

(1) Zur **Berechnung des Kreisumfangs** wird dem Kreis ein regelmäßiges n-Eck (z. B. ein Sechseck)

einbeschrieben.	umbeschrieben.

Der Umfang eines n-Ecks ist ein geschlossener Streckenzug; er besteht aus n Strecken

der Länge s_n, also	der Länge S_n, also
$u_n = n \cdot s_n$.	$U_n = n \cdot S_n$.

Er ist

kleiner als	größer als

der Kreisumfang u

$$n \cdot s_n < u < n \cdot S_n.$$

Je größer die Anzahl der Ecken ist, d. h., je größer die Anzahl

der Sehnen	der Tangentenstrecken

ist, desto stärker nähert sich die Summe der

Sehnen	Tangentenstrecken

dem Kreisumfang u. Es kann gezeigt werden, daß die Folgen der Umfänge eines einbeschriebenen und die eines umbeschriebenen n-Ecks für wachsendes n einen gemeinsamen Grenzwert haben.
Durch fortgesetzte Verdoppelung der Anzahl der Ecken des n-Ecks (Übergang zum $2n$-Eck) kann der Kreisumfang beliebig genau berechnet

werden, z. B. gilt für das 192eck: $u_{192} = 3{,}1415 \cdot 2r$, $U_{192} = 3{,}1419 \cdot 2r$, so daß der Umfang u des Kreises eingeschlossen wird:

$$3{,}1415 \cdot 2r < u < 3{,}1419 \cdot 2r.$$

Der gemeinsame Grenzwert solcher Folgen heißt Umfang des Kreises.
Auf vier geltende Ziffern genau ist $u = 3{,}141 \cdot 2r$.
Wird für den Proportionalitätsfaktor 3,141... die Zahl π geschrieben, gilt für den **Umfang *u* des Kreises**

$$u = 2\pi r \quad \text{bzw.} \quad u = \pi d,$$

wobei r die Länge des Radius, d die Länge des Durchmessers ist. Die irrationale Zahl π ist $\pi = 3{,}1415926535\ldots$, Näherungswerte für π sind $\frac{22}{7}$ ($\approx 3{,}1429$) bzw. $\frac{355}{113}$ ($\approx 3{,}1415929$).

(2) **Zur Berechnung des Inhalts der Kreisfläche** wird ein Viertelkreis näherungsweise in eine gerade Anzahl Streifen gleicher Breite zerlegt, indem der Radius in gleiche Teile geteilt wird und in den Teilpunkten Senkrechten bis zur Kreislinie errichtet werden. Die Endpunkte je zweier aufeinanderfolgender Senkrechten werden durch Sehnen verbunden. Dadurch entstehen Trapeze, z. B. das Trapez $A_1A_2B_2B_1$ (Bild 5/147).

Die Summe A_t der Inhalte dieser inneren Trapezflächen ist kleiner als der Inhalt A_V der Viertelkreisfläche.

Werden Trapeze doppelter Breite gebildet, indem im Endpunkt der 1., 3., 5. Senkrechten Tangenten an den Kreis gelegt werden, z. B. Trapez $MA_2C_2C_0$, dann ist die Summe A_T der Inhalte der äußeren Trapezflächen größer als der Inhalt A_V der Viertelkreisfläche:

$$A_t < A_V < A_T.$$

Teilt man z. B. den Radius in ***10 gleiche Teile***, berechnet die Länge der Senkrechten, den Inhalt der Trapezflächen und die Summe der inneren bzw. äußeren Trapezflächen, erhält man

$$0{,}776r^2 < A_V < 0{,}793r^2.$$

Für den Inhalt der Kreisfläche gilt dann die Abschätzung

$$3{,}104r^2 < A < 3{,}172r^2.$$

Für 100 Streifen erhält man

$$3{,}1404r^2 < A < 3{,}1425r^2.$$

Der gemeinsame Grenzwert A solcher Folgen für wachsendes n heißt **Inhalt der Kreisfläche.**

Unter Verwendung von π für 3,14159... gilt für den **Inhalt der Kreisfläche**

$$A = \pi r^2 \quad \text{bzw.} \quad A = \frac{\pi}{4} d^2,$$

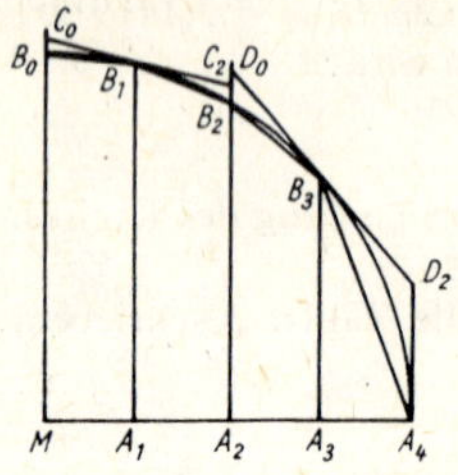

Bild 5/147

wobei r die Länge des Radius, d die Länge des Durchmessers ist.

(3) Inhalt einer Kreisringfläche

Durch Anwendung der Formel für den Inhalt einer Kreisfläche auf die Kreisringfläche erhält man, wenn $r_1 > r_2$ ist,

$$A_R = \pi r_1^2 - \pi r_2^2 \quad \text{bzw.}$$

$$A_R = \pi(r_1^2 - r_2^2),$$

Bild 5/148.

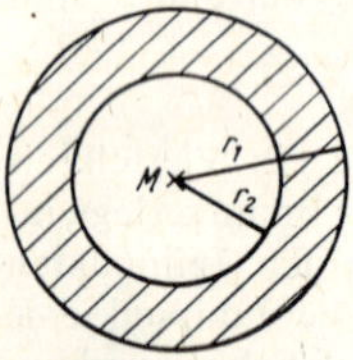

Bild 5/148

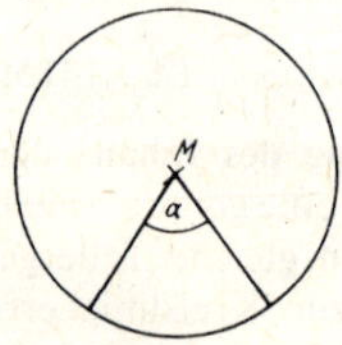

Bild 5/149

(4) Inhalt einer Kreissektorfläche

Ist α die Größe des Zentriwinkels, A_α der Inhalt eines Kreissektors und A der Inhalt der Kreisfläche, dann gilt die Verhältnisgleichung

$$\frac{A_\alpha}{A} = \frac{\alpha}{360°} \quad \text{bzw.} \quad A_\alpha = \frac{\alpha}{360°} A$$

(Bild 5/149).

5.1.14. Trigonometrische Berechnungen an ebenen Figuren

5.1.14.1. Zur Anwendung der Winkelfunktionen in der ebenen Geometrie

Während bisher in der ebenen Geometrie nur Berechnungen entweder zwischen Seiten oder zwischen Winkeln möglich waren, werden durch Anwendung der Winkelfunktionen (↗ 6.7.4.) Berechnungen zwischen Seiten und Winkeln ermöglicht. Man nennt dieses Teilgebiet der Mathematik Trigonometrie.

5.1.14.2. Berechnungen an rechtwinkligen und gleichschenkligen Dreiecken

(1) Bei Beschränkung des Definitionsbereichs von α auf $0° < \alpha < 90°$ können die Winkelfunktionen [↗ 6.7.4.(2) und (3)] am rechtwinkligen Dreieck ABC erklärt werden.

Im rechtwinkligen Dreieck ABC sei der Länge der Kathete BC die Zahl a, der Länge der Kathete AC die Zahl b, der Länge der Hypotenuse AB die Zahl c zugeordnet. Dann gilt

$$\sin\alpha = \frac{a}{c} \qquad \tan\alpha = \frac{a}{b}$$

$$\cos\alpha = \frac{b}{c} \qquad \cot\alpha = \frac{b}{a}.$$

Wie bei Konstruktionsaufgaben sind auch bei Aufgaben zur Berechnung von einzelnen Stücken des Dreiecks drei Stücke – bei rechtwinkligen Dreiecken zwei Stücke – vorzugeben.

Grundaufgaben der Berechnungen an rechtwinkligen Dreiecken:

Grundaufgabe	gegeben	gesucht	benötigte Winkelfunktionen
1	H, K_1	W K_2	sin sin oder tan
2	K_1, K_2	W H	tan sin
3	H, W	K_1, K_2	sin
4	K_1, W	K_2 H	tan sin

Dabei bedeuten: H die Länge der Hypotenuse,
K_1, K_2 die Längen der Katheten,
W die Größe eines Winkels.

BEISPIEL 5/18

In einem rechtwinkligen Dreieck ABC ($\sphericalangle\ \overline{ACB} = 90°$) sind gegeben: $c = 6{,}5$ cm, $a = 5{,}5$ cm. Es sind die fehlenden Stücke sowie der Flächeninhalt des Dreiecks zu berechnen.

Lösung: Gegeben: $c = 6{,}5$ cm, $a = 5{,}5$ cm
Gesucht: b, α, β, A

- Berechnung von α:

$$\sin\alpha = \frac{a}{c} = \frac{5{,}5 \text{ cm}}{6{,}5 \text{ cm}} = 0{,}8462$$

$$\alpha = 57{,}8°$$

- Berechnung von β:

$$\beta = 90° - \alpha = 90° - 57{,}8° = 32{,}2°$$

- Berechnung von b:

$$\tan\alpha = \frac{a}{b} \quad \text{oder} \quad \cot\alpha = \frac{b}{a}$$

$$b = \frac{a}{\tan\alpha} \qquad b = a\cot\alpha$$

$$b = \frac{5{,}5\ \text{cm}}{1{,}588} \qquad b = 5{,}5\ \text{cm}\cdot 0{,}6297$$

$$b \approx 3{,}46\ \text{cm} \qquad b \approx 3{,}46\ \text{cm}$$

oder mit Hilfe des Satzes des PYTHAGORAS:

$$b^2 = c^2 - a^2 = (6{,}5^2 - 5{,}5^2)\ \text{cm}^2$$

$$b = \sqrt{42{,}25 - 30{,}25}\ \text{cm} = \sqrt{12}\ \text{cm} \approx 3{,}46\ \text{cm} \approx 3{,}5\ \text{cm}$$

- Berechnung von A:

$$A = \frac{1}{2}a\cdot b = \frac{5{,}5\ \text{cm}\cdot 3{,}46\ \text{cm}}{2} \approx 9{,}52\ \text{cm}^2 \approx 9{,}5\ \text{cm}^2$$

(2) Ein **gleichschenkliges Dreieck** wird durch das Lot von der Spitze auf die Basis in zwei kongruente rechtwinklige Dreiecke zerlegt. Damit ist die Berechnung von Stücken gleichschenkliger Dreiecke auf die Berechnung dieser Stücke an rechtwinkligen Dreiecken zurückgeführt.
(3) Die **Bestimmungsdreiecke regelmäßiger n-Ecke** sind gleichschenklige Dreiecke. Dadurch kann die Berechnung von Stücken in regelmäßigen n-Ecken auf die Berechnung dieser Stücke in gleichschenkligen Dreiecken zurückgeführt werden.

BEISPIEL 5/19

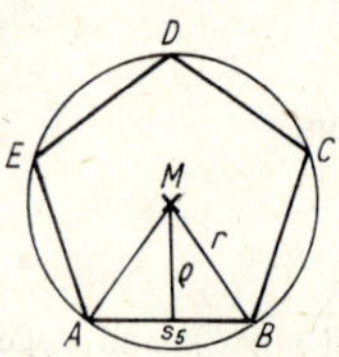

Einem Kreis mit Radius $r = 5$ ist ein regelmäßiges Fünfeck einbeschrieben. Es sind die Länge s_5 der Fünfecksseite, die Länge ϱ des Inkreisradius und der Inhalt der Fünfecksfläche zu berechnen.
Lösung: Bild 5/150

Bild 5/150

Der halbe Mittelpunktswinkel α ist 36°. Dann gilt

- $\sin 36° = \dfrac{\frac{s_5}{2}}{r}$ bzw. $s_5 = 2r\sin 36° = 10\cdot 0{,}5878$ cm

$$s_5 \approx 5{,}9\ \text{cm}$$

- $\cos 36° = \dfrac{\varrho}{r}$ bzw. $\varrho = r\cos 36° = 5\cdot 0{,}8090$ cm

$$\varrho \approx 4{,}0\ \text{cm}$$

- $A = 5\cdot\dfrac{1}{2}\cdot s_5\cdot\varrho = \dfrac{5}{2}\cdot 5{,}9\cdot 4{,}0\ \text{cm}^2 = 59\ \text{cm}^2$

5.1.14.3. Berechnungen an beliebigen Dreiecken

(1) **Sinussatz:** In jedem Dreieck ist der Quotient aus der Länge einer Seite und dem Sinus des Gegenwinkels konstant. Es gilt

$$\frac{a}{\sin\alpha} = \frac{b}{\sin\beta} = \frac{c}{\sin\gamma}$$

bzw. als fortlaufende Proportion geschrieben:

$$a : b : c = \sin\alpha : \sin\beta : \sin\gamma .$$

Der Sinussatz kann zur Lösung von Grundaufgaben angewendet werden, die den Kongruenzsätzen sww und ssw entsprechen.

Hinweis: Da die Werte der Sinusfunktion für Winkel im I. und II. Quadranten positiv sind, gehören zu einem positiven Sinuswert (ausgenommen $\sin\alpha = 1$) stets zwei Winkel, einer im I. und einer im II. Quadranten. An Hand der jeweiligen Aufgabenstellung ist zu untersuchen, ob beide Winkel Lösungen der Aufgabe sind.

BEISPIEL 5/20

a) Gegeben: $a = 4{,}0\text{ cm},\ \alpha = 62°,\ \gamma = 44°$
Gesucht: c (Fall sww)
Lösung: Nach dem Sinussatz gilt $c : a = \sin\gamma : \sin\alpha$ bzw.

$$c = \frac{\sin\gamma}{\sin\alpha} \cdot a$$

Numerische Lösung: $c = \dfrac{\sin 44°}{\sin 62°} \cdot 4\text{ cm} = \dfrac{0{,}6947}{0{,}8829} \cdot 4\text{ cm}$

$$c \approx 3{,}1\text{ cm}$$

b) Gegeben: $a = 7{,}2\text{ cm},\ b = 5{,}2\text{ cm},\ \beta = 35°$
Gesucht: α (Fall ssw)
Lösung: Nach dem Sinussatz gilt $a : b = \sin\alpha : \sin\beta$ bzw.

$$\sin\alpha = \frac{a}{b} \cdot \sin\beta$$

Numerische Lösung: $\sin\alpha = \dfrac{7{,}2\text{ cm}}{5{,}2\text{ cm}} \cdot \sin 35° = \dfrac{7{,}2}{5{,}2} \cdot 0{,}5736$

$$\sin\alpha = 0{,}7942$$
$$\alpha = 52{,}58° \approx 52{,}6°$$

Da β der kleineren von beiden gegebenen Seiten gegenüberliegt, gibt es noch einen zweiten Winkel α, der die Bedingung $\sin\alpha = 0{,}7942$ erfüllt: $\alpha_2 = 180° - 52{,}6° = 127{,}4°$.

(2) **Cosinussatz:** In jedem Dreieck ABC gilt

$$a^2 = b^2 + c^2 - 2bc\cos\alpha$$

bzw. nach zyklischer Vertauschung

$$b^2 = c^2 + a^2 - 2ca\cos\beta$$

$$c^2 = a^2 + b^2 - 2ab\cos\gamma$$

Wird nach dem Cosinus des Winkels aufgelöst, erhält man

$$\cos\alpha = \frac{b^2 + c^2 - a^2}{2bc}$$

$$\cos\beta = \frac{c^2 + a^2 - b^2}{2ca}$$

$$\cos\gamma = \frac{a^2 + b^2 - c^2}{2ab}$$

Der Cosinussatz kann zur Lösung von Grundaufgaben angewandt werden, die den Kongruenzsätzen sws und sss entsprechen.

Hinweis: Da der Wert der Cosinusfunktion für Winkel im I. Quadranten positiv, für Winkel im II. Quadranten negativ ist, ergibt die Berechnung mit Hilfe des Cosinussatzes stets ein eindeutiges Ergebnis.

BEISPIEL 5/21

a) Gegeben: $a = 6{,}4$ cm, $b = 5{,}3$ cm, $\gamma = 115°$

Gesucht: c (Fall sws)

Lösung: Nach dem Cosinussatz ist $c^2 = a^2 + b^2 - 2ab\cos\gamma$.

Werden die gegebenen Größen eingesetzt, erhält man

$$c^2 = (6{,}4^2 + 5{,}3^2 - 2 \cdot 6{,}4 \cdot 5{,}3 \cdot \cos 115°)\ \text{cm}^2.$$

Da $\cos 115° = -\sin 25°$ ist, ergibt sich

$$c^2 = (6{,}4^2 + 5{,}3^2 + 2 \cdot 6{,}4 \cdot 5{,}3 \cdot \sin 25°)\ \text{cm}^2$$

$$= (40{,}96 + 28{,}09 + 28{,}67)\ \text{cm}^2 = 97{,}72\ \text{cm}^2$$

$$c \approx 9{,}88\ \text{cm}$$

b) Gegeben: $a = 6{,}3$ cm, $b = 5{,}7$ cm, $c = 4{,}5$ cm

Gesucht: α (Fall sss)

Lösung: Aus dem Cosinussatz erhält man $\cos\alpha = \frac{b^2 + c^2 - a^2}{2bc}$ und nach Einsetzen der gegebenen Größen

$$\cos\alpha = \frac{(5{,}7^2 + 4{,}5^2 - 6{,}3^2)\ \text{cm}^2}{2 \cdot 5{,}7 \cdot 4{,}5\ \text{cm}^2}$$

$$= \frac{32{,}49 + 20{,}25 - 39{,}69}{51{,}3}$$

$$\cos\alpha = 0{,}2544; \qquad \alpha = 75{,}26° \approx 75{,}3°$$

(3) **Flächeninhalt beliebiger Dreiecke**

Aus der Formel für die Berechnung des Inhalts der Dreiecksfläche $A = \frac{1}{2} g \cdot h$ bzw. $A = \frac{1}{2} c \cdot h_c$ erhält man, da $h_c = b \cdot \sin \alpha$ ist,

$$A = \frac{1}{2} b \cdot c \cdot \sin \alpha$$

bzw. unter Beachtung der zyklischen Vertauschung

$$A = \frac{1}{2} c \cdot a \cdot \sin \beta$$

bzw.

$$A = \frac{1}{2} a \cdot b \cdot \sin \gamma .$$

Diese Formel ist zur Berechnung des Inhalts der Dreiecksfläche dann anzuwenden, wenn die Längen zweier Seiten und die Größe des eingeschlossenen Winkels gegeben sind.

BEISPIEL 5/22

Gegeben: $a = 4{,}2$ cm, $c = 6{,}7$ cm, $\beta = 36°$

Gesucht: A

Lösung: Aus $A = \frac{1}{2} ac \sin \beta$ erhält man

$$A = \frac{1}{2} \cdot 4{,}2 \cdot 6{,}7 \cdot \sin 36° \text{ cm}^2 = 14{,}07 \cdot 0{,}5878 \text{ cm}^2$$

$$A = 8{,}27 \text{ cm}^2 \approx 8{,}3 \text{ cm}^2$$

Weitere Formeln zur Berechnung des Inhalts der Dreiecksfläche

● Sind ϱ die Länge des Inkreisradius und $s = \frac{a + b + c}{2}$ die halbe Summe der Längen der Dreieckseiten (Bild 5/151), dann ist der Inhalt A der Dreiecksfläche

$$A = \varrho \cdot s .$$

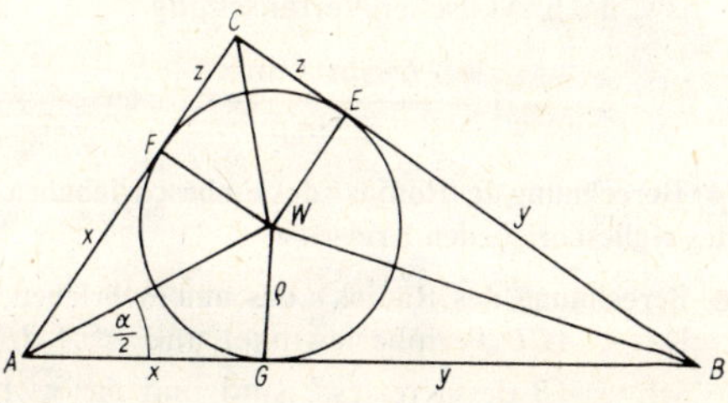

Bild 5/151

Es seien x, y, z Längen der Tangentenabschnitte, dann gilt:

$$y + z = a$$

$$x + z = b$$

$$x + y = c.$$

Nach Addition der drei Gleichungen erhält man

$$2x + 2y + 2z = a + b + c = 2s.$$

Daraus ergibt sich $x = s - a$, $y = s - b$, $z = s - c$. Im Dreieck AGW gilt

$$\tan \frac{\alpha}{2} = \frac{\varrho}{s - a}$$

(Bild 5/151).
Da nach dem Halbwinkelsatz

$$\tan \frac{\alpha}{2} = \sqrt{\frac{(s-b)(s-c)}{s(s-a)}}$$

ist, ist

$$\varrho = \sqrt{\frac{(s-b)(s-c)(s-a)}{s}}$$

bzw.

$$\varrho \cdot s = \sqrt{s(s-a)(s-b)(s-c)},$$

die HERONische Dreiecksformel.

- Da $A = \frac{1}{2} ac \sin \beta$ und $a = 2r \sin \alpha$, $c = 2r \sin \gamma$ ist, gilt $A = 2r^2 \sin \alpha \sin \beta \sin \gamma$.

- Ersetzt man in dieser Formel r durch $\frac{a}{2 \sin \alpha}$, so erhält man

$$A = \frac{a^2 \sin \beta \sin \gamma}{2 \sin \alpha}$$

bzw. nach zyklischer Vertauschung

$$A = \frac{b^2 \sin \gamma \sin \alpha}{2 \sin \beta}, \quad A = \frac{c^2 \sin \alpha \sin \beta}{2 \sin \gamma}.$$

(4) Berechnung des Radius r des umbeschriebenen Kreises bzw. des Radius ϱ des einbeschriebenen Kreises

- **Berechnung des Radius r des umbeschriebenen Kreises** (Bild 5/152)
  Da $\sphericalangle ACB$ Peripheriewinkel und $\sphericalangle AMB$ Zentriwinkel über der Sehne AB des Kreises k sind und da $\overline{\sphericalangle AMD} = \overline{\sphericalangle DMB}$ ist, gilt

$\overline{\sphericalangle AMD} = \gamma$. Da $\overline{AD} = \frac{1}{2}\overline{AB} = \frac{c}{2}$ ist, gilt im rechtwinkligen Dreieck ADM die Beziehung $\sin\gamma = \frac{\frac{c}{2}}{r}$. Daraus kann r berechnet werden:

$$r = \frac{c}{2\sin\gamma}$$

bzw. bei Beachtung der zyklischen Vertauschung

$$r = \frac{a}{2\sin\alpha},$$

$$r = \frac{b}{2\sin\beta}.$$

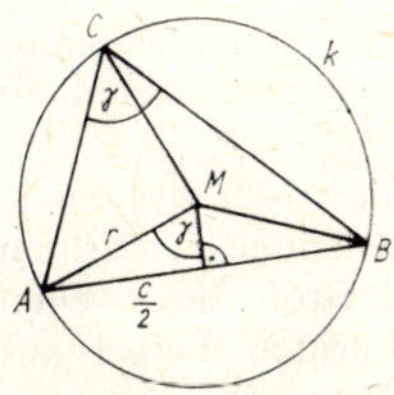

Bild 5/152

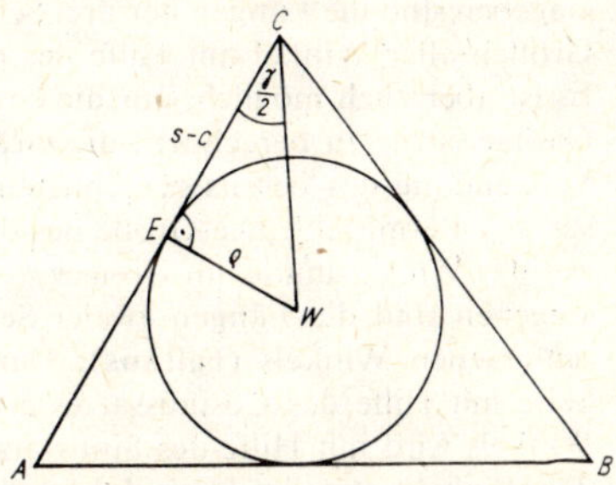

Bild 5/153

● **Berechnung des Radius ϱ des einbeschriebenen Kreises** (Bild 5/153)

Ist s die halbe Summe der Seitenlängen eines Dreiecks ABC, dann ist $\overline{CE} = s - c$. Im rechtwinkligen Dreieck CEW gilt

$$\tan\frac{\gamma}{2} = \frac{\varrho}{s-c}.$$

Daraus erhält man

$$\varrho = (s-c)\tan\frac{\gamma}{2}$$

bzw.

$$\varrho = (s-a)\tan\frac{\alpha}{2},$$

$$\varrho = (s-b)\tan\frac{\beta}{2}.$$

BEISPIEL 5/23

Gegeben: $a = 5{,}1$ cm, $b = 6{,}0$ cm, $\gamma = 80°$
Gesucht: r, ϱ
Wurde mit Hilfe des Cosinussatzes c berechnet ($c \approx 7{,}2$ cm), dann ist der Radius r des Umkreises

$$r = \frac{c}{2 \sin \gamma} = \frac{7{,}2 \text{ cm}}{2 \sin 80°} = \frac{3{,}6 \text{ cm}}{0{,}9848} = 3{,}655 \text{ cm} \approx 3{,}7 \text{ cm}.$$

Mit $s = \dfrac{a + b + c}{2}$ erhält man für den Radius ϱ des Inkreises

$$\varrho = (s - c) \tan \frac{\gamma}{2} = (9{,}15 - 7{,}2) \tan 40° \text{ cm} = 1{,}95 \cdot 0{,}8391 \text{ cm}, \varrho \approx 1{,}6 \text{ cm}.$$

(5) Den vier Grundaufgaben der Dreieckskonstruktion [↗ 5.1.10.6.(2)1.] entsprechen folgende vier **Grundaufgaben der Dreiecksberechnung:**

1. Gegeben sind die Längen der drei Seiten **(Fall sss).** Dann können die Größen aller Winkel mit Hilfe des Cosinussatzes ermittelt werden. Es ist aber auch möglich, nur die Größe eines Winkels mit Hilfe des Cosinussatzes zu berechnen, die Größe des zweiten Winkels (unter Verwendung des bereits berechneten Winkels) mit Hilfe des Sinussatzes zu ermitteln. Die Größe des dritten Winkels ergibt sich dann aus der Winkelsumme im Dreieck.
2. Gegeben sind die Längen zweier Seiten und die Größe des eingeschlossenen Winkels **(Fall sws).** Dann wird die Länge der dritten Seite mit Hilfe des Cosinussatzes ermittelt. Die Größe des zweiten Winkels wird mit Hilfe des Sinussatzes, die des dritten Winkels aus der Winkelsumme im Dreieck berechnet.
3. Gegeben sind die Längen zweier Seiten und die Größe desjenigen Innenwinkels, der der größeren dieser beiden Seiten gegenüber liegt (Fall ssw). Dann wird die Größe des zweiten Winkels mit Hilfe des Sinussatzes, die des dritten Winkels aus der Winkelsumme im Dreieck ermittelt. Die Länge der dritten Seite wird mit Hilfe des Sinussatzes berechnet.
4. Gegeben sind die Länge einer Seite und die Größe zweier Winkel **(Fall sww).** Dann kann die Größe des dritten Winkels aus der Winkelsumme im Dreieck ermittelt werden. Mit Hilfe des Sinussatzes werden die fehlenden Seiten berechnet.

Hinweis: Die mit Hilfe des Cosinussatzes durchgeführten *Berechnungen von Winkeln* führen stets auf eindeutige Ergebnisse; bei den mit Hilfe des Sinussatzes durchgeführten Berechnungen muß im einzelnen untersucht werden, ob beide im I. und II. Quadranten liegende Winkel Lösungen der Aufgabe sein können.

BEISPIEL 5/24

Gegeben sind $a = 4{,}5$ cm, $b = 4{,}0$ cm, $\beta = 50°$ (↗ Beispiel 5/12). Gesucht sind die fehlenden Stücke des Dreiecks ABC, der Inhalt der Drei-

ecksfläche, die Länge des Radius r des Umkreises und die Länge ϱ des Radius des Inkreises.
Lösung: Fall ssw, der Winkel β liegt nicht der größeren der gegebenen Seiten gegenüber!

● *Berechnung von α:*
Nach dem Sinussatz gilt $\frac{\sin\alpha}{\sin\beta} = \frac{a}{b}$ bzw.

$$\sin\alpha = \frac{a}{b}\sin\beta = \frac{4{,}5\text{ cm}}{4{,}0\text{ cm}}\cdot\sin 50^\circ = \frac{4{,}5}{4}\cdot 0{,}766 = 0{,}8618.$$

Daraus erhält man $\alpha_1 = 59{,}52^\circ \approx 59{,}5^\circ$ und $\alpha_2 = 180^\circ - 59{,}5^\circ = 120{,}5^\circ$.
Beide Winkel erfüllen die Bedingung $\alpha > \beta$, die aus $a > b$ folgt.

● *Berechnung von γ:*
Aus der Winkelsumme im Dreieck ergibt sich

$$\gamma_1 = 180^\circ - (\alpha_1 + \beta) = 180^\circ - (59{,}5^\circ + 50^\circ) = 180^\circ - 109{,}5^\circ$$
$$\gamma_1 = 70{,}5^\circ$$
$$\gamma_2 = 180^\circ - (\alpha_2 + \beta) = 180^\circ - 170{,}5^\circ = 9{,}5^\circ$$

● *Berechnung von c:*
Nach dem Sinussatz gilt $\frac{c}{b} = \frac{\sin\gamma}{\sin\beta}$ bzw.

$$c_1 = b\,\frac{\sin\gamma_1}{\sin\beta} = 4\text{ cm}\cdot\frac{\sin 70{,}5^\circ}{\sin 50^\circ} = 4\text{ cm}\cdot\frac{0{,}9426}{0{,}766} \approx 4{,}9\text{ cm}$$

$$c_2 = b\,\frac{\sin\gamma_2}{\sin\beta} = 4\text{ cm}\cdot\frac{\sin 9{,}5^\circ}{\sin 50^\circ} = 4\text{ cm}\cdot\frac{0{,}165}{0{,}766} \approx 0{,}9\text{ cm}$$

● *Berechnung des Inhalts A der Dreiecksfläche:*

$$A_1 = \frac{1}{2}\,a\cdot c_1\cdot\sin\beta = \frac{1}{2}\cdot 4{,}5\cdot 4{,}9\cdot\sin 50^\circ\text{ cm}^2 \approx 8{,}4\text{ cm}^2$$

$$A_2 = \frac{1}{2}\,a\cdot c_2\cdot\sin\beta = \frac{1}{2}\cdot 4{,}5\cdot 0{,}9\cdot\sin 50^\circ\text{ cm}^2 \approx 1{,}6\text{ cm}^2$$

● *Berechnung von r:*

$$r_1 = \frac{a}{2\sin\alpha_1} = \frac{4{,}5\text{ cm}}{2\sin 59{,}5^\circ} = 2{,}61\text{ cm} \approx 2{,}6\text{ cm}$$

$$r_2 = \frac{a}{2\sin\alpha_2} = \frac{4{,}5\text{ cm}}{2\sin 120{,}5^\circ} = \frac{4{,}5\text{ cm}}{2\cos 30{,}5^\circ} = 2{,}61\text{ cm} \approx 2{,}6\text{ cm}$$

● *Berechnung von ϱ:*

$$\varrho_1 = (s-b)\tan\frac{\beta}{2} = (6{,}7-4)\text{ cm}\cdot\tan 25^\circ \approx 1{,}26\text{ cm}$$

$$\varrho_2 = (s-b)\tan\frac{\beta}{2} = (4{,}7-4)\text{ cm}\cdot\tan 25^\circ \approx 0{,}3\text{ cm}.$$

5.2. Aus der darstellenden Geometrie

5.2.1. Zum Projektionsbegriff

(1) Die darstellende Geometrie ist die Lehre von den Gesetzmäßigkeiten bei der Abbildung von geometrischen Objekten des dreidimensionalen Raumes auf eine zweidimensionale Ebene. Zur Ausführung der Konstruktionen werden Zirkel und Lineal benutzt. Die Abbildung erfolgt so, daß aus der ebenen Zeichnung auf das räumliche Objekt wieder geschlossen werden kann, d. h., daß der Betrachter der Zeichnung das räumliche Objekt sich vorstellen und evtl. auch herstellen kann.
Die in der darstellenden Geometrie entwickelten Verfahren liefern entweder anschauliche oder maßgerechte Zeichnungen. Anschaulichkeit und Maßgerechtheit sind zwei Forderungen, die nicht gleichzeitig optimal von einer Zeichnung erfüllt werden können. Deshalb hängt die Wahl des Verfahrens vom Zweck der Zeichnung ab.
Die Abbildung r der Punkte P_i des (dreidimensionalen) Raumes auf eine Bildebene ε durch die Geraden g_i eines durch den Punkt Z verlaufenden Geradenbündels, wobei Z nicht in ε liegt und Z verschieden von P_i ist, heißt **Projektion** (Bild 5/154). Die Abbildung ist eindeutig, jedoch nicht eineindeutig. Der Punkt Z wird das Projektionszentrum, ε die Projektionsebene (Rißebene oder Rißtafel) genannt. Die Geraden g_i heißen Projektionsgeraden, die von Z ausgehenden Strahlen Projektionsstrahlen. Das Bild eines Punktes P ist der Durchstoßpunkt der Geraden $g(ZP)$ durch die Bildebene ε und wird *seine Projektion* genannt. Alle Punkte einer Projektionsgeraden haben dasselbe Bild.
Das Bild des Punktes P werde zunächst mit P^c bezeichnet. Der Fall, daß ein Punkt P_1 in einer zu ε durch Z parallelen Ebene ε_1 liegt, sei ausgeschlossen (Bild 5/155).

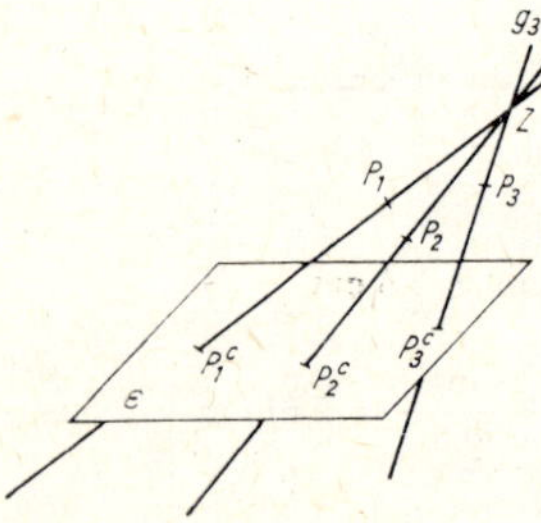

Bild 5/154

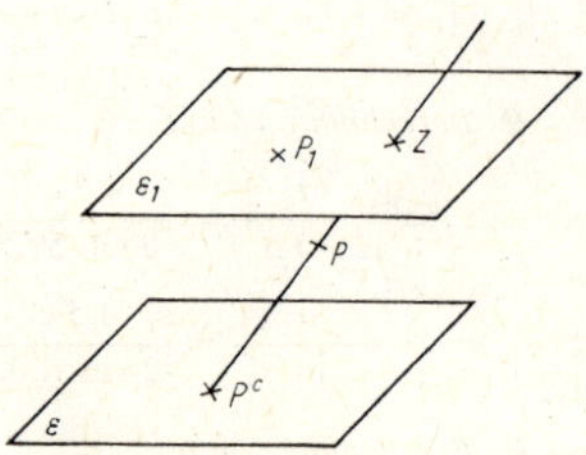

Bild 5/155

(2) **Projektionsarten**

Verlaufen alle Projektionsgeraden

durch einen Punkt Z, | parallel zueinander,

so heißt die Projektion

Zentralprojektion.

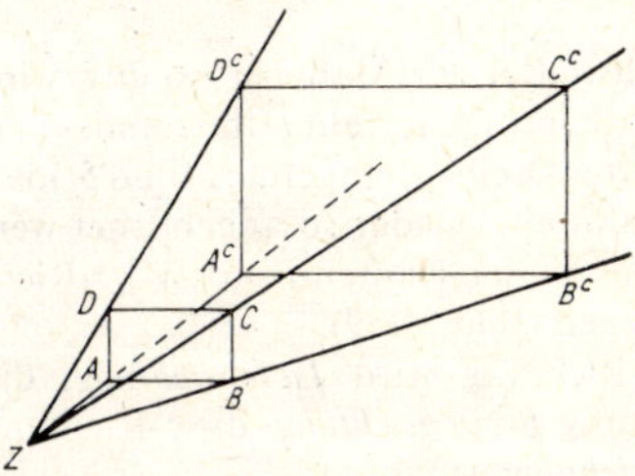

Bild 5/156

Bezeichnung des Bildes von P mit P^c

Parallelprojektion.

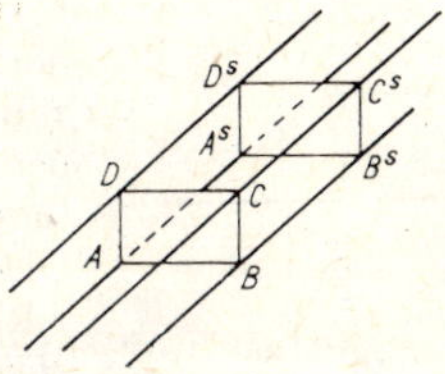

Bild 5/157

Verlaufen die Projektionsgeraden

schräg	senkrecht

zur Bildebene, dann heißt die Projektionsart

schräge Parallelprojektion	**senkrechte Parallelprojektion** (auch Normalprojektion)

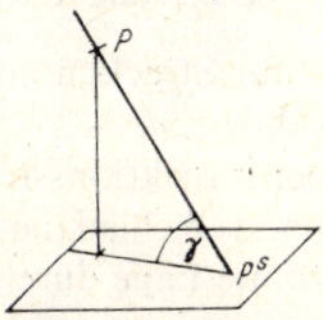

Bild 5/158a

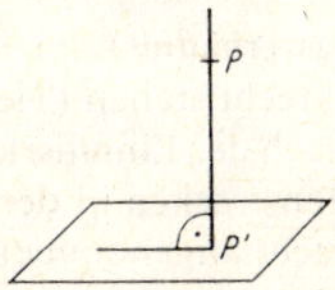

Bild 5/158b

Bezeichnung des Bildes von P

mit P^s	mit P'

(3) **Gesetzmäßigkeiten der Parallelprojektion**

Die Abbildung erfolgt durch ein Parallelgeradenbündel. Dann gilt:

1. Zueinander parallele Geraden des Raumes, die nicht in Richtung der Projektionsstrahlen liegen, werden als zueinander parallele Geraden abgebildet.
2. Das von drei auf einer Geraden liegenden Punkten A, B, C festgelegte Teilverhältnis $\lambda = \overline{AC} : \overline{CB}$ bleibt bei der Parallelprojektion erhalten.
3. Ebene Figuren, die parallel zur Bildebene liegen, werden in wahrer Gestalt abgebildet.

4. Zwischen Figuren in Ebenen in allgemeiner Lage und ihren Bildern besteht eine geometrische Verwandtschaft, die **perspektive Affinität** genannt wird (↗ 5.1.7.).

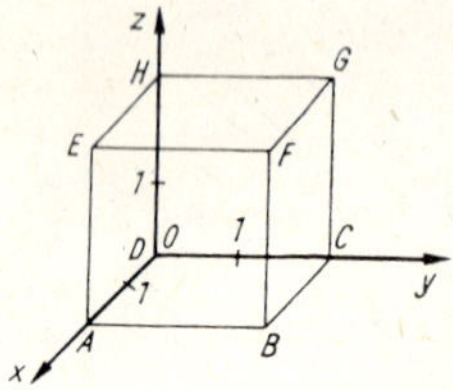

Bild 5/159

Als Hilfsmittel zur Maßübertragung wird bei Parallelprojektion ein orthogonales und normiertes Dreibein eingeführt (Bild 5/159), z. B. kann ein Quader so angeordnet werden, daß je vier Kanten in x-, y-, z-Richtung liegen (Bild 5/159).
Die x-Richtung wird *Tiefenrichtung*, die y-Richtung *Breitenrichtung*, die z-Richtung *Höhenrichtung* genannt.

5.2.2. Schräge Parallelprojektion

(1) Die schräge Parallelprojektion (auch Schrägrißverfahren genannt) ergibt anschauliche Bilder räumlicher Objekte.
Wird die Kante BF der Länge s in Bild 5/159 durch schräg einfallende Parallelstrahlen abgebildet, so hängt die Länge s' der Bilder von der Größe des Einfallswinkels ab.

Das Verhältnis $q = \frac{s'}{s}$ heißt **Verzerrungsverhältnis** (oder auch **Verkürzungsverhältnis**). Es wird stets für Strecken angegeben, die zur Rißtafel senkrecht stehen (Tiefenstrecken).
Je nach der Einfallsrichtung der Projektionsstrahlen haben die Bilder der Tiefenstrecken in der Bildebene verschiedene Lage. Wird die Bildebene lotrecht angenommen, so wird die Lage durch den Winkel α gegen eine waagerecht gedachte Gerade festgelegt, der **Verzerrungswinkel** genannt wird.
Bei der Zeichnung der Schrägbilder können q und α willkürlich gewählt werden. Dabei wird nicht nach der Einfallsrichtung des Parallelgeradenbündels gefragt, das ein solches Bild ergibt. In der Praxis werden solche Verhältniszahlen q und Winkelgrößen α gewählt, die anschauliche Bilder mit Hilfe einfacher Konstruktionen ergeben, z. B. wählt man $q = \frac{1}{2}$ und $\alpha = 45°$, das Verfahren heißt **Kavalierperspektive**, oder $q = 1$ und $\alpha = 90°$ oder bei krummflächig begrenzten Körpern oft $q = \frac{1}{2}$ und $\alpha = 90°$.
(2) Konstruktion von Bildern ebener Figuren in schräger Parallelprojektion:

Sind Strecken in Breiten- und Tiefenrichtung vorhanden (Bild 5/160), ist die Konstruktion leicht auszuführen. Andernfalls müssen erst Hilfsstrecken in Breiten- oder Tiefenrichtung eingezeichnet werden. Zur Erleichterung der Konstruktion bevorzugt man eine »einfache Lage« der abzubildenden Figuren, bei der möglichst viele Originalstrecken in Breiten-, Tiefen- und Höhenrichtung verlaufen.

BEISPIEL 5/25

a) Das Rechteck $ABCD$ (Bild 5/160a) ist in Kavalierperspektive zu zeichnen. Da die Strecken AB, CD in Breitenrichtung, die Strecken BC, AD in Tiefenrichtung liegen, werden die Strecken AB, CD in wahrer Größe, die Strecken BC, AD auf die Hälfte ihrer Länge verkürzt und unter einem Winkel von 45° an die Strecke AB in A^s bzw. B^s angetragen (Bild 5/160b).

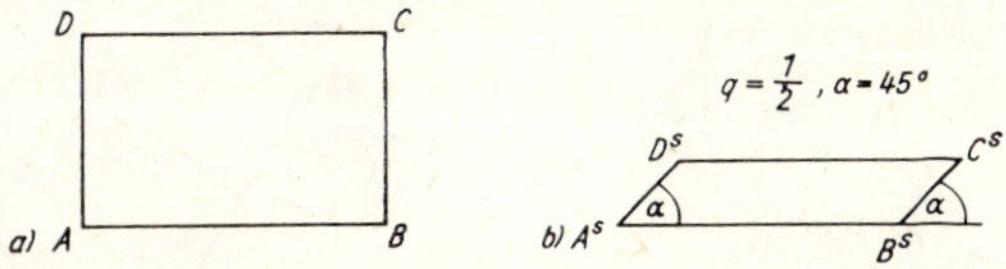

Bild 5/160

b) Das gleichschenklige Dreieck ABC (Bild 5/161a) ist in Kavalierperspektive zu zeichnen.
Die Strecke AB liegt in Breitenrichtung; sie wird deshalb in wahrer Größe abgebildet. Da eine Strecke in Tiefenrichtung nicht vorhanden ist, wird die Höhe CD als Hilfslinie in Tiefenrichtung eingeführt, für die gilt $q = \frac{1}{2}$ und $\alpha = 45°$ (Bild 5/161b).

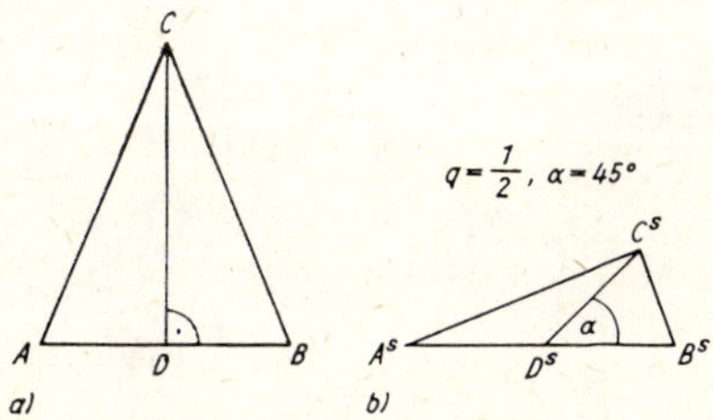

Bild 5/161

c) Der Kreis k (Bild 5/162a) ist in Kavalierperspektive (Bild 5/162b) und in schräger Parallelprojektion mit $q = \frac{1}{2}$ und $\alpha = 90°$ (Bild 5/162c) zu zeichnen.
Hilfsstrecken sind der waagerechte Durchmesser AB in Breitenrichtung sowie dazu senkrechte Sehnen in Tiefenrichtung.

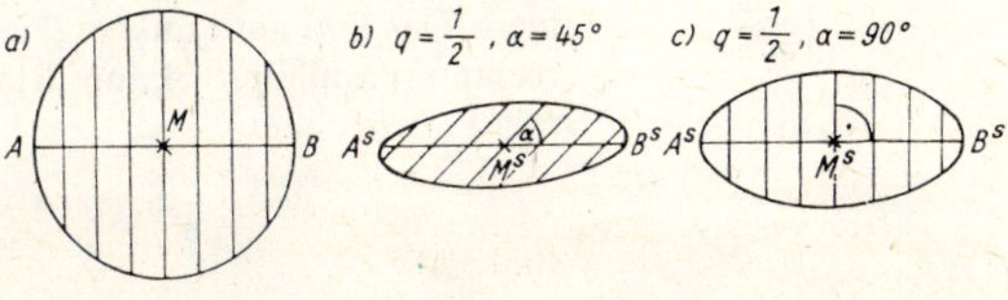

Bild 5/162

(3) **Körper** werden in Kavalierperspektive so konstruiert, daß eine Fläche als Grundfläche in Kavalierperspektive und anschließend die Strecken in Höhenrichtung in wahrer Größe gezeichnet werden. Unsichtbare Körperkanten werden gestrichelt gezeichnet.

BEISPIEL 5/26

a) Eine regelmäßige sechsseitige gerade Pyramide (Länge der Grundkante $a = 2{,}0$ cm, Länge der Höhe $h = 3{,}0$ cm) ist in Kavalierperspektive zu zeichnen. Grundfläche in wahrer Größe in Bild 5/163a, der Körper in Kavalierperspektive in Bild 5/163b dargestellt.

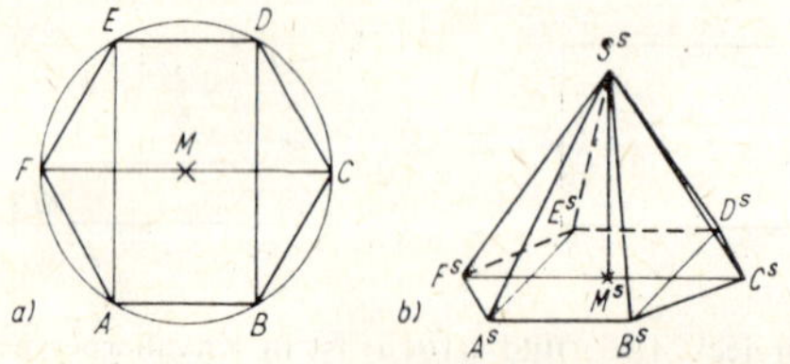

Bild 5/163

b) Ein gerader Kegel mit $d = 4{,}0$ cm und $h = 3{,}0$ cm ist in Kavalierperspektive (Bild 5/164b) und in schräger Parallelprojektion mit $q = \frac{1}{2}$ und $\alpha = 90°$ dargestellt (Bild 5/164c). Bild 5/164a enthält einige zur Konstruktion erforderliche Hilfsstrecken.

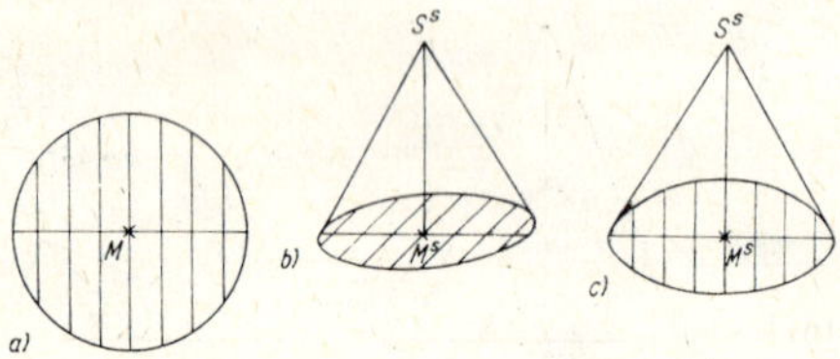

Bild 5/164

5.2.3. Senkrechte Parallelprojektion (Normalprojektion)

5.2.3.1. Ein- und Zweitafelverfahren

Da die Projektion eines Punktes des Raumes auf eine Bildebene eine eindeutige, aber keine eineindeutige Abbildung ist (Bild 5/165), sind weitere Angaben erforderlich, um aus dem Bild die Lage eines Punktes im Raum zu bestimmen. Das Bild des Punktes *P* wird in der senkrechten Parallelprojektion **Riß** genannt und mit *P'* bezeichnet.

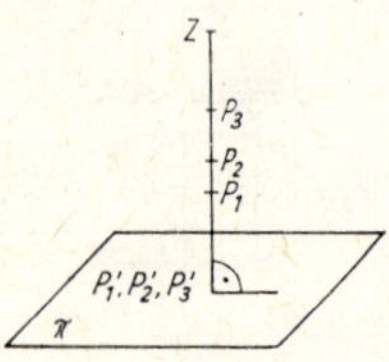

Bild 5/165

Eintafelprojektion

Zu dem Riß des geometrischen Objekts werden die Tafelabstände, d. h. die Längen der von den Punkten auf die Rißtafel gefällten Lote, als **Koten** (Zahlen) oder durch **Höhenmaßstab** angegeben (Bild 5/166).

Zweitafelprojektion

Zwei Rißebenen stehen aufeinander senkrecht: die Grundrißebene Π_1 und die Aufrißebene Π_2. Sie teilen den Raum in vier Quadranten (I bis IV) (Bild 5/167). Die Schnittgerade beider Tafeln heißt **Rißachse** und wird mit x_{12} bezeichnet.

Das Bild des Punktes P in der Grundrißebene heißt **Grundriß** und wird mit P' bezeichnet. Das Bild des Punktes P in der Aufrißebene heißt **Aufriß** und wird mit P'' bezeichnet.

Im folgenden werden nur geometrische Objekte im I. Quadranten betrachtet.

Wird die Aufrißebene um 90° um die Rißachse umgeklappt, so daß ihre obere Halbebene mit der hinteren Halbebene der Grundrißtafel zusammenfällt, so entsteht für jeden Punkt P des Raumes die **Ordnungslinie** durch P' und P'', die senkrecht zur Rißachse ist (Bild 5/167).

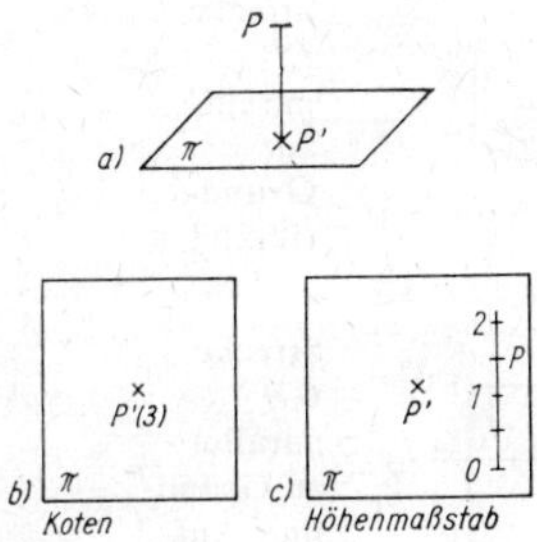

Bild 5/166

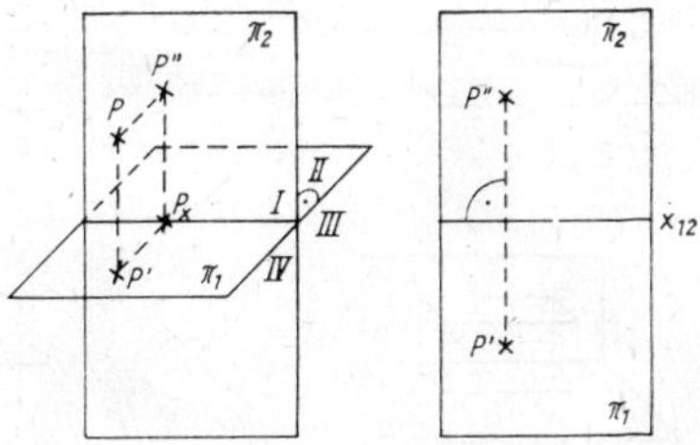

Bild 5/167

BEISPIEL 5/27

Der in Bild 5/168 a in Kavalierperspektive dargestellte pultförmige Körper ist in Zweitafelprojektion darzustellen. Lösung in Bild 5/168 b

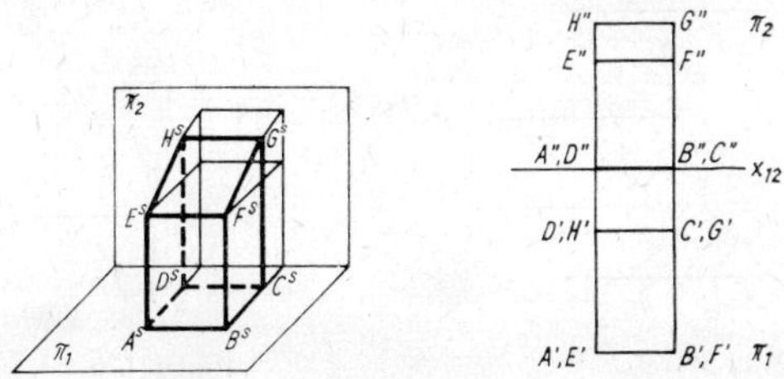

Bild 5/168 a und b

5.2.3.2. Darstellung von Strecken und Geraden in Zweitafelprojektion

(1) In Bild 5/169 sind *verschiedene Lagemöglichkeiten* von Strecken im Raum in Kavalierperspektive dargestellt.

Darstellung in Zweitafelprojektion in Bild 5/170

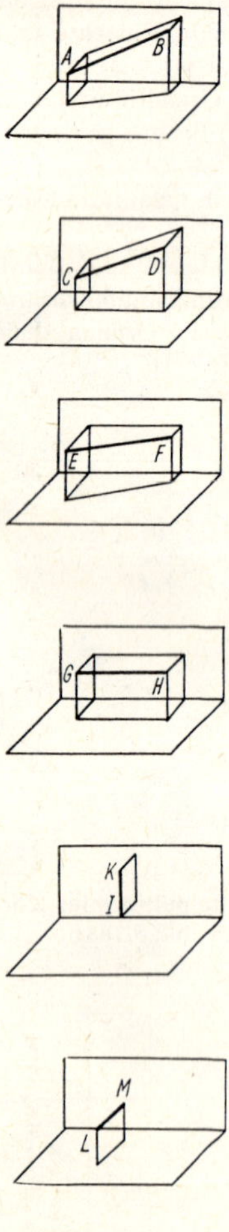

Bild 5/169

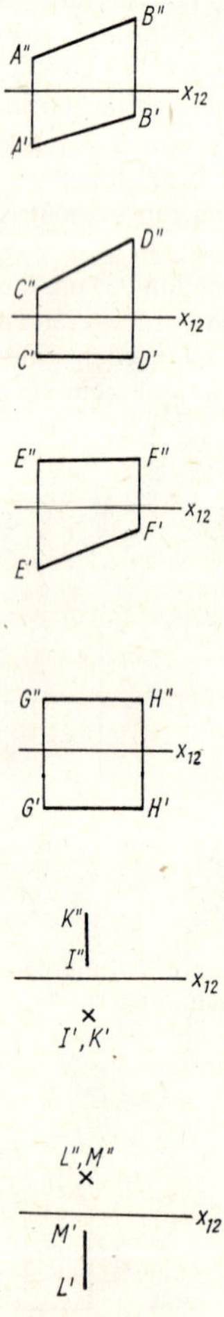

Strecke *AB* geneigt zu beiden Rißtafeln

Strecke *CD* parallel zur Aufrißtafel

Strecke *EF* parallel zur Grundrißtafel

Strecke *GH* parallel zu Grund- und Aufrißtafel

Strecke *IK* senkrecht zur Grundrißtafel

Strecke *LM* senkrecht zur Aufrißtafel

Bild 5/170

(2) Wahre Länge und Neigungswinkel einer Strecke (1. Grundaufgabe)

Zur zeichnerischen Ermittlung der wahren Länge der in Bild 5/171 in Kavalierperspektive dargestellten Strecke AB kann das »**Stütztrapez**« $A'B'BA$

um die Strecke $A'B'$ in die Grundrißebene **umgeklappt** werden.

Dann ist $\overline{A_0B_0}$ die **wahre Länge** der Strecke AB (Bild 5/172a).

um die Strecke BB' in eine zur Aufrißebene parallele Ebene **gedreht** werden. Dann entsteht im Aufriß die wahre Größe der Fläche des Stütztrapezes, und es ist $\overline{(A)''B''}$ die **wahre Länge** der Strecke AB (Bild 5/172b).

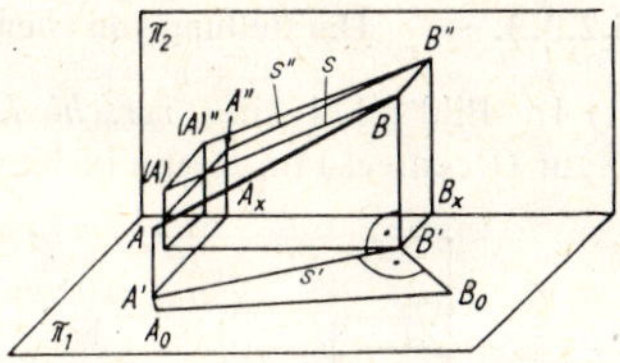

Bild 5/171

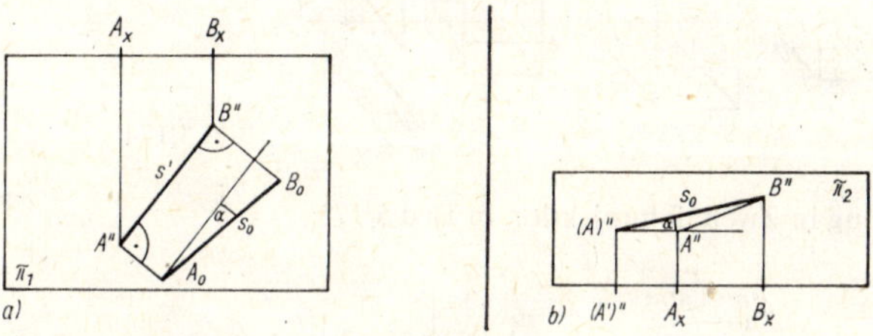

Bild 5/172

Der **Neigungswinkel** α der Strecke AB gegenüber der Grundrißtafel wird bei

Umklappung | Drehung

des Stütztrapezes nach Zeichnen der Parallelen

zu $A'B'$ durch A_0 | zur Rißachse durch $(A)''$

ermittelt.

(3) Projektion von Geraden im I. Quadranten

Jede Gerade, die nicht parallel zur Rißachse verläuft, durchstößt wenigstens eine der beiden Rißtafeln. Die Durchstoßpunkte werden **Spurpunkte** genannt und mit S_1 (in Π_1) bzw. S_2 (in Π_2) bezeichnet.

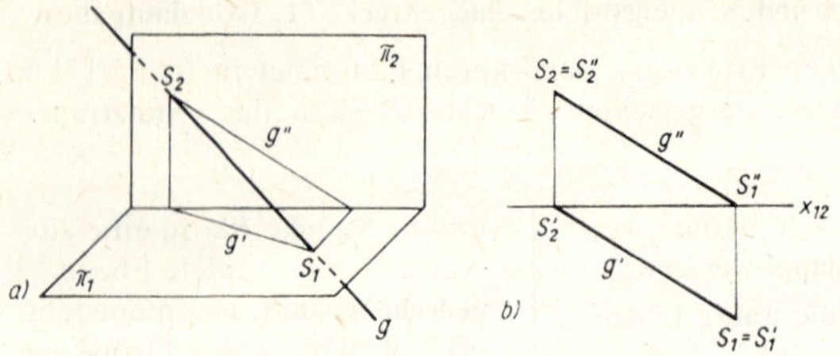

Bild 5/173

Der Aufriß des Grundrißspurpunktes und der Grundriß des Aufrißspurpunktes liegen auf der Rißachse.

5.2.3.3. Darstellung von ebenen Figuren in Zweitafelprojektion

(1) In Bild 5/174 sind *verschiedene Lagemöglichkeiten* einer ebenen Figur (Rechteck) im Raum in Kavalierperspektive dargestellt.

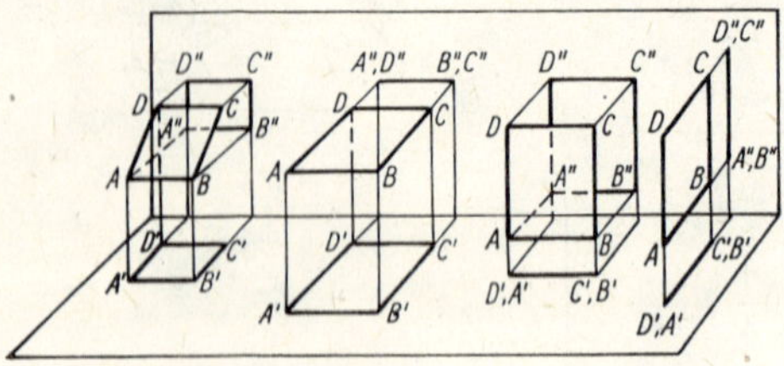

Bild 5/174

Darstellung in Zweitafelprojektion in Bild 5/175

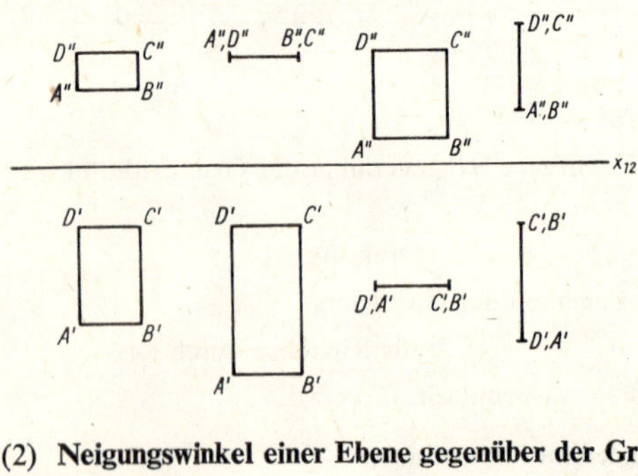

Bild 5/175

(2) **Neigungswinkel einer Ebene gegenüber der Grundrißtafel**

(2. Grundaufgabe)

Der Neigungswinkel α der in Kavalierperspektive dargestellten Ebene *ABCD* gegenüber der Grundrißtafel (Bild 5/176a) wird im Zweitafelverfahren (Bild 5/176b) in wahrer Größe zeichnerisch ermittelt, indem das »Stützdreieck« $BC'C$ um die Strecke BC' in die Grundrißtafel umgeklappt wird ($\sphericalangle\, \overline{BC'C_0} = 90°$ und $\overline{CC'} = \overline{C'C_0}$). Der Winkel $C'B'C_0$ ist der gesuchte Neigungswinkel.

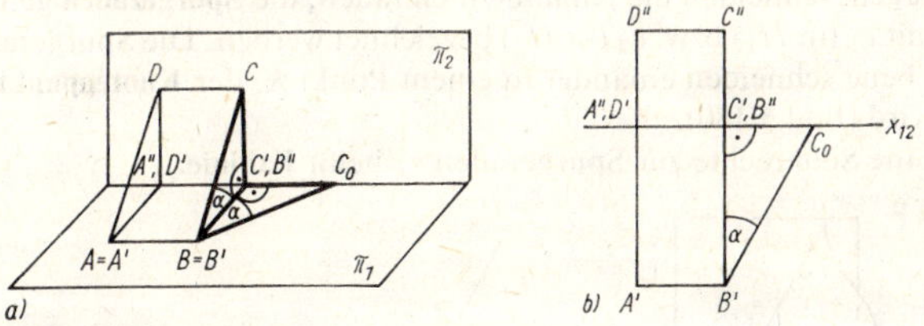

Bild 5/176

(3) **Ebene *n*-Ecke im I. Quadranten**

Drei beliebige, nicht kollineare Punkte bestimmen stets ein im Raum liegendes *Dreieck* (Bild 5/177).

Bild 5/177

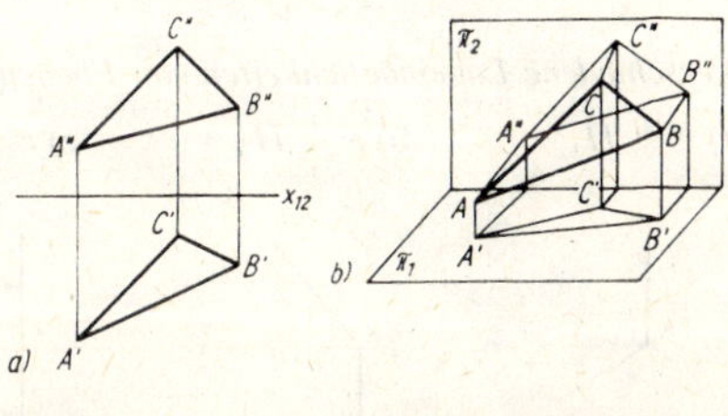

Vier beliebige Punkte bestimmen nur dann ein *ebenes Viereck*, wenn die Verbindungsstrecken gegenüberliegender Punkte einen Schnittpunkt S haben, d. h., wenn S' und S'' auf einer Ordnungslinie liegen (Bild 5/178). Andernfalls bestimmen sie eine *dreiseitige Pyramide* (Bild 5/179).

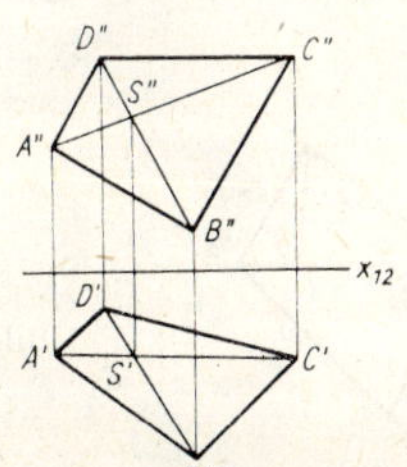

Bild 5/178

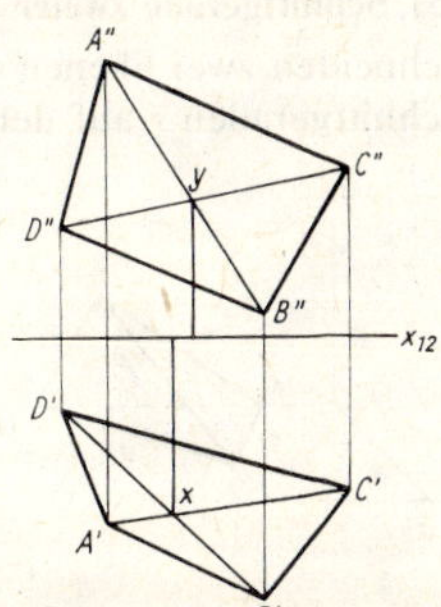

Bild 5/179

Entsprechend gilt für n-Ecke ($n > 4$), daß die Schnittpunkte aller Transversalen von Aufriß und Grundriß Risse von Schnittpunkten sein müssen.

(4) Projektion von Ebenen

Ebenen, die weder parallel zu einer Rißtafel noch parallel zur Rißachse liegen, schneiden die Rißtafel in Geraden, die **Spurgeraden** genannt und mit e_1 (in Π_1) bzw. e_2 (in Π_2) bezeichnet werden. Die Spurgeraden einer Ebene schneiden einander in einem Punkt K, der **Knotenpunkt** genannt wird (Bild 5/180).
Eine Senkrechte zur Spurgeraden e_1 heißt **Fallinie.**

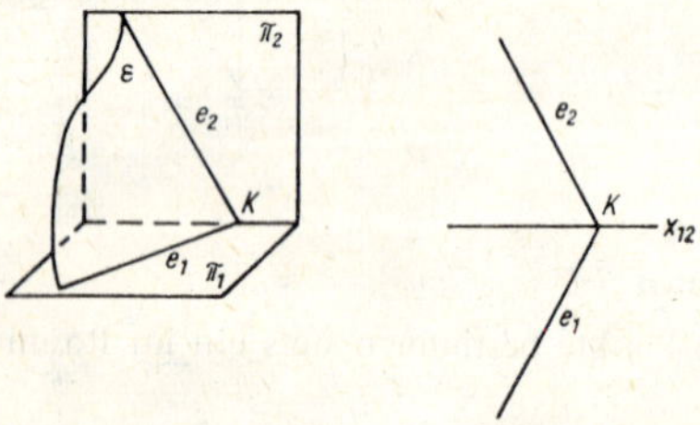

Bild 5/180

Verschiedene Lagemöglichkeiten von Ebenen im I. Quadranten

a) $\varepsilon \perp \Pi_1$ b) $\varepsilon \perp \Pi_2$ c) $\varepsilon \perp \Pi_1$ und $\varepsilon \perp \Pi_2$

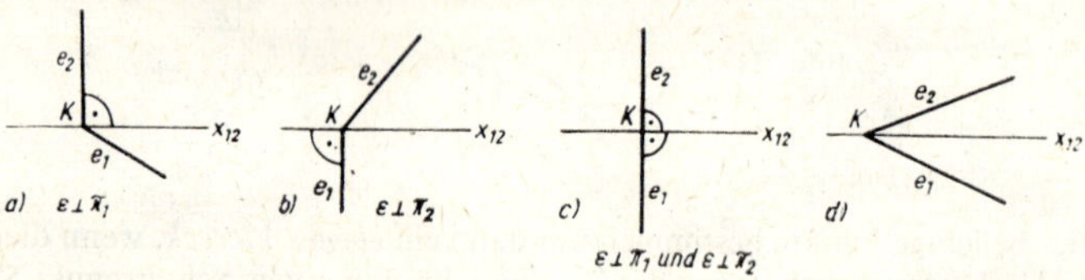

Bild 5/181

(5) Schnittgerade zweier Ebenen (3. Grundaufgabe)

Schneiden zwei Ebenen einander, so liegen die Spurpunkte S_1, S_2 der Schnittgeraden s auf den Spurgeraden e_1 und d_1 bzw. e_2 und d_2 der

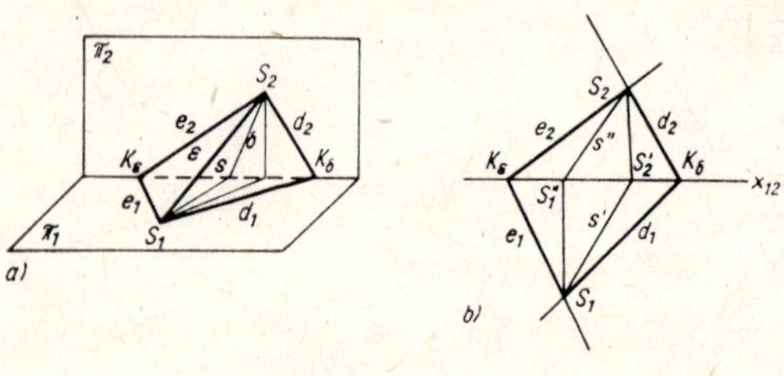

Bild 5/182

Ebenen ε und δ. Die Projektionen der Schnittgeraden sind in Bild 5/182 mit s' und s'' bezeichnet.

(6) Hauptlinien einer Ebene

Wird eine Ebene ε durch zu einer Rißtafel parallele Ebenen geschnitten, so entstehen Schnittgeraden, die **Hauptlinien** oder **Spurparallelen** der Ebene genannt werden.

Liegt die Schnittebene parallel zur

Grundrißtafel,	Aufrißtafel,

dann heißt die Hauptlinie

Höhenlinie h.	**Frontlinie** f.

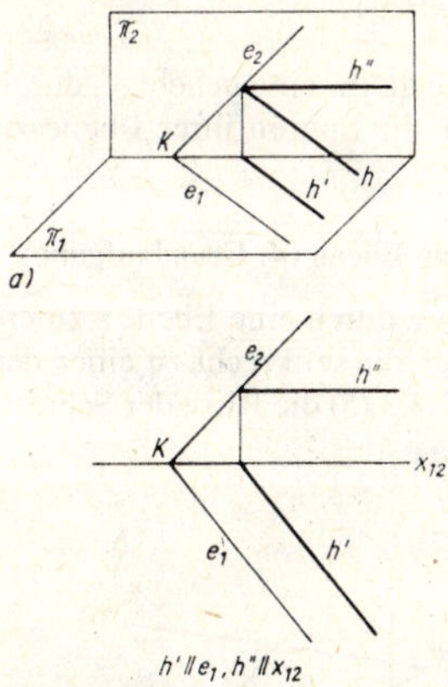

$h' \parallel e_1$; $h'' \parallel x_{12}$

Bild 5/183

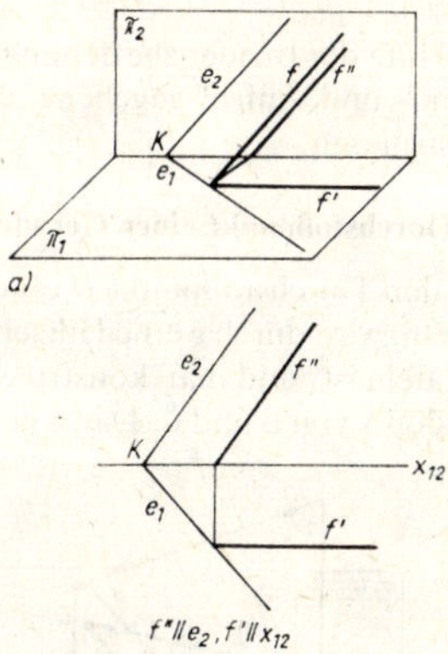

$f'' \parallel e_2$; $f' \parallel x_{12}$

Bild 5/184

5.2.3.4. Inzidenz von Punkten, Geraden und ebenen Figuren mit Ebenen

(1) Liegt ein Punkt (eine Gerade, eine ebene Figur) in einer Ebene, so sagt man, sie **inzidieren.**

Mit der Ebene ε inzidiert

der Punkt P_1	die Gerade g_1	die ebene Figur Dreieck ABC

genau dann, wenn

durch P_1 eine Hauptlinie von ε verläuft.	die Spurpunkte S_1, S_2 der Geraden mit den Spurgeraden von ε inzidieren.	für alle Punkte, Strecken usw. Inzidenz vorliegt.
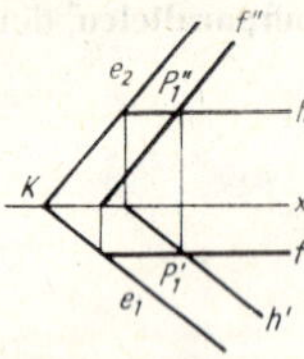	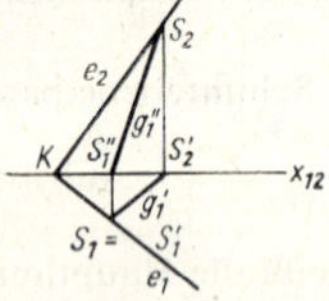	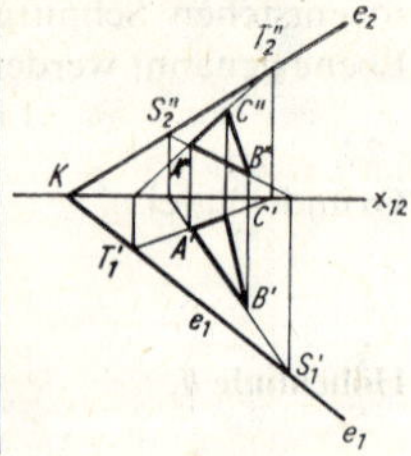

Mit Hilfe der Inzidenzbeziehung ist es möglich, für eine beliebige, durch Grund- und Aufriß gegebene ebene Figur die Spuren ihrer Ebene zu konstruieren.

(2) **Durchstoßpunkt einer Geraden durch eine Ebene (4. Grundaufgabe)**

Um den Durchstoßpunkt D einer Geraden g durch eine Ebene ε zu ermitteln, wird durch g eine Hilfsebene ζ gelegt, die senkrecht zu einer der Rißtafeln ist, und man konstruiert nach 5.2.3.3.(5) die Risse der Schnittgeraden s von ε und ζ. Dann liegt D auf s.

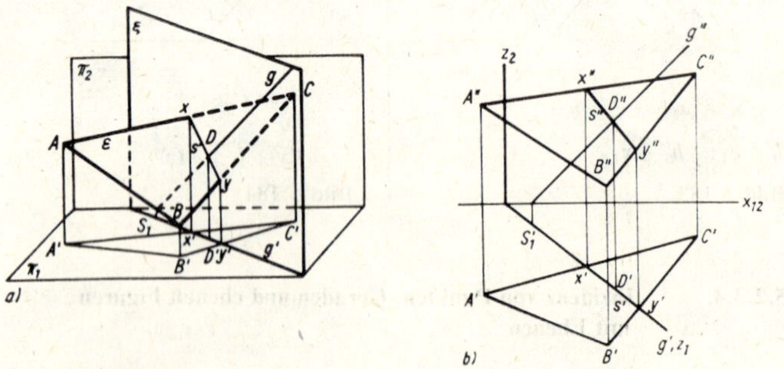

Bild 5/185

5.2.3.5. Projektion von Körpern

(1) Zur Darstellung von Körpern und zur Ausführung von räumlichen Konstruktionen genügt im allgemeinen die Darstellung in Zweitafel-

projektion. Wenn jedoch aus der Zweitafelprojektion nur schwer auf die Gestalt eines geometrischen Objekts geschlossen werden kann, wird ein weiterer Riß auf einer dritten Tafel, die zu einer der vorhandenen Bildtafeln senkrecht steht, beigefügt: der **Seitenriß**. Bezeichnung der Seitenrißtafel mit Π_3.
Die Abbildung der räumlichen Objekte auf Π_3 erfolgt ebenfalls durch senkrechte Parallelprojektion (Normalprojektion). Anschließend wird Π_3 um die Spurgerade in diejenige Projektionstafel umgeklappt, die mit Π_3 einen rechten Winkel einschließt. Diese Spurgerade ist dann die neue Rißachse, die mit x_{13} bzw. x_{23} bezeichnet wird, wenn sich Π_3 an den Grundriß bzw. Aufriß anschließt. In Bild 5/186 steht Π_3 auf der Grundrißtafel senkrecht. Dann ist x_{13} neue Rißachse.

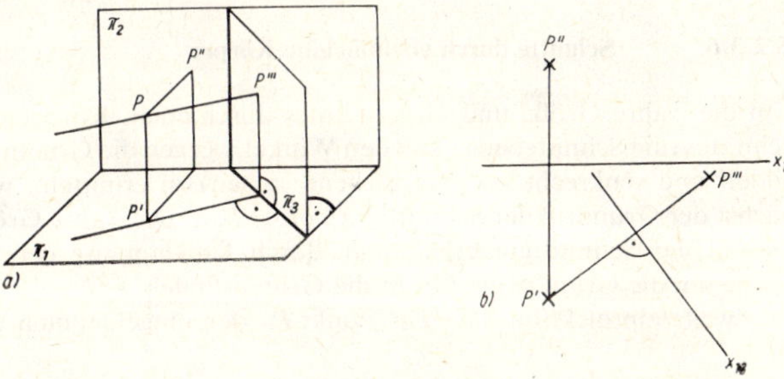

Bild 5/186

In Bild 5/187 ist die Lage der Seitenrißebene so gewählt, daß die wahre Länge einer Seitenkante der Pyramide zu erkennen ist.
(2) Ein Sonderfall des Seitenrißverfahrens ist die **Dreitafelprojektion.** Steht die Seitenrißtafel zu jeder der beiden vorhandenen Projektionstafeln senkrecht, dann wird die dritte Tafel Kreuzrißtafel genannt, und der entstehende Riß heißt **Kreuzriß.**
Die Kreuzrißtafel wird zuerst in die Aufrißebene und dann mit dieser in die Grundrißebene geklappt, so daß der Kreuzriß in aufrechter Lage erscheint.

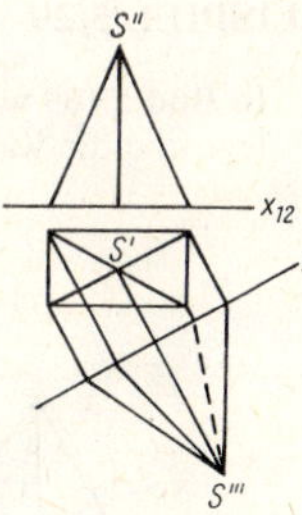

Bild 5/187

BEISPIEL 5/28

In Bild 5/188 wird eine Pyramide mit rechteckigem Grundriß (in einfacher Lage) in Dreitafelprojektion dargestellt.

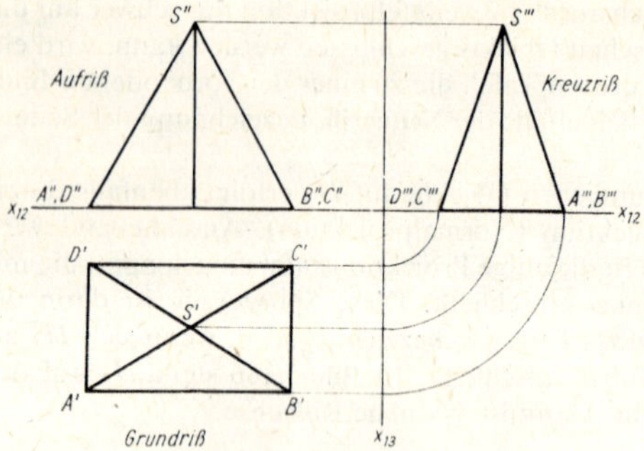

Bild 5/188

5.2.3.6. Schnitte durch ebenflächige Körper

Um die wahre Größe und Gestalt eines durch einen Körper gelegten Schnittes (die Schnittebene ε soll den Winkel α gegen die Grundrißebene bilden und senkrecht zur Aufrißebene stehen) zu ermitteln, wird zunächst der Grundriß der Schnittfigur konstruiert. Die wahre Größe und Gestalt der Schnittfigur erhält man durch Umklappung der Schnittebene um die Grundrißspur e_1 in die Grundrißtafel.
In Zweitafelprojektion liegt ein Punkt P_0 der umgeklappten Schnittfigur

1. auf der Parallelen zur Rißachse durch P' und
2. auf der Parallelen zu e_1 im Abstand KP''.

BEISPIEL 5/29

In Bild 5/189 wird ein ebener Schnitt durch eine dreiseitige Pyramide gelegt und die wahre Größe und Gestalt der Schnittfläche ermittelt.

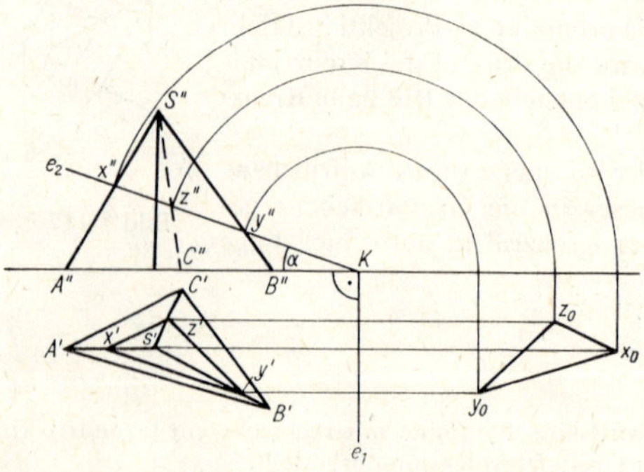

Bild 5/189

5.2.3.7. Ebene Schnitte durch Kreiskegel

(1) Wird ein Kegel von einer Ebene ε geschnitten, so heißt die Menge aller Punkte, die sowohl der Ebene ε als auch der Kreiskegelfläche (↗ 5.3.5.2.) angehören, **Kegelschnitt.**
Es sei α die Größe des halben Öffnungswinkels eines Doppelkegels, β die Größe des Neigungswinkels der Schnittebene mit Kegelachse (Bild 5/190). Dann heißt

für	die Schnittfigur
$\beta = 90°$	Kreis (I)
$\alpha < \beta < 90°$	Ellipse (II)
$\beta = \alpha$	Parabel (III)
$0° < \beta < \alpha$	Hyperbel (IV)

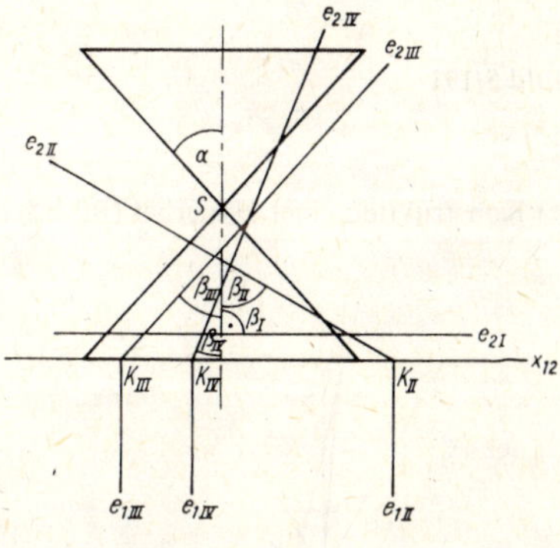

Bild 5/190

Ein *entarteter Kegelschnitt* entsteht, wenn die Schnittebene ε die Spitze S des Kegels enthält:

Für $\alpha < \beta \leqq 90°$ entsteht ein Punkt,
$\beta = \alpha$ eine Gerade,
$0° \leqq \beta < \alpha$ zwei einander schneidende Geraden.

(2) Die **Konstruktion** der nichtkreisförmigen (nichtentarteten) Kegelschnitte erfolgt

- durch punktweise Konstruktion des Grundrisses der Schnittfigur mittels beliebiger Mantellinien als Hilfslinien oder mittels beliebiger zur Grundrißtafel paralleler Ebenen als Hilfsschnittebenen und
- durch anschließende Umklappung der Schnittfigur um e_1 in die Grundrißtafel.

BEISPIEL 5/30

a) Konstruktion einer Ellipse (Bild 5/191)

b) Konstruktion einer Parabel (Bild 5/192)

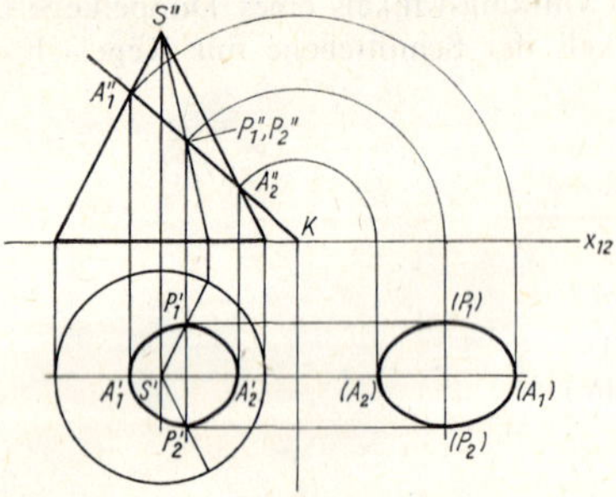

Bild 5/191

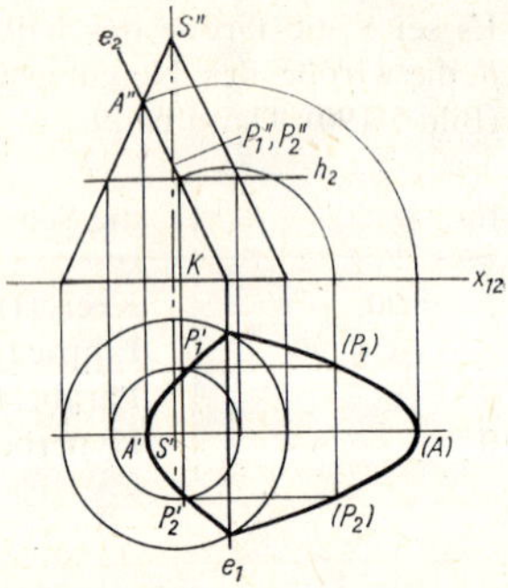

Bild 5/192

c) Konstruktion einer Hyperbel (Bild 5/193)

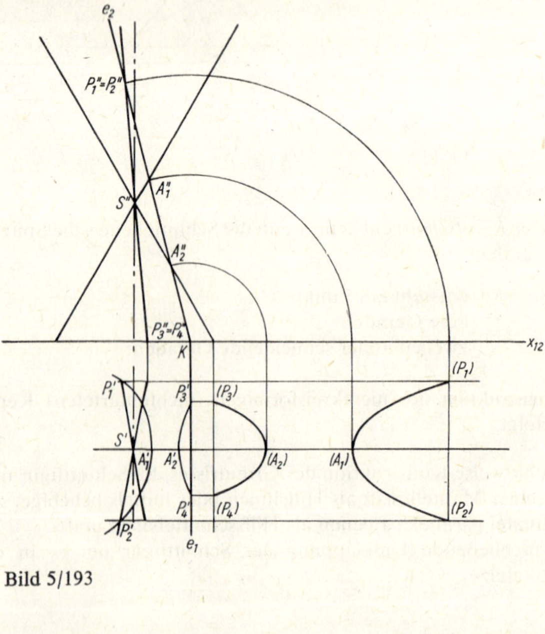

Bild 5/193

Einige Eigenschaften der (nichtkreisförmigen nichtentarteten) **Kegelschnitte**

In jeden Kreiskegel, in dem durch eine Schnittebene ε ein Kegelschnitt erzeugt wird, läßt sich eine Kugel bzw. eine zweite Kugel legen, die die Mantelfläche des Körpers innen längs eines Kreises und ε in einem Punkt berührt. Diese Kugeln werden **Dandelinsche Kugeln** genannt (in Bild 5/194 für eine Ellipse).

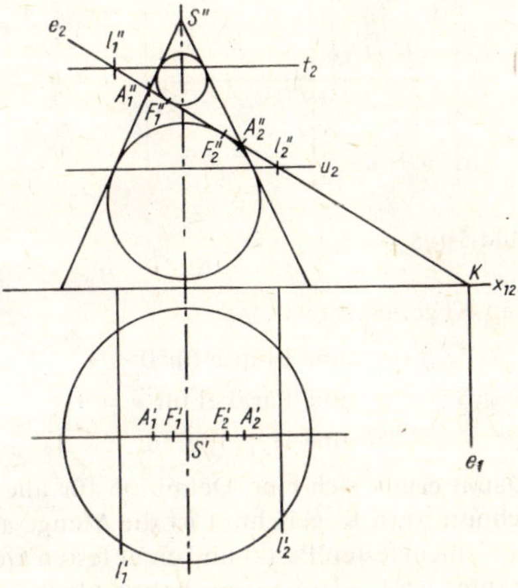

Bild 5/194

Die Berührungspunkte der DANDELINschen Kugeln mit der Schnittebene ε heißen *Brennpunkte* der Kegelschnitte und werden mit F bezeichnet; die Schnittpunkte der parallel zu Π_2 verlaufenden Kegelmantellinien mit der Schnittebene ε heißen *Scheitel* und werden mit A bezeichnet.

Die Ebenen, in denen die Berührungskreise liegen, liegen parallel zu Π_1 und schneiden die Ebene ε in Geraden, die senkrecht zu Π_2 verlaufen. Diese Geraden heißen *Leitlinien* der Kegelschnitte und werden mit l bezeichnet (Bild 5/195).

Wenn P ein beliebiger Punkt des Kegelschnitts, F_1 ein Brennpunkt und L_1 der Fußpunkt des Lotes von P auf die Leitlinie l_1 ist, dann läßt sich zeigen, daß für alle Kegelschnitte gilt

$$\overline{PF_1} : \overline{PL_1} = \cos\beta : \cos\alpha = \text{const}.$$

Die Konstante heißt **numerische Exzentrizität** des Kegelschnitts und werde hier mit ν bezeichnet (gewöhnlich mit ε).

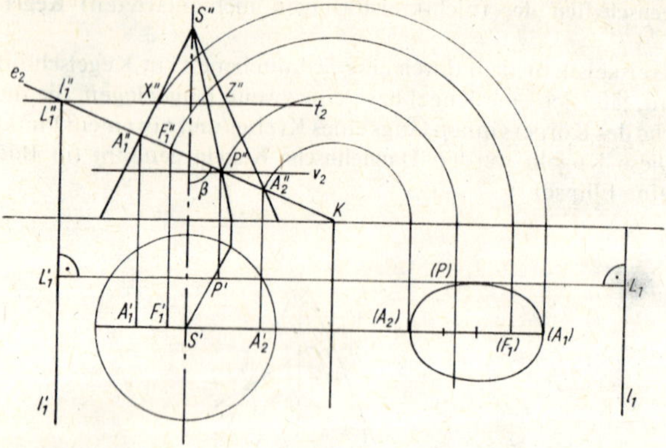

Bild 5/195

Ein Kegelschnitt ist

eine Ellipse für $0 < \nu < 1$,

eine Parabel für $\nu = 1$,

eine Hyperbel für $\nu > 1$.

Damit ergibt sich eine Definition für alle (nichtkreisförmigen) Kegelschnitte: Ein Kegelschnitt ist die Menge aller Punkte einer Ebene, die von einem festen Punkt und einer festen Geraden dieser Ebene ein konstantes Abstandsverhältnis haben.

5.3. Geometrie des (dreidimensionalen) Raumes

5.3.1. Grundlagen

(1) Grundlegende Aussage ist: Der **Raum** ist eine Menge, deren Elemente **Punkte** genannt werden.
Zwei nicht leere Mengen von nicht leeren Teilmengen des Raumes sind ausgezeichnet:

Die Elemente einer Teilmenge heißen **Geraden.** Jede Teilmenge einer Geraden wird **kollinear** genannt.	Die Elemente einer anderen Teilmenge heißen **Ebenen.** Jede Teilmenge einer Ebene wird **komplanar** genannt.

Für Punkte, Geraden, Ebenen des Raumes gilt:

Jede Gerade	Jede Ebene

enthält

mindestens zwei Punkte.	mindestens drei nicht kollineare Punkte.

Wenn A, B zwei beliebige (voneinander verschiedene) Punkte sind, so gibt es genau eine Gerade, die A und B enthält; sie werde mit $g(AB)$ bezeichnet.
Wenn A, B, C drei nicht kollineare Punkte sind, so gibt es genau eine Ebene, die A, B, C enthält; sie werde mit $\varepsilon(ABC)$ bezeichnet (Bild 5/196).
Der Durchschnitt einer Geraden mit einer Ebene ist entweder leer oder genau ein Punkt oder die Gerade selbst (Bild 5/197). Zu zwei Geraden, die genau einen gemeinsamen Punkt haben, gibt es eine Ebene, die beide Geraden enthält (Bild 5/198).
Der Durchschnitt zweier voneinander verschiedener Ebenen ist entweder leer oder eine Gerade (Bild 5/199).
Es gibt keine Ebene, die sämtliche Punkte des Raumes enthält.

Bild 5/196

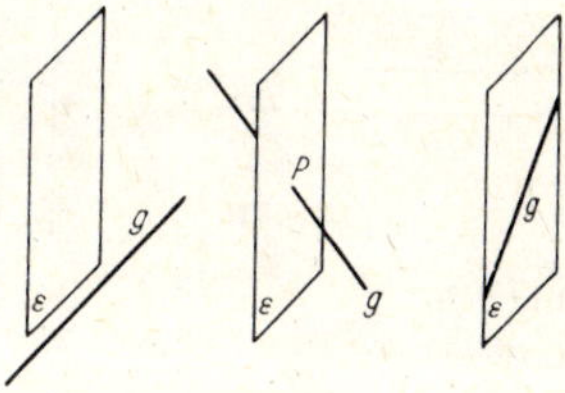

Bild 5/197

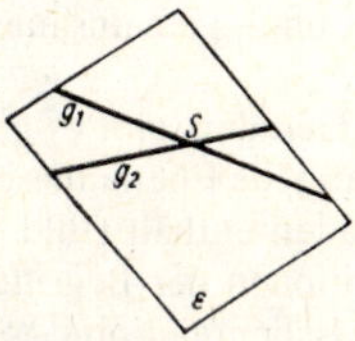

Bild 5/198

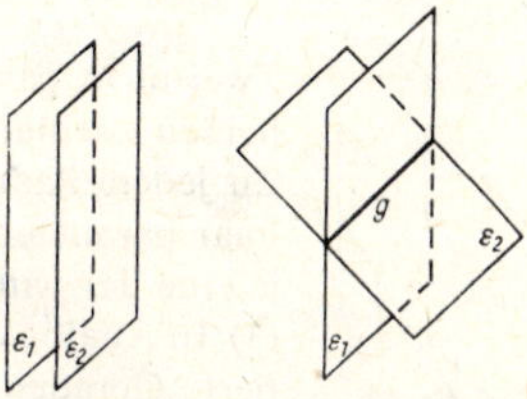

Bild 5/199

(2) **Parallelität von Geraden und Ebenen**

Parallele Geraden: Sind g, h zwei Geraden im Raum, so bedeutet $g \parallel h$, daß $g \cup h$ komplanar ist und daß $g \cap h = \emptyset$ oder $g = h$ ist (Bild 5/200).
Wenn g eine beliebige Gerade ist und P ein beliebiger Punkt, so gibt es genau eine Gerade g', die P enthält und die zu g parallel ist (Bild 5/201).

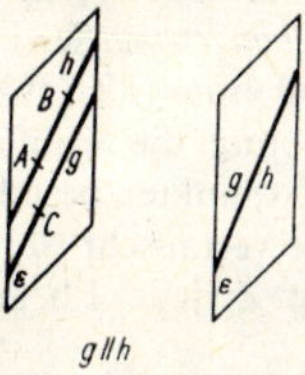

Bild 5/200 $g \parallel h$

Bild 5/201

Die Parallelität von Geraden ist auch im Raum eine Äquivalenzrelation.
Zu zwei verschiedenen parallelen Geraden gibt es genau eine Ebene, die beide Geraden enthält (Bild 5/202).
Parallele Ebenen: Sind ε_1, ε_2 zwei Ebenen, so bedeutet $\varepsilon_1 \parallel \varepsilon_2$, daß $\varepsilon_1 \cap \varepsilon_2 = \emptyset$ oder $\varepsilon_1 = \varepsilon_2$ ist (Bild 5/203).
Die Parallelität von Ebenen ist eine Äquivalenzrelation.
Parallelität von Gerade und Ebene: Es sei g eine Gerade und ε eine Ebene, so bedeutet $g \parallel \varepsilon$, daß $g \cap \varepsilon = \emptyset$ oder $g \in \varepsilon$ ist. Ist $g \cap \varepsilon = \emptyset$, dann gibt es eine Ebene ε' mit $g \in \varepsilon'$ und $\varepsilon' \parallel \varepsilon$ (Bild 5/204).

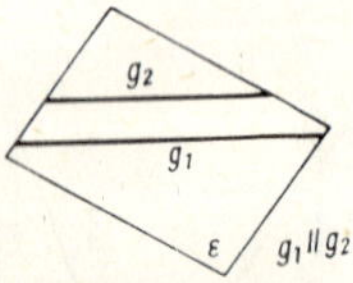

Bild 5/202

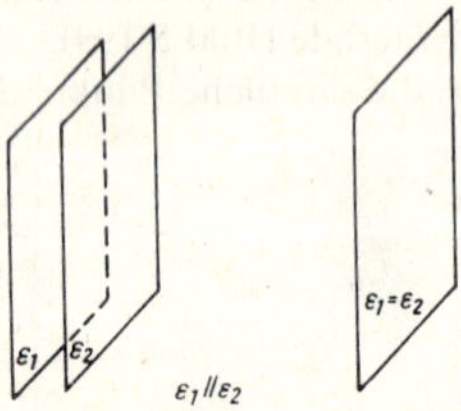

Bild 5/203

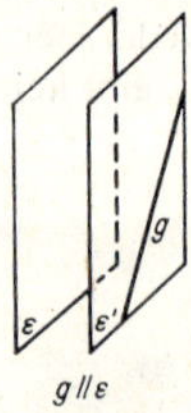

Bild 5/204

Die Parallelität zwischen Geraden und Ebenen ist nicht eine Äquivalenzrelation.

Zwei nicht parallele Geraden ohne gemeinsame Punkte heißen zueinander **windschief.**
Zu jedem Paar windschiefer Geraden gibt es genau ein Paar paralleler Ebenen, so daß jede Ebene dieses Paares je eine der windschiefen Geraden enthält (Bild 5/205).
(3) In Analogie zu den Definitionen der Begriffe »orientierte Gerade«, »Strahl«, »Zwischenrelation«, »Strecke«, »Richtungssinn«, »Halbebene« in der Ebene erfolgen die Definitionen dieser Begriffe für den Raum.

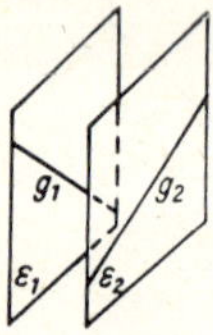

Bild 5/205

(4) **Halbraum:** Durch eine Ebene ε wird die Menge der nicht zu ε gehörenden Punkte des Raumes in zwei Teilmengen η_1, η_2 zerlegt: Die Punktmengen η_1, η_2 heißen die von ε erzeugten **offenen Halbräume.** η_1 und η_2 werden zueinander **entgegengesetzt** genannt. Die Mengen $\eta_1 \cup \varepsilon$ und $\eta_2 \cup \varepsilon$ heißen **Halbräume,** ε heißt **Randebene.**
Zwei Punkte A, B liegen dann auf verschiedenen Seiten von ε, wenn es einen Punkt X mit $X \in \varepsilon$ gibt, so daß Zw(AXB) gilt.
(5) **Bewegungen:** *Räumliche Verschiebungen* werden in Analogie zur Verschiebung in der Ebene [↗ 5.1.2.(2)] definiert: Zu zwei beliebigen Punkten A, B gibt es genau eine Verschiebung, die A auf B abbildet.
Eine Bewegung, für die es eine aus Fixpunkten bestehende Ebene ε gibt, bei der die beiden Halbräume von ε vertauscht werden, heißt *Ebenenspiegelung* und wird mit σ_ε bezeichnet. Zu jeder Ebene gibt es genau eine Ebenenspiegelung.

Die *Kongruenz* von Figuren im Raum wird wie in der Ebene definiert: Zwei geometrische Figuren F_1, F_2 sind kongruent genau dann, wenn es eine Bewegung φ gibt mit $\varphi(F_1) = F_2$.
(6) Mit Hilfe des Begriffs »Ebenenspiegelung« kann das **Senkrechtsein von Ebenen** definiert werden: Sind ε_1, ε_2 Ebenen, so gilt $\varepsilon_1 \perp \varepsilon_2$ genau dann, wenn $\sigma_{\varepsilon_1}(\varepsilon_2) = \varepsilon_2$ und $\varepsilon_1 \neq \varepsilon_2$ ist (Bild 5/206).

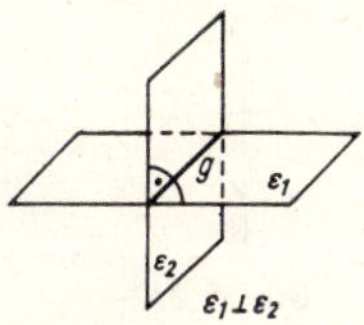

Bild 5/206

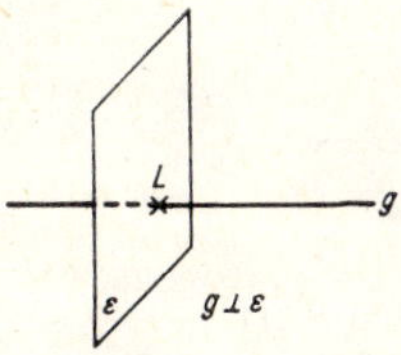

Bild 5/207

Der Durchschnitt zueinander senkrechter Ebenen ist stets eine Gerade.
Senkrechtsein von Gerade und Ebene: Eine Gerade g steht senkrecht auf der Ebene ε, in Zeichen $g \perp \varepsilon$, genau dann, wenn $\sigma_\varepsilon(g) = g$ und $g \cap \varepsilon \neq g$ ist. Man nennt dann g ein *Lot* zu ε (Bild 5/207).
Der Durchschnitt $g \cap \varepsilon$ ist stets ein Punkt. Er heißt Lotfußpunkt. Ferner gilt:

- »Wenn $g \perp \varepsilon_1$, so $g \perp \varepsilon_2$« gilt genau dann, wenn $\varepsilon_1 \parallel \varepsilon_2$ ist (Bild 5/208).
- Zu einem beliebigen Punkt P und zu einer beliebigen Ebene ε gibt es genau eine Gerade durch P, die zu ε senkrecht ist (Bild 5/209).

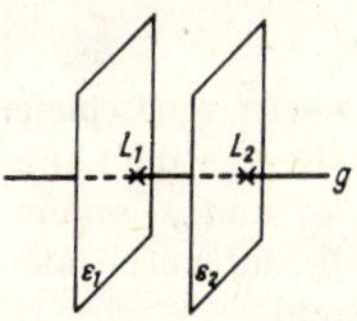

Bild 5/208

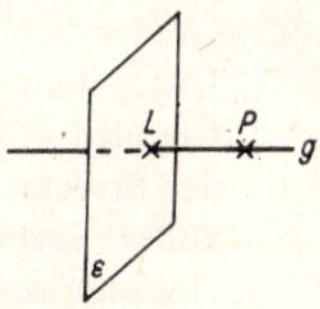

Bild 5/209

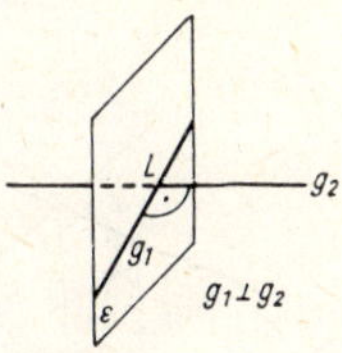

Bild 5/210

Senkrechtsein zweier Geraden: $g_1 \perp g_2$ genau dann, wenn $g_1 \cap g_2 \neq \emptyset$ ist und wenn es eine Ebene ε gibt, die g_1 enthält, so daß $g_2 \perp \varepsilon$ ist (Bild 5/210).
(7) Da das ARCHIMEDische Axiom [↗ 5.1.5.(1)] auch für den Raum gilt, kann im Raum eine **Streckenmessung** festgelegt werden, die der Streckenmessung in der Ebene entspricht.
Unter dem **Abstand zweier Punkte** A, B versteht man die Länge $\overline{AB}$ der Strecke AB.

Unter dem **Abstand eines Punktes** P

von einer Geraden g	**von einer Ebene** ε

versteht man die Länge $\overline{PQ}$, wobei Q der Fußpunkt des Lotes von P

auf g ist.	auf ε ist.

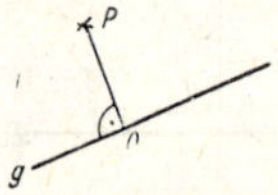

Bild 5/211

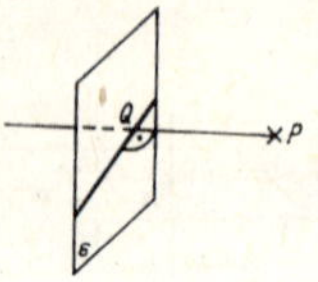

Bild 5/212

Unter dem **Abstand zweier**

paralleler Ebenen $\varepsilon_1, \varepsilon_2$	**paralleler Geraden** g_1, g_2

versteht man die Länge $\overline{P_1P_2}$ mit $P_1 \in \varepsilon_1$, $P_2 \in \varepsilon_2$ und $g(P_1P_2) \perp \varepsilon_i$ $(i = 1, 2)$.

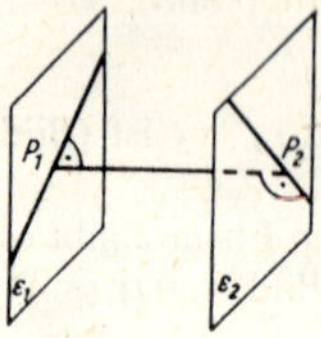

Bild 5/213

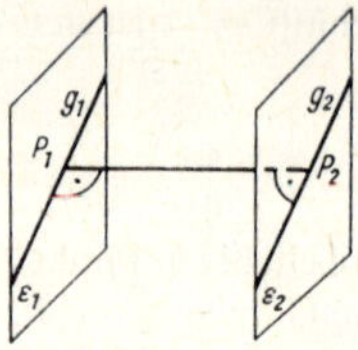

Bild 5/214

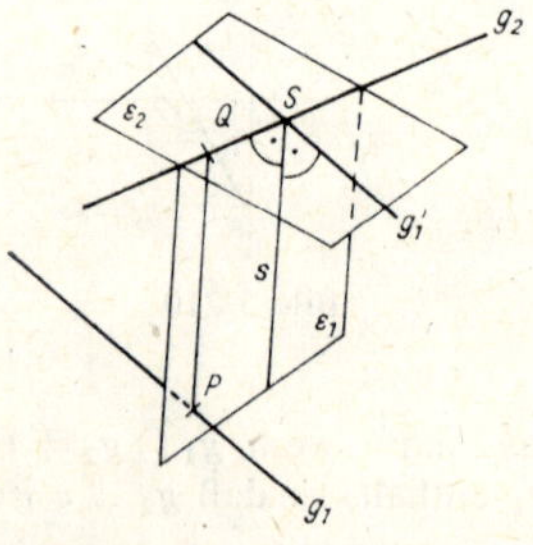

Bild 5/215

Unter dem **Abstand zweier windschiefer Geraden** g_1, g_2 versteht man die Länge der Strecke PQ, die g_1 und g_2 miteinander verbindet und die auf beiden Geraden senkrecht steht.

Konstruktion der Strecke PQ (Bild 5/215):

- Zeichne eine Parallele g_1' zu g_1, die die Gerade g_2 im Punkt S schneidet!
- Errichte in S auf der durch g_1' und g_2 bestimmten Ebene ε_2 die Senkrechte s!
- Die Gerade g_1 durchstößt in P die durch s und g_2 bestimmte Ebene ε_1. Zeichne die Parallele durch P zu s, die g_2 in Q schneidet! Dann ist $\overline{PQ}$ der Abstand der windschiefen Geraden g_1, g_2.

5.3.2. Zum Inhaltsbegriff im Raum

(1) Der Inhalt heißt **elementar**, wenn er sich auf eine geradlinig begrenzte ebene bzw. ebenflächig begrenzte räumliche Punktmenge bezieht. Eine solche beschränkte dreidimensionale Punktmenge des dreidimensionalen Raumes, die allseitig von endlich vielen ebenen Flächenstücken begrenzt wird, heißt (konvexes) **Polyeder** (↗ 5.3.4.).
Unter der Inhalts- bzw. Volumenmessung von Polyedern wird die Angabe einer Abbildung V der Menge aller Polyeder in die Menge $\mathbf{R}_+$ der nichtnegativen reellen Zahlen verstanden mit den Eigenschaften Bewegungsinvarianz, Additivität und Normiertheit. Das Bild $V(P)$ eines Polyeders P heißt Zahlenwert des elementaren Inhalts oder des Volumens von P. Ist die Längeneinheit das Meter (m), dann wird das Volumen in Kubikmeter (m^3) gemessen, d. h., das Volumen kann als formales Produkt aus Zahlenwert und Einheit (m^3) aufgefaßt werden.
Jede Punktmenge, die einen Rauminhalt hat, heißt **quadrierbar.** Sind räumliche Punktmengen z. T. krummflächig begrenzt, aber quadrierbar, dann spricht man von der Messung des **allgemeinen Inhalts** und in dem Fall, da zur Berechnung die Integralrechnung verwendet werden kann, vom **Jordanschen oder Riemannschen Inhalt.**
(2) Zur elementaren Berechnung des Volumens von Körpern dient das **Cavalierische Prinzip:** Zwei Körper mit gleichen Grundflächeninhalten und gleich langen Höhen haben gleiche Volumina, wenn die parallel zur Grundflächenebene in beliebigen, aber gleichen Abständen geführten Schnitte Schnittflächen mit gleichen Flächeninhalten haben (Bild 5/216). Dabei ist zu beachten, daß Flächengleichheit, nicht aber Kongruenz der Grundflächen und der Schnittflächen in beiden Körpern gefordert wird.

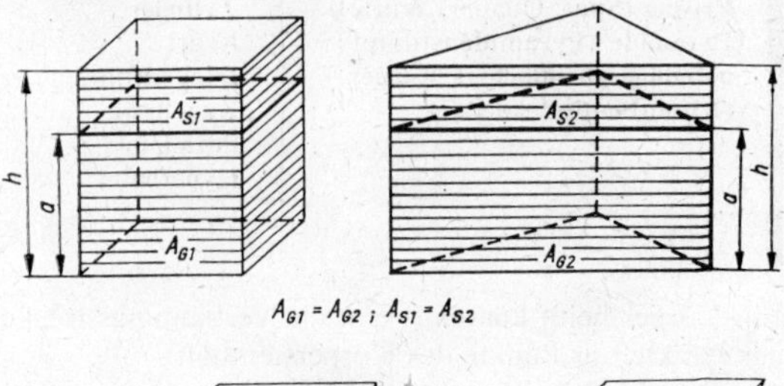

Bild 5/216

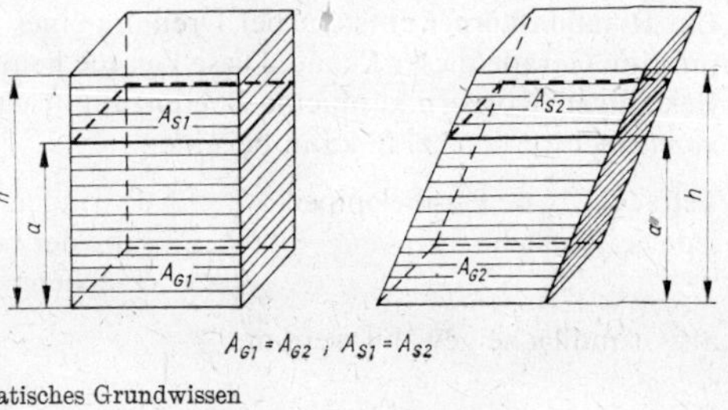

Bild 5/217

Zur Veranschaulichung der Anwendung des CAVALIERIschen Prinzips bei der Berechnung des Volumens von schiefen Körpern dient eine Zerlegung des schiefen Körpers in immer feiner werdende Schichten und Vergleich mit dem Volumen eines in immer feiner werdende Schichten zerlegten geraden Körpers mit gleichem Grundflächeninhalt, gleich langer Höhe und gleichem Flächeninhalt der in gleichen Abständen von der Grundfläche geführten Schnitte (Bild 5/217).

5.3.3. Zum geometrischen Körperbegriff

Unter einem **Körper** versteht man jede dreidimensionale Punktmenge des dreidimensionalen Raumes, die von endlich vielen, ebenen oder gekrümmten Flächenstücken begrenzt wird. Die begrenzenden Flächenstücke gehören mit zum Körper.

Die Vereinigung der Punktmengen der begrenzenden Flächenstücke heißt **Oberfläche des Körpers.**

Ein

ebenflächiger Körper	**krummflächig begrenzter Körper**	
(*Polyeder* genannt) wird nur von ebenen Flächenstücken begrenzt.	kann auch	kann nur
	von gekrümmten Flächenstücken begrenzt sein.	

BEISPIEL 5/31

Ebenflächige Körper sind z. B.	*Krummflächig begrenzte Körper* sind z. B.	
Prisma (Spat, Quader, Würfel) **Pyramide** (Pyramidenstumpf) **beliebige ebenflächige Körper** (Rhombendodekaeder)	**Zylinder** **Kegel** (Kegelstumpf) **Kugelteile** **Paraboloid** **Hyperboloid**	**Kugel** **Ellipsoid**

Ein Körper heißt **konvex**, wenn die Verbindungsstrecke zweier beliebiger Punkte nur Punkte des Körpers enthält.
Ein **Rotationskörper** entsteht bei Drehung eines ebenen Flächenstücks um eine Gerade dieser Ebene. Diese Gerade heißt *Rotationsachse*.
Bei einigen Körpern kann eine Begrenzungsfläche *als Grundfläche ausgezeichnet* werden; z. B. kann bei einem

Tetraeder bzw. Parallelepiped jede Seitenfläche	Pyramiden- bzw. Kegelstumpf jede der beiden parallelen Flächen

als Grundfläche gewählt werden.

Eine zur Grundfläche parallele Begrenzungsfläche heißt **Deckfläche.**
Unter dem **Mantel** versteht man die Vereinigung aller von der Grund- und Deckfläche verschiedenen Begrenzungsflächen.
An *ebenflächigen Körpern* heißen Strecken, die Seiten von genau zwei Begrenzungsflächen sind, **Kanten.**

Kanten,

die in der Grund- oder in der Deckfläche liegen,	die weder in der Grund- noch in der Deckfläche liegen,

heißen

Grundkanten.	**Seitenkanten.**

Wird die Oberfläche eines ebenflächigen Körpers entlang von Körperkanten aufgeschnitten und in die Ebene ausgebreitet, so entsteht ein **Netz des Körpers** als zusammenhängendes ebenes System der den Körper begrenzenden Flächen.
Unter einem **ebenen Schnitt** versteht man ein ebenes Flächenstück, das von einer Linie begrenzt wird, die durch die Schnittebene aus der Oberfläche des Körpers herausgeschnitten wird. Gelegentlich wird auch nur die Begrenzungslinie des Flächenstücks als Schnitt verstanden.
Ein ebener Schnitt heißt **Achsenschnitt**, wenn die Schnittfläche eine vorhandene Rotations- oder Symmetrieachse des Körpers enthält; er heißt **Querschnitt**, wenn die Achse senkrecht zur Schnittfläche ist.

5.3.4. Ebenflächige Körper (Polyeder)

5.3.4.1. Allgemeines Polyeder

Die folgenden Ausführungen beschränken sich auf konvexe Polyeder. Die Vereinigungsmenge endlich vieler konvexer Polyeder heißt **allgemeines Polyeder.** Umgekehrt kann ein (allgemeines) Polyeder in Polyeder zerlegt werden. Zwei Polyeder heißen **zerlegungsgleich**, wenn sie in paarweise kongruente Polyeder zerlegbar sind.
Eulerscher Polyedersatz: Für alle konvexen Polyeder gilt: Wenn die Anzahl der Ecken mit E, die Anzahl der Flächen mit F und die Anzahl der Kanten mit K bezeichnet werden, so ist

$$E + F = K + 2.$$

BEISPIEL 5/32

Polyeder	E	F	K	$E+F$	$K+2$
Quader	8	6	12	14	14
Dreiseitige Pyramide	4	4	6	8	8
Sechsseitiges Prisma	12	8	18	20	20

5.3.4.2. Prismen

(1) Unter einem **Prisma** versteht man einen ebenflächigen Körper, der begrenzt wird

- von zwei in parallelen Ebenen liegenden kongruenten n-Eckflächen (genannt Grund- und Deckfläche) und
- von den n Parallelogrammflächen, die die beiden kongruenten n-Ecke verbinden (Bild 5/218).

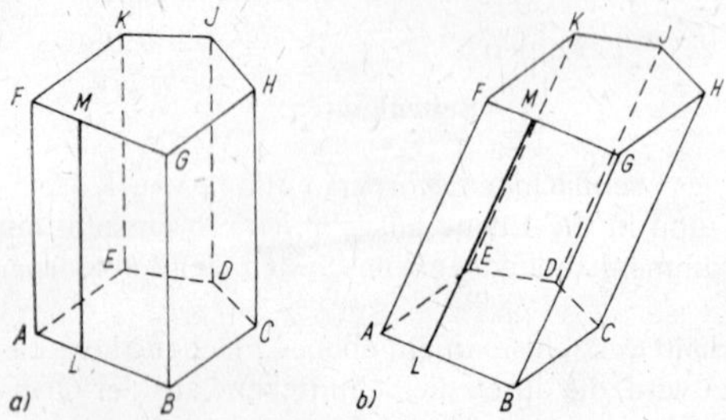

Bild 5/218

Jede n-Ecksseite heißt **Grundkante**, jede Strecke, die einen Eckpunkt der Grundfläche mit dem entsprechenden Eckpunkt der Deckfläche verbindet, heißt **Seitenkante.**
Jede zu den Seitenkanten parallele Strecke, deren Endpunkte auf zwei einander entsprechenden Grundkanten liegen, heißt **Mantellinie**, z. B. ist die Strecke LM in Bild 5/218 eine Mantellinie.
Ein Prisma heißt **gerade** (Bild 5/218a), wenn die Seitenkanten senkrecht auf der Grundfläche stehen (die Seitenflächen sind dann Rechtecke), andernfalls **schief** (Bild 5/218b).
Ein Prisma heißt **regelmäßig**, wenn Grund- und Deckfläche regelmäßige n-Ecksflächen sind (↗ 5.1.9.2.).
Regelmäßige Prismen haben eine Symmetrieachse, die die Mittelpunkte der Grund- und der Deckfläche verbindet.

Berechnung

des Rauminhalts V eines Prismas	der Oberfläche A_O eines Prismas
durch $V = A_G \cdot h$,	durch $A_O = 2 \cdot A_G + A_M$,

wobei A_G der Flächeninhalt der Grundfläche,
A_M der Flächeninhalt des Mantels,
h die Länge der Höhe (Abstand der beiden parallelen Ebenen) ist.

(2) **Spezialfälle von Prismen**

- Ein Prisma, dessen Grundfläche ein Parallelogramm ist, heißt **Parallelepiped** oder **Spat** (Bild 5/219).

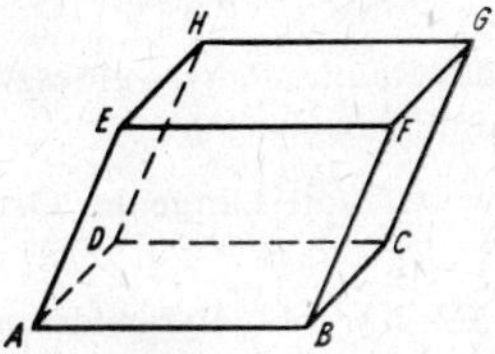

Bild 5/219

● Ein Parallelepiped, dessen Parallelogramme Rechtecke sind, heißt **Quader** (Bild 5/220).

Berechnung

des Rauminhalts V eines Quaders durch	der Oberfläche A_O eines Quaders durch
$V = a \cdot b \cdot c,$	$A_O = 2(ab + bc + ca),$

wenn a, b, c die Längen der Kanten sind.

Berechnung

der Längen der Flächendiagonalen durch	der Länge der Raumdiagonalen durch
$d_1 = \sqrt{a^2 + b^2}, \quad d_2 = \sqrt{b^2 + c^2}$ $d_3 = \sqrt{c^2 + a^2}$	$e = \sqrt{a^2 + b^2 + c^2}$

Bild 5/220

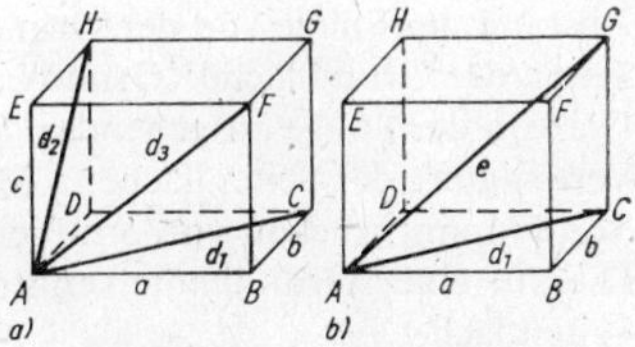

● Ein Quader, dessen Grundfläche ein Quadrat ist und dessen Seitenkante die Länge der Grundkante hat, heißt **Würfel.**

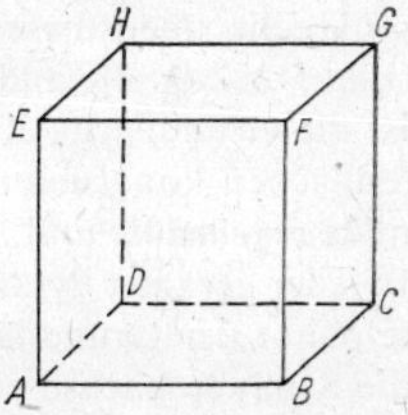

Bild 5/221

Berechnung

des Rauminhalts V eines Würfels durch $V = a^3$,	der Oberfläche A_O eines Würfels durch $A_O = 6a^2$,

wobei a die Länge der Grundkante ist.

5.3.4.3. Pyramide und Pyramidenstumpf

(1) Jeder ebenflächige Körper, der von einer n-Ecksfläche und von n Dreiecksflächen, die einen gemeinsamen Eckpunkt außerhalb der n-Ecksfläche haben, begrenzt wird, heißt **n-seitige Pyramide** (Bild 5/222).

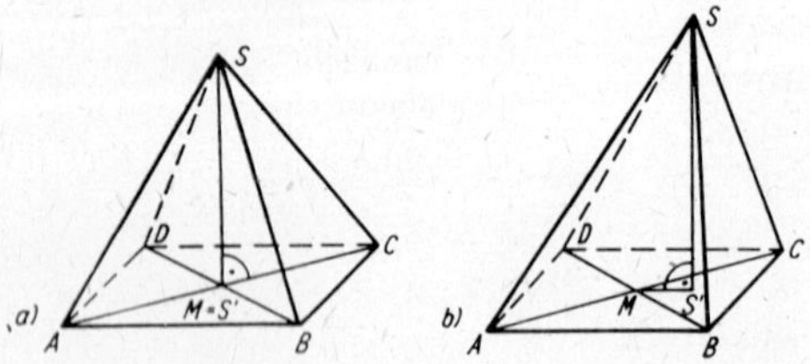

Bild 5/222

Bezeichnungen:

n-Ecksfläche: Grundfläche
Dreiecksflächen: Seitenflächen
Gemeinsamer Punkt aller Seitenflächen: Spitze
Abstand der Spitze von der Grundflächenebene: Länge der Höhe
Seiten der Grundfläche: Grundkanten der Pyramide
Die von der Spitze ausgehenden Kanten: Seitenkanten
Vereinigung der Seitenflächen: Mantel
Verbindungsstrecken von S mit einem Punkt des n-Ecks: Mantellinien
Die auf einer Grundkante senkrecht stehende Mantellinie: Höhe der Seitenfläche.
Grundfläche und Seitenflächen bilden die **Pyramidenfläche.**
Der **Pyramidenkörper** ist die Vereinigung der Punkte des Inneren mit den Punkten der Pyramidenfläche.
Hat die Grundfläche einen Mittelpunkt und liegt die Spitze der Pyramide senkrecht über diesem Mittelpunkt, so heißt die Pyramide **gerade** (Bild 5/222a), alle anderen Pyramiden heißen **schief** (Bild 5/222b).
Ist die Grundfläche ein regelmäßiges n-Eck (↗ 5.1.9.) und sind die Seitenflächen kongruente gleichschenklige Dreiecke, dann heißt die Pyramide **regelmäßig** und ist eine gerade Pyramide.
In jeder geraden Pyramide ist die Gerade durch die Spitze und den Mittelpunkt der Grundfläche *Symmetrieachse*, und ein ebener Schnitt, der die Symmetrieachse enthält, ist ein *Achsenschnitt*.

Nach Aufschneiden der Pyramidenfläche entlang den Seitenkanten und Umlegen der Seitenflächen in die Ebene der Grundfläche entsteht das **Netz** der Pyramide.

Berechnung des Oberflächeninhalts einer geraden Pyramide:

$$A_0 = A_G + nA_\triangle,$$

wobei A_G der Inhalt der Grundfläche,
$A_\triangle$ der Inhalt einer Dreiecksfläche ist.

Berechnung des Volumens einer Pyramide:

$$V = \frac{1}{3} A_G \cdot h,$$

wobei A_G der Inhalt der Grundfläche
h die Länge der Höhe der Pyramide ist.

(2) Ein **Pyramidenstumpf** ist ein ebenflächiger Körper, der von zwei ähnlichen, aber nicht kongruenten n-Ecksflächen, die in parallelen Ebenen liegen, und n Trapezflächen begrenzt wird (Bild 5/223).

Jede Pyramide kann durch einen zur Grundfläche parallelen Schnitt in einen Pyramidenstumpf und eine Ergänzungspyramide zerlegt werden (Bild 5/224).

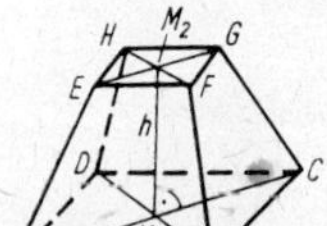

Bild 5/223

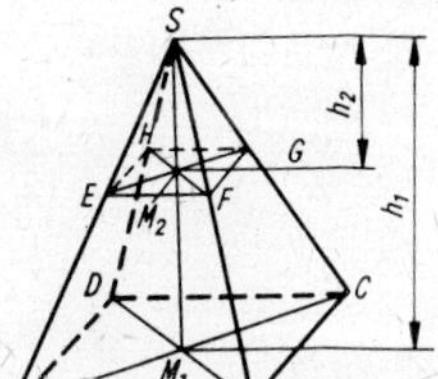

Bild 5/224

Bezeichnungen:

Die in parallelen Ebenen liegenden ähnlichen n-Ecksflächen: Grund- bzw. Deckfläche
Die Trapezflächen: Seitenflächen
Die Vereinigung der Seitenflächen: Mantel oder Mantelfläche
Abstand der Grund- und Deckfläche voneinander: Länge der Höhe
Die Flächeninhalte A_G, A_D der Grund- bzw. Deckfläche bilden das gleiche Verhältnis wie die Quadrate ihrer Abstände h_1, h_2 von der Spitze [↗ 5.1.9.4.(4)]:

$$\frac{A_D}{A_G} = \frac{h_2^2}{h_1^2} \quad \text{(Bild 5/224)}$$

Berechnung des Volumens eines Pyramidenstumpfs:

$$V = \frac{h}{3}\left(A_G + \sqrt{A_G A_D} + A_D\right).$$

Speziell wird das Volumen eines quadratischen Pyramidenstumpfs, dessen Grundkanten die Längen a, b haben, berechnet:

$$V = \frac{h}{3}(a^2 + ab + b^2)$$

Der Inhalt der Oberfläche eines Pyramidenstumpfs wird als Summe der Inhalte der Grundfläche, der Deckfläche und der n Seitenflächen (Trapeze) ermittelt.

5.3.4.4. Reguläre Polyeder

Ein konvexes Polyeder heißt **regulär** (oder regelmäßig), wenn es nur von regelmäßigen, untereinander kongruenten n-Ecksflächen begrenzt wird und in jeder Ecke dieselbe Anzahl von Kanten zusammentreffen.
Es gibt fünf reguläre Polyeder.
a sei die Länge einer Kante.

Tetraeder Begrenzungsflächen: 4 gleichseitige Dreiecke; 4 Ecken, 6 Kanten

$$V = \frac{1}{12}a^3\sqrt{2}, \qquad A_O = a^2\sqrt{3}$$

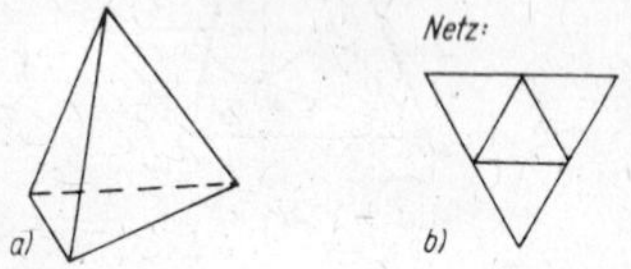

Bild 5/225

Oktaeder Begrenzungsflächen: 8 gleichseitige Dreiecke; 6 Ecken, 12 Kanten

$$V = \frac{1}{3}a^3\sqrt{2}, \qquad A_O = 2a^2\sqrt{3}$$

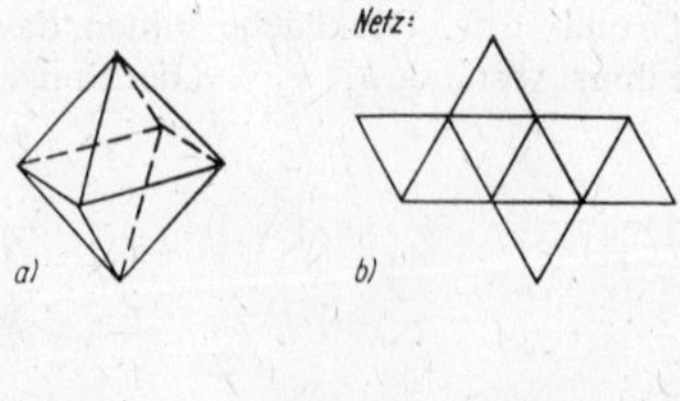

Bild 5/226

Ikosaeder Begrenzungsflächen: 20 gleichseitige Dreiecke; 12 Ecken, 30 Kanten

$$V = \frac{5}{12} a^3 (3 + \sqrt{5}), \qquad A_O = 5a^2 \sqrt{3}$$

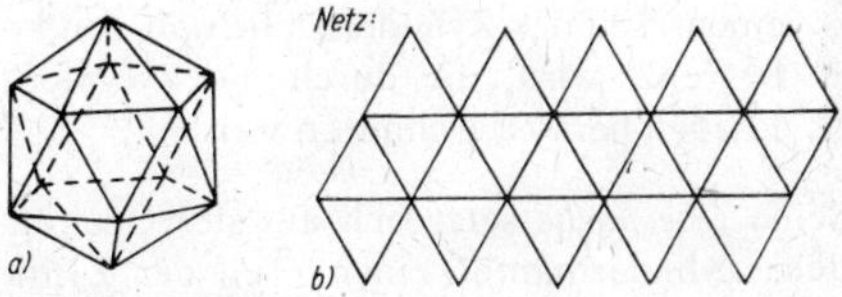

Bild 5/227

Hexaeder (Würfel) Begrenzungsflächen: 6 Quadrate; 8 Ecken, 12 Kanten

$$V = a^3, \qquad A_O = 6a^2$$

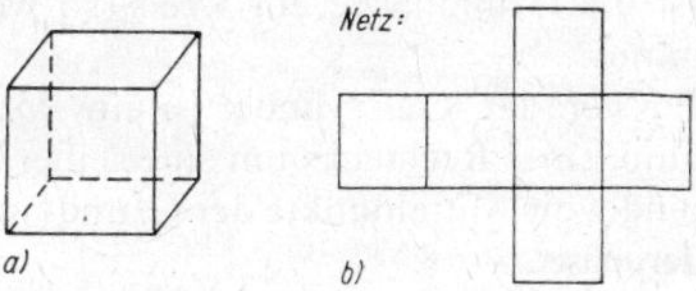

Bild 5/228

Dodekaeder Begrenzungsflächen: 12 regelmäßige Fünfecke; 20 Ecken, 30 Kanten

$$V = \frac{1}{4} a^3 (15 + 7\sqrt{5}), \qquad A_O = 3a^2 \sqrt{5(5 + 2\sqrt{5})}$$

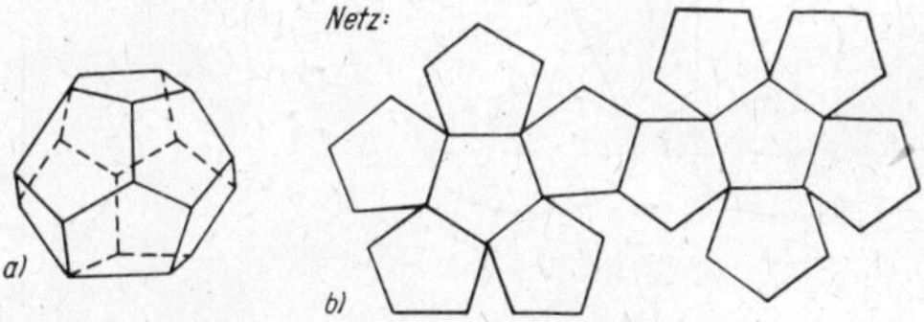

Bild 5/229

5.3.5. Teils krummflächig begrenzte Körper

5.3.5.1. Zylinder und Zylinderstumpf

(1) Gleitet eine Gerade g entlang einer Kurve k, die die Gerade g nicht enthält, ohne Änderung der Richtung, dann beschreibt sie eine Fläche, die **Zylinderfläche** genannt wird.

Die Gerade g und die Parallelen zu ihr heißen **Erzeugende** der Zylinderfläche, k heißt **Leitkurve.**

Die Zylinderfläche ist in die Ebene abwickelbar.
Zylinderflächen werden nach den Kurven eingeteilt, die sich ergeben, wenn ein ebener Schnitt senkrecht zu den Erzeugenden gelegt wird; z. B. Kreiszylinderfläche, elliptische Zylinderfläche.

(2) Unter einem **Zylinderkörper** versteht man einen Körper, der von einem Teil der Zylinderfläche und von kongruenten Ebenenstücken begrenzt wird, die durch die Zylinderfläche aus zwei parallelen Ebenen herausgeschnitten werden.

Seine *Oberfläche* setzt sich aus der Grundfläche, der Deckfläche und dem Zylindermantel, einem Teil der Zylinderfläche, zusammen. Die Abschnitte der Erzeugenden auf dem Mantel heißen **Mantellinien.**
Der Abstand der parallelen Ebenen ist die Länge der **Höhe** des Zylinders.
Ein Zylinder heißt **gerade** (Bild 5/230a), wenn die Mantellinien senkrecht auf der Grundfläche stehen, sonst heißt er **schief** (Bild 5/230b).
Ist die Grundfläche ein Kreis, so wird der Zylinder **Kreiszylinder** genannt.
Ein gerader Kreiszylinder ist ein *Rotationskörper*. Er entsteht bei Drehung eines Rechtecks um eine seiner Seiten. Seine Symmetrieachse verbindet die Mittelpunkte der Grund- und der Deckfläche; sie heißt **Zylinderachse.**
Der Mantel eines geraden Kreiszylinders ist nach dem Aufschneiden entlang einer Mantellinie abwickelbar. Er ergibt eine Rechtecksfläche mit den Seitenlängen $2\pi r$ und h (Bild 5/231).

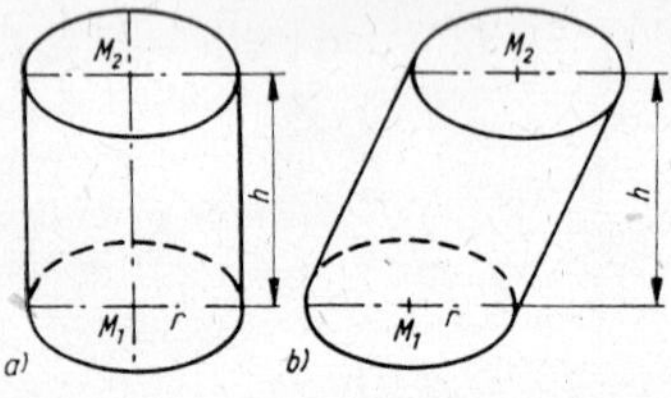

Bild 5/230

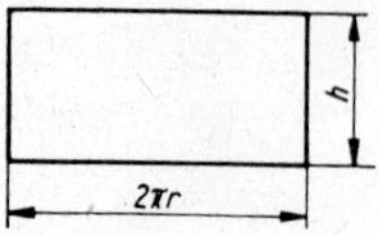

Bild 5/231

Berechnung des Volumens V eines geraden oder schiefen Zylinders: $V = A_G \cdot h$, speziell des eines Kreiszylinders:

$$V = \pi r^2 h = \frac{\pi}{4} d^2 h,$$

mit A_G Inhalt der Grundfläche
h Länge der Höhe
r Länge des Radius
d Länge des Durchmessers

Berechnung der Oberfläche A_O eines geraden Kreiszylinders:

$$A_O = 2\pi r^2 + 2\pi rh = \frac{\pi}{2} d^2 + \pi dh.$$

Die Oberfläche eines schiefen Kreiszylinders ist mit elementaren Mitteln nicht zu berechnen, da die Abwicklung des Mantels eine von zwei Strecken und zwei gekrümmten Linien begrenzte Fläche ergibt, deren Inhalt nicht elementar zu berechnen ist.

(3) Wird ein gerader Kreiszylinder von einer Ebene so geschnitten, daß alle Mantellinien geschnitten werden, dann entstehen zwei Teilkörper, die **Zylinderstumpf** genannt werden (Bild 5/232).

Wird der größte bzw. kleinste Abstand der Schnittfläche von der Grundfläche mit h_1 bzw. h_2 bezeichnet, so ist das Volumen dieses Zylinderstumpfs

$$V = \pi r^2 \cdot \frac{h_1 + h_2}{2}.$$

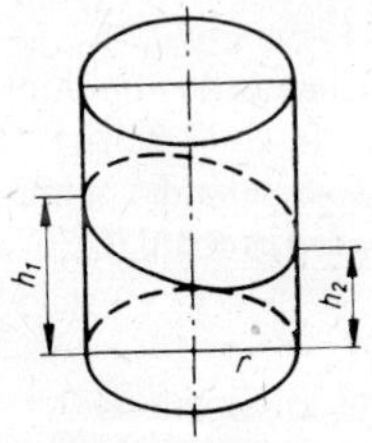

Bild 5/232

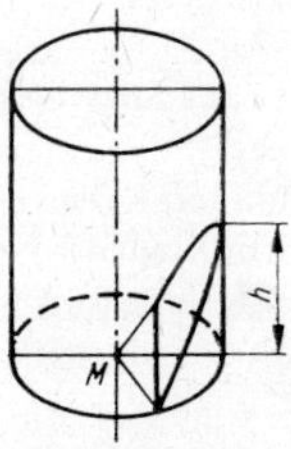

Bild 5/233

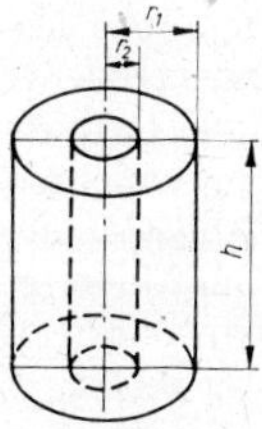

Bild 5/234

Wird ein gerader Kreiszylinder von einer Ebene so geschnitten, daß entweder die Grundfläche oder die Deckfläche geschnitten wird, so heißt der kleinere der beiden Teilkörper **Zylinderhuf.** Seine Grundfläche ist ein Kreissegment (Bild 5/233).

(4) Wird aus einem geraden Kreiszylinder mit r_1, h ein Kreiszylinder mit r_2, h ($r_2 < r_1$, die Grundflächen seien konzentrische Kreise) ausgebohrt, so entsteht ein **Hohlzylinder** (Bild 5/234), dessen Rauminhalt

$$V = \pi h(r_1^2 - r_2^2)$$

ist.

5.3.5.2. Kegel und Kegelstumpf

(1) Gleitet eine Gerade g, die durch den festen Punkt S verläuft, entlang einer Kurve k, die S nicht enthält, dann beschreibt sie eine Fläche, die **Kegelfläche** genannt wird.

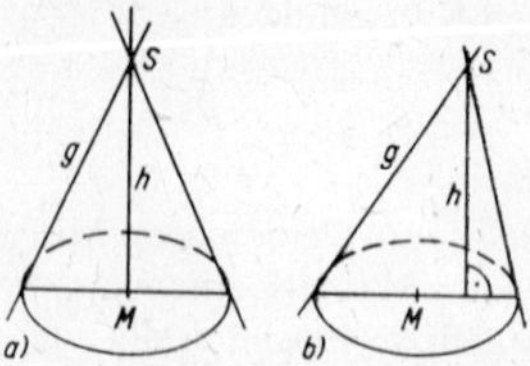

Bild 5/235

Die Geraden g (durch S und einen Punkt von k) heißen Erzeugende des Kegels, S die Spitze und k die Leitkurve.
Ist die Leitkurve ein Kreis, so heißt die Fläche **Kreiskegel** (Bild 5/235).
Ein Kreiskegel heißt **gerade** (Bild 5/235a), wenn die im Mittelpunkt des Kreises auf seiner Ebene senkrechte Gerade durch die Spitze S verläuft, sonst heißt er **schief** (Bild 5/235b).

Unter einem **Kegelkörper** versteht man einen Körper, der von einer Ebene und einer Kegelfläche begrenzt wird.

Seine Oberfläche setzt sich aus der Grundfläche und dem Kegelmantel, einem Teil der Kegelfläche, zusammen.
Die von der Spitze und von der Grundfläche begrenzten Strecken auf den Erzeugenden heißen **Mantellinien** und werden mit s bezeichnet.
Der Abstand der Kegelspitze von der Grundflächenebene ist die Länge der **Höhe** des Kegels.
Ein gerader Kreiskegel ist ein *Rotationskörper*. Er entsteht bei Drehung eines rechtwinkligen Dreiecks um eine seiner Katheten (Bild 5/236).
Im Achsenschnitt eines geraden Kreiskegels bilden zwei einander schneidende Mantellinien den Öffnungswinkel φ des Kegels (Bild 5/236).
Der Mantel eines geraden Kreiskegels ist in die Zeichenebene abwickelbar (Bild 5/237). Der Inhalt der Mantelfläche ist $A_M = \pi rs$, mit der Länge der Mantellinie $s = \sqrt{r^2 + h^2}$, da die Abwicklung einen Kreissektor ergibt [↗ 5.1.13.7.(4)].

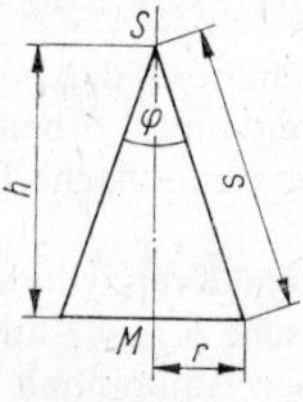

Bild 5/236

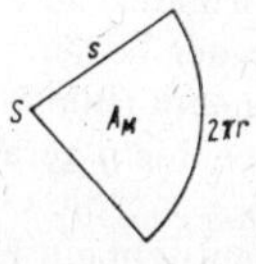

Bild 5/237

Berechnung des Volumens eines geraden oder schiefen Kegels:

$$V = \frac{A_G \cdot h}{3};$$

speziell des eines Kreiskegels:

$$V = \frac{1}{3}\pi r^2 h.$$

Berechnung der Oberfläche eines geraden Kreiskegels:

$$A_O = \pi r^2 + \pi rs = \pi r(r + s).$$

Die Oberfläche eines schiefen Kreiskegels ist mit elementaren Mitteln nicht zu berechnen.
(2) Wird ein gerader Kreiskegel von einer zur Grundfläche parallelen Ebene geschnitten, so entsteht ein **Kegelstumpf** und ein Ergänzungskegel (Bild 5/238).

Ein **Kreiskegelstumpf** ist ein Körper, der begrenzt wird

- von zwei in parallelen Ebenen liegenden Kreisflächen verschiedenen Radius (Grund- bzw. Deckfläche genannt) und
- von einer in die Ebene abwickelbaren gekrümmten Fläche (Mantel genannt).

Bezeichnungen:

Verbindungsstrecke der Mittelpunkte der Grundfläche und der Deckfläche: Achse des Kegelstumpfs
Strecken, die einen Punkt der Begrenzungslinie der Grundfläche mit einem Punkt der Begrenzungslinie der Deckfläche verbinden, so daß ihre Verlängerungen in der Spitze des Ergänzungskegels einander schneiden: Mantellinien

In Analogie zum Kreiskegel unterscheidet man gerade und schiefe Kreiskegelstümpfe.
Berechnung des Volumens V eines geraden oder schiefen Kreiskegelstumpfs: $V = \frac{\pi}{3} h(r_1^2 + r_1 r_2 + r_2^2)$, wobei

r_1 der Radius des Kreises der Grundfläche
r_2 der Radius des Kreises der Deckfläche und
h die Länge der Höhe des Kegelstumpfs sind.

Berechnung der Oberfläche A_O eines geraden Kreiskegelstumpfs:

$$A_O = A_G + A_D + A_M = \pi r_1^2 + \pi r_2^2 + \pi(r_1 + r_2) s$$

mit

$$s = \sqrt{(r_1 - r_2)^2 + h^2}$$

ist.
Die Mantelfläche eines geraden Kreiskegelstumpfs ergibt beim Abwickeln einen Kreisringausschnitt (Bild 5/239), dessen Flächeninhalt

$$A_M = \pi \cdot (r_1 + r_2) \cdot s$$

ist.

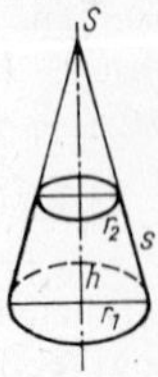

Bild 5/238

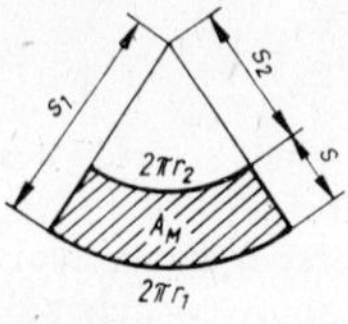

Bild 5/239

5.3.6. Kugel und Kugelteile

(1) Ist M ein fester Punkt und r eine feste Länge, so ist die Menge aller Punkte des dreidimensionalen Raums eine Fläche, die **Kugelfläche** genannt wird. M ist der Mittelpunkt, r der Radius der Kugelfläche.

Eine Kugelfläche ist eine Rotationsfläche. Sie entsteht bei Drehung einer Kreislinie um einen Kreisdurchmesser. Sie wird auch als Kugeloberfläche bezeichnet.

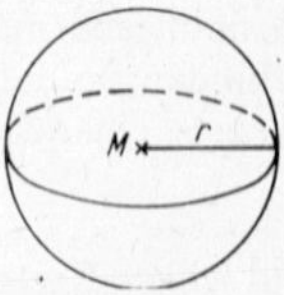

Bild 5/240

Die Kugelfläche teilt den Raum in zwei Teilmengen, von denen eine konvex ist. Diese Teilmenge heißt das **Innere** der Kugel. Die Vereinigung der Punkte des Innern mit denen der Kugeloberfläche heißt **Kugelkörper** (Bild 5/240).

Beachte: Oft wird der Begriff »Kugel« zur Bezeichnung eines Kugelkörpers als auch zur Bezeichnung einer Kugeloberfläche verwendet. Dann muß aber aus dem Zusammenhang hervorgehen, welcher der Begriffe gemeint ist.

(2) **Gerade und Kugel:**

Jede Gerade g, die mit einer Kugelfläche

genau zwei Punkte	genau einen Punkt
gemeinsam hat, heißt	
Sekante. Die Strecke, die diese Punkte verbindet, heißt **Sehne.** Die Länge der Sehne ist $s = 2\sqrt{r^2 - a^2}$, wobei a der Abstand der Sehne vom Mittelpunkt ist. Jede Sehne durch den Kugelmittelpunkt heißt **Kugeldurchmesser.** Sie sind die größten Sehnen. Ihre Länge ist $d = 2r$.	**Tangente.** Der gemeinsame Punkt heißt **Berührungspunkt.** Die Strecke, die den Berührungspunkt mit dem Kugelmittelpunkt verbindet, heißt **Berührungsradius.** Eine Gerade durch den Punkt A einer Kugelfläche ist genau dann Tangente an die Kugel, wenn sie auf dem Berührungsradius senkrecht steht. In jedem Punkt der Kugelfläche

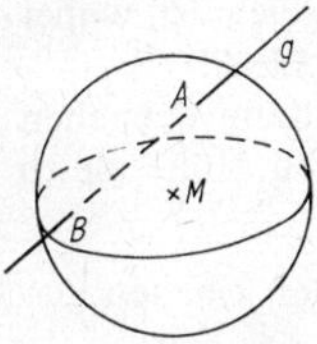

Bild 5/241

gibt es beliebig viele Tangenten. Alle Tangenten durch einen festen Kugelpunkt liegen in einer Ebene, die **Tangentialebene** genannt wird.

(3) **Ebene und Kugel**

Eine Ebene

ist entweder Tangentialebene τ.

oder sie hat mit der Kugelfläche

entweder keinen Punkt gemeinsam.

oder sie schneidet die Kugelfläche in einer Kreislinie, genannt

Großkreis,	**Kleinkreis,**
wenn die schneidende Ebene den Kugelmittelpunkt	
enthält.	nicht enthält.

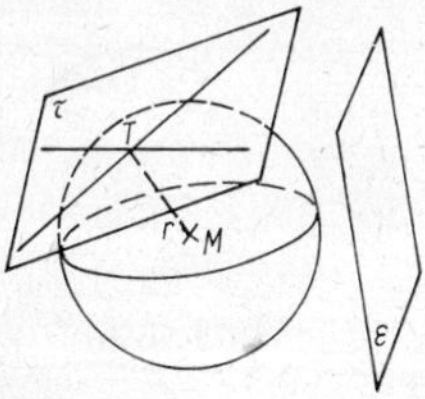

Bild 5/242

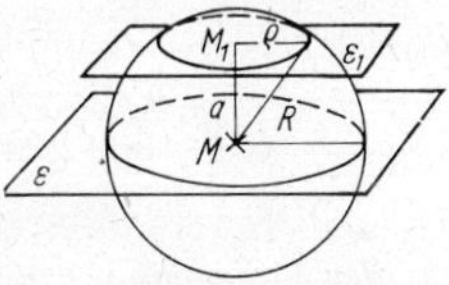

Bild 5/243

Wenn ϱ der Radius des Schnittkreises und a der Abstand des Kugelmittelpunkts von der Schnittebene ist, dann gilt
$\varrho = \sqrt{r^2 - a^2}$.

(4) **Kugelteile**

Wird eine Kugel von einer Ebene geschnitten, so wird

die Kugeloberfläche in zwei **Kugelkappen**	der Kugelkörper in zwei **Kugelsegmente**

zerlegt.

Die Höhe h bzw. h' dieser Kugelteile ist die Strecke, die auf dem Kugeldurchmesser, der im Mittelpunkt M_1 der Schnittebene senkrecht auf

dieser steht, durch $h = r - a$ bzw. $h' = r + a$ festgelegt ist, wobei a der Abstand der Schnittebene vom Kugelmittelpunkt M sei.
Enthält die Schnittebene den Kugelmittelpunkt, dann entstehen zwei **Halbkugelflächen** bzw. zwei **Halbkugelkörper**, deren Höhe gleich dem Radius ist.

Wird eine Kugel von zwei zueinander parallelen Ebenen geschnitten, so wird

aus der Kugeloberfläche eine **Kugelzone**	aus dem Kugelkörper eine **Kugelschicht**

(Bild 5/245) herausgeschnitten, deren Höhe h gleich dem Abstand der beiden parallelen Ebenen ist.

Wenn ein Kugelradius entlang einem Kugelkreis gleitet, so wird aus dem Kugelkörper ein **Kugelsektor** herausgeschnitten. Er wird von einer Kugelkappe und dem Mantel eines geraden Kreiskegels begrenzt (Bild 5/246).

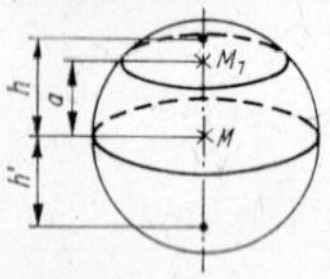

Bild 5/244

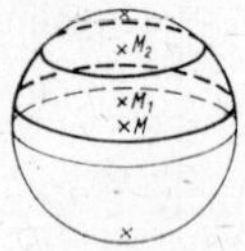

Bild 5/245

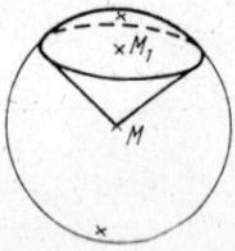

Bild 5/246

(5) *Berechnung des Volumens V* einer Kugel: $V = \frac{4}{3}\pi r^3$ (↗ Beispiel 11/49)
Berechnung des Inhalts A_O der Kugeloberfläche: $A_O = 4\pi r^2 = \pi d^2$ (↗ Beispiel 11/48)

(6) *Formeln für die Berechnung der Volumina und Oberflächeninhalte einzelner Kugelteile* (vgl. Tabelle auf nebenstehender Seite 305)

5.4. Geometrie auf der Kugelfläche

5.4.1. Grundlagen

(1) Schneidet eine Ebene eine Kugelfläche, so entsteht als Schnittfigur ein Kreis, der **sphärischer Kreis** genannt wird. Enthält die Schnittebene den Kugelmittelpunkt, dann wird der Kreis **Großkreis** genannt, sonst **Kleinkreis** (Bild 5/250).

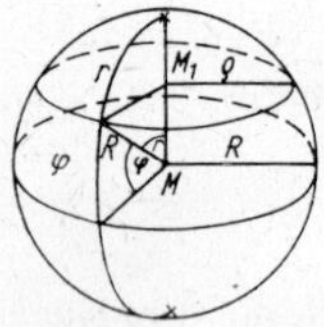

Bild 5/250

Radius des Kleinkreises: $\varrho = R \cos \varphi$,
Umfang des Kleinkreises: $u = 2\pi R \cos \varphi$ mit

$$\varphi = \frac{\pi}{2} - r$$

Kugelflächenteile	Achsenschnitt	Kugelkörperteile
Kugelkappe $A = 2\pi rh$	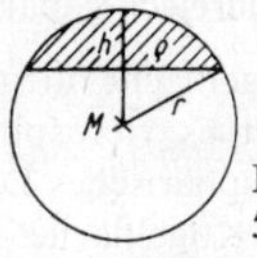 Bild 5/247	Kugelsegment $V = \frac{\pi h^2}{3}(3r - h)$
Kugelzone $A = 2\pi rh$	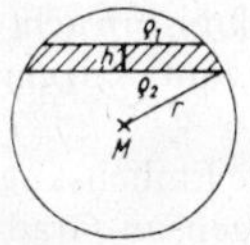 Bild 5/248	Kugelschicht $V = \frac{\pi h}{6}(3\varrho_1^2 + 3\varrho_2^2 + h^2)$
	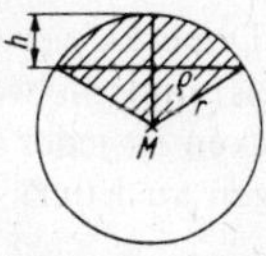 Bild 5/249	Kugelsektor $V = \frac{2}{3}\pi r^2 h$

Dabei bedeuten r den Kugelradius, h die Höhe des Abschnitts.

(2) Zwei durch den Kugelmittelpunkt gehende Ebenen zerlegen die Kugelfläche in vier **Kugelzweiecke** (Bild 5/251).
Die Eckpunkte A, B sind Endpunkte des Kugeldurchmessers. In der Geometrie auf der Kugelfläche kann es »parallele« Geraden nicht geben.

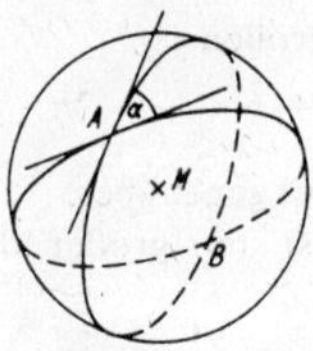

Bild 5/251

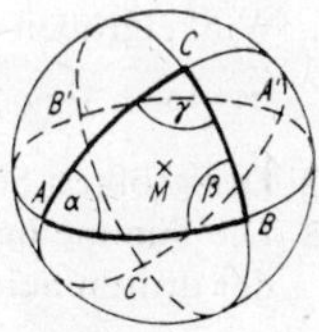

Bild 5/252

Die Seiten haben die Länge πR, wobei R die Länge des Kugelradius ist.
Unter dem Winkel α eines Kugelzweiecks versteht man den Schnittwinkel der beiden Ebenen, die das Zweieck erzeugen. Diesen Winkel bilden auch die beiden Tangenten, die man in einem Eckpunkt des Zweiecks an die Großkreise legt (Bild 5/251).
Ist α der im Bogenmaß angegebene Winkel eines Kugelzweiecks, dann ist der Inhalt A_Z der Fläche des Zweiecks $A_Z = 2R^2\alpha$.

Durch das sphärische Zweieck und die Großkreisebenen wird ein Teil der Vollkugel abgeschnitten, der Kugelkeil genannt wird.

(3) **Sphärisches Dreieck** (auch **Kugeldreieck** genannt)

Zu den Punkten A, B, C auf der Kugelfläche, die nicht auf ein und demselben Großkreisbogen liegen, gibt es vier sphärische Dreiecke, die A, B, C als Eckpunkte haben. Ein sphärisches Dreieck ist ein von drei Großkreisen begrenztes Stück der Kugelfläche (Bild 5/252). Die drei Großkreise schneiden einander auch in den Gegenpunkten A', B', C', so daß die Kugelfläche durch drei Großkreise in acht Dreiecke zerlegt wird, wobei je zwei zentralsymmetrisch zum Kugelmittelpunkt sind (Bild 5/252).

Meist werden Großkreisbögen auf die Einheitskugel bezogen (Kugel mit dem Radius $R = 1$), so daß die Bögen im Grad- oder Bogenmaß angegeben werden.

Bei Berechnungen werden solche Dreiecke verwendet, deren Seiten kleiner als π (kleiner als ein Halbkreis) sind; sie werden **Eulersche Dreiecke** genannt. In EULERschen Dreiecken ist jeder Winkel kleiner als π. Im folgenden werden alle Rechnungen an EULERschen Dreiecken ausgeführt.

In jedem EULERschen Dreieck ist die Winkelsumme größer als π. Die π überschreitende Winkelgröße heißt **sphärischer Exzeß** und wird mit ε bezeichnet:

$$\varepsilon = \alpha + \beta + \gamma - \pi.$$

Der *Flächeninhalt* des sphärischen Dreiecks ist $A_\Delta = \varepsilon R^2$, wobei R der Kugelradius und ε der sphärische Exzeß im Bogenmaß ist.

Allgemeine Beziehungen in sphärischen Dreiecken

1. In jedem EULERschen Dreieck gilt für die Summe der

Winkelgrößen	Seitengrößen
$\pi < \alpha + \beta + \gamma < 3\pi.$	$0 < a + b + c < 2\pi.$

2. Der größten Seite liegt der größte Winkel gegenüber.
3. Die Summe der Größen zweier Seiten ist stets größer als die Größe der dritten Seite.

   $$a + b > c, \qquad b + c > a, \qquad c + a > b.$$

   Der Betrag der Differenz der Größen zweier Seiten ist stets kleiner als die dritte Seite.

   $$|a - b| < c, \qquad |b - c| < a, \qquad |c - a| < b$$

4. Die Summe der Größen zweier Winkel ist stets kleiner als die Größe des um π vergrößerten dritten Winkels.

   $$\alpha + \beta < \gamma + \pi$$

5. Ist die Summe der Größen zweier Seiten größer (bzw. kleiner) als π, so ist auch die Summe der Größen der beiden gegenüberliegenden Winkel größer (kleiner) als π.

(4) **Sphärisches Dreieck, körperliche Ecke, Polarecke, Polardreieck**

Stoßen n Kanten ($n > 2$), von denen keine drei in einer Ebene liegen, in einem Punkt P zusammen, so bilden sie eine n-seitige **körperliche Ecke**; P heißt der Scheitel dieser körperlichen Ecke.
Die drei Seiten eines EULERschen Dreiecks ABC und der Mittelpunkt M der Kugel bestimmen drei Ebenen, die einander paarweise in drei Geraden MA, MB, MC schneiden. Diese Geraden sind die **Kanten** einer **dreiseitigen körperlichen Ecke**, und M ist ihr Scheitel (Bild 5/253).

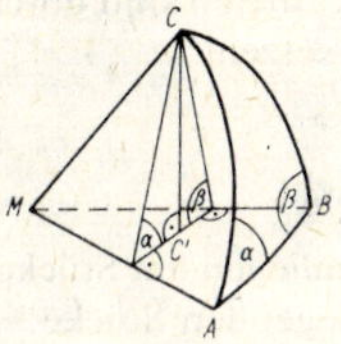

Bild 5/253

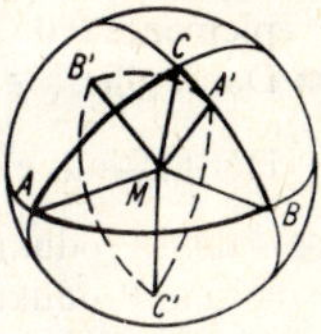

Bild 5/254

Errichtet man im Scheitel M einer dreiseitigen körperlichen Ecke auf den das sphärische Dreieck erzeugenden Ebenen MAB, MBC, MCA die Senkrechten, dann sind diese die Kanten einer körperlichen Ecke, die **Polarecke** genannt wird. Diese Kanten durchstoßen die Kugeloberfläche in den Punkten A', B', C', die ein sphärisches Dreieck bilden, das **Polardreieck** $A'B'C'$ genannt wird (Bild 5/254).

Für jedes sphärische Dreieck gilt:
Jede Seite eines sphärischen Dreiecks und der entsprechende Winkel des Polardreiecks bzw. jeder Winkel eines sphärischen Dreiecks und die entsprechende Seite des Polardreiecks ergänzen einander zu 180°, d. h., $a + \alpha' = 180°$, $b + \beta' = 180°$, $c + \gamma' = 180°$, $a' + \alpha = 180°$, $b' + \beta = 180°$, $c' + \gamma = 180°$.

5.4.2. Sphärische Trigonometrie

In der sphärischen Trigonometrie werden Beziehungen zwischen Seiten und Winkeln des sphärischen Dreiecks angegeben, so daß mit diesen Beziehungen aus gegebenen Stücken andere Stücke berechnet werden können.
(1) Ein sphärisches Dreieck heißt **rechtwinklig**, wenn ein Winkel ein rechter ist. Die ihm gegenüberliegende Seite heißt Hypotenuse, die beiden ihm anliegenden Seiten heißen Katheten (Bild 5/255).

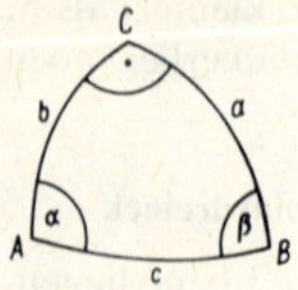

Bild 5/255

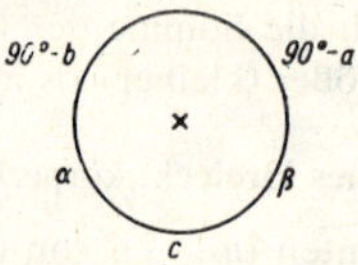

Bild 5/256

Zur Berechnung von Stücken im rechtwinkligen sphärischen Dreieck dient die **Nepersche Regel:** (Bild 5/256)

- Schreibe die Seiten und Winkel des rechtwinkligen Dreiecks in der Reihenfolge, wie sie im Dreieck vorkommen, auf! Dabei wird der rechte Winkel γ ausgelassen, und die Katheten sind durch ihre Komplemente ($90° - a$ bzw. $90° - b$) zu ersetzen.
- Dann gilt:

  Der Cosinus eines jeden Stücks ist gleich

  - dem Produkt der **Ko**t**an**genten der **an**liegenden Stücke oder
  - dem Produkt der **Si**nus der **ni**chtanliegenden Stücke.

Damit können folgende zehn einzelnen Beziehungen zwischen Stücken des rechtwinkligen Dreiecks angegeben werden:

1. $\cos\alpha = \cot c \cdot \tan b$	6. $\cos\alpha = \sin\beta \cdot \cos a$
2. $\cos c = \cot\alpha \cdot \cot\beta$	7. $\cos c = \cos a \cdot \cos b$
3. $\cos\beta = \cot c \cdot \tan a$	8. $\cos\beta = \sin\alpha \cdot \cos b$
4. $\sin a = \cot\beta \cdot \tan b$	9. $\sin a = \sin c \cdot \sin\alpha$
5. $\sin b = \cot\alpha \cdot \tan a$	10. $\sin b = \sin c \cdot \sin\beta$

BEISPIEL 5/33

In einem rechtwinkligen sphärischen Dreieck ABC ($\gamma = 90°$) seien die Hypotenuse $c = 53°$ und der anliegende Winkel $\alpha = 14°$ gegeben. Es sind die Größen der Katheten a, b, die Größe des Winkels β und der Flächeninhalt des Dreiecks ($R = 1$) zu berechnen.

Lösung: Nach der NEPERschen Regel gilt: (Bild 5/256)

(1) $\sin a = \sin c \cdot \sin\alpha$

$$= \sin 53° \cdot \sin 14°$$

$$= 0{,}7986 \cdot 0{,}2419 = 0{,}1932$$

$$a = 11{,}14° \approx 11{,}1°$$

(2) $\cos c = \cot\alpha \cdot \cot\beta$

$$\cot\beta = \frac{\cos c}{\cot\alpha} = \cos c \cdot \tan\alpha$$

$$= \cos 53° \cdot \tan 14°$$

$$= 0{,}1500$$

$$\beta = 81{,}46° \approx 81{,}5°$$

(3) $\cos\alpha = \cot c \cdot \tan b$

$$\tan b = \frac{\cos\alpha}{\cot c} = \cos\alpha \cdot \tan c$$

$$= \cos 14° \cdot \tan 53°$$

$$b = 52{,}16° \approx 52°$$

(4) $A_\Delta = \varepsilon R^2$

$$= \frac{\pi\varepsilon°}{180°} R^2$$

$$= \frac{\pi \cdot 5{,}5°}{180°} \cdot 1^2$$

$$= 0{,}096 \approx 0{,}1$$

Ein **gleichschenkliges** sphärisches **Dreieck** (Grundlinie *a*, Schenkel *b*) (Bild 5/257) bzw. **gleichseitiges** sphärisches **Dreieck** (Seite *a*) (Bild 5/258) kann durch Einzeichnen der sphärischen Höhe *h* zur Grundlinie in zwei gleiche rechtwinklige sphärische Dreiecke zerlegt werden.

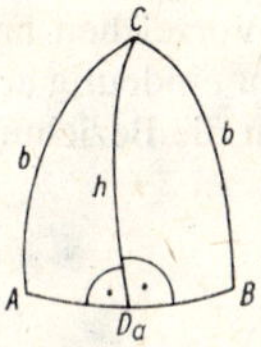

Bild 5/257

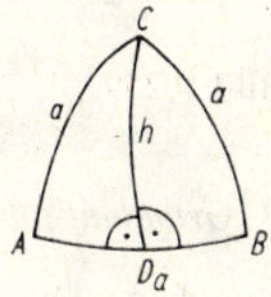

Bild 5/258

(2) Zur Berechnung fehlender Stücke in **schiefwinkligen sphärischen Dreiecken** dienen der Sinussatz, der Seitencosinussatz, der Winkelcosinussatz.

Sinussatz

In jedem sphärischen Dreieck verhalten sich die Sinus der Seiten wie die Sinus der gegenüberliegenden Winkel; d. h.,

$$\sin a : \sin b : \sin c = \sin\alpha : \sin\beta : \sin\gamma \quad \text{bzw.}$$

$$\frac{\sin a}{\sin\alpha} = \frac{\sin b}{\sin\beta} = \frac{\sin c}{\sin\gamma}.$$

Seitencosinussatz

In jedem sphärischen Dreieck *ABC* gilt

$$\cos a = \cos b \cdot \cos c + \sin b \cdot \sin c \cdot \cos\alpha$$

bzw. nach zyklischer Vertauschung

$$\cos b = \cos a \cdot \cos c + \sin a \cdot \sin c \cdot \cos\beta,$$

$$\cos c = \cos a \cdot \cos b + \sin a \cdot \sin b \cdot \cos\gamma.$$

Winkelcosinussatz

In jedem sphärischen Dreieck *ABC* gilt

$$\cos\alpha = -\cos\beta \cdot \cos\gamma + \sin\beta \cdot \sin\gamma \cdot \cos a$$

bzw. nach zyklischer Vertauschung

$$\cos\beta = -\cos\alpha\cdot\cos\gamma + \sin\alpha\cdot\sin\gamma\cdot\cos b$$

$$\cos\gamma = -\cos\alpha\cdot\cos\beta + \sin\alpha\cdot\sin\beta\cdot\cos c$$

(3) Anwendung dieser Sätze bei der Lösung der **Grundaufgaben des sphärischen Dreiecks**

Vorbemerkungen:

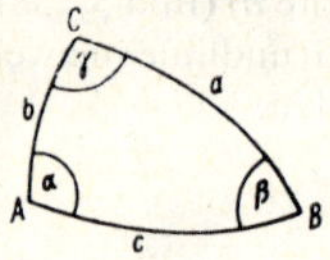

Bild 5/259

1. Die Winkelsumme im sphärischen Dreieck ist nicht konstant.
2. Bei Anwendung des Sinussatzes ist zu beachten, daß die Sinusfunktionswerte im I. und II. Quadranten gleiche Vorzeichen haben, so daß sich die Lösung nicht eindeutig ergeben kann. Deshalb beachte man die Beziehungen 2 und 5 in 5.4.1.(3).

1. Grundaufgabe

Gegeben: Die Größen dreier Seiten (Fall sss)

Berechnung

der Größe jedes Winkels durch den Seitencosinussatz	oder der Größe eines Winkels durch den Seitencosinussatz und der Größen der beiden anderen Winkel durch den Sinussatz.

BEISPIEL 5/34

In einem sphärischen Dreieck *ABC* seien gegeben *a*, *b*, *c*.
Dann ist

1. $\cos\alpha = \dfrac{\cos a - \cos b\cdot\cos c}{\sin b\cdot\sin c}$

2. $\cos\beta = \dfrac{\cos b - \cos a\cdot\cos c}{\sin a\cdot\sin c}$ oder $\sin\beta = \dfrac{\sin\alpha\cdot\sin b}{\sin a}$

3. $\cos\gamma = \dfrac{\cos c - \cos a\cdot\cos b}{\sin a\cdot\sin b}$ oder $\sin\gamma = \dfrac{\sin\alpha\cdot\sin c}{\sin a}$

2. Grundaufgabe

Gegeben: Die Größen dreier Winkel (Fall www)

Berechnung

der Größe jeder Seite durch den Winkelcosinussatz	oder der Größe einer Seite durch den Winkelcosinussatz und der Größen der beiden anderen Seiten durch den Sinussatz.

BEISPIEL 5/35

In einem sphärischen Dreieck *ABC* seien gegeben α, β, γ.
Dann ist

1. $\cos a = \dfrac{\cos\alpha + \cos\beta\cdot\cos\gamma}{\sin\beta\cdot\sin\gamma}$
2. $\cos b = \dfrac{\cos\beta + \cos\alpha\cdot\cos\gamma}{\sin\alpha\cdot\sin\gamma}$ oder $\sin b = \dfrac{\sin\beta\cdot\sin a}{\sin\alpha}$
3. $\cos c = \dfrac{\cos\gamma + \cos\alpha\cdot\cos\beta}{\sin\alpha\cdot\sin\beta}$ oder $\sin c = \dfrac{\sin\gamma\cdot\sin a}{\sin\alpha}$

3. Grundaufgabe

Gegeben: Die Größen zweier Seiten und die Größe des eingeschlossenen Winkels (Fall sws)

Berechnung

der Größen der dritten Seite und der fehlenden Winkel durch den Seitencosinussatz	der Größe der dritten Seite durch den Seitencosinussatz und der Größen der fehlenden Winkel durch den Sinussatz.

BEISPIEL 5/36

In einem sphärischen Dreieck *ABC* seien gegeben a, b, γ.
Dann ist

1. $\cos c = \cos a\cdot\cos b + \sin a\cdot\sin b\cdot\cos\gamma$
2. $\cos\alpha = \dfrac{\cos a - \cos b\cdot\cos c}{\sin b\cdot\sin c}$ oder $\sin\alpha = \dfrac{\sin\gamma\cdot\sin a}{\sin c}$
3. $\cos\beta = \dfrac{\cos b - \cos c\cdot\cos a}{\sin c\cdot\sin a}$ oder $\sin\beta = \dfrac{\sin\gamma\cdot\sin b}{\sin c}$

4. Grundaufgabe

Gegeben: Die Größen zweier Winkel und die Größe der eingeschlossenen Seite (Fall wsw)

Berechnung

der Größen des dritten Winkels und der fehlenden Seiten durch den Winkelcosinussatz	der Größe des dritten Winkels durch den Winkelcosinussatz und der Größen der fehlenden Seiten durch den Sinussatz

BEISPIEL 5/37

In einem sphärischen Dreieck *ABC* seien gegeben α, c, β.
Dann ist

1. $\cos\gamma = -\cos\alpha\cdot\cos\beta + \sin\alpha\cdot\sin\beta\cdot\cos c$
2. $\cos a = \dfrac{\cos\alpha + \cos\beta\cdot\cos\gamma}{\sin\beta\cdot\sin\gamma}$ oder $\sin a = \dfrac{\sin c\cdot\sin\alpha}{\sin\gamma}$
3. $\cos b = \dfrac{\cos\beta + \cos\gamma\cdot\cos\alpha}{\sin\gamma\cdot\sin\alpha}$ oder $\sin b = \dfrac{\sin c\cdot\sin\beta}{\sin\gamma}$

5. Grundaufgabe

Gegeben: Die Größen zweier Seiten und die Größe eines gegenüberliegenden Winkels (Fall ssw)

Berechnung der Größen des anderen gegenüberliegenden Winkels durch den Sinussatz. (Dabei gibt es genau eine oder genau zwei Lösungen für den Winkel, je nachdem, ob der gegebene Winkel der größeren oder der kleineren der gegebenen Seiten gegenüberliegt.)

Zur Berechnung der Größen der noch fehlenden Seite und des dieser Seite gegenüberliegenden Winkels gibt es drei Wege:

1. Weg	2. Weg	3. Weg
Durch Einzeichnen der Höhe wird das Dreieck in zwei **rechtwinklige Teildreiecke** zerlegt. Durch Anwenden der NEPERschen Regel werden zwei Teile der gesuchten Seite berechnet.	Anwendung des Seitencosinussatzes, der auf eine schon bekannte Seite führt, und Einführung eines Hilfswinkels; **Hilfswinkelmethode.**	Anwendung des Seitencosinussatzes und des Winkelcosinussatzes führt auf ein **Gleichungssystem** von zwei Gleichungen mit zwei Variablen.
Berechnung der Größe des dritten Winkels		
durch Anwendung der NEPERschen Regel.	durch Sinussatz	

BEISPIEL 5/38

In einem sphärischen Dreieck ABC seien gegeben a, b, α.
Dann ist

1. $\sin \beta = \dfrac{\sin \alpha \cdot \sin b}{\sin a}$

Ist $a \gtrless b$, so gibt es genau $\begin{matrix}\text{eine}\\ \text{zwei}\end{matrix}$ Lösungen für β.

2. 1. Weg: Nach der NEPERschen Regel (Bild 5/260) gilt

$\cos \alpha = \cot b \cdot \tan q$	$\cos \beta = \cot a \cdot \tan p$
$\tan q = \cos \alpha \cdot \tan b$	$\tan p = \cos \beta \cdot \tan a$

$$c = p + q$$

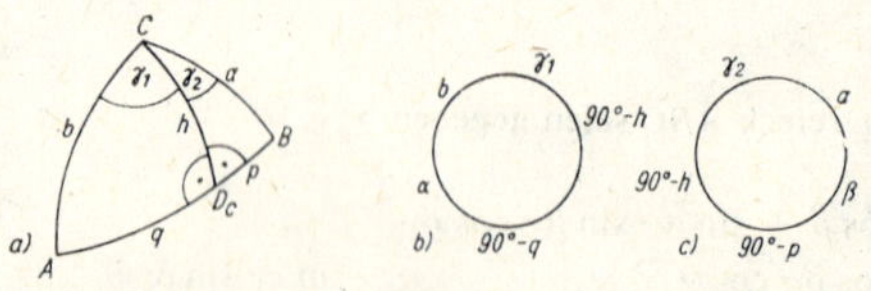

Bild 5/260

2. Weg: Berechnung von c nach der Hilfswinkelmethode
Nach dem Seitencosinussatz gilt

$$\cos a = \cos b \cdot \cos c + \sin b \cdot \sin c \cdot \cos \alpha \quad (*)$$

Die Seite $AD = q$ sei Hilfsgröße; dann gilt nach der NEPERschen Regel (Bild 5/260b)

$$\cos\alpha = \cot b \cdot \tan q \; (**)$$

und, da $\cot b = \dfrac{\cos b}{\sin b}$ ist, gilt

$$\cos\alpha = \frac{\cos b}{\sin b} \cdot \tan q.$$

Diese Beziehung wird in die Gleichung (*) eingesetzt:

$$\cos a = \cos b \cdot \cos c + \sin c \cdot \cos b \cdot \tan q.$$

Da $\tan q = \dfrac{\sin q}{\cos q}$ ist, erhält man

$$\cos a \cdot \cos q = \cos b \cdot \cos c \cdot \cos q + \sin c \cdot \sin b \cdot \sin q$$

bzw.

$$\cos a \cdot \cos q = \cos b \cdot (\cos c \cdot \cos q + \sin c \cdot \sin q)$$

und nach Anwendung eines Additionstheorems

$$\cos a \cdot \cos q = \cos b \cdot \cos (c - q)$$

bzw.

$$\cos (c - q) = \frac{\cos a \cdot \cos q}{\cos b}.$$

Da q nach (**) ermittelt werden kann, kann c berechnet werden.

3. Zur Berechnung der Größe des Winkels γ

1. Weg: Anwendung der NEPERschen Regel: Nach Bild 5/260 ist

$\cos b = \cot \gamma_1 \cdot \cot\alpha$	$\cos a = \cot \gamma_2 \cdot \cot\beta$
$\cot \gamma_1 = \cos b \cdot \tan\alpha$	$\cot \gamma_2 = \cos a \cdot \tan\beta$

$$\gamma = \gamma_1 + \gamma_2.$$

2. Weg: Anwendung des Sinussatzes

$$\sin\gamma = \frac{\sin\alpha \cdot \sin c}{\sin a}$$

2. und 3. auf 3. Weg: Die Anwendung des Seitencosinussatzes und des Winkelcosinussatzes führen auf ein Gleichungssystem

$$\cos c = \cos a \cdot \cos b + \sin a \cdot \sin b \cdot \cos\gamma$$
$$\cos\gamma = -\cos\alpha \cdot \cos\beta + \sin\alpha \cdot \sin\beta \cdot \cos c$$

bzw.

$$\cos c = d + m \cos\gamma$$
$$\cos\gamma = -e + n \cos c$$

Lösung dieses Gleichungssystems ergibt

$$\cos c = \frac{d - me}{1 - mn}; \quad \cos\gamma = \frac{nd - e}{1 - mn}$$

mit

$$d = \cos a \cdot \cos b \qquad m = \sin a \cdot \sin b$$
$$e = \cos \alpha \cdot \cos \beta \qquad n = \sin \alpha \cdot \sin \beta$$

6. Grundaufgabe

Gegeben: Die Größen zweier Winkel und die Größe einer gegenüberliegenden Seite (Fall wws)
Berechnung der Größe der anderen gegenüberliegenden Seite durch den Sinussatz. (Dabei gibt es genau eine oder genau zwei Lösungen für diese Seite, je nachdem, ob die gegebene Seite dem größeren oder dem kleineren der gegebenen Winkel gegenüberliegt.)
Zur Berechnung der Größe der noch fehlenden Seite und der Größe des dieser Seite gegenüberliegenden Winkels gibt es die in der 5. Grundaufgabe genannten Wege.

BEISPIEL 5/39

In einem sphärischen Dreieck ABC seien gegeben α, β, a.
Dann ist

1. $\sin b = \dfrac{\sin a \cdot \sin \beta}{\sin \alpha}$

   Ist $\alpha \gtrless \beta$, so gibt es genau $\begin{matrix}\text{eine}\\ \text{zwei}\end{matrix}$ Lösungen für b.

2. Vergleiche 5. Grundaufgabe; hier sei nur der 1. Weg genannt:

   $\tan q = \cos \alpha \cdot \tan b \qquad \tan p = \cos \beta \cdot \tan a$

   $c = p + q$

3. $\sin \gamma = \dfrac{\sin \alpha \cdot \sin c}{\sin a}$

Sachwortverzeichnis